新工科暨卓越工程师教育培养计划电子信息类专业系列教材

普通高等学校"十四五"规划电子信息类专业特色教材

丛书顾问/ 郝　跃

XINBIAN TONGXIN JISHU GAILUN

新编通信技术概论

■ 主　编/梁彦霞　金　蓉　张新社

■ 主　审/卢光跃

华中科技大学出版社

http://www.hustp.com

中国·武汉

内 容 简 介

本书介绍了现代信息通信领域中的各类通信技术的特点、基本原理及应用。全书共九个章节,涉及通信原理、信号与系统的基础理论,还包括语音通信、计算机通信、光纤通信、移动通信、信息安全、物联网、云计算、大数据和人工智能等新通信技术的知识。内容深入浅出,既有理论又有应用,教师可根据学时计划合理安排教学。

本书可作为普通高校通信专业低年级学生或非通信专业(如计算机工程类、管理工程类、机械类、化工类、经济类等)本科生、研究生的专业选修课或公共选修课教材,也可作为高职高专院校的相关专业教材,或作为对通信技术感兴趣的相关人员的学习参考书。

图书在版编目(CIP)数据

新编通信技术概论/梁彦霞,金蓉,张新社主编.—武汉:华中科技大学出版社,2021.3
ISBN 978-7-5680-6889-5

Ⅰ.①新… Ⅱ.①梁… ②金… ③张… Ⅲ.①通信技术-高等职业教育-教材 Ⅳ.①TN91

中国版本图书馆 CIP 数据核字(2021)第 039932 号

新编通信技术概论　　　　　　　　　　　　　　　　梁彦霞　金　蓉　张新社　主编
Xinbian Tongxin Jishu Gailu

策划编辑:祖　鹏
责任编辑:刘艳花　李　昊
封面设计:秦　茹
责任校对:李　弋
责任监印:周治超
出版发行:华中科技大学出版社(中国·武汉)　　　电话:(027)81321913
　　　　　武汉市东湖新技术开发区华工科技园　　　邮编:430223
录　　排:武汉市洪山区佳年华文印部
印　　刷:武汉开心印印刷有限公司
开　　本:787mm×1092mm　1/16
印　　张:21.75
字　　数:522千字
版　　次:2021年3月第1版第1次印刷
定　　价:61.80元

编　委　会

前言

随着当今科学技术的不断发展,人类社会正进入全球信息化时代,由通信技术、电子技术以及计算机和信息服务所构成的信息通信产业,已成为信息化社会的重要基础。面对日益更新、种类繁多的通信新技术,无论是高校学生还是从事信息通信领域研究的技术人员,都希望能够快速、有效地学习,了解或是掌握相关通信技术的概念及基本原理,把握通信技术的最新发展趋势。这正是本书编写的目的所在。

本书共分为 9 章。第 1 章主要介绍通信技术中的基本概念及通信发展简史;第 2 章介绍数字通信技术的基本原理,其中包括模拟信号的数字化技术、差错控制技术、数字信号的基带和频带传输,以及多路复用和同步技术;第 3 章主要介绍计算机网络的特点及其网络体系结构,包括 OSI 互联参考模型、TCP/IP 协议以及 OSI 模型各层中使用的协议和应用;第 4 章介绍传统交换和现代交换相关技术,包括数据交换原理及相关技术、传统程控电话交换技术和 No.7 信令系统;第 5 章介绍光纤通信系统的基本概念、主要技术、发展历程及未来展望等;第 6 章介绍移动通信的概念,以及各代移动通信系统的基本概况和关键技术;第 7 章主要介绍多媒体通信技术的基本概念,音频、图像、视频压缩编码技术,以及多媒体网络及应用;第 8 章介绍信息安全技术的概念和常用的网络安全与防范技术;第 9 章主要介绍当今通信领域中已经被采用或正在被研究的一些新技术的概念及其简单应用,包括物联网、云计算、大数据、移动互联网、量子通信、虚拟现实以及人工智能。本书每章都附有小结和思考题,有助于读者学习和思考。本书最后还附有缩略词英汉对照表,可以帮助读者熟悉通信领域的信息技术专业词汇。

本书的第 1、3、8、9 章以及附录由金蓉编写,第 2、6、7 章由梁彦霞编写,第 4、5 章由张新社编写,全书由金蓉统稿。

本书承蒙西安邮电大学副校长、博士生导师卢光跃教授主审。卢教授在百忙之中抽出宝贵时间,全面仔细地审阅了全书,并提出了十分宝贵的修改意见。

本书的编写得到了西安邮电大学通信与信息工程学院院长孙爱晶副教授、副院长杨武军副教授以及通信工程系副主任郭娟老师的大力支持和帮助。在此一并表示感谢。

由于编者经验不足、水平有限,加之时间仓促,书中难免有不足和疏漏之处,敬请广大读者批评指正。谢谢!

编者

2020 年 10 月

目 录

1

绪论

21世纪是信息时代,而现代通信系统是信息时代的生命线。由于人们进行的信息通信已不再是单一的电话业务,而是集文字、声音、图像为一体的综合性信息服务,因此,现代通信网络是一个综合业务数字网络。为了满足世界性的政治与经济活动的需要,人们已经建立起全球通信网,现代通信已成为世界上各个国家互联互通最重要的一种信息服务技术。本章主要介绍通信的基本概念、通信发展的历程、不同阶段的典型通信方式等基本知识,为后续知识的学习打下坚实的基础。

1.1 通信的定义及发展史

1.1.1 通信的定义

人类社会要进行信息交流离不开通信。通信是推动人类社会文明、进步与发展的巨大动力。在古代,人们通过驿站、飞鸽传书、烽火报警等方式传输信息。在现代社会,随着科技的飞速发展,相继出现了固定电话、移动电话、互联网等多种通信方式,不但缩短了人与人之间的距离,还提高了工作效率,改变了人类的生活方式。

那么什么是通信?通信一般是指人与人或人与自然之间通过某种行为或介质进行的信息交流与传递,无论采用何种方法,使用何种介质,将信息从一个地方准确、安全地传送到另一个地方。通信的任务是传递信息。人类社会中需要传递的信息可以是声音、文字、符号、图像和数据等。实现信息传输所需的全部技术设备的总和称为通信系统,其基本任务就是传输信息。

1.1.2 通信发展史

纵观人类社会通信发展的历程,通信发展可分为古代通信、近代通信和现代通信三个阶段。

1. 古代通信

利用自然界的基本规律和人的基础感官(视觉、听觉等)可达性建立通信系统,是人类基于需求的最原始的通信方式。

广为人知的"烽火传讯"(2700多年前的周朝,见图1-1)、"信鸽传书"、"击鼓传声"、

"风筝传讯"(2000多年前的春秋时期,以公输班和墨子为代表)、"天灯"(其代表是三国时期的孔明灯的使用,发展到后期热气球成为其延伸)、"旗语"以及之后发展依托于文字的"信件"(周朝已经有驿站出现,用来传递公文)都是古代传讯的方式,而信件在较长的历史时期内,都是人们传递信息的主要方式。这些通信方式,不管是广播式的,还是可视化、没有连接的,都满足现代通信信息传递的要求,或者一对一,或者一对多、多对一。

随着人类科技的发展,这些通信方式有的消散在历史的潮流中,有的依然在使用,其时间跨度是从4000年前到现在。17世纪中叶,法国在巴黎街道设立了邮政信箱,由此出现了邮票的雏形。1840年,英国发行了世界上第一枚邮票——一便士黑票(见图1-2)。1661年,英国亨利·比绍普创制和使用了第一个有日期的邮戳。

图1-1 烽火台　　　　　　　　　　　　图1-2 一便士黑票

2. 近代通信

到了近代,随着电报、电话的发明和电磁波的发现,人类通信领域产生了根本性的巨大变革。人类的信息传递脱离了常规的视听觉方式,利用电信号作为新的载体,同时带来了一系列的技术革新,开始了人类通信的新时代。利用电和磁技术来实现通信的目的,是近代通信起始的标志。

1835年,美国雕塑家、画家、科学爱好者塞缪尔·莫尔斯(Samuel Morse,见图1-3)成功地研制出世界上第一台电磁式(有线)电报机。他发明的莫尔斯电码利用"点"、"划"和"间隔"可将信息转换成一串或长或短的电脉冲传向目的地,再转换为原来的信息。1844年5月24日,莫尔斯在国会大厦联邦最高法院会议厅用莫尔斯电码发出了人类历史上的第一份电报,从而实现了长途电报通信。

1875年,苏格兰青年亚历山大·贝尔(A. G. Bell,见图1-4)发明了世界上第一台电话机,并于1876年申请了发明专利。1878年,他在相距300 km的波士顿和纽约之间进行了首次长途电话实验,并获得了成功,后来成立了著名的贝尔电话公司。

如果仅有电话机,只能满足两个人之间的通话,无法与第三个人进行通话。若将多个用户连接起来进行通话,不仅需要的连线多,而且两个用户进行通话时,所连接的其他用户无法进行隔离。为了解决这个问题,交换机产生了。第一台交换机于1878年在美国安装,共有21个用户,这种交换机依靠接线员为用户接线。1892年,美国人阿尔蒙·史瑞乔研发了步进式IPM电话交换机。

1864年,麦克斯韦预言了世界上存在电磁波,但遭到了其他学者的怀疑,直到1887年,赫兹通过实验证实了麦克斯韦关于电磁波的预言,才激起了人们利用电磁波进行通信的兴趣。

图 1-3 电报之父莫尔斯

图 1-4 电话之父贝尔

1895 年,意大利的马可尼和俄国的波波夫发明无线电,从而开创了无线电通信。1901 年,马可尼在加拿大的纽芬兰和英国的昆沃尔之间完成了横跨大西洋 3000 公里的无线电通信。1906 年,美国物理学家费森登发明了无线电广播,使无线电波走进了千家万户。

1922 年,16 岁的美国中学生费罗·法恩斯沃斯设计出第一幅电视传真原理图,1929 年,他申请了发明专利,被认定为发明电视机的第一人。1924 年,第一条短波通信线路建立,1933 年,法国人克拉维尔建立了英、法之间的第一条商用微波无线电线路,推动了无线电技术的进一步发展。1925 年,英国人贝尔德发明了机械扫描式电视机。1927 年,英国广播公司试播了 30 行机械扫描式电视,从此电视广播的历史开始了。

3. 现代通信

现代通信是以微电子和光电技术为基础,以计算机的诞生为标志开始的。20 世纪 50 年代以后,元件、光纤、收音机、电视机、计算机、广播电视、数字通信业都有极大发展。1946 年,美国宾夕法尼亚大学的埃克特和莫希里研制出世界上第一台电子计算机 ENIAC(见图 1-5),使高速计算成为现实,二进制的广泛应用催生了更高级别的通信机制——数字通信,从而加速了通信技术的发展和应用。

图 1-5 第一台电子计算机

1959 年,美国的基尔比和诺伊斯发明了集成电路,从此微电子技术诞生了。1967年,大规模集成电路诞生了,一块米粒般大小的硅晶片上可以集成含有一千多个晶体管的线路。

1962 年,地球同步卫星发射成功。

**图 1-6　第一台便携式
蜂窝移动电话**

1965 年,华裔物理学家高锟在《光频率介质纤维表面波导》一书中提出玻璃纤维损耗率低于 20 dB/km,远距离光纤通信将成为可能。

1973 年,美国摩托罗拉公司的马丁·库帕博士发明了第一台便携式蜂窝移动电话(见图 1-6),也就是人们所说的"大哥大"。一直到 1985 年,第一台现代意义上的、真正可以移动的电话(即"肩背式电话")才诞生。

1972～1980 年是大规模集成电路、卫星通信、光纤通信、程控数字交换机和微处理机等技术的快速发展期。1977 年,美国、日本科学家制成超大规模集成电路,在 30 mm^2 的硅晶片上集成了 13 万个晶体管。

1982 年,第二代蜂窝移动通信系统问世,分别是欧洲标准 GSM、美国标准 D-AMPS 和日本标准 D-NTT。1983 年,TCP/IP 协议成为 ARPAnet的唯一正式协议,伯克利大学提出基于 TCP/IP 的 UNIX 软件协议。

20 世纪 80 年代末,多媒体技术的兴起使计算机具备了综合处理文字、声音、图像、影视等各种形式信息的能力,日益成为信息处理最重要且必不可少的工具。1988 年,欧洲电信标准化协会(ETSI)成立。1989 年,欧洲核子研究组织(CERN)发明万维网(WWW)。20 世纪 90 年代,迅速发展的互联网更是彻底改变了人们的工作方式和生活习惯。

2000 年,第三代多媒体蜂窝移动通信系统标准诞生,其中包括欧洲的 WCDMA、美国的 CDMA2000 和中国的 TD-SCDMA。第三代移动通信系统都采用 CDMA 技术,能全球无缝覆盖、全球漫游,并可提供各种宽带信息业务,具有多媒体功能,可满足个人通信要求。第四代或超四代移动通信系统能提供比第三代移动通信系统更高的传输速率。从 2G 的 9.6 kb/s 到 4G 的 100 Mb/s,移动通信已成为人们不可或缺的生活要素。图 1-7 所示的是固定电话与移动电话的演进过程。

现代是移动通信和互联网通信的时代。这个时代的特征是,在全球范围内形成数字传输、程控电话交换通信为主,其他通信方式为辅的综合电信通信系统。电话网向移动方向延伸,并日益与计算机、电视等技术融合。现在就处于当代通信的时代,人们只要打开电脑、手机、PDA、车载 GPS,很容易就能实现彼此之间的联系,从而使人们生活更加便利。

近几年来,随着移动互联网以及信息处理技术的快速发展,电子商务、智慧城市、各种社交网络以及在线实时视频等逐步走进人们的生活,这些新技术的主要特点是需要存储的数据量大以及业务增长速度快。以云计算、大数据、物联网、5G、人工智能等技术为代表的 IT 技术的兴起正在使人类社会的生产方法和商业模式等产生根本性的变革。

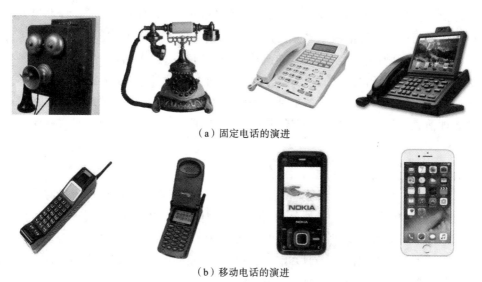

（a）固定电话的演进

（b）移动电话的演进

图 1-7 电话机的演进

1.2 信号与信道

通信的目的是为了获取信息。信息是人类社会和自然界中需要传递、交换、存储和提取的抽象内容，为了传递和交换信息，必须通过语言、文字、图像和数据等将其表示出来。在通信中，信息的传递是通过信号的传递来实现的。要实现通信首先就要将传递的消息转换为声音信号、电信号或光信号，然后通过各种手段（微波、卫星、网络、光缆等）来进行传输。因此，在实际通信系统中，内容上传输的是消息，而信号是消息的载荷者，但实际上传输的是信息。

1.2.1 信息、消息与信号

1. 消息

消息（message）：以标记、文字、图片、声音、影像等表现出人们对世界的感知和认识，或用某种自然方式表达某一事件的发生。消息的表达形式可以是一段语音、一幅图像、几行文字或者温度数据等。

2. 信息

信息（information）：以某种形式的承载方式表达的讯息中的人们所不确定的有效消息内容。广义信息是指消息中包含的有意义的内容，通信的主要目的就是传输包含有信息的消息。作为近代科学专门术语，信息已被广泛应用于社会各领域。广义信息指主体和客体在相互交往、相互联系中，用来表征事物特征的一种基本形式。人类活动离不开信息的传输、交换。对不同的人而言，信息的价值是不同的。根据信息论理论，不太被人们所了解或知道的讯息所含信息的量值就大；反之，如果讯息中的内容已被人们所了解，则该讯息就不含信息，或该讯息所含信息量低。

3. 信号

信号（signal）：运载消息的工具，是消息的载体。信号通常以电、磁、光、声波等形式表现标记、文字、图片、声音、影像等内容,是消息的电、磁表现形式。例如,古代人利用点燃烽火台而产生的滚滚狼烟,向远方军队传递敌人入侵的消息,这里敌人入侵是要传递的消息,滚滚狼烟是信号,是消息的载体,属于光信号;当人们说话时,声波传递到别人的耳朵,使别人了解自己的意图,这里说话的内容是消息,声波是信号,属于声信号;同样,各种无线电波、四通八达的电话网中的电流等是用变化的电波或电流等来向远方表达各种消息,属于电信号。人们通过对光、声、电信号进行接收,获取对方所要表达的消息。

4. 信息、消息、信号的关系

(1) 信息与消息。广义地说,信息就是消息,一切存在都有信息。信息与消息的区别:信息是包含在消息中的,是抽象的;消息是具体的,其中蕴含着信息。因此,信息寄寓于消息之中。如教师课堂讲授的具体内容即为信息,而所传授的内容是通过语言表达的,语言为信息的载体。不同形式的消息可包含相同的信息,如分别用语音、文字、图像发布的新闻,所含信息内容可以是相同的。

(2) 信息与信号。信息要进行传输必须转换成适合信道传输的物理量,这种物理量就称为信号。两者的区别:信号携带着消息,是消息的运载工具;信号是数据的电或光脉冲码,分为模拟信号和数字信号。后面小节将对此进行详细介绍。

1.2.2 信号的分类

1. 确知信号与随机信号

确知信号:指能够以确定的时间函数表示的信号,它在定义域内任意时刻都有确定的函数值,即对指定的某一时刻 t,有相应的函数值 $f(t)$ 与之对应(若干不连续点除外)。例如,振幅、频率和相位都是确定的一段正弦波,它就是一个确知信号。

随机信号:在事件发生之前无法预知信号的取值,即写不出明确的数学表达式,通常只知道它取某一数值的概率,这种具有随机性的信号称为随机信号。例如,半导体载流子随机运动所产生的噪声和从目标反射回来的雷达信号(其出现的时间与强度是随机的)等都是随机信号。实际信号在一定程度上都是随机信号。

2. 周期信号与非周期信号

周期信号:每隔一个固定的时间间隔重复变化的信号。周期信号满足下列条件:

$$f(t)=f(t+nT), \quad n=0,\pm1,\pm2,\cdots, \quad -\infty<t<\infty \tag{1-1}$$

式中:T 为 $f(t)$ 的周期,是满足式(1-1)条件的最小时段。

非周期信号:非周期信号是指不具有重复性的信号。

3. 模拟信号与数字信号

模拟信号:代表消息的信号参量(幅度、频率或相位)随消息连续变化的信号。若代表消息的信号参量是幅度,则模拟信号的幅度应随消息的变化而连续变化,即幅度取值有无限多个。但在时间上可以连续,也可以离散。模拟信号通常是时间连续函数,也有时间离散函数。但无论时间是否连续,其取值一定是连续的。最简单的时间连续的模拟信号如图 1-8(a)所示,图 1-8(b)为时间离散的模拟信号。

数字信号是指代表消息的信号的某一个参量携带着离散信息。因此,数字信号有

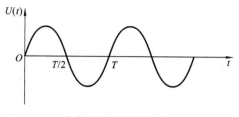
（a）时间连续的模拟信号

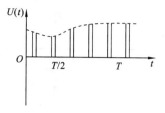
（b）时间离散的模拟信号

图 1-8　模拟信号

时也称离散信号,这个离散是指信号的某一参量是离散变化的,而不一定在时间上也离散,如电报信号、数据信号、遥测指令等。数字信号如图1-9所示。

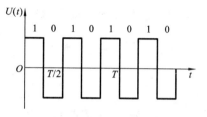

图 1-9　数字信号

1.2.3　信号的时域和频域特性

从数学的角度来看,信号可以描述为瞬时幅度(电压、电流等)随时间变化而变化的函数,称为幅度时间特性;也可以描述为能量幅度随频率变化而变化的函数,称为幅度频率特性。从物理的角度来看,通信的过程可以理解为携带消息的信号通过变化的消息对信号施加"影响",并让接收端能够"感知到"这个影响,从而检测并获得消息,达到"携带"的目的。因此只有深入了解信号的性质与特征,才能进一步理解消息的传送过程。信号的一般特征表现为时域特性和频域特性。

1. 信号的时域特性

信号的时域特性表达的是信号电压或电流随时间的变化而变化的规律。例如,图1-8表示的是正弦振荡信号的时域波形,简称为幅时特性。其数学表达式为

$$u(t) = A\sin(2\pi ft + \varphi) \tag{1-2}$$

式中:幅度 A、频率 $f = \dfrac{1}{T}$ 和初相位 φ 是三个重要的表征参数。

2. 信号的频域特性

信号的频域特性指任意信号总可以表示为许多不同频率正弦信号的线性组合,这些正弦信号所包含的频率范围,称为该信号的频谱,通常用函数 $F(w)$ 表示时域信号 $f(t)$ 的频谱。称信号 $f(t)$ 的绝对带宽为频谱 $F(w)$ 的带宽,单位为赫兹(Hz)。

信号的频域特性表达的是信号幅度和相位随频率变化的规律,根据傅里叶级数理论,周期为 T 的任意周期函数 $u(t)$,均可以表示为直流分量和无限多个正弦函数及余弦函数之和,即

$$u(t) = \frac{1}{2}a_0 + \sum_{n=1}^{\infty}\left[a_n\cos(n2\pi ft) + b_n\sin(n2\pi ft)\right] \tag{1-3}$$

如图1-10所示的周期脉冲信号由傅里叶级数分解展开后,其傅里叶级数中只包含直流分量和余弦项,不存在正弦项,即

$$u(t) = \frac{A\tau}{T} + \sum_{n=1}^{\infty}\frac{2A\tau}{T}\frac{\sin\dfrac{n\pi\tau}{T}}{\dfrac{n\pi\tau}{T}}\cos[n \cdot 2\pi f(t)] \tag{1-4}$$

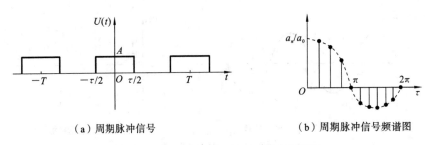

（a）周期脉冲信号　　　　　　　　（b）周期脉冲信号频谱图

图 1-10　周期脉冲信号的时域图和频谱图

式中：$T = \dfrac{1}{f}$ 是脉冲周期；$\dfrac{A\tau}{T}$ 是直流项；n 是谐波次数。

令 $x = \dfrac{n\pi\tau}{T} = n\pi\tau f$，则式（1-4）可表示为

$$u(t) = \frac{A\tau}{T} + \sum_{n=1}^{\infty} \frac{2A\tau}{T} \frac{\sin x}{x} \cos\left(\frac{2t}{\tau} x\right) \tag{1-5}$$

式（1-5）包含了周期脉冲信号频域分解后的各项频率分量，除直流项外，还包括一个基本频率（以下简称基频）和与基频频率成整数倍关系的谐波频率（以下简称谐频）。以 x 作为横轴，以归一化幅度 $\dfrac{a_n}{a_0}$ 为纵轴，可以画出以 $\dfrac{\sin x}{x}$ 为包络的不同频率分量振幅随频率分布的状况，称为信号频谱图。频谱图常用于描述信号的频域特性。

由信号频谱图可以观察到一个信号所包含的频率成分。一个信号所包含谐波的最高频率 f_h 与最低频率 f_l 之差，即该信号所拥有的频率范围，其定义为该信号的带宽。因此可以说，信号的频率变化范围越大，信号的带宽就越宽。在信号的典型应用中，周期矩形脉冲信号具有重要的代表意义，下面重点分析此类信号的频谱特点。

从图 1-10（b）所示周期矩形脉冲信号的频谱可得出如下结论。

（1）周期矩形脉冲信号的频谱是离散的，频谱中有直流分量 $\dfrac{A\tau}{T}$、基频 $\Omega = \dfrac{2\pi}{T}$ 和 n 次谐波分量 $n\Omega$，谱线间隔为 Ω。

（2）直流分量、基频及各次谐波分量的大小正比于 A 和 τ，反比于周期 T，其变化受包络线 $\dfrac{\sin x}{x}$ 的限制，有较长的拖尾（见式（1-5））。

（3）当 $x \to \infty$，即 $f \to \infty$ 时，谱线摆动于正负值之间并趋向于零。

（4）随着谐波次数的增加，幅度越来越小，理论上谐波次数可达到无穷大，即该信号的带宽是无限的，但可以近似认为信号的绝大部分能量都集中在第一个过零点 $f = 1/\tau (x = \pi)$ 左侧的频率范围内。这个频率范围外的信号频谱所占有的信号能量可以忽略不计。通常把第一个过零点左侧的这段频率范围称为有效频谱宽度或信号的有效带宽，即

$$B = \frac{1}{\tau} \tag{1-6}$$

式（1-6）表明，信号带宽与脉冲宽度成反比，即脉冲越窄，所占用的带宽越宽。带宽的概念对于理解通信系统的传输是非常重要的。

需要指出的是，信号带宽常与信道带宽有关。信道带宽用于描述通信信道的特性，是表示通信传输容量的一个指标，信道带宽越大，其通过信号的能力越强，越能传输较

高质量的信号。

1.2.4　信道

信道是通信系统中必不可少的组成部分,信道特性直接影响到系统的总特性。信号在信道中传输时,噪声作用于所传输的信号,接收端所接收的信号是传输信号与噪声的混合物。

1. 信道

通俗地说,信道是指以传输介质为基础的信号通路;具体地说,信道是指由有线或无线电线路所提供的信号通路;抽象地说,信道是指定的一段频带,它让信号通过,同时又给信号以限制和损害。信道的作用是传输信号。

2. 信道的分类

信道通常按具体传输介质类型的不同可分为有线信道和无线信道。有线信道和无线信道的区别如表 1-1 所示。传输介质又称通信媒体,它是发送方与接收方之间的物理路径。常用的有线信道传输介质为明线、对称电缆、同轴电缆、光缆等能够看得见的介质。而无线信道是利用不同波段的无线电波作为传输介质。

表 1-1　有线信道和无线信道的区别

分　类	有　线　信　道	无　线　信　道
构成	由导线所构成的一条有线信道	发送方使用高频发射机和天线发射无线电波信号,接收方通过接收天线和接收机接收信号
特点	传输介质为导线,信号沿导线传输,能量相对集中,因此具有较高传输效率	信号相对分散,传输效率较低,安全性较差;分长波、中波、短波、超短波等
传输介质	架空明线、双绞线、电缆和光缆	自由空间

下面介绍几种常用的典型传输介质。

(1) 明线:由两根裸露在空气中的铜导线彼此隔离地并排放在一起构成。明线构成的线路的串扰现象非常严重。

(2) 双绞线(twisted-pair):由两根互相绝缘的铜导线用规则的方法扭绞起来构成,如图 1-11(a)所示。双绞线可以减少相邻导线间的串扰,主要缺点是存在较强的趋肤效应,随着传输速率的增加,导线中的电流趋向于在导体的外层流动,从而减少可使用的有效截面积,增大导线的电阻和信号的衰减。

(3) 同轴电缆(coaxial cable):由单股实心或多股绞合的铜质芯线(内导体)、绝缘层、网状编织的屏蔽层(外导体)以及保护外层所组成,如图 1-11(b)所示。由于外导体的作用,外来的电磁干扰被有效地屏蔽了,因此同轴电缆具有很好的抗干扰特性,并且因趋肤效应所引起的功率损失也大大减小了。同时,与双绞线相比,同轴电缆具有更宽的带宽和更快的传输速率。

(4) 光纤:光纤通信是以光波为载频,以光导纤维为传输介质的一种通信方式。光纤的结构如图 1-11(c)所示。光纤具有频带宽、容量大、中继距离长、抗干扰性好,保密性强、成本低廉、传输质量高等许多优点。

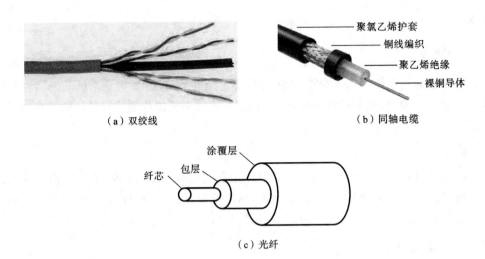

（a）双绞线　　　　　　　　　　　　　　　（b）同轴电缆

聚氯乙烯护套
铜线编织
聚乙烯绝缘
裸铜导体

涂覆层
纤芯　　包层

（c）光纤

图 1-11　几种常见的有线传输介质

（5）微波通信：微波通信是利用电磁波在对流层的视距范围内以微波接力形式进行传输的通信方式，如图 1-12 所示。微波波长为 1 mm～1 m，频率为 300 MHz～300 GHz，微波频段宽度是长波、中波、短波及甚短波等几个频段总带宽的 1000 倍。微波通信的特点：频带越宽，通信容量越大。微波是直线传播，视距以外的通信则通过中继方式进行传输。

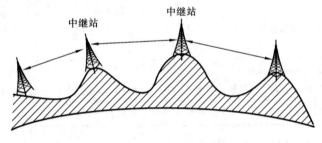

中继站　　　　　中继站

图 1-12　微波通信

（6）卫星通信：卫星通信就是地球上的无线电通信站之间利用人造卫星作中继站而进行的通信，如图 1-13 所示。卫星通信具有覆盖面积大、通信距离长、不受地理环境限制以及投资少、见效快等许多优点。

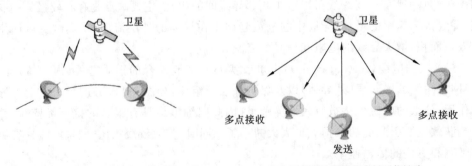

卫星　　　　　　　　　　　　　　卫星

多点接收　　　　　　　　　多点接收

发送

（a）卫星微波形成的点—点通信链路　　　　　（b）卫星微波形成的广播通信链路

图 1-13　卫星通信系统

1.2.5　信道噪声

从广义上讲,噪声是指通信系统中有用信号以外的有害干扰信号。通信系统中没有传输信号时也有噪声,噪声永远存在于通信系统中。因为这样的噪声是叠加在信号上的,所以有时称其为加性噪声。噪声能使模拟信号失真,使数字信号产生错码,从而限制信息的传输速率。

1. 噪声的分类

1) 按照来源分类

按照来源分类,噪声可以分为人为噪声和自然噪声两大类。

(1) 人为噪声:是由人类活动产生的,例如,电气开关瞬态造成的电火花,汽车点火系统产生的电火花,其他电台和家用电器产生的电磁辐射等。

(2) 自然噪声:是自然界中存在的各种电磁辐射,例如,闪电、大气噪声以及宇宙噪声。此外还有来自一切电阻性元器件中电子热运动的热噪声,如导线、电阻和半导体器件等均会产生热噪声。

2) 按照性质分类

按照性质分类,噪声可以分为脉冲噪声、窄带噪声和起伏噪声三类。

(1) 脉冲噪声:是突发性的,产生的幅度很大、持续时间很短、间隔时间很长的干扰。由于其持续时间很短,故其频谱较宽,可以从低频一直分布到甚高频,但是频率越高其频谱的强度越小。电火花就是一种典型的脉冲噪声。

(2) 窄带噪声:可以看作是一种非所需的、连续的已调正弦波,或就是一个幅度恒定的、单一频率的正弦波。通常它来自相邻电台或其他电子设备。窄带噪声的频率位置通常是确知的或可以测知的。

(3) 起伏噪声:是在时域和频域内都普遍存在的随机噪声。热噪声、电子管内产生的散弹噪声和宇宙噪声等都属于起伏噪声。大量实践证明,起伏噪声是一种高斯噪声,且在相当宽的频率范围内其频谱是均匀分布的,如白光的频谱在可见光的频谱范围内均匀分布那样,所以起伏噪声又常被称为白噪声。因此,通信系统中的噪声常常被近似地表述成高斯白噪声。在讨论通信系统性能受噪声的影响时,主要分析的就是高斯白噪声的影响。

2. 高斯噪声

高斯噪声是指概率密度函数服从高斯分布(正态分布)的平稳随机过程。

1) 高斯噪声的性质

(1) 若高斯过程是宽平稳随机过程,则它也是严平稳随机过程。也就是说,对于高斯过程来说,宽平稳和严平稳是等价的。

(2) 若高斯过程中的随机变量之间互不相关,则它们也是统计独立的。

(3) 若干个高斯过程之和仍是高斯过程。

(4) 高斯过程经过线性变换(或线性系统)后仍是高斯过程。

2) 高斯过程的一维概率密度

高斯过程的一维概率密度表示式为

$$f(x) = \frac{1}{\sqrt{2\pi}\sigma} \exp\left[-\frac{(x-a)^2}{2\sigma^2}\right] \tag{1-7}$$

式中：a 为高斯随机变量的数学期望；σ^2 为方差。

3）高斯白噪声

通信系统中，常会遇到这样一类噪声，它的功率谱密度均匀分布在整个频率范围内，即

$$P_\xi = \frac{n_0}{2}, \quad -\infty < \omega < \infty \tag{1-8}$$

式中：n_0 为一常数（W/Hz）。

这种噪声被称为白噪声，它是一个理想的宽带随机过程。白噪声如果是高斯分布的就称为高斯白噪声。应当指出，理想化的白噪声在实际中是不存在的。但是，如果噪声功率谱均匀分布的频率范围远远大于通信系统的工作频带，就可以把它视为白噪声。

3. 信噪比

信噪比常用于衡量一个通信系统的优劣，系统中某点的信噪比定义为该点的信号功率 P_S 与噪声功率 P_N 之比并取对数。一般来说，信噪比（SNR）越大，通信质量越高。具体定义为

$$\text{SNR} = 10\lg\left(\frac{P_S}{P_N}\right) \tag{1-9}$$

在模拟通信系统中，噪声对有用信号的影响会随着传输距离的增加而产生累积效应，难以从中把有用信号提取出来，因而要求系统有较高的信噪比。但在数字通信系统中，以适当距离中继再生后就可以完全恢复出原始信号，这也是数字通信能够完全取代模拟通信的最根本的原因。

1.3　信息量与信道容量

1.3.1　信息量

1. 信息量的定义

通过概率论的知识我们知道，事件的不确定程度，可以用它出现的概率来描述。消息中的信息量与消息发生的概率密切相关。消息出现的概率越大，则所含信息量就越少。如果事件是必然的（发生概率为1），那么它传递的信息量就应该为0；如果事件是不可能的（发生概率为0），那么它有无穷的信息量。而且当我们得到一个不是由一个事件构成而是由若干个独立事件构成的消息，那么我们得到的总的信息量就是若干个独立事件的信息量的总和。因此，消息 x 中所含的信息量 1 与消息出现的概率 $p(x)$ 间的关系式应当反映如下规律。

（1）消息中所含的信息量，是该消息出现的概率 $p(x)$ 的函数，即

$$I = I[P(x)], \quad 0 \leqslant P(x) \leqslant 1 \tag{1-10}$$

（2）$P(x)$ 越小，I 越大；反之，I 越小。当 $P(x)=1$ 时，$I=0$；当 $P(x)=0$ 时，$I=\infty$。

（3）n 个相互独立事件构成的消息，所含信息量等于各独立事件信息量的和，也就是说，信息具有相加性，即

$$I[P(x_1)P(x_2)\cdots] = I[P(x_1)] + I[P(x_2)] + \cdots \tag{1-11}$$

这样，可以得到 I 与 $P(x)$ 的关系式：

$$I = \log_a \frac{1}{P(x)} = -\log_a P(x) \tag{1-12}$$

式(1-12)为消息 x 所含的信息量。

2. 信息量的单位

信息量单位和式(1-12)中对数的底 a 有关。

若 $a=2$，则信息量的单位为比特(bit)，即

$$I = \log_a \frac{1}{P(x)} = -\log_2 P(x) \tag{1-13}$$

若 $a=e$，则信息量的单位为奈特(nat)，即

$$I = \ln \frac{1}{P(x)} = -\ln P(x) \tag{1-14}$$

若 $a=10$，则信息量的单位为哈特莱(Hartley)，即

$$I = \lg \frac{1}{P(x)} = -\lg P(x) \tag{1-15}$$

目前应用最为广泛的单位是比特，且为了书写简洁，常将 $\log_2$ 简写为 $\log$。

1.3.2 信道容量

1. 信道容量的定义

信道容量是指单位时间内信道中无差错传输的最大平均信息速率。因为信道分为连续(continuous)信道和离散(discrete)信道两类，所以信道容量的描述方法不同。所谓离散信道，就是输入与输出信号都是取值离散的时间函数；而连续信道，是输入和输出信号都是取值连续的时间函数。

设连续信道的输入端加入单边功率谱密度为 n_0 (W/Hz)的加性高斯白噪声，信道的带宽为 B (Hz)，信号功率为 S (W)，则通过这种信道无差错传输的最大信息速率 C 为

$$C = \log\left(1 + \frac{S}{N}\right) \tag{1-16}$$

式中：C 值称为信道容量。式(1-16)就是著名的香农信道容量公式，简称香农公式。

由于 $n_0 B$ 就是噪声的功率，令 $N = n_0 B$，故式(1-16)也可写为

$$C = \log\left(1 + \frac{S}{n_0 B}\right) \tag{1-17}$$

2. 信道容量的含义

根据香农公式可以得出以下重要结论。

(1) 任何一个连续信道都有信道容量。在给定 B、S/N 的情况下，信道的极限传输能力为 C，如果信源的信息速率 R 小于或等于信道容量 C，那么在理论上存在一种方法使信源的输出能以任意小的差错概率通过信道传输；如果 R 大于 C，则无差错传输在理论上是不可能的。因此，实际传输速率一般要求不能大于信道容量，除非允许存在一定的差错率。

(2) 增大信噪比 S/N 可以增加信道容量 C。

(3) 当信道容量保持不变时，信道带宽 B、信号噪声功率比 S/N 及传输时间三者之间是可以互换的。增加信道带宽，可以换来信号噪声功率比的降低，反之亦然。如果信号噪声功率比不变，那么增加信道带宽可以换取传输时间的减少，反之亦然。

通常把实现了极限信息速率传输(即达到信道容量值)且能达到任意小差错率的通信系统称为理想通信系统。香农公式只证明了理想通信系统的存在性,并没有说明实现方法,因此,理想通信系统可以作为实际通信系统的理想界限。

1.4 通信系统的模型及性能指标

1.4.1 通信系统的基本模型

通信的任务是在信息源和收信者之间建立一个传输信息的通道,实现信息的传输。如果把通信概括为一个统一的模型,这一模型包括信源、发送设备、信道、接收设备、信宿和噪声源。通信系统的基本模型如图 1-14 所示。

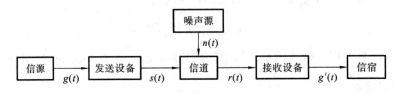

图 1-14　通信系统的基本模型

信源:各种信息(如语音、文字、图像及数据等)的发出者,其作用是把各种可能的消息转换成原始电信号。信源的信号为 $g(t)$,随时间发生变化,通常不适合直接在信道上传输。

发送设备:基本功能是完成信源与信道之间的匹配,即将信源发出的信息变换成适合在信道中传输的信号。经过变换的信号 $s(t)$,既载有信源的信息,同时又便于在信道上传输。

信道:信号传输介质的总称。按传输介质的种类可以分为有线信道(如双绞线、电缆、同轴电缆、光纤等)和无线信道(如可以传输电磁信号的自由空间)。按传输信号的形式又可以分为模拟信道和数字信道。

接收设备:对接收信号进行与发送设备相反的变换处理,以便恢复发送端信源送出的信号。由于接收的信号已经叠加有噪声干扰,接收设备应尽可能地抑制干扰,使所恢复的信号尽可能准确。

信宿:信息传输的终点,即信息的接收者。

噪声源:系统内各种干扰影响的等效结果,是信道中的噪声及分散在通信系其他各处噪声的集中表示。通过信道后的信号 $r(t)$,在传输中受到了噪声 $n(t)$ 的干扰,接收设备进行相对于发送的反变换,反变换后的信号为 $g'(t)$信号,是信号 $g(t)$ 的近似值或估计值。

1.4.2 通信系统的主要性能指标

在设计或评述通信系统时,往往要涉及通信系统的主要性能指标,否则就无法衡量其质量的优劣。性能指标也称质量指标,它们是对整个系统综合提出或规定的。

通信系统的性能指标涉及其有效性、可靠性、适应性、标准性、经济性及可维护性等。通信系统的质量主要由有效性和可靠性这两个指标来衡量。有效性指的是单位时间内系统能够传输消息量的多少,以系统的信道带宽(Hz)或传输速率(b/s)为衡量单位。在相同条件下,带宽或传输速率越高越好。可靠性指的是消息传输的准确程度,其差错越少越好,最好不出差错。例如,在模拟通信系统中,系统的频带越宽,其有效性越高,而其可靠性常用信噪比来衡量,信噪比越大,其可靠性越高。有效性和可靠性经常是相互抵触的,即可靠性的提高有赖于有效性的降低,反之亦然。

1. 模拟通信系统的性能指标

模拟通信系统的性能指标主要有以下两个。

(1) 消息传输速率。从信息论观点而言,消息传输速率指单位时间内传输的消息中所包含的信息量。

(2) 信噪比。信噪比即接收端信号平均功率和噪声平均功率之比。相同条件下,信噪比越大,抗干扰能力越强。

模拟信号具有结构较复杂、易受外界干扰等属性,使模拟通信系统设备复杂、抗干扰性差、存在噪声累积、复用方式落后、不易保密通信、设备规模集成困难,特别是不适应迅猛发展的计算机通信要求,但因其带宽利用率高而在带宽资源受限的电缆传输时代成为主要的通信系统。

2. 数字通信系统的性能指标

1) 传输速率

(1) 符号速率又称为信号速率,记为 R_B。它表示单位时间内传输的符号个数(可以是多进制)。符号速率的单位是波特(baud),即每秒的符号个数。

(2) 信息速率,简称传信率,通常记为 R_b。它表示单位时间内传输的信息量,即二进制码元数。在二进制通信系统中,信息速率 R_b(b/s)等于符号速率 R_B;而在多进制系统中,两者不相等。它们的关系为 $R_b = R_B \log_2 N$,式中 N 为符号的进制数。如四进制中符号速率 R_B 为 2400 baud,其信息速率 R_b 为 4800 b/s,而在八进制中信息速率 R_b 为 7200 b/s。

(3) 频带利用率。在比较不同通信系统的效率时,单看它们的信息传输速率是不够的(或者说,即使两个系统的信息速率相同,它们的效率也可能不同),还要看传输这样的信息所占的频带。通信系统占用的频带越宽,传输信息的能力应该越强。通常情况下,可以认为两者成正比。用单位频带内的符号速率描述系统的传输效率,即每赫兹的波特数,符号速率用 n 表示。

2) 差错率

可靠性可用差错率来表示。常用的差错率指标有平均错码率、平均误字率、误信率等。错码率是指错误接收的码元数在传送总码元数中所占的比例,或者确切地说,错码率即是码元在传输系统中被传错的概率。误信率是指错误接收的信息量在传送信息总量中所占的比例,或者说,它是码元的信息量在传输系统中被丢失的概率。差错率是一个统计平均值,因此在测试或统计时,总的发送比特(字符、码组)数应达到一定的数量,否则得出的结果将失去意义。

1.5　通信系统的分类

通信系统根据传输信号特征、传输介质、调制方式、通信方式的不同,有多种分类方法。

1.5.1 按传输信号特征分类

根据传输信号的幅度是否随时间的变化而连续变化,通信系统可分为模拟通信系统和数字通信系统。

1. 模拟通信系统

模拟通信系统中传输的是模拟信号,信源消息经非电/电变换,形成的电信号称消息信号,如电话语音信号的频率为 $300\sim3400$ Hz、音乐为 $20\sim20000$ Hz,这种频谱分量较低的基带信号一般不宜直接传输。因此,模拟通信需进行两种变换:发送端将原始电信号变换成频带适合信道传输的信号(即调制),接收端将信道中传输的信号恢复为原始的电信号(即解调)。模拟通信系统模型如图 1-15 所示。

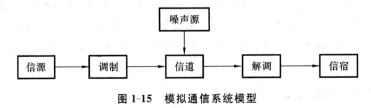

图 1-15 模拟通信系统模型

1)调制的目的

调制是对信源信号进行处理使其变为适合于信道传输的过程;相反过程称解调。模拟信号调制与解调过程如图 1-16 所示。对于不同信道,根据经济、技术等因素采用相应的调制方式。具体而言,调制的主要目的如下。

图 1-16 模拟信号调制与解调过程

(1)频谱变换为有效、可靠的传输信息,需将低频信号的基带频谱搬移到适当的或指定的频段。例如,人类语音信号频率为 $100\sim9000$ Hz(男性)、$150\sim10000$ Hz(女性),这种信号从工程角度看,不可能通过天线进行无线传输。天线辐射效率取决于天线几何尺寸与工作波长之比,一般要求天线长度应在发射信号波长的 1/10 以上,因此语音信号须通过调制,也就是将该信号搬移到 $m(t)$ 在工程上能实现传播的信道频谱范围内才能传输。

(2)提高抗干扰能力调制能改善系统的抗噪声性能。通过调制增强了信号的抗干扰能力,这样提高通信的可靠性必须以降低其有效性为代价,反之也一样,即通常所说的信噪比和带宽的互换,而这种互换是通过不同调制方式实现的。当信道噪声较严重时,为确保通信可靠性,可以选择某种合适的调制方式来增加信号频带宽度。这样,虽然传输信息的速率相同且抗干扰能力增强,但所需的频带却加宽,导致信息传输有效性降低。

(3)实现信道多路复用的信道频率资源十分宝贵,一个物理信道如果仅传输一路

信号 $m(t)$，显然浪费了远比 $m(t)$ 频率范围更宽的信道资源。通过调制，可将多个信号的频谱按一定规则排列在信道带宽相应频段，实现同一信道中多个信号互不干扰地同时传输，即频分复用。当然，复用方式、复用路数与调制方式及信道本身的特性有关。

2）常用调制方式

大部分调制系统将待发送的信号和某种载波信号进行有机结合，产生适合传输的已调信号，调制器可视为一个六端网络，其中一端对应输入待传输的含有信息的信号——调制信号 $m(t)$，另一端对应输入载波 $c(t)$，输出端对应输出已调波 $s(t)$，使载波的 $1\sim2$ 个参量成比例地受控于调制信号的变化规律。根据 $m(t)$ 和 $c(t)$ 的不同类型和完成调制功能的调制器传输函数的不同，调制方式主要有调幅（AM）、调频（FM）、调相（PM）等，如图 1-17 所示。3 种调制方式相关指标比较如表 1-2 所示。

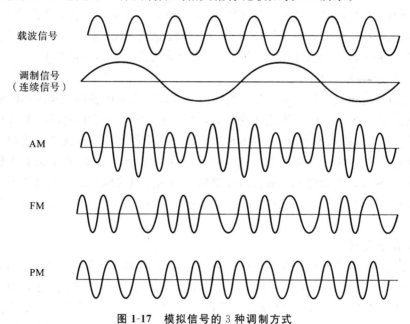

图 1-17 模拟信号的 3 种调制方式

表 1-2 3 种调制方式相关指标比较

调制方式	AM	FM	PM
所需带宽	窄	宽	宽
频谱复杂性	简单	复杂	复杂
功率效率	差	良好	良好
调制/解调处理	简单	难	适度
抗干扰能力	弱	强	强

2. 数字通信系统

1）数字通信系统的组成结构

数字通信系统的基本构成如图 1-18 所示，其涉及的技术问题有很多。为实现数字信号远程传输，数字通信系统除了包含信源编码、信宿解码外，还有由信道编码器、调制器、信道、解调器和信道解码器等组成的传输系统，以及保证收/发信道两端设备协调一致、同步工作的数字同步系统、控制（信令）通道和网管数据通道等。

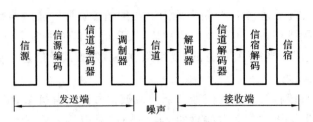

图 1-18　数字通信系统模型

（1）信源编码。

信源通常存在某些冗余信息，为提高传输有效性，可根据香农理论去除这些冗余信息，用更少编码位数表示符合一定接收质量的多源符号。具体来讲，就是针对信源输出符号序列的统计特性寻找某种方法，把信源输出符号序列变换为最短的码字序列，使后者的各码元所载信息量最大，同时又能无失真地恢复原来的符号序列。最原始的信源编码是莫尔斯电码，现代通信常见的信源编码分为无损编码和有损编码。

（2）信道编码。

信道编码的作用是提高数字信号传输的可靠性。由于传输信道噪声和信道特性不理想造成的码元间干扰极易导致传输差错，而信道线性畸变造成的码间干扰可通过均衡方法基本消除，因此，信道噪声成为传输差错的主要原因。减小这种差错的基本方法是在信码组中按一定规则附加若干监视码元（或称冗余码），使原来不相关的数字序列变为有一定相关性的新序列。接收端可根据这种相关性来检测或纠正接收码组中的错码，提高可靠性，故信道编码又称差错控制编码。接收端的信道解码是信道编码的逆过程。

（3）信道复用。

信道复用是指多种信息流共享同一信道，以此提高资源利用率。例如，目前无线通信频段为 10～1012 Hz，各频段、频点用于相应类型的无线信号传输，可采用频分复用（FDM）；基于有线信道的基带传输，可采用时分复用（TDM）；还有基于无线扩频通信的码分复用（CDM）和基于特殊媒体分离和空间分离的空分复用（SDMA）等。复用/多址基本原理的共同点是复用信号集的各信号间或多址系统各用户地址码之间为正交关系。

（4）调制。

调制是信号的变换过程，若调制信号为数字信号，则相应的调制称为数字调制。数字信号的调制、解调过程如图 1-19 所示。

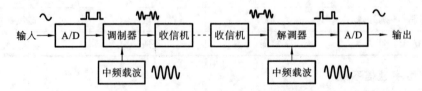

图 1-19　数字信号的调制、解调过程

常用的数字调制有幅移键控（ASK）法、频移键控（FSK）法、相移键控（PSK）法等，如图 1-20 所示。

ASK 方式下，用载波的两种不同幅度来表示二进制的两种状态。ASK 方式容易

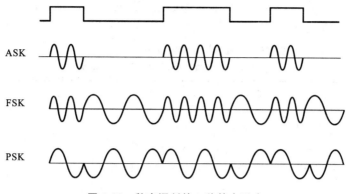

图 1-20 数字调制的 3 种基本形式

受增益变化的影响,是一种低效的调制技术。在电话线路上,通常只能达到 1200 b/s 的速率。

FSK 方式下,用载波频率附近的两种不同频率来表示二进制的两种状态。电话线路上使用 FSK 可以实现全双工操作,通常可达到 1200 b/s 的速率。

PSK 方式下,用载波信号相位移动来表示数据。PSK 可以使用二相或多于二相的相移,利用这种技术,可以对传输速率起到加倍的作用。

2) 数字通信的特点

(1) 抗干扰能力强、无噪声积累。模拟通信的噪声随传输距离的增加而增加,从而导致传输质量下降;数字信号的幅值为有限个离散值,传输过程中虽然也存在干扰,但当干扰恶化到一定程度时,可以采用判决再生的方法,生成没有噪声干扰的与原发送端一样的数字信号,从而实现远距离、高质量的传输。

(2) 便于加密处理。信息传输的安全性、保密性越来越重要,数字通信的加密处理比模拟通信容易得多。以语音信号为例,经过数字变换后的信号可用简单的数字逻辑运算进行加密/解密处理。

(3) 便于存储、处理和交换。数字通信的信号形式与计算机一致,都是二进制代码,易与计算机联网,并利用计算机进行数字信号的存储、处理和交换,使通信网的管理和维护自动化、智能化。

(4) 设备便于集成化、微型化。数字通信采用时分多路复用,不需要体积较大的滤波器,可用大规模和超大规模集成电路实现,因此设备的体积小、功耗低。

(5) 便于构成综合业务数字网。采用数字传输方式,可以通过程控数字交换设备进行数字交换,以实现传输和交换的综合。另外,电话业务和各种非电话业务都可以实现数字化,构成综合业务数字网(ISDN)。

(6) 占用频带较宽。一路数字电话约占频带 64 kHz,模拟电话仅占频带 4 kHz,这是模拟通信目前仍有生命力的主要原因。随着宽频带信道(如光缆、数字微波)的大量利用,及数字信号处理技术的发展,数字通信带宽已不是问题。可以看出,数字通信具有很多显著的优点,其发展异常迅猛,应用日趋广泛,并朝着高速化、智能化、宽带化和综合化方向迈进。

1.5.2 按传输介质分类

根据传输介质不同,通信分为有线通信(如双绞线、双平行线、同轴电缆、微带、波导、多芯铜线、光缆等)和无线通信(如移动通信、微波通信、卫星通信、雷达、声呐、遥控遥测、无线定位、无线接入等)。

无线电不同频段的划分及用途如表 1-3 所示。

表 1-3 无线电不同频段的划分及用途

频　段	频率范围	波　段	波长范围	主要用途	主要传播方式
极低频(ELF)	3～3000 Hz	极长波	100～1000 km	远程通信、海上潜艇远程导航	地波
甚低频(VLF)	3～30 kHz	超长波	10～100 km		
低频(LF)	30～300 kHz	长波	1～10 km	中远程、地下通信、无线导航	地波或天波
中频(MF)	300 kHz～3 MHz	中波	0.1～1 km	中波广播、业余无线电	地波或天波
高频(HF)	3～30 MHz	短波	10～100 m	短波通信、短波电台、航海通信	天波
甚高频(VHF)	30～300 MHz	超短波	1～10 m	电视、调频广播、电离层下散射	视距波、散射波
特高频(UHF)分	0.3～3 GHz	米波	0.1～1 m	移动通信、遥测、雷达导航、蓝牙	视距波、散射波
超高频(SHF)	3～30 GHz	厘米波	1～10 cm	微波、卫星通信、雷达探测	视距波
极高频(EHF)	30～300 GHz	毫米波	1～10 mm	雷达、微波、射电天文通信	视距波
光波	$10^5～10^7$ GHz	近红外线	0.3～3 μm	光纤通信	光导纤维

1.5.3 按调制方式分类

根据信号送到信道前是否进行调制,通信系统分基带传输和频带传输。前者指信号未经调制而直接送到信道传输;后者指信号经过调制后再经信道传输,接收端需进行相应的解调。常用调制方式及用途如表 1-4 所示。

表 1-4 常用调制方式及用途

调制方式			用途举例
连续波调制	线性调制	常规双边带调制(AM)	广播
		单边带调制(SSB)	载波通信、短波无线电话通信
		双边带调制(DSB)	立体声广播
		残留边带调制(VSB)	电视广播、传真
	非线性调制	调频(FM)	微波中继、卫星通信、广播
		调相(PM)	中间调制方式

续表

调制方式		用途举例
	幅移键控（ASK）	数据传输
	频移键控（FSK）	数据传输
数字调制	相移键控（PSK）	数据传输
	其他数字调制（如 QAM、MSK 等）	数字微波、空间通信
	脉幅调制（PAM）	中间调制方式、遥测
脉冲模拟调制	脉宽调制（PDM）	中间调制方式
	脉位调制（PPM）	遥测、光纤传输
	脉码调制（PCM）	市话中继线、卫星、空间通信
脉冲数字调制	增量调制（DM）	军用、民用数字电话
	差分脉冲编码调制（DPCM）	电视电话、图像编码
	其他编码方式（如 ADPCM 等）	中速数字电话

（最左侧竖列：脉冲调制）

1.5.4 按通信方式分类

1. 单工通信方式

此种方式的信息传输只能保持一个方向，而不能进行相反方向的传输，如图1-21（a）所示。其中一端只能作为发送端发送数据，另一端只能作为接收端接收数据，如广播方式的传输。

2. 半双工通信方式

此种方式的信息流可在两个方向传输，但同一时刻只限于一个方向传输，如图1-21（b）所示。通信的两端都具有发送和接收功能，但传输线路只有一条，一端发送时，另一端只能接收。它实际上是一种可以切换方向的单工通信。

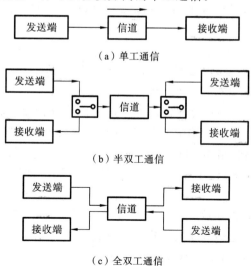

（a）单工通信

（b）半双工通信

（c）全双工通信

图 1-21　通信方式示意图

3. 全双工通信方式

此种方式能两个方向同时接收、发送信息,如图 1-21(c)所示。两端像分别用上行专用线和下行专用线连接一样,双方都能同时发送、接收信息,如电话通信。单工和半双工传输可采用一个信道支持信息的传输,全双工传输则需两个信道,或利用存储技术,在一个信道上支持宏观的全双工传输。

1.5.5 按业务功能分类

按业务功能划分,通信可分为电话通信、电报通信、传真通信、数据通信、图像通信、多媒体通信、卫星通信、微波通信、移动通信等。这些通信系统可以是专用的,但大多数情况下是兼容并存的。

1.6 通信网与电信网

1.6.1 通信网的定义与构成

1. 通信网的定义

通信网是由一定数量的节点(包括终端设备和交换设备)和连接节点的传输链路相互有机地组合在一起,以实现两个或多个规定点之间信息传输的通信体系。也就是说,通信网是由相互依存、相互制约的许多要素组成的有机整体,用以完成规定的功能。通信网的功能就是要适应用户呼叫的需要,以用户满意的程度传输网内任意两个或多个用户之间的信息。

2. 通信网的构成

由通信网的定义可以看出,通信网在硬件设备方面的构成要素是终端设备、传输链路和交换设备。为了使全网协调、合理地工作,还要有各种规定,如信令方案、各种协议、网络结构、路由方案、编号方案、资费制度与质量标准等,这些均属于软件。即一个完整的通信网除了包括硬件以外,还要有相应的软件。下面重点介绍构成通信网的硬件设备。

1)终端设备

终端设备是用户与通信网之间的接口设备,它包括信源、信宿及变换器与反变换器的一部分。终端设备的功能有以下三个。

(1)将待传送的信息和在传输链路上传送的信号进行相互转换。在发送端,将信源产生的信息转换成适合在传输链路上传送的信号;在接收端则完成相反的变换。

(2)将信号与传输链路相匹配,由信号处理设备完成。

(3)信令的产生和识别,即用来产生和识别网内所需的信令,以完成一系列控制。

2)传输链路

传输链路是信息的传输通道,是连接网络节点的介质。它一般包括信道及变换器与反变换器的一部分。信道有狭义信道和广义信道之分,狭义信道是单纯的传输介质(比如一条电缆);广义信道除了传输介质以外,还包括相应的变换设备。由此可见,这里所说的传输链路指的是广义信道。传输链路可以分为不同的类型,它们有不同的实现方式和适用范围。

3）交换设备

交换设备是构成通信网的核心要素,它的基本功能是完成接入交换节点链路的汇集、转接接续和分配,实现一个呼叫终端(用户)和它所要求的另一个或多个用户终端之间的路由选择的连接。交换设备的交换方式可以分为两大类:电路交换和存储转发交换。交换技术的详细内容参见本书第4章的内容。

1.6.2 通信网的类型与拓扑结构

1. 通信网的类型

在实际应用中,人们从应用的角度出发,根据通信网提供的业务类型,采用的交换技术、传输技术,服务范围,运营方式等方面的不同对其进行分类。通信网常见的分类方法有以下几种。

(1) 按传输的介质分:有线网(电线,电缆或光缆等)、无线网(长波、中波、短波、超短波、微波、卫星等)。

(2) 按通信服务的范围分:本地通信网、市话通信网、长话通信网、国际通信网、局域网、城域网、广域网、因特网等。

(3) 按通信的业务类型分:电话通信网(如 PSTN、移动通信等)、广播电视网、数据网、传真网、综合业务网、多媒体网、智能网、信令网、同步网、管理网、计算机通信网。

(4) 按通信的服务对象分:公用通信网、专用通信网。

(5) 按通信传输处理信号的形式分:模拟网、数字网、混合网。

(6) 按通信的活动方式分:固定网、移动网。

(7) 按通信的性质分:业务网、传输网、支撑网。

2. 通信网的拓扑类型

通信网虽然可以从不同的角度分为不同的网络形式,但其基本的拓扑结构形式都是一致的。人们把构成网络节点之间的互联方式称为拓扑结构。通信网的网络拓扑结构主要有星形、网状形、环形、树形、总线型、复合型等几种(见图 1-22)。

1）星形网

星形网是一种以中央节点为中心,把若干外围节点(或终端)连接起来的辐射式互联结构,如图 1-22(a)所示,所以也被称为辐射网。星形网的辐射点就是转接交换的中心,其余节点之间相互通信都要经过转接交换中心的交换设备来完成,因而交换设备的交换能力和可靠性会影响到网内的所有用户。从图 1-22(a)中可看出,N 个节点的星形网需要 $N-1$ 条传输链路,由于所用传输链路较少,线路的利用率就高,所以当交换设备的费用低于相关传输链路的费用时,星形网的经济效益较好;但因为中心节点是全网可靠性的瓶颈,中心节点一旦出现故障,会造成全网瘫痪,故安全性较差。

2）网状形网

网状形网由多个节点或由用户之间互连而成,其结构如图 1-22(b)所示。它是一种完全互连的网,其结构特点是网内任何两个节点之间均有直达线路相连。如果网内有 N 个节点,全网就有 $N(N-1)/2$ 条传输链路。显然,当节点数增加时,传输链路必将迅速增加。这样的网络结构冗余度较高,稳定性较好,但线路利用率不高,经济性较差,适用于局间业务量较大或分局业务量较少的地区。

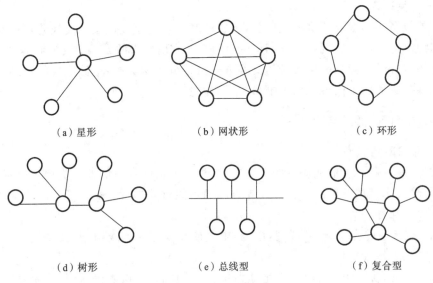

（a）星形　　　　　　　（b）网状形　　　　　　　（c）环形

（d）树形　　　　　　　（e）总线型　　　　　　　（f）复合型

图 1-22　组网结构示意图

3）环形网

环形网的结构如图 1-22(c)所示，网中所有节点首尾相连，组成一个环。N 个节点的环网需要 N 条传输链路。该网的特点是结构简单、实现容易，由于可以采用自愈环对网络进行自动保护，所以稳定性比较高。但当节点较多时，转接延时难以控制，不便扩容。

环形网结构目前主要用于计算机局域网、光纤接入网、城域网、光传输网等网络中。

4）树形网

树形网可以看成星形拓扑结构的扩展，如图 1-22(d)所示。在树形网中，节点按层次连接，信息交换主要在上、下节点之间进行。树形结构主要用于用户接入网或用户线路网中。另外，主从网同步方式中的时钟分配网也采用树形结构。

5）总线型网

总线型网的结构如图 1-22(e)所示。它属于共享传输介质型网络，网中所有的节点都连接在一个公共传输总线上，任何时候只允许一个用户占用总线发送或接收数据。这种网络结构需要的传输链路少，增减节点比较方便，但稳定性较差，网络范围也受到限制。

总线型网主要用于计算机局域网、电信接入网等网络中。

6）复合型网

复合型网的结构如图 1-22(f)所示。从网络结构上看，复合型网是由网状形网和星型网复合而成的。组网时根据业务量的需要，以星形网为基础，在业务量较大的转接交换中心区间采用网状型结构，所以整个网络比较经济且稳定性较好。复合型网具有网状形网和星形网的优点，是通信网中常采用的一种网络结构，但网络设计应以交换设备和传输链路的总费用最小为原则。

1.6.3　电信网

对通信网而言，不管实现何种业务，或是服务何种范围，电信网的基本拓扑结构形式都是一致的。电信网拓扑结构形式主要有网状形网、星形网、复合型网、总线型网、环形网和蜂窝网等。

根据服务范围,电话网分为国际长途电话网、国内长途电话网和本地网。长途电话网由各城市的长途交换中心、长市中继线和局间长途线路组成,用来疏通各个不同本地网之间的长途话务。本地电话网是指在同一长途编号区范围内,由若干个端局(或者若干个端局和汇接局)及局间中继线、长市中继线、用户线、用户交换机、电话机等所组成的电话网。

现代电信网已变得越来越复杂,为了便于分析和规划,ITU-T 提出了网络分层和分割的概念,即任意一个网络总可以在垂直方向上分解为若干独立的网络层(即层网络),相邻网络层之间具有客户/服务者关系,每一层网络在水平方向上又可以按照该层内部结构分割为若干部分。

现代电信网从垂直方向上分为传送网、业务网和应用层,如图 1-23 所示。传送网是支持业务网的传送手段和基础设施,由线路设施、传输设施等组成,为传送信息业务提供所需传送承载能力的通道。长途传送网、本地传送网、接入网均属于传送网。业务网是指向用户提供诸如电话、电报、图像、数据等电信业务的网络。固定电话通信网、移动电话通信网、数据通信网均属于业务网。通信技术发展到今天,通信网络已经是全业务网络。应用层包括各种信息应用,如远程教育、电视会议、文件传送、多媒体业务等。支撑网能使电信业务网络正常运行,可以支持全部(即三个层面)的工作,提供保证网络有效正常运行的各种控制和管理能力,包括信令网、同步网和电信管理网。

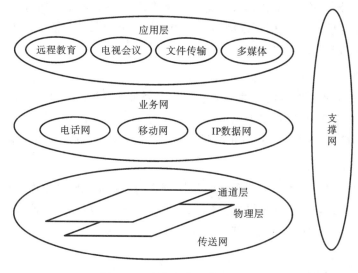

图 1-23　现代电信网的分层结构

1.7　通信技术的发展趋势

通信技术、计算机技术和信号处理技术构成了信息科学的三大支柱。它们交叉融合、互相促进、飞速发展,大大加速了社会信息化的进程。现代通信技术的发展趋势主要表现在以下几个方面。

1. 网络泛载化

随着网络的演进,过去传统的纵向、分离的网络向更加融合的网络方向发展。例如,原来的固定电话网、移动电话网、数据通信网,逐步发展为统一的、融合的、以 IP 为核心的泛载网络。

2. 开放化

由于网络的标准化水平不断提高,网络更加开放,新的应用、新的业务形态可以很方便地在通信网络上实施。

3. 软件定义化

随着硬件处理能力的提升以及软件无线电技术的发展,现有的网络设备逐渐被标准化的处理器(刀片机)所代替,使得软件定义设备、软件定义网络甚至软件定义一切成为可能。目前,很多设备已经从换设备变成了软件升级,使得网络升级更加方便。随着网络操作系统的推广应用、网络数据库的发展,未来的网元功能、网络功能将向软件化方向发展。

4. 智能化

过去的通信网络过分依赖功能固定的一体化的通信设备,网络的连接与维护相对固定,比较呆板。随着技术的发展,现有的信息通信网络拥有更多的智能,使得通信网络能主动适应各类应用与业务的发展。随着移动通信技术、窄带物联网技术的发展,未来人们将在现有通信网络外层构建一个传感器网络,使得现有的网络具有对现实世界的感知能力,包括触觉、听觉、视觉、嗅觉等。未来的网络像人一样拥有感知,可对外面物理世界产生感知反应,进而可以利用强大网络处理能力和学习能力发展网络智能,实现物联智能化和虚实结合化。

5. 综合化

基于 IP 技术的推广应用促进了网络的开放化和泛在化,使得现有的通信网络更加综合化;传统的通信网络与 IT 网络的融合发展推动了 ICT 技术的发展,实现了电信服务、信息服务、IT 服务及应用的有机结合,使得网络综合服务能力不断提高。

6. 云化

现有的通信网络基本实现了承载与控制分离,控制部分通过分散在网络上的各类服务器实现。网络云平台的建设,使得应用开发、业务开发可以很方便地构建在云服务上。网络云化让业务应用开发和部署更加方便。

1.8 本章小结

本章在简要回顾通信发展史的基础上,对与通信系统技术相关的一些经典的基础知识进行了介绍,主要内容包括通信信号、信息量与信道容量、通信系统模型与指标、通信系统的分类、通信信道的特性、调制解调、通信网与电信网等基本概念。通过本章的学习,可以使读者在整体上初步建立起关于通信的一些基本概念,为后续章节的学习打下牢固的基础。

思考和练习题

1. 什么是通信？什么是信息？简述消息、信息和信号的区别。

2. 简述模拟信号和数字信号的概念。

3. 简述通信系统的分类。

4. 简述常用的典型传输介质。

5. 画图并说明常用通信网的拓扑结构以及各种结构的特点。

6. 画出通信系统的基本模型结构图,并说明其中各部分的作用。

7. 通信系统的主要性能指标有哪些? 分别是怎么定义的?

8. 一个八进制数字传输系统,若码元速率为 2400 波特,试求该系统的信息速率。

9. 已知某四进制投影数字传输系统的信息速率为 2400 b/s,接收端在 10 分钟内共收到 9 个错误码元,试计算该系统的错码率。

10. 已知某连续信道的传输带宽为 50 MHz,且信号噪声为 30 dB,试求该信道的容量。

2

数字通信技术

现实中需要传输的信息大多为模拟信号,模拟信号在通信系统中的直接传输为模拟通信。相对于模拟通信,数字通信具有明显的优点:抗干扰、抗噪声能力强;数字信号易于加密,信息传输更安全;可以整合不同信源的信号,实现综合业务等。本章主要介绍模拟信号的数字化方法、差错控制方法、数字信号的基带和频带传输,以及多路传输和同步技术。

2.1 数字通信系统概述

信道中传输数字信号的系统称为数字通信系统。根据信道状况,数字信号在经过信道之前会得到不同的处理。因此,数字通信系统一般分为数字基带传输系统和数字频带传输系统两类。而现实中,一般有待传输的信息都是模拟信号,因此需要将模拟信号转换为数字信号,再经过数字通信系统来进行传输。在有的文献中,数字通信系统被称为模拟信号数字化传输系统。

2.1.1 数字通信的系统模型

数字通信的基本特征是,消息或信号具有"离散"的特性,从而使数字通信具有许多特殊的问题。相对于模拟通信,数字通信在信号传输时信道上的噪声或者干扰所造成的差错,可以通过差错控制编码来控制。因此,需要在模拟通信模型的基础上,于发送侧加入信道编码器,于接收侧加入信道解码器。此外,由于数字通信数字化的特点,可以对信息进行加密,在一般通信模块中添加加密和解密模块。另外,接收端必须与发送端有相同的节拍,否则就会因为收、发步调不一致而造成混乱,不能将信息予以正确恢复。

综上所述,点对点的数字通信模型一般如图 2-1 所示。在这个图中,同步的环节没有画出来,因为它的位置往往是不确定的,这里主要强调信号流程所经过的部分。

需要说明的是,图 2-1 中的调制和解调、加密和解密、信道编码和信道译码等环节在具体通信系统中是否全部采用,取决于具体设计条件和要求。但在一个系统中,如果发送端有调制、加密、编码等模块,则接收端必须要有解调、解密、译码等模块,也就是说,发送端和接收端的模块是对称的。通常有调制、解调的数字通信系统称为数字频带传输系统。

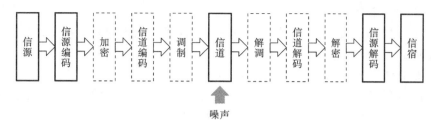

图 2-1 数字频带传输系统模型

与频带传输系统相对应,没有调制/解调的数字通信系统称为数字基带传输通信系统,如图 2-2 所示。

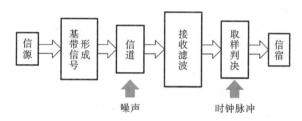

图 2-2 数字基带传输系统模型

基带信号具有低通型频谱特性,对于基带传输而言,其信道及相应部件也必须具有低通型特性。基带信号形成器可能包括编码、加密以及波形变换等功能,接收滤波也可能包括译码、解密等环节。具体内容将在 2.4 节详细讨论。

2.1.2 数字通信的优点和缺点

前面介绍了几种具体的数字通信系统的组成,下面讨论数字通信的优点和缺点。数字通信的优点和缺点都是相对于模拟通信系统而言的。

1. 数字通信系统的主要优点

1) 抗干扰、抗噪声性能好

在数字通信系统中,传输的信号是数字信号。以二进制为例,信号的取值只有两个,发送端发送和接收端接收,且判定的电平也只有两个值。若传输"1"码时,电平取值为 A;若传输"0"码时,电平取值为零。传输过程中由于受到信道噪声的影响,必然会使波形失真。在接收端恢复信号时,首先要对其进行抽样判定,才能确定是"1"码还是"0"码,并再生成"1"、"0"码的波形。因此,只要不影响判决的正确性,即使波形有失真,也不会影响再生后的信号波形。而在模拟通信中,如果模拟信号叠加上噪声,即使噪声很小,也很难消除它。

数字通信抗噪声性能好,还表现在微波中继通信中,它可以消除噪声积累。这是因为数字信号在每次再生后只要不发生错码,它仍然像信源中发出的信号一样,没有噪声的叠加。因此,中继站再多,数字通信仍具有良好的通信质量,而模拟通信中继时只能增加信号能量(即对信号进行放大),而不能消除噪声。

2) 通信可靠性高

由于采用了信道编码技术,数字信号在传输过程中出现的错误得以减少,因而大大提高了通信的可靠性。

3) 通信保密性好

数字信号与模拟信号相比,它更容易加密和解密,因此数字通信系统的保密性远高于模拟通信系统的。

4) 易与现代技术结合

由于计算机技术、数字存储技术、数字信号处理技术等飞速发展,许多设备和终端的接口都是数字信号,因此数字通信得以高速发展。

5) 易于集成化、小型化

由于数字通信系统中,数据的形式统一便于计算和处理,因此易于集成化和小型化。

2. 数字通信系统的缺点

模拟通信系统的设备简单、成本比较低,数字通信系统相对于模拟通信系统来说也是有缺点的,主要表现为以下两个方面。

1) 频带利用率不高

数字通信中,数字信号占用的频带较宽。以电话为例,一路数字电话一般占据20～60 kHz 的带宽,而一路模拟电话仅占用约 4 kHz 的带宽。若系统传输带宽一定的话,模拟电话的频带利用率要高出数字电话的5～15 倍。

2) 需要严格的同步系统

数字通信系统中要准确地恢复信号,必须要求接收端和发送端严格同步。因此,数字通信系统及设备一般都比较复杂,因而成本也相对较高。

虽然数字通信系统有上述缺点,但是随着数字集成技术的发展,各种大规模集成器件的体积不断减小,数字通信设备也越来越小,成本也在不断下降;再加上数字压缩技术的不断完善,以及新型数字信号处理技术的运用,频带利用率也在不断提高。数字通信系统已经成为现代通信系统的主流。

2.2 模拟信号的数字化

在实际生活中,大多需要传输的信息为模拟信息,如语音、图像和视频,而这些模拟信号是无法在数字通信系统中直接传输的,这就需要将模拟信号数字化,即图 2-1 中的信源编码模块所完成的功能。

发送端数字化的过程是先将模拟信号抽样成一系列离散时间的抽样值,然后将幅度连续抽样值量化为离散的振幅值,最后再把这些良好的抽样值编码为不易受传输干扰的二进制代码进行传输。上述抽样、量化、编码的过程实质上是模/数(analog/digital, A/D)转换过程。在接收端,再经过相反的变换,把接收到的数字信号还原为模拟信号,这个过程称为数/模(D/A)转换过程。

本章以语音编码为例,介绍模拟信号数字化的有关原理和技术。模拟信号数字化的方法很多,目前采用最多的是信号波形的 A/D 变换方法(波形编码)。在该方法中,直接把时域波形变换为数字序列,接收端恢复的信号质量好。此外,A/D 变换方法还有参量编码方法。在参量编码方法中,利用信号处理技术,在频域或其他正交变换域中提取特征参量,再变换成数字代码,其比特率比波形编码低,但是接收端恢复的信号质量相对差一些。本章只介绍波形编码中的脉冲编码调制(pulse code modulation,

PCM）。典型的 PCM 基带传输通信系统如图 2-3 所示,它由以下三个部分组成。

（1）信源编码部分,相当于 A/D 变换,包括抽样、量化、编码等三个过程。

（2）信道部分,包括信道和再生中继。

（3）信源解码部分,相当于 D/A 变换,包括再生、解码和低通滤波等。

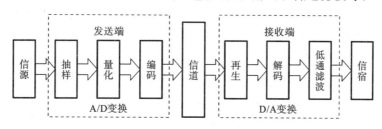

图 2-3　PCM 基带传输通信系统

2.2.1　抽样

抽样又称为取样或采样,是把时间上连续的模拟信号变成一系列时间上离散的抽样值的过程,即用抽样值序列来代替原始的时间连续的模拟信号的过程。在发送端,要求抽样值序列能完全表示原信号的全部信息;在接收端,能由此抽样序列重建原信号。

根据不同的标准,抽样分为不同的类型。根据信号是低通型还是带通型,抽样分为低通抽样和带通抽样;根据用来抽样的脉冲序列是等间隔的还是非等间隔的,抽样分为均匀抽样和非均匀抽样;根据抽样的脉冲序列是冲激序列还是非冲激序列,抽样又可分为理想抽样和实际抽样。抽样模型如图 2-4 所示。

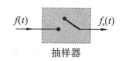

图 2-4　抽样模型

抽样的模型可以表示为

$$f_s(t) = f(t) \cdot p(t) \tag{2-1}$$

式中：$p(t)$ 只有两个值“0”和“1”,当 $p(t)=1$ 时,开关闭合,输出为该时刻信号的瞬时值;当 $p(t)=0$ 时,开关断开,没有输出。显然,原来连续的信号 $f(t)$ 被离散抽样后,其大部分信息已经丢失,抽样信号 $f_s(t)$ 只是 $f(t)$ 中很小的一部分。抽样的过程如图 2-5 所示。

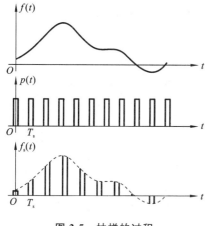

图 2-5　抽样的过程

图 2-5 中,对于抽样函数每隔一定的时间间隔 T_s,抽取语音信号的一个瞬时幅度值（抽样值）来代替原来的连续信号进行传输。抽样后所得的一系列在时间上离散的抽样值称为样值序列,图 2-5 中的 $f_s(t)$ 即抽样后的波形。在每个抽样时间 t 以内,抽取的抽样值大小与该时间内原始信号 $f(t)$ 是一样的,这种抽样被称为曲顶抽样,也称为自然抽样。按照抽样波形的特征,可以把抽样分为以下三种。

1）自然抽样

如图 2-5 所示,$f_s(t)$ 在抽样时间内的波形与 $f(t)$ 的波形完全一样,这种抽样方式称为自然抽样。$f_s(t)$在抽样时间 t 内的波形也是随时间变化而变化的,即在同一个抽样间隔内幅度不是平直的,与这段时间内的 $f(t)$ 的变化一致。自然抽样又被称为曲顶抽样。

2)平顶抽样

平顶抽样的抽样脉冲在同一个抽样的保持时间 t 内幅度保持不变。由于顶部看起来是平的,因此被称为平顶抽样。针对如图 2-6(a)所示的原始信号,其平顶抽样波形如图 2-6(b)所示。另外,平顶抽样也被称为瞬时抽样,它只是瞬时抽样的一个特例。

3)理想抽样

理想抽样的抽样函数 $p(t)$ 为一个周期冲激函数,此时输出 $f_s(t)$ 是一个间隔为 T_s 的冲激脉冲序列。理想抽样是纯理论的,在实际上并不能实现,但引入理想抽样后会对分析问题带来很大的方便。另外,理想抽样时得出的一些结论,对于用周期窄带脉冲作为抽样函数 $p(t)$ 来说却是一个很好的近似。针对如图 2-6(a)所示的原始信号,理想抽样后的波形如图 2-6(c)所示。

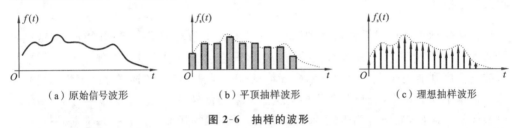

（a）原始信号波形 （b）平顶抽样波形 （c）理想抽样波形

图 2-6 抽样的波形

那么,满足怎样规律的 $f_s(t)$ 可以无失真地还原出原模拟信号 $f(t)$?这个问题就由抽样定理来解决。抽样定理又称为采样定理。1924 年,美国电信工程师奈奎斯特(Nyquist)推导出在理想低通信道的最高码元传输速率的公式。1928 年,奈奎斯特提出采样定理,因此称为奈奎斯特采样定理。1933 年,由苏联工程师科捷利尼科夫首次用公式严格地表述这一定理,因此这一定理在苏联的文献中称为科捷利尼科夫采样定理。1948 年,信息论的创始人香农对这一定理加以明确的说明并正式作为定理引用,因此这一定理在许多文献中又称为香农采样定理。

抽样定理的大致概念是,如果对一个频带有限的时间连续的模拟信号进行抽样,当抽样速率达到一定数值时,根据它的抽样值就能重建原信号。也就是说,若要传输模拟信号,不一定要传输模拟信号本身,只需传输按抽样定理得到的抽样值即可。因此,抽样定理是模拟信号数字化的理论依据。抽样定理有低通抽样定理和带通抽样定理两类。

1. 低通抽样定理

低通抽样定理在时域的表述为:带限为 ω_m 的时间连续信号 $f(t)$,若以速率 $\omega_s \geqslant 2\omega_m$ 进行均匀抽样,则 $f(t)$ 将被所得到的抽样值完全确定,或者说可以通过这些抽样值无失真地恢复原信号 $f(t)$。若抽样速率 $\omega_s < 2\omega_m$,则会产生失真。这种失真称为折叠(或混叠)失真。

如果用 f 表示频率,则 $f = \omega/(2\pi)$。最低允许的采样频率 $f_s = 2f_m$ 称为奈奎斯特频率;最大允许的采样间隔 $T_s = 1/(2f_m)$ 称为奈奎斯特间隔。抽样定理的全过程如图 2-7 所示。

图 2-7 中,左边一列为时域波形图,右边一列为其所对应的频域图。左边时域信号

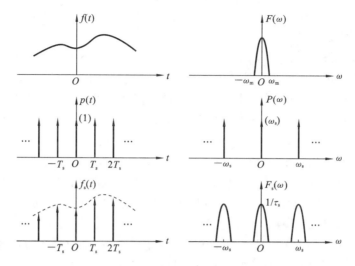

图 2-7 抽样定理的全过程

$f(t)$ 与脉冲抽样函数 $p(t)$ 相乘,频域为它们相对应的傅里叶变换的卷积。时域相乘之后的图形为 $f_s(t)$,相应的频域为 $F_s(\omega)$。

应当指出,抽样频率 ω_s 并不是越大越好。ω_s 太大会降低信道的利用率。所以只要能满足 $\omega_s \geqslant 2\omega_m$,并有一定宽度的防卫带,以防止频谱迁移后的信号不与原始语音信号发生重叠而产生失真即可。

2. 带通抽样定理

实际中,我们遇到的许多信号是带通信号,仍用 f 表示频率,则 $f = \omega/(2\pi)$。采用低通抽样定理的抽样速率 $f_s \geqslant 2f_m$,对频率限制在 f_L 和 f_H 之间的带通信号抽样,肯定能满足频谱不混叠的要求。但是,这样选择 f_s 太高了,会使得 $0 \sim f_L$ 一大段频谱空隙得不到利用,降低了信道的利用率。为了提高信道利用率,同时又使得抽样后的信号频谱不混叠,选择合适的 f_s 非常重要。带通信号的抽样定理可以解决如何选择 ω_s 的问题。

带通抽样定理可描述如下:一个带通信号 $m(t)$,其频率限制在 f_L 与 f_H 之间,带宽为 $B = f_H - f_L$,则一般情况下,抽样速率 f_s 应满足

$$\frac{2f_H}{n+1} \leqslant f_s \leqslant \frac{2f_L}{n} \tag{2-2}$$

式中:n 是一个不超过 f_L/B 的最大整数。满足式(2-2)时,抽样值频谱不会发生频谱混叠,$m(t)$ 可以完全由其抽样值来确定。

如果进一步要求原始信号频带与其相邻频带之间的频带间隔相等,则可按

$$f_s = \frac{2}{2n+1}(f_L + f_H) \tag{2-3}$$

选择抽样速率 f_s。

2.2.2 量化

模拟信号经过抽样之后,时间上呈现离散的特性,但抽样值脉冲序列的幅度取值仍然是任意的、无限的(即连续的),因此它仍然是模拟信号。为了将其变成数字信号,还必须将时间域上幅度连续的抽样值序列信号变换为时间域上幅度离散的抽样值序列信

号,用有限个电平(标准值)来表示幅度连续变化的无限个值。这个将幅度离散化的过程称为量化。

量化时,先把幅度划分成几个区间,然后把属于同一个区间的所有抽样值量化成一个标准值。量化过程实际是把抽样值信号的最大幅度范围$-U \sim +U$划分成$N=2^n$个区间(可以等分也可以不等分),即用2^n个离散值来表示其连续性。其中,N表示量化级数,在编码时它所对应的二进制比特数n为

$$n=\log_2 N \quad 或 \quad N=2^n \tag{2-4}$$

要区分所有量化级数,需要用n位二进制来表示。每个区间的标准值用q_k来表示,称为量化值或量化电平。$\Delta q = q_k - q_{k-1}$称为量化级差或者量化间隔、量化间距,简写为Δ。由于属于同一个量化区间的所有幅度连续值经量化后变换为同一个量化值,这就必然有舍有入,产生的误差称为量化误差。对于信号来说,这相当于叠加了一种噪声,所以也称为量化噪声。量化噪声是数字通信的主要噪声,比如对于话音通信表现为背景噪声,对图像通信表现为使连续变化的灰度出现不连续现象。

如图2-8所示,模拟信号为$m(t)$,按照$m(t)$的分布状况,将信号按幅度分为若干个区间,第k个信号区间为$m_k \sim m_{k+1}$,即量化区间,该区间的标准值为q_k。图2-8中,在$6T_s$时刻,模拟信号的抽样值$m(6T_s)$被量化为了$m_q(6T_s)$,本例中用q_6的值来表示。$m(6T_s) - q_6$就是量化误差,即量化噪声。可见,量化噪声是信号的实际值与量化值之间的差值。

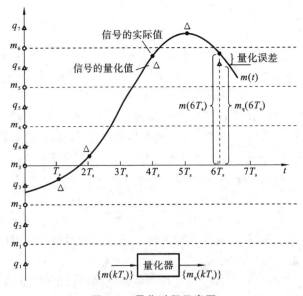

图2-8 量化过程示意图

衡量量化性能好坏的最常用指标是量化信噪比(S_q/N_q),其中S_q表示$m(kT_s)$产生的功率,N_q表示量化误差产生的功率,(S_q/N_q)越大说明量化性能越好。

1. 均匀量化

量化间隔相等的量化称为均匀量化,也称为线性量化。在均匀量化中,每个量化区间的量化电平均取在各区间的中点。如图2-8所示,对于所有可能的k值,如果$m_{k+1} - m_k$不变,那么就是均匀量化。

设输入信号的幅度范围是 $a\sim b$，量化级数为 M，则量化间隔为 $\Delta v=(b-a)/M$。当量化电平分别取各层的中间值时，量化过程所形成的量化误差不超过 $\pm\Delta v/2$。量化误差与实际输入的样值有关，样值越小，信噪比越小；样值越大，信噪比越大。

在语音信号情况下，测量时常用正弦信号来判断量化信噪比 (S_q/N_q)，量化信噪比单位为分贝(dB)。设正弦信号的振幅是 A_m，则对于用 n 位二进制码表示的输出信号，样值被分为 N 个量阶，即 $N=2^n$，此时有

$$\left(\frac{S_q}{N_q}\right)dB=10\lg\left(\frac{S_q}{N_q}\right)=1.76+6n+20\lg\frac{A_m}{(a+b)/2} \tag{2-5}$$

由式(2-5)可以看出，二进制编码码组每增加一位，量化信噪比大约可以增加6 dB。其实，每增加一位编码就相应增加了量化级数 N，这说明在量化范围 $a\sim b$ 中划分得更细，由于量化误差减小，故信噪比增加。有用信号幅度 A_m 越大，信噪比越高，反之越小，即大信号时信噪比大，小信号时信噪比小。这样，信噪比随信号强弱变化而具有大的变化范围。通常，量化器必须满足一定的量化信噪比指标，把满足信噪比要求的输入信号取值范围定义为动态范围。显然，均匀量化时的信号动态范围会受到较大的限制。

2. 非均匀量化

为了满足一定的信噪比输出要求，输入信号应有一定的范围。在均匀量化中，小信号信噪比明显下降，会使输入信号范围减小。要改善小信号量化信噪比，可以采用量化间隔非均匀的方法，即非均匀量化。

非均匀量化是一种在整个动态范围内量化间隔不相等的量化，在信号幅度小时，量化及间隔划得小；在信号幅度大时，量化级间隔也划分得大。提高小信号的信噪比，适当减少大信号的信噪比，从而使平均信噪比提高，获得较好的小信号接收效果。

实现非均匀量化的方法之一是采用压缩扩张技术。它的基本思想是，在均匀量化之前，先让信号经过一次压缩处理，对大信号进行压缩而对小信号进行较大的放大。信号经过这种非线性压缩电路处理后，改变了大信号和小信号之间的比例关系，大信号的比例基本不变或变得较小，而小信号按相应的比例增大，即"压大补小"。这样对经过压缩器处理的信号再进行均匀量化，量化的等效效果就是对原信号进行非均匀量化。接收端将收到的信号进行扩张，以恢复原始信号原来的相对关系，扩张特性与压缩特性相反，实现该功能的电路称为扩张器。

广泛采用的数字压扩技术是利用数字电路形成许多折线来逼近对数压扩特性。目前在数字通信系统中，对于语音信号，世界各国常用的压扩特性有两种，即 A 律压扩特性和 μ 律压扩特性，简称为 A 律和 μ 律。其中 A 和 μ 为压缩系数，压缩系数越大，对小信号压缩效果越好，目前采用 $A=87.6$，$\mu=255$。μ 律主要用于美国、加拿大和日本，A 律主要用于我国和英、法、德等国。ITU-T 在 C.711 建议中给出了这两种压缩率的标准，并规定国际间数字通信一律采用 A 律。这里将重点介绍我国采用的 A 律 13 折线压扩原理和特性，而 μ 律 15 折线压扩特性原理与 A 律近似。

设在直角坐标系中，x 轴和 y 轴分别表示输入信号和输出信号，并假定输入信号和输出信号的取值范围为 $-1\sim+1$(归一化信号)。

折线 A 律产生的具体方法是：在 x 轴 $0\sim1$ 范围内，以 $1/2$ 递减规律分成 8 个不均匀的段，其分段点为 $1/2$、$1/4$、$1/8$、$1/16$、$1/32$、$1/64$ 和 $1/128$。形成的 8 个不均匀段，由小到大依次为 $1/128$、$1/128$、$1/64$、$1/32$、$1/16$、$1/8$、$1/4$ 和 $1/2$。其中第一段和第二

段的长度相等,都是 1/128。上述 8 段之中,每一段都要再均匀地分成 16 等份,每一等份就是一个量化级。在每一段内这些等份(即 16 个量化级)的长度是相等的,但在不同的段内,这些量化级是不相等的。因此,输入信号的取值范围 0~1 总共被划分为 128 (16×8)个不均匀的量化级。可见,用这种分段方法就可以使输入信号形成一种不均匀量化分级。它对小信号分得细,最小量化级(也就是第一段和第二段的量化级)为 (1/128)×(1/16)=1/2048。而大信号的量化级分得粗,最大量化级为 1/(2×16)= 1/32。一般最小量化级为一个量化单位,用 △ 表示。可以计算出输入信号的取值范围 0~1 总共被划分为 2048△。y 轴也分成 8 段,不过是均匀地划分。y 轴的每一段又均匀分成 16 等份,每一等份就是一个量化级,于是 y 轴的区间 0~1 被分为 128 个均匀量化级,每个量化级均为 1/128。图 2-9 所示的是其具体方法图示。

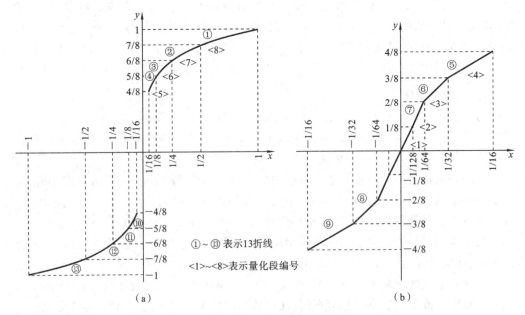

①~⑬ 表示13折线
<1>~<8>表示量化段编号

（a）　　　　　　　　　　　（b）

图 2-9　A 律 13 折线压扩特性

将 x 轴的 8 段和 y 轴的 8 段各相应段的交点连接起来,于是就得到由 8 段直线组成的折线。由于 y 轴是均匀分为 8 段的,每段长度为 1/8,而 x 轴是不均匀分成 8 段的,每段长度不同,因此,可分别求出 8 段直线段的斜率。斜率和量化间隔的参数表如表 2-1 所示。

表 2-1　斜率和量化间隔的参数表

段落序号	1	2	3	4	5	6	7	8
x	0~1/128	1/128~1/64	1/64~1/32	1/32~1/16	1/16~1/8	1/8~1/4	1/4~1/2	1/2~1
斜率	16	16	8	4	2	1	1/2	1/4
量化间隔	△	△	2△	4△	8△	16△	32△	64△

2.2.3　脉冲编码调制

　　模拟信号经过抽样量化后,还需要进行编码处理,才能使离散样值以更合适的二进制数字信号形式进入信道传输,这就是 PCM 基带信号。有多少个量化值就需要多少个代码组,代码组的选择可以是任意的,只要与样值一一对应即可。在实际电路中,量化与编码同时进行。

在语音通信中,由于二元码抗噪声性能很强、易于再生,且在电路上也易于实现,因此,一般都采用二元码。在语音信号的 PCM 编码中常用的二进制码型有折叠二进制码、自然二进制码和格雷码。A 律 13 折线 PCM30/32 路设备所采用的码型是折叠二进制码。

国际上普遍采用 8 位非线性码。其中首位 1 位,表示当前抽样量化的极性;A 律 13 折线编码中对 0~1 划分了 8 段,因此可以用 3 个比特来表示段的编号;每个段内又均匀地分成了 16 等份,故需要 4 个比特来表示段内编号。

1. 极性码

极性码表示信号样值的正负极性,“1”表示正极性,“0”表示负极性。

2. 段落码

段落码表示为 000~111,8 种状态刚好表示信号样值归属的 8 个大段落,分别代表 8 个段落的起点电平。

3. 段内码

段内码表示为 0000~1111,是抽样值在折线段落内所处的位置,它的 16 种状态刚好分别代表段内 16 个均匀划分的小段的起点电平。由于各段实际长度不同,段内又是均匀划分的,因此每一小段的量化值也不相同。若以第一段和第二段的每一量化单位 1/2048 作为一个最小均匀量化的长度,记为 Δ,则 1~8 大段内的每一个小段依次为 Δ、Δ、2Δ、4Δ、8Δ、16Δ、32Δ 和 64Δ,如表 2-1 中所示。段落的长度及段内均匀量化长度之间的关系如表 2-2 所示。

表 2-2　段落的长度及段内均匀量化长度之间的关系

段落序号	1	2	3	4	5	6	7	8
段落长度	16Δ	16Δ	32Δ	64Δ	128Δ	256Δ	512Δ	1024Δ
段内均匀量化长度	Δ	Δ	2Δ	4Δ	8Δ	16Δ	32Δ	64Δ

在这样的安排之下,段落码及段内码对应的段落及电平值如表 2-3 所示。

表 2-3　段落码及段内码对应的段落及电平值

段落序号	段落码			段落起始电平	段内码对应的电平				段落长度
	B_2	B_3	B_4		B_5	B_6	B_7	B_8	
1	0	0	0	0	8Δ	4Δ	2Δ	Δ	16Δ
2	0	0	1	16Δ	8Δ	4Δ	2Δ	Δ	16Δ
3	0	1	0	32Δ	16Δ	8Δ	4Δ	2Δ	32Δ
4	0	1	1	64Δ	32Δ	16Δ	8Δ	4Δ	64Δ
5	1	0	0	128Δ	64Δ	32Δ	16Δ	8Δ	128Δ
6	1	0	1	256Δ	128Δ	64Δ	32Δ	16Δ	256Δ
7	1	1	0	512Δ	256Δ	128Δ	64Δ	32Δ	512Δ
8	1	1	1	1024Δ	512Δ	256Δ	128Δ	64Δ	1024Δ

设码组的 8 位码为 10010011,则 $B_1=1$,说明样值为正极性;段落码 $B_2 B_3 B_4 = 001$,说明样值在第 2 段,段落起始电平为 16Δ;段内码 $B_5 B_6 B_7 B_8 = 0011$,段内电平为 $2\Delta + \Delta = 3\Delta$。故该 8 位码所代表的信号抽样量化值为 $16\Delta + 3\Delta = 19\Delta$。

至此,就介绍完了信源编码。对于图 2-1 所示的加密模块,将在第 8 章进行详细的介绍,本章不再赘述。不论对于频带传输系统还是基带传输系统,差错控制技术都是必不可少的。在频带传输系统中,信道编码就属于差错控制的范畴。下面将介绍差错控制的相关技术和原理。

2.3 差错控制技术

数字通信要求信息传输具有高度的可靠性,要求错码率足够低。然而,数字信号在传输过程中不可避免地会发生差错而出现错码。造成错码的原因有很多,但主要原因可以归结为两点:一是信道不理想造成的符号间干扰,二是噪声对信号的干扰。对于前者,通常可以通过均衡方法予以改善以至消除。因此,常把信道中的噪声作为造成传输差错的主要原因。差错控制是针对后者而采取的技术措施,其目的是提高传输的可靠性。

信源编码的目的是在分析信源统计特性的基础上,设法通过信源的压缩编码去掉这些统计的多余成分,以提高有效性。而信道编码的目的是改善数字通信系统的传输质量,就是构造出以最小多余度代价换取最大抗干扰性能的"好码"。

2.3.1 信道的分类

错码是在信道传输时引起的,不同的信道带来的错码特性不同。了解信道的不同分类对于理解和消除错码是很有必要的。按照加性干扰引起的错码分布规律的不同,信道可分为随机信道、突发信道和混合信道三类。

随机信道是一种无记忆信道,它由随机噪声引起,差错的出现是随机的,且错码之间是统计独立的。例如,高斯白噪声信道就是典型的随机信道。

突发信道是一种有记忆信道,它是由脉冲噪声、信道中的衰落现象引起的。突发信道中的差错表现为短时间成串出现,而在其间又存在较长的无差错区间,且差错之间是相关的。具有脉冲干扰的信道是典型的突发信道,错误是成串成群出现的,即在短时间内出现大量错误。

混合信道是指信道中既存在随机错码,又存在突发错码。短波信道和对流层散射信道是典型的混合信道,随机错误和成串错误都占有相当大的比例。

对于不同类型的信道,应采用不同的差错控制技术。

为了便于理解,先通过一个例子来说明。假设在发送端,数据的二进制序列为00000000000111111111111;在接收端,信息接收数据序列为01101001001111001001。我们将发送数据序列与接收序列对应码位进行模 2 加,即得到错误图样(也叫差错序列)其差错序列为 0 1101001000000 110110,可见发生了两个长度分别为 7 和 5 的突发差错,其错误图样分别为 1101001 和 11011。

2.3.2　差错控制方式

常用的差错控制方式有三种:检错重发、前向纠错和混合纠错。下面将介绍它们的系统构成。

1. 检错重发方式

检错重发又称自动请求重发(automatic repeat request,ARQ)方式。由发送端送出能够发现错误的码,接收端判决传输中有无错误产生,如果发现错误,则通过反向信道把这一判决结果反馈给发送端。发送端把接收端认为错误的信息再次重发,从而达到正确传输的目的,具体过程如图2-10所示。其特点是需要反馈信道,译码设备简单,对于突发错误和信道干扰较严重时有效,但实时性差又需要双向信道,主要在计算机数据通信中得到应用。

图 2-10　检错重发

常用的检错重发系统有3种:停发等候重发、返回重发和选择重发。图2-10表示停发等候重发系统的发送端、接收端的信号传递过程。发送端在某段时间内送出一个码组给接收端,接收端收到后进行检测,若发现错误,则返回一个认可信号(ACK)给发送端,发送端收到ACK信号后再发出下一个码组。返回重发系统和选择重发系统都与停发等候重发系统不同,其发送端是连续不断地发送信号,不再等候接收端返回的ACK信号;不过返回重发系统重发的是前一段 N 组信号,而选择重发方式下只重发有错误的那一码组。这两种系统都需要全双工的数据链路,而停发等候重发方式只要求半双工的数据链路。

2. 前向纠错方式

前向纠错(forward error correction,FEC)方式中发送端在发送时能够纠正错误的码,接收端收到码组后自动地纠正传输中的错误。其特点是单向传输、不需要反馈信道,特别适合只能提供单向信道的场合;该系统不要求检错重发,因而时延小、实时性好。但是这种方式下的译码设备较复杂、传输效率低。前向纠错方式的具体过程如图2-11所示。

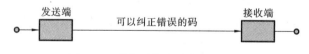

图 2-11　前向纠错方式的具体过程

3. 混合纠错方式

混合纠错(hybrid error correction,HEC)方式是 FEC 和 ARQ 方式的结合,混合纠错方式的具体过程如图2-12所示。发送端在发送时具有自动纠错能力,同时又具有检错能力的码。接收端在收到码后,检查差错情况。如果该错误在码的纠错能力范围以内,则自动纠错;如果超出了码的纠错能力,但能检测出来,则经过反馈信道请求发送端重发。这种方式具有自动纠错和检测重发的优点,可达到较低的错码率,是纠错方式在实时性和译码复杂性方面的折中,因此它得到了广泛应用。

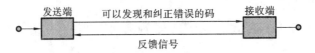

图 2-12 混合纠错方式的具体过程

差错控制方式是涉及收、发双方的方式,是纠正错码的机制。不论在哪种方式下,均需要发送可以发现和/或纠正错误的码,那么到底是什么样的码可以满足这样的要求呢?我们将在 2.3.3 节中介绍。

2.3.3 差错控制原理

差错控制的核心是抗干扰编码,或者差错纠正编码,简称纠错编码。

1. 差错控制的基本思路

差错控制的基本思路是:在发送端被传输的信息序列附加一些码元(称为监督码),这些附加码元与信息码元之间存在某种确定的约束关系;接收端根据既定的约束规则检验信息码元与监督码元之间的关系是否被破坏,从而使接收端可以发现传输中的错误,甚至可以纠正错误。码的检错和纠错能力是用信息量的冗余来换取的。一般说来,添加的冗余越多,码的检错、纠错能力越强,但信道的传输效率也下降越多。用纠(检)错控制差错的方法能够提高数字通信系统的可靠性,但这是以牺牲有效性为代价换来的。

举个例子来说,假如要传送 A、B 两个消息。一种编码方式:消息 A 用"0"表示,消息 B 用"1"表示。若传输中产生错码("0"错成"1"或"1"错成"0"),接收端无法发现,则该编码无检错、纠错能力。第二种编码方式:消息 A 用"00"表示,消息 B 用"11"表示。若传输中产生一位错码,变成"01"或"10",则接收端可以判决是有错的(因"01"和"10"为禁用码组),但无法确定错码位置,不能纠正。这表明增加一位冗余码元后,码具有检出一位错码的能力。第三种编码方式:消息 A 用"000"表示,消息 B 用"111"表示。若传输中产生一位或两位错码,都变成禁用码组,接收端判决传输有错,则该编码具有检出两位错码的能力。在产生一位错码的情况下,接收端可根据"大数"法则进行正确判决,能够纠正这一位错码。例如,若收到"001",则错了 1 个码的可能性较大,因而将最后一位纠正,应该发送的是消息 A。这种编码具有纠正一位错码的能力。以上实例表明,增加两位冗余码元后的码具有检出两位错码及纠正一位错码的能力。由此可见,纠错编码之所以具有检错和纠错能力,确实是因为在信息码元外添加了冗余码元(监督码元)。

2. 码距与纠错检错能力的关系

这里,先介绍下面几个概念。

(1)码组重量(码重):在信道编码中,定义码字中非零码元的数目为码组的重量,如"10011"码字的码重为 3。

(2)码组距离(码距或汉明距离):两个码字中对应码位上具有不同二进制码元的位数称为码距,如两码字"10011"与"11010"间的码距为 2。

(3)最小码距:在码字集合中,任意两个许用码字间的最小距离,即码字间距离的最小值,称为这一码组的最小码距,也称为汉明(Hamming)距离,记为 $d_{\min}$。

一种编码的 $d_{\min}$ 与这种编码的检错和纠错能力是相关的。

1) 为了检测出 e 个错误,要求 $d_{\min} \geqslant e+1$

也可以说,若一种编码的最小距离为 $d_{\min}$,则它能检出 $e \leqslant d_{\min} - 1$ 个错误,这可以用图 2-13(a)来说明。设一个码字 C 中发生 e 位错码,则可以认为 C 的位置将移动至以原来的码字为圆心、e 为半径的圆上某一点,但其位置不会超出此圆。因此,只有最小码距 $d_{\min}$ 比此错误个数 e 至少大 1 个时,才能保证能够检测出 e 个错误。

2) 为了纠正 t 个错误,要求 $d_{\min} \geqslant 2t+1$

由图 2-13(b)来说明。图中画出码字 C_1 和 C_2 若不发生多于 t 位的错码,其位置均不会超出以原位置为圆心,以 t 为半径的圆。这两个圆的面积不重叠,则二者之间至少有 1 位码字的距离,故可以这样判决:若接收码字落于以 C_1 为圆心的圆内,就判决收到的是码字 C_1;若落于以 C_2 为圆心的圆内,则判决收到的是码字 C_2。

3) 为纠正 t 个错码,同时检测 e 个错码,则 $d_{\min} \geqslant e+t+1$

在某些情况下,要求对于出现较频繁但是错码很少的码组,按前向纠错方式工作,以节省反馈重发时间;同时又希望对一些错码数较多的码组,在超过该码的纠错能力后,能自动按检错重发方式工作,以降低系统的总错码率。这种工作方式就是"纠、检结合",故而出现了需要"纠正 t 个错码,同时检测 e 个错码"的情况。

由图 2-13(c)可以证实,图中 C_1 和 C_2 为两个许用码字,在最不利的情况下,C_1 发生 e 个错码而 C_2 发生 t 个错码,为了保证这时两组码不发生相混,则要求以 C_1 为圆心、e 为半径的圆要与以 C_2 为圆心、t 为半径的圆不发生交叠,即至少差 1 个码字距离,故要求 $d_{\min} \geqslant e+t+1$。同时,可以看到若错码超过 t 个,则两圆有可能相交,因而不再有纠错能力,但仍可以检测 e 个错码。

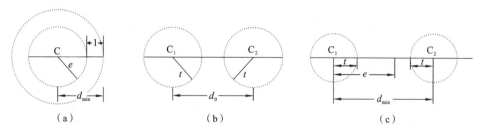

图 2-13 码距与纠错检错能力的关系

3. 差错控制码的分类

(1) 根据码的用途,差错控制码可以分为纠错码和检错码。检错码以检错为目的,不一定能纠错;而纠错码以纠错为目的,一定能检错。

(2) 根据纠错码各码组信息元和监督元之间的函数关系,纠错码可以分为线性码和非线性码。如果函数关系是线性的,称为线性码,否则为非线性码。线性码中的函数关系是一组线性方程组。

(3) 根据上述关系涉及的范围,差错控制码可以分为分组码和卷积码。分组码的各码元仅与本组的信息元有关;卷积码中的码元不仅与本组的信息有关,还与前面若干组的信息元有关。

此外,差错控制码还可以根据纠错码组中信息元是否隐蔽、纠(检)错类型、码元的进制等来分,此处不再赘述。

4. 差错控制编码的效果

以一个实例来说明差错控制编码的效果。假设在随机信道中,发送"0"和"1"的错误概率相等,都等于 p,且 $p \ll 1$,则在码长为 n 的码组中,恰好发生 r 个错码的概率为

$$P_n(r) = c_n^r \cdot p^r \cdot (1-p)^{n-r} \approx \frac{n!}{(n-r)! \, r!} \cdot p^r \tag{2-6}$$

当码长 $n=7$,$p=10^{-3}$ 时,有

$$P_7(1) = 7p = 7 \times 10^{-3}, \quad P_7(2) = 21p^2 = 2.1 \times 10^{-5}, \quad P_7(3) = 35p^3 = 3.5 \times 10^{-8} \tag{2-7}$$

由此可见发生 1 个错码的概率较大,但是发生 2 个及以上错码的概率就很小了。也就是说,由于发生 1 位错码的可能性较大,研究只有 1 位错码的差错控制是非常有意义的。

2.3.4 简单实用的编码

纠错编码的种类很多,较早出现的、应用较多的大多属于分组码。本节仅介绍其中一些较为常用的简单编码。

1. 奇偶监督码

奇偶监督码是在原信息码后面附加一个监督元,使得码组中"1"的个数是奇数或偶数。或者说它是含一个监督元,码重为奇数或偶数(n 或 $n-1$)的系统分组码。奇偶监督码又分为奇监督码和偶监督码两类。

编码原理:在发送端无论信息位有多少,监督位只有一位,使码组中"1"的个数为偶数或奇数,即满足

$$a_{n-1} \oplus a_{n-2} \oplus \cdots \oplus a_0 = 0 \tag{2-8}$$

式中:a_0 为监督位;其他为信息位。由于该码的每一个码字均按同一规则构成,故又称为一致监督码。

译码原理:在接收端接收到的码组按式(2-8)每一位码元之间进行模 2 加,若结果为"0",则认为无错;若结果为"1",则可以断定该码组经传输后有奇数个错误。

奇监督码情况相似,只是码组中"1"的数目为奇数,即式(2-8)的右侧为 1,其检错能力与偶监督码相同。

奇偶监督码只能检测出奇数个错误,不能纠错。它主要应用于以随机错误为主的计算机通信系统,难以对付突发错误。它的编码效率 R 为 $(n-1)/n$。

为了提高奇偶检错码的检错能力,特别是克服其不能检测突发错误的缺点,可以将经过奇偶监督的码元序列按行排列成方阵,每行为一组奇偶监督码。发送时按列顺序传输,接收时仍将码元序列还原为发送时的方阵形式,然后按行进行奇偶校验。

另外,奇偶监督码不能发现偶数个错误。为了改善这种情况,引入行列监督码,这种码不仅对水平(行)方向的码元,而且对垂直(列)方向的码元实施奇偶监督;既可以逐行传输,也可以逐列传输,具有较强的检错能力,适合于检测突发错误,还可以用于纠错。

2. 恒比码

每个码组中含"1"和"0"的个数比例恒定的码称为恒比码。在恒比码中,每个码组

均含有相同数目的"1"和"0",因此又称等重码或定 1 码。这种码在检测时,只要计算接收码元中"1"的数目是否正确,就知道有无错误。

在国际无线电报通信中,广泛采用"7 中取 3"的恒比码,即码组中总有 3 个"1"。我国电传机广泛采用五单位数字保护电码。一个汉字用 4 个阿拉伯数字表示,每个数字用"5 中取 3"恒比码构成。每个码组的长度为 5,其中有 3 个"1"。这时可能编成的不同码组数目等于从"5 中取 3"的组合数 10,这 10 个许用码组恰好可以表示 10 个阿拉伯数字,而每个汉字又是以 4 位十进制数来代表的。实践证明,采用这种码后,我国汉字电报的差错率大为降低。

这种编码方式能检测出所有单个和奇数个错误,并能检测出部分偶数个错误(成对交换错误则检测不出)。它的特点是简单,适用于对字母或符号进行编码,但不适合传输信源的二进制数字序列。

此外,还有线性分组码、循环码、卷积码、网格编码等差错控制码,由于它们较为复杂,这里就不再详述了。

在图 2-1 中,我们已经阐述了信源编码和差错控制部分,这两部分在通信系统中是必不可少的。然而针对不同的实际情况,在信息送入信道之前,有的系统需要进行调制,有的则不需要,即有基带传输系统和频带传输系统之分。下面将分别介绍这两种系统。

2.4　数字信号的基带传输系统

经信源直接编码所得到的信号称为数字基带信号,它的特点是频谱基本上是从零开始,一直扩展到很宽。将这种信号不经过频谱搬移,只经过简单的频谱变换进行的传输,称为数字信号的基带传输。还有一种传输方式是,将数字基带信号经过调制器进行调制,使其成为数字频带信号再进行传输,接收端通过相应解调器进行解调,这种经过调制和解调装置的数字信号传输方式,称为数字信号的频带传输。

基带传输系统是数字传输的基础,对基带传输进行研究是十分必要的。首先,频带传输系统中同样存在着基带信号传输问题;其次,在频带传输系统中,假如我们只着眼于数字基带信号,可将调制器输入端到解调器输出端之间视为一个广义信道。在分析时,可将该传输系统由一个等效系统代替。鉴于上述原因,本小节将介绍基带传输的基本原理、方法及传输性能。

2.4.1　数字基带传输系统

数字基带传输系统的基本框图如图 2-14 所示。它通常由信道信号形成器、信道、接收滤波器和抽样判决器组成。

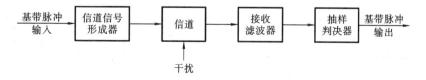

图 2-14　数字基带传输系统的基本框图

信道信号形成器用来产生适合于信道传输的基带信号;信道可以是允许基带信号通过的介质;接收滤波器用来接收信号和尽可能排除信道噪声和其他干扰;抽样判决器的作用则是在噪声背景下用来判定与再生基带信号。

2.4.2 数字基带传输的码型

数字基带信号(简称基带信号)就是消息代码的电波形。在实际基带传输系统中,并非所有原始数字基带信号都能在信道中传输。例如,有的信号含有丰富的直流和低频成分,不便于提取同步信号;有的信号易于形成码间串扰等。因此,基带传输系统首先面临的问题是选择什么样的信号形式,包括确定码元脉冲的波形及码元序列的格式等。

为了在传输信道中获得优良的传输特性,一般要将信码信号变换为适合于信道传输特性的传输码,又称为线路码,即进行适当的码型变换。传输码型的选择主要考虑以下几点。

(1)传输的码型不应含有直流分量,且低频成分和过高的频率成分也不宜太多的低频和高频,其分量应尽量少。

(2)为使收、发同步,传输的码型中应含有时钟信息,以便定时提取。

(3)码型具有一定的检错能力。若传输码型有一定的规律,则可根据这一规律性来检测传输质量,以便做到自动监测。

(4)传输的码型对发送信息类型不应有任何限制,即与信息源的统计特性无关。这种特性称为对信源具有透明性。

(5)码型变换设备要简单、可靠。

(6)低错码增殖。

(7)高的编码效率。

数字基带信号的码型种类繁多,这里仅介绍一些基本码型和常用码型。图 2-15 所示的是它们的波形。

1. 单极性码

该码又称为单极性不归零(NRZ)码,如图 2-15(a)所示,此编码中"1"和"0"分别对

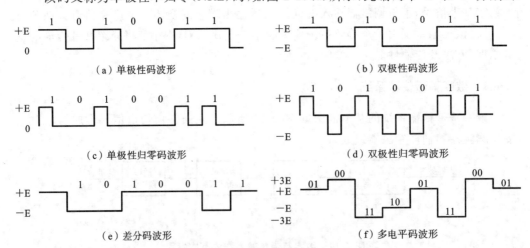

(a)单极性码波形　　　　　　　　　　(b)双极性码波形

(c)单极性归零码波形　　　　　　　　(d)双极性归零码波形

(e)差分码波形　　　　　　　　　　　(f)多电平码波形

图 2-15　几种基本的基带信号波形

应正电平和零电平,或负电平和零电平。在表示一个码元时,电压均无须回到零,故又称单极性不归零码,它有如下几个特点。

(1) 发送能量大,有利于提高接收端信噪比。

(2) 在信道上占用频带较窄。

(3) 有直流分量,将导致信号的失真与畸变,且由于直流分量的存在,无法使用一些交流耦合的线路和设备。

(4) 不能直接提取同步信息。

(5) 接收单极性 NRZ 码的判决电平应取"1"码电平的一半。由于信道衰减等特性,接收波形的振幅和宽度容易变化,因而判决门限不能稳定在最佳电平上,使抗噪性能变差。

由于单极性 NRZ 码的缺点,数字基带信号传输中很少采用这种码型,它只适合极短距离传输。

2. 双极性码

该码又称为双极性不归零码。此编码中"1"和"0"分别对应正电平和负电平,如图 2-15(b)所示,其特点除了与单极性 NRZ 码特点(1)、(2)、(4)相同外,还有以下特点。

(1) 从平均统计的角度来看,当"1"和"0"的数目各占一半时,无直流分量;当"1"和"0"出现概率不相等时,有直流分量。

(2) 接收端判决门限为 0,容易设置并且稳定,因此抗干扰能力强。

(3) 可以在电缆等无接地线上传输。

由于此码的特点,过去有时也把它作为线路码来使用。在使用时,为解决同步信息提取和直流分量滤除的问题,首先要对双极性 NRZ 码进行一次预编码,再实现物理传输。

3. 单极性归零码

单极性归零码在传送"1"时发送一个宽度小于码元持续时间的归零脉冲,在传送"0"时不发送脉冲。其特征是所用脉冲宽度比码元宽度窄,还没有到一个码元终止时就回到零值,其波形如图 2-15(c)所示。单极性归零码与单极性不归零码比较,除仍具有单极性码的一般缺点外,主要优点是可以直接提取同步信号。此优点虽然不意味着单极性归零码能广泛应用到信道上传输,但它却是其他码提取同步信号需采用的一个过渡码型。适合信道传输但不能直接提取同步信号的码型,可先变为单极性归零码,再提取同步信号。

4. 双极性归零码

双极性归零码构成原理与单极性归零码相同,"1"和"0"在传输线路上分别用正脉冲和负脉冲表示,且相邻脉冲间必有零电平区域存在。因此,在接收端根据接收波形归于零电平就知道 1 比特信息已接受完毕,以便准备下一比特信息的接收,所以在发送端不必按一定的周期发送信息。可以认为,正、负脉冲前沿起了启动信号的作用,后沿起了终止信号的作用,因此可以经常保持正确的比特同步。收、发间无须特别定时,且各符号独立地构成起止方式,此方式也称为自同步方式。此外,双极性归零码也具有双极性不归零码的抗干扰能力强及码中不含直流分量的优点。双极性归零码得到了比较广泛的应用,其波形如图 2-15(d)所示。

5. 差分码

差分码是利用前后码元电平的相对极性来传输信息的,是一种相对码。"0"差分码是利用相邻前后码元电平极性改变表示"0",不变表示"1"来编码的;而"1"差分码是利用相邻前后码元极性改变表示"1",不变表示"0"来编码的,如图 2-15(e)所示。这种编码方式的特点是,即使接收端收到的码元极性与发送端的完全相反,也能正确地进行判决。

6. 多电平码

图 2-15(f)所示的波形为多电平码波形,是多进制码的波形表达。图中有正负四个电平($3E,E,-E,-3E$),也可以只用正电平(如 $0,E,2E,3E$)表示。采用多进制码的目的是在码元速率一定时可以提高信息速率。

7. 交替极性(AMI)码

交替极性(alternate mark inversion,AMI)码又被称为双极性方式码、平衡对称码、交替反转码等,是单极性方式的变形。编码规则为,"0"(空号)仍变换为传输码的 0,而把代码中的"1"(传号)交替变换成传输码的 $+1,-1,+1,-1,\cdots$。举一个例子,假设消息代码为{1 0 0 1 1 0 0 0 1 1 1···},则 AMI 码编码后为{+1 0 0 −1 +1 0 0 0 −1 +1 −1··· },其波形如图 2-16 所示。

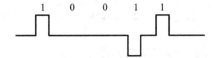

图 2-16 AMI 码编码举例波形图

这种码型实际上把二进制脉冲序列变为三电平的符号序列(伪三元序列),其优点是在"1"、"0"码处于不等概率的情况下,也无直流分量,且零频附近低频分量小;即使接收端受到的码元极性与发送端完全相反,也能正确判决;只要进行全波整流,就可以变为单极性码。如果交替极性码是归零的,则变为单极性归零码后就可提取同步信息。这种码型的缺点是,连"0"码多时不利于提取高质量的位同步信号。

8. 三阶高密度双极性码

针对 AMI 码在连"0"过多时提取定时信号困难的缺点,通过按一定规律扰乱输入码序列的方式,使得输出码序列不再出现长串的连"0"或连"1"等规律的序列,在接收端通过去扰来恢复原始的发送码序列。使用三阶高密度双极性(HDB3)码就是广泛为人们所接受的解决办法。

HDB3 码是在 AMI 码基础上加以改进的码型,其编码规则如下。

当 AMI 码没有出现 4 个或 4 个以上的连 0 码时,仍按 AMI 码编码;当出现 4 个连 0 码时,要将 4 个连 0 码"0000"以取代节"000V"或"B00V"来取代。其中,V 码和 B 码都是"+1"码或"−1"码。

取代节的安排原则如下。

(1) V 码的插入不应使传输码流产生附加的直流成分,为此,规定 V 码之间应满足极性交替反转的要求。

(2) 为了在接收端识别出 V 码,以便将其恢复成原来的"0"码,规定 V 码应与前一位相邻的"1"码保持同极性。

为使上述两条件满足,取代节的选取原则如下。

(1) 两个相邻 V 码之间,1 码的个数为奇数时,选用"000V"。

（2）两个相邻 V 码之间，1 码的个数为偶数时，选用"B00V"。

举例说明如下，设信息码为{1 0 0 0 0 1 0 0 0 0 1 1 0 0 0 0 1 1}，AMI 码和 HDB3 码所对应的编码如下所示。

| 代码： | 1 0 0 0 0 | 1 0 0 0 0 | 1 1 | 0 0 0 0 | 1 1 |

代码：　　　　1 0 0 0 0　　　1 0 0 0 0　　　1 1　　0 0 0 0　　1 1

AMI 码：　　 −1 0 0 0 0　　 +1 0 0 0 0　　 −1 +1　 0 0 0 0　 −1 +1

HDB3 码：　 −1 0 0 0 −V　 +1 0 0 0 +V　 −1 +1　 −B 0 0 −V　 +1 −1

HDB3 码的译码规则是，每一个破坏符号 V 总是与前一个非 0 符号同极性（包括 B 在内）。从收到的符号序列中可以容易地找到破坏点 V，于是也断定 V 符号及其前面的 3 个符号必是连 0 符号，从而恢复 4 个连 0 码，再将所有 −1 变成 +1 后便得到原消息代码。

HDB3 码的特点是保留了 AMI 码的优点，克服了 AMI 连 0 多的缺点，这对于定时信号的恢复是十分有利的。另外，它是基群、二次群、三次群的接口码型，是 CCITT 推荐使用的码型之一。关于基群、二次群、三次群的定义，见 2.6 小节。

9. 传号反转码

传号反转（coded mark inversion，CMI）码的编码规则是，把普通二进制码序列中的"0"码变换为"01"，而把"1"码交替变为"00"和"11"。它的优点是有较多的电平跃变，因此含有丰富的定时信息，但是也有因极性反转而引起的译码错误问题。由于 CMI 码具有上述优点，再加上编、译码电路简单，容易实现，因此该码被 CCITT 推荐为 PCM 四次群的接口码型。

10. 曼彻斯特码

曼彻斯特码又称为双相码，其变换规则是把普通二进制序列码中的"1"码变换为"10"，把"0"变为"01"。这种码型的优点是能提供足够的定时，无直流漂移，编码过程简单，只是需要的带宽要宽些。

在图 2-14 中，信道信号形成器中还需要包含滤波功能。发送端的滤波器的作用是将输入的矩形脉冲变换成适合信道传输的波形。这是因为矩形波含有丰富的高频成分，若直接送入信道传输，容易产生失真。基带传输系统的信道通常采用电缆、架空明线等。信道既传送信号，又因存在噪声和频率特性不理想对数字信号造成伤害，使波形产生畸变，严重时发生错码。图 2-14 中接收端处理将在 2.4.3 节介绍。

2.4.3　数字基带传输的接收端处理

信号经过信道之后，在接收端首先要经过滤波处理。接收滤波器是接收端为了减小信道特性不理想和噪声对信号传输的影响而设置的，其主要作用是滤除带外噪声并对已接收的波形进行均衡，以便抽样判决器正确判决。

抽样判决器的作用是对接收滤波器输出的信号在规定的时刻（由定时脉冲控制）进行抽样，然后对抽样值判决，以确定各码元是"1"码还是"0"码。最后对抽样判决器的输出结果进行原始码元再生，以获得与输入码型相应的原脉冲序列。这里还需要同步提取电路来提取信号中的定时信息。

传输过程中出现了错码就是由于信道加性噪声和频率特性不理想造成的。其中，频率特性不理想引起的波形畸变，使码元之间相互干扰。此时，实际抽样判决值是本码元的值与几个临近脉冲拖尾及加性噪声叠加的结果。这种脉冲拖尾的重叠,并在接收端造成判决困难的现象称为码间串扰(或码间干扰)。再考虑上噪声的影响,就会影响最终的判决结果。

码间串扰中,前一个码元的影响最大,因此最好让前一个码元的波形在到达后一个码元抽样判决时已经衰减到 0,但这样的波形并不易实现。故比较合理的是让它在后面码元抽样判决的时刻正好为 0,这就是消除码间串扰的物理意义。实际应用中,还要求衰减快速,即尾巴不要拖得太长,以免影响到更多的码元。

通过理想低通传输函数,可以提高传码率和频带利用率,但这种系统实际并未得到应用。这是因为这种理想低通特性在物理上是不能实现的,即使能设法实现,使其接近于理想特性,也由于其冲激响应的拖尾太长,引起接收滤波器的过零点较大的移变。如果抽样定时再发生某些偏差,或外界条件对传输特性稍加影响,信号频率发生漂移等都会导致码间串扰明显增加。如果不考虑系统的频带来消除码间串扰,基带传输的形式可以采用升余弦滚降。升余弦滚降特性的实现比理想低通容易得多,虽然其应用于频带的利用率不高,但可以应用于允许定时系统和传输特性有较大偏差的场合。

实际的基带传输系统不可能完全满足无码间串扰的传输条件,因而码间串扰是不可避免的。当串扰严重时,必须对系统的传输函数进行校正,使其接近无码间串扰要求的特性。理论和实践都表明,在基带系统中插入一种可调(或不可调)滤波器就可以补偿整个系统的幅频和相频特性,这个对系统校正的过程就称为均衡。实现均衡的滤波器称为均衡器。另外,还可以通过部分响应技术得到频带利用率高、"尾巴"衰减大、收敛快的传输波形。数字信号采用最佳接收可以解决接收端信号难以判决的问题。最佳接收的方法有最小差错概率接收、最小均方误差接收、最大输出信噪比接收和最大后验概率接收等。

本节介绍了一个比较典型的基带数据传输系统,以便建立一个较完整的系统概念。对于发送端,主要介绍了一些常用的基带信号码型;对于接收端,主要考虑了解决信号的码间串扰和最佳接收的问题。

2.5 数字信号的频带传输

由于从消息变换过来的原始信号具有频率较低的频谱分量,这种信号在许多信道中不适宜直接进行传输。因此,在通信系统的发送端需要有调制过程,而在接收端需要有解调过程,这就是频带传输。将基带脉冲作为调制器的输入,调制后经过信道并解调后的输出即为基带脉冲输出,如图 2-17 所示。

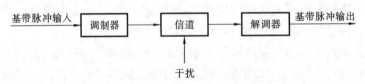

图 2-17 频带传输的基本结构

调制的定义为按调制信号(基带信号)的变化规律去改变高频载波某些参数的过程。通常,采用正弦信号作为载波。通过分别改变正弦信号的参数幅度 A、频率 f 和相位 ϕ,可将调制分为调幅、调频和调相三类。

　　根据调制信号取值连续或离散,调制分为模拟调制和数字调制。这里我们主要介绍数字调制方式。在接收端和"调制"相反的过程称为解调,即从已调信号中恢复原基带信号的过程。完成调制与解调任务的设备称为调制解调器。频带传输的目的是将基带调制信号变换成适合在信道中传输的已调信号,实现信道的多路复用以及改善系统的抗噪声性能。

　　数字调制是指基带信号的取值是离散的(数字信号),即用载波信号的某些离散状态来表征所传送的信息,在接收端只需对载波信号的离散调制参量进行检测就可以实现信号的解调。二进制数字调制有振幅键控、频移键控和相移键控三种基本形式,是本节介绍的重点内容。同时,对多进制调制方式也做简要的介绍。

2.5.1　二进制振幅键控

　　二进制数字振幅键控是一种古老的调制方式,也是各种数字调制的基础。振幅键控(也称幅移键控)记作 ASK(amplitude shift keying),或称其为开关键控(通断键控),记作 OOK(on off keying)。二进制数字振幅键控记作 2ASK。

　　2ASK 的调制过程即用待传递的数字信号("0"和"1"两种状态)改变载波的幅度。2ASK 信号的产生方法如图 2-18 所示(图 2-18(a)为模拟幅度调制方法,图 2-18(b)为数字键控方法)。

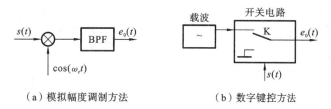

（a）模拟幅度调制方法　　　　（b）数字键控方法

图 2-18　2ASK 信号的产生

　　设输入的信号 $s(t)$ 为 $\{1\ 0\ 0\ 1\}$,$e_0(t) = s(t)\cos(\omega_c t)$,$s(t)$ 和 $e_0(t)$ 的波形如图 2-19 所示。

　　由图 2-19 可以看出,由于其中一个信号状态始终为零,相当于断开状态,故 2ASK 信号又称为通断键控信号。

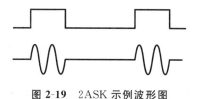

图 2-19　2ASK 示例波形图

　　对于 2ASK 调制,一般采用相干解调,解调框图如图 2-20 所示。

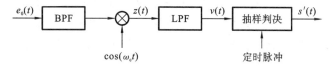

图 2-20　2ASK 信号相干方式解调器

　　在接收端,相乘器的输出 $z(t)$ 可以表示为

$$z(t) = e_0(t)\cos(\omega_c t) = s(t)\cos^2(\omega_c t) = s(t) \cdot \frac{1}{2}[1 + \cos(2\omega_c t)]$$

$$= \frac{1}{2}s(t) + \frac{1}{2}s(t)\cos(2\omega_c t) \tag{2-9}$$

式中:第一项是基带信号;第二项是以 $2\omega_c$ 为载波的成分,二者的频谱相差很远。经过低通滤波器后,即可输出信号 $\frac{1}{2}s(t)$。低通滤波器输出波形有失真,经抽样判决、整形后再输出数字基带脉冲。

另外,也可以对 2ASK 信号进行包络解调,只需将图 2-20 中的乘法器及载波 $\cos(\omega_c t)$ 模块更换为包络检波器即可。由于 $e_0(t)=s(t)\cos(\omega_c t)$,包络检波器输出即为 $s(t)$,再经抽样、判决后将码元再生,即可恢复数字序列。

2.5.2 二进制频移键控

数字频率调制又称频移键控,记作 FSK,二进制频移键控记作 2FSK。2FSK 方式中,用待传递的数字信号("1"和"0"两种状态)改变载波的频率,即用两种不同频率的载波分别代表数字信号"1"和"0"。由于数字消息只有 2 个取值,相应的作为已调的 2FSK 信号的频率也只能有 2 个取值。符号"1"对应于载频 f_1,符号"0"对应于载频 f_2,且 f_1 和 f_2 之间的改变是瞬间完成的。图 2-21 所示为使用键控法生成 2FSK 信号的框图。

设输入的信号 $s(t)$ 为 $\{1\ 0\ 0\ 1\}$,$e_0(t)=s(t)\cos(\omega_1 t)+\overline{s(t)}\cos(\omega_2 t)$,$s(t)$ 和 $e_0(t)$ 的波形如图 2-22 所示。

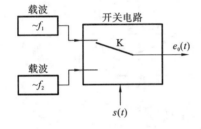

图 2-21　2FSK 信号的键控产生法

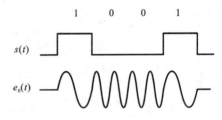

图 2-22　2FSK 示例波形图

图 2-22 中,"0"对应于载频 ω_1,"1"对应于载频 ω_2,而且 ω_1 和 ω_2 之间的改变是瞬间完成的。由图 2-22 中可以看出,"0"和"1"所对应的波形疏密不同,显示的正是频率的不同。将 2FSK 信号进行分解,如图 2-23 所示。

图 2-23 中(a)为 2FSK 信号,(b)为发送"0"时对应的波形,(c)为发送"1"时对应的波形。可见图 2-21 所示的键控方式,在发送"0"时,输出载波 f_1;在发送"1"时,输出载波 f_2。

数字调频信号的解调方法很多,可以分为线性鉴频法和分离滤波法两大类。线性鉴频法有模拟鉴频法、过零检测法、差分检测法等。分离滤波法又包括相干检测法、非相干检测法以及动态滤波法等。非相干检测的具体解调电路也使用包络检波检测法,相干检测的具体解调电路使用同步检波法。下面介绍相干解调法,其流程框图如图 2-24 所示。

假设发送端发送"1",则解调器输入端信号为 $e_0(t)=\cos(\omega_2 t)$,该相干解调器的上支路和下支路的相乘器之后的输出分别如下

$$z_1(t)=e_0(t)\cos(\omega_1 t)=\cos(\omega_1 t)\cos(\omega_2 t)=\frac{1}{2}\big[\cos(\omega_1+\omega_2)+\cos(\omega_1-\omega_2)\big] \quad (2\text{-}10)$$

$$z_2(t)=e_0(t)\cos(\omega_2 t)=\cos^2(\omega_2 t)=\frac{1}{2}\big[1+\cos(2\omega_2 t)\big] \quad (2\text{-}11)$$

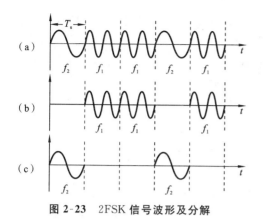

图 2-23　2FSK 信号波形及分解

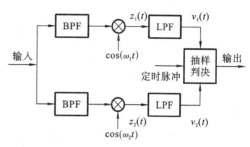

图 2-24　2FSK 信号相干方式解调器

经过 LPF 之后,上、下支路分别变为

$$v_1(t) = \frac{1}{2}\cos(\omega_1 - \omega_2) \tag{2-12}$$

$$v_2(t) = \frac{1}{2} \tag{2-13}$$

根据"谁大判为谁"的原则,由于下支路较大,因此判为 ω_2 所对应的数据,即判为"1"。对于发送端发送为"0"时的情形,与此类似,不再赘述。

2.5.3　二进制相移键控

数字相移键控调制方式中,用待传递的数字信号("1"和"0"两种状态)改变的是载波的相位。数字相位键控分为绝对相移键控和相对相移键控两类,本节主要介绍二进制绝对相移键控和二进制相对相移键控调制方式。

1. 二进制绝对相移键控

绝对相移是利用载波的相位偏移,即某一码元所对应的已调波与参考载波的初相差,直接表示数据信号的相移方式。二进制绝对相移(2PSK)用待传递的数字信号("1"和"0"两种状态)改变载波的初相角。2PSK 信号有模拟法和键控法两种生成方法,如图 2-25 所示。

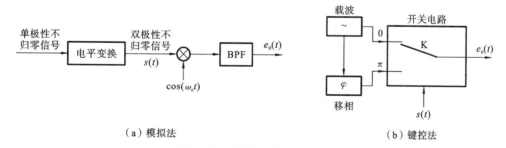

（a）模拟法　　　　　　　　　　　　　　　　（b）键控法

图 2-25　2PSK 信号产生框图

若规定,已调载波与未调载波同相位表示数字信号"0",与未调载波反相位表示数字信号"1"。用图 2-25(a)所示的模拟调制方式,将单极性信号变换为双极性信号的过程中,就相当于给数字信号"0"和"1"加上了 0 和 π 相位,即 $\cos 0 = 1$,$\cos \pi = -1$。之后直接与载波 $\cos(\omega_c t)$ 相乘,就得到 $\cos(\omega_c t)$(对应"0")和 $-\cos(\omega_c t)$(对应"1")。对于图 2-25(b)所示的键控法,则是先将载波 $\cos(\omega_c t)$ 进行移相,上分支为 $\cos(\omega_c t)$,下分支为

$\cos(\omega_c t+\pi)=-\cos(\omega_c t)$。再由信息 $s(t)$ 控制：为"1"时，键拨至下分支相位 π 所对应的移相后的 $-\cos(\omega_c t)$；为"0"时，键拨至上分支相位 0 所对应的移相后的 $\cos(\omega_c t)$。

图 2-26 所示为 2PSK 的一个实例。该例中展示了一种 2PSK 信号的波形，可以看到它在传输的数字信号发生变化时，相位发生了跳变。

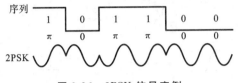

图 2-26 2PSK 信号实例

在这种绝对相移方式中，由于在发送端是以某一个相位作为基准的，因而在接收系统中也必须有一个固定的基准相位做参考；若参考相位发生随机跳变（从 0°变成 180°），则必然导致接收错误，这就是 2PSK 信号的"反相工作"现象。为了避免"反相工作"现象，特引入"相对移相"方式——2DPSK 信号。

2. 二进制相对相移键控

二进制相对相移键控记为 2DPSK。2DPSK 信号是利用前后相邻码元的相对载波相位值表示的二进制数字信号。2PSK 相位和 2DPSK 信号的相位对应关系如下：

$$对于 2PSK，令 \begin{cases} 0\ 相\to 数字信息"0"， \\ \pi\ 相\to 数字信息"1"； \end{cases}$$

$$对于 2DPSK，令 \begin{cases} \Delta\phi=0\to 数字信息"0"， \\ \Delta\phi=\pi\to 数字信息"1"。 \end{cases}$$

由此可见，2DPSK 信号表示相应的数字信息，并不依赖于某一固定的参考相位，只要前后相邻码元的相对相位关系不被破坏，就不会造成接收错误。举一个例子，设数字信息为 {0 0 1 1 1 0 0 1}，则相应的 2PSK 和 2DPSK 信号波形如图 2-27 所示。

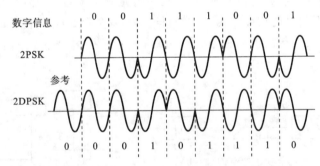

图 2-27 2PSK 和 2DPSK 信号对比实例

2DPSK 信号的生成框图如图 2-25(b)。与 2PSK 相同的是，载波 $\cos(\omega_c t)$ 进行移相后上分支为 $\cos(\omega_c t)$，下分支为 $-\cos(\omega_c t)$。与 2PSK 不同的是，由信息 $s(t)$ 控制：发送的信息与前一位信息相同时，键拨至上分支相位 0 所对应的 $\cos(\omega_c t)$ 输出；发送的信息与前一位信息不同时，键拨至下分支相位 π 所对应的移相后的 $-\cos(\omega_c t)$ 作为输出。

3. 二进制相移键控的解调

不论对于 2PSK 还是 2DPSK 均可以用相干解调法，解调的框图如图 2-28 和图 2-29 所示。

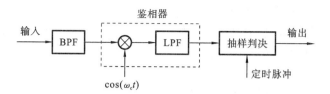

图 2-28　2PSK 信号相干解调器

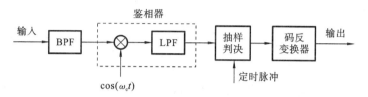

图 2-29　2DPSK 信号相干解调器

由图 2-28 和图 2-29 可以看出，2DPSK 信号的解调是在 2PSK 的基础上再附加一个码反变换器。对于发送端发送的"1"信号，发送端发送的调制信号为 $-\cos(\omega_c t)$，经过乘法器之后为 $-\cos^2(\omega_c t) = -\dfrac{1}{2}\big[\cos(2\omega_c t) + 1\big]$，经过低通滤波器后为 $-\dfrac{1}{2}$，抽样判决的结果为负，即判为"1"。

对于 2DPSK 信号，需要在 2PSK 解调后再进行码反变换，这是因为在发送端输入的是相对码。设参考码为"0"，发送的码字为"1"，则对于 2DPSK 来说，发送端送入系统的为"0"和"1"的模 2 加，即"1"。这样，根据 2PSK 的解调过程，接收端在码反变换器之前也恢复为"1"。码反变换器的作用是将收到的"1"与参考相位"0"作模 2 加，得到恢复的信息数据"1"。因为参考码是前一位码字，则参考码"0"其实也要通过调制和解调，但是不影响解码结果。

假设发送的信息为{0 0 1 1 1 0 0 1}，若采用 2PSK，在本地与载波相乘后输入信道，若本地载波发生了倒 π 现象，则所有的码字在接收端都会取反，而出现大面积错码现象。若采用 2DPSK，参考相位为"0"，则信道之前的差分信息为{'0' 0 0 1 0 1 1 1 0}，其中"'0'"为参考相位。接收端收到信息{0 0 1 0 1 1 1 0}，经过与参考位的"'0'"的差分编码得到{0 0 1 1 1 0 0 1}；若本地载波出现倒 π 现象，则参考相位变为"1"，则{'1' 0 0 1 0 1 1 1 0}差分解码后的信息为{1 0 1 1 1 0 0 1}，与发送信息{0 0 1 1 1 0 0 1}相比，只错了 1 位。可见，2DPSK 可以克服倒 π 现象。

2.5.4　多进制调制

在多进制数字调制中，每个符号间隔内可能发送的符号超过两种。这种状态数目大于 2 的调制信号称为多进制数字信号。若多进制数字信号对载波进行调制，在接收端进行相反的变换，这种过程就称为多进制调制和解调，或多进制数字调制。

设 M 进制的调制信号，在多进制调制中有 M 进制振幅键控（MASK）、M 进制频移键控（MFSK）以及 M 进制相移键控（MPSK 或 MDPSK），还有别的多进制调制形式，如 M 进制正交幅度调制（MQAM）。

与二进制数字调制系统相比，多进制数字调制系统具有以下特点。

（1）在码元速率相同的条件下，可以提高信息速率。当码元速率相同时，M 进制数传系统的信息速率是二进制的 $\log_2 M$ 倍。

（2）在信息速率相同的条件下，可降低码元速率，以提高传输的可靠性。当信息速率相同时，M 进制的码元宽度是二进制的 $\log_2 M$ 倍，这样可以增加每个码元的能量和减少码间串扰的影响。

（3）在接收机输入信噪比相同的条件下，多进制数传系统的错码率比相应的二进制系统要高。

（4）设备复杂。

2.6 复用和同步技术

在 2.1 节至 2.5 节中，我们针对图 2-1 和图 2-2 的各个模块进行了详述和分析。但是在实际系统中，往往不只有一路信号需要同时传送，解决多路信号的传输问题就是信道复用问题。将多路信号在发送端合并后通过信道进行传输，然后在接收端分开并恢复为原始各路信号的过程称为复接和分接。常用的复用方式有频分复用、时分复用和码分复用。数字复接技术就是在多路复用的基础上把若干小容量、低速数字流合并成一个大容量的高速数字流，通过高速信道传输，传到接收端后再分开，完成大容量数字传输。

此外，在数字通信系统中，传送的信号都是数字化的脉冲序列，要使这些数字信号流在数字交换设备之间传输，其速率应当完全保持一致，若要保证信息传送准确无误，就要求通信系统的收、发双方步调一致，整个通信系统正常工作的前提是同步系统正常。

本小节将介绍多路复用、数字复接和同步技术。

2.6.1 多路复用技术

多路复用（multiplexing）技术就是在一个信道同时传输多路信号。在深入了解多路复用技术前，先介绍以下几个基本概念。

（1）物理信道：信号在通信系统中传输时经过的通信设备和传输介质，强调物质的存在性和信号传输的过程，如电线、电缆、无线电频道、放大器等。

（2）逻辑信道：在通信系统中实现信号传输的技术路径，强调通信终端间的逻辑连接和信号的传输结果，如时隙、码型等。

（3）复用技术：在一条物理信道内形成多个逻辑信道，使多个相互独立的通信终端共享信道的容量。

（4）多路复用器（MUX）：完成多路复用和解复用的设备。

多路复用实现的关键是多路信号在发送端的汇合和在接收端的正确分离。汇合和分离信号的依据是信号之间的差别，信号之间的差别出现在频率、时间和码型结构上，因此产生了最基本的三类多路复用技术，即频分复用，时分复用（time division multiplexing，TDM）和码分复用。

1. 频分复用

频分复用是指在物理信道的可用带宽超过单个原始信号所需带宽的情况下，将物理信道的总带宽分割成若干个与传输单个信号带宽相同（或略宽）的子信道，每个子信道传输一路信号。也就是说，多路信号在相同时间内占用不同的带宽资源（或频道）。

如图 2-30 所示,为了使若干信号能在同一信道上传输,可以把它们的信号调制到不同的频段,从而实现多个用户同时通话。

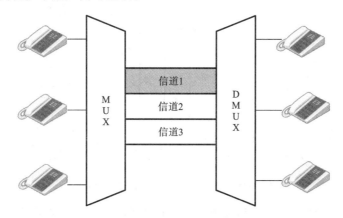

图 2-30 采用 FDM 的电话系统

另外,在光通信中使用光波分复用(wavelength division multiplexing,WDM)技术,即在一根光纤中同时传输多个波长光信号的技术。在发送端,将不同波长的光信号组合在一起(复用),耦合在一根光纤中进行传输;在接收端,将不同波长的光信号分开(解复用),恢复出原信号后,发送给不同的终端。WDM 是对波长的划分,从另一个角度说,也是对带宽的划分,因此也属于 FDM 的范畴。

FDM 一般用于模拟系统,适用于链路带宽大于要传输的几路信号带宽之和的情况。每路信号都被调制到一个不同的载波频率上,然后组合成一个复合信号。各载波频率之间应有一定的间隔,即防护频带,以保证信号不重叠。典型的应用如广播电台和有线电视。在这种复用方式下,信道通过分配后,即使没有数据传送也是被占用的。

在移动通信场景中,可用的频谱资源有限,且克服多径效应引起的时延功率谱的扩散而带来的频率选择性衰落,系统除了使用分集技术、信道交织编码和 Rake 接收等技术之外,还使用多载波传输方式来抗衰落。正交频分复用(orthogonal frequency division multiplexing,OFDM)就是一种使载波间隔达到最小从而提高频带利用率的复用方式。

2. 时分复用

在数字通信中,一般采用时分复用技术来提高信道的传输效率。"复用"是多路信号(语音、数据和图像等信号)利用同一个信道进行独立的传输。例如,利用同一根同轴电缆传输 1920 路电话,且各路电话之间的传送是相互独立、互不干扰的。

1) 基本概念

在语音信号进行抽样后,样值序列在时间上是离散的,即两个样点信号在时间上有间隔,可以利用这一时间间隔传送其他语音信号的样点信号,这就是语音的时分复用。先介绍几个基本的概念。

(1) 时分复用:将一条物理信道按时间分成若干个时间片,轮流地分配给多个信号使用,即信号在不同的时间共同占用相同的频带。其实质就是多个发送端轮流使用信道,感觉上是多个发送端在同时发送数据,但实际上每一时刻只有一个发送端在发送数据,如图 2-31 所示。

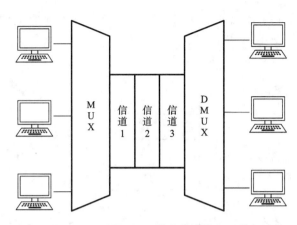

图 2-31　采用 TDM 技术的计算机系统

（2）帧：对时分复用的各路信号抽样一次的时间，也就是一个抽样周期内全部信号的组合。对于语音信号而言，一帧就是两相邻样值之间的时间间隔，即 $125 \ \mu s \left(\dfrac{1}{8} \ kHz \right)$。

采用 TDM 制的数字通信系统，在国际上已经建立了标准。典型的时分多路复用设备是 PCM 30/32 系统（基群）。PCM 30/32 系统的帧结构如图 2-32 所示。

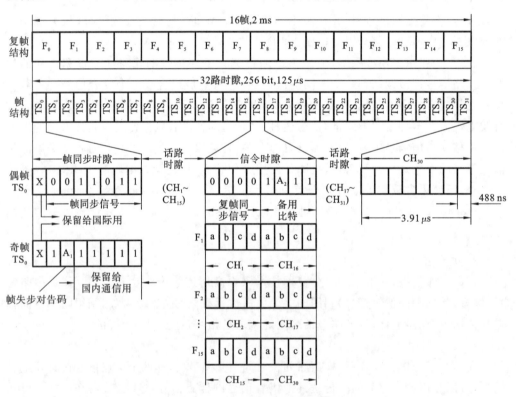

图 2-32　PCM30/32 系统帧结构

（3）时隙：将一帧的时间均匀分为 32 个等份，每一等份称为一个时隙，可传送一路语音信号的 8 位二进制编码。32 个时隙依次表示为 TS_0，TS_1，TS_2，…，TS_{31}，其中 $TS_1 \sim TS_{15}$ 和 $TS_{17} \sim TS_{31}$ 为话路时隙，共 30 个话路；TS_0 传送帧同步信号；TS_{16} 传送信令信号。

(4) 复帧:由 16 帧(编号为 F_0,F_1,F_2,$\cdots$,F_{15})组成一个复帧。

由于语音的范围不大于 4 kHz,因此每路信号的抽样频率为 $f_s=8000$ Hz,每一帧的长度 $T_s=1/f_s=125$ μs,每一个时隙的长度为 $T_c=1/32T_s=3.9$ μs,脉冲的宽度 $\tau_{cp}=T_c/8=488$ ns,复帧的长度为 $T=16T_s=2$ ms。另外,系统的码率为 $f_{cp}=8000$ Hz$\times$32路$\times$8 bit/路$=2.048$ Mb/s,一路信号的码率就是 $f_p=8000$ Hz$\times$8 bit/路$=6.4$ kb/s。

2) 分类

按照时间分配方式的不同,时分复用又可以分为下列两种。

(1) 同步时分复用(STDM):在 ATDM 系统中,时间片是预先分配好的,而且是固定不变的,即每个时间片与信号源对应,而不管此时是否有信息发送;在接收端,根据时间片序号可判断出是哪一路信号。该复用方法实现简单,但容易造成资源浪费。

(2) 异步时分复用(ATDM):又称为统计时分复用或智能时分复用(ITDM),允许动态分配信道的时间片,以实现按需分配。如果某路信号源没有信息发送,则允许其他信号源占用这个时间片。这样就大大提高了信道的利用率,但是控制更复杂了。

同步时分复用和异步时分复用有一个共同的特点,就是在某一瞬间,线路上至多有一路传输信号。

3. 码分复用

码分复用是用一组相互正交的码字区分信号的多路复用方法。在码分复用中,各路信号码元在频谱上和时间上都是混叠的,但是代表每路信号的码字是正交的。

假设用 $x=(x_1,x_2,x_3,\cdots,x_n)$ 和 $y=(y_1,y_2,y_3,\cdots,y_n)$ 表示两个码长为 n 的码组,各码元 x_i,$y_i\in(-1,+1)$,$i=1,2,\cdots,n$。如果码组 x 和 y 对应位置上的元素相乘后再全部相加的结果为 0,则称两码组正交;若其结果大约为 0,则称两码组准正交;若其结果小于 0,则称两码组超正交。三路信号的码分复用原理如图 2-33 所示。

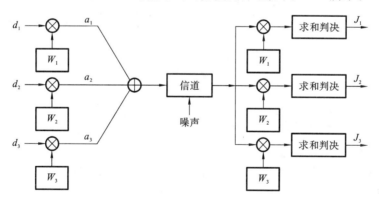

图 2-33　三路信号的码分复用原理

在 CDM 系统中,各路信号在时域和频域上是重叠的,接收端使用与发送信号相匹配的接收机通过相关检测才能正确接收。

CDM 除了可以采用正交码,还可以采用准正交码和超正交码,因为此时的邻路干扰很小,可以采用设置门限的方法来恢复原始的数据。同时为了提高系统的抗干扰能力,码分复用通常与扩频技术结合起来使用。

2.6.2 数字复接技术

扩大数字通信容量尤其是以语音为主的数字通信系统更容易操作,其主要有两种方法:一种方法是采用 PCM30/32 系统复用,这种将多路信息信号直接编码复用的方法就是 PCM 复用;另外一种方法是将几个经 PCM 复用后的数字信号再进行时分复用,它是采用数字复接的方法来实现的,所以又称为数字复接技术。

PCM30/32 系统采用的是时分复用技术,将 30 路语音信号复接成速率为 2.048 Mb/s 的群路信号,称为基群或一次群。为了提高传输效率,再把一次群信号采用同步或准同步数字复接(digital multiplexer)技术,复接成更高速率的数字信号。数字复接系列按传输速率不同,分别称为基群、二次群、三次群、四次群等(我国分别称为 E1、E2、E3、E4),其速率分别为 2 Mb/s、8 Mb/s、32 Mb/s、140 Mb/s。

根据不同的需求和传输能力,传输系统应具有不同话路数和不同速率的复接,形成一个系列,由低级到高级复接,这就是准同步数字体系(plesiochronous digital hierarchy,PDH)。采用 PDH 的系统,是在数字通信网的每个节点上都分别设置高精度的时钟,这些时钟的信号都具有统一的标准速率。尽管每个时钟的精度都很高,但总还是有一些微小的差别。为了保证通信的质量,要求这些时钟的差别不能超过规定的范围。因此,这种同步方式严格来说不是真正的同步,所以称为"准同步"。PDH 分插支路信号过程如图 2-34 所示。

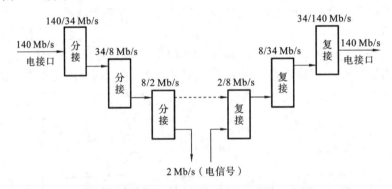

图 2-34　PDH 分插支路信号过程

常用的复接方法有两种:一种是同步复接,另一种是异步复接。

1. 同步复接

同步复接是用一个高稳定的主时钟来控制被复接的几个低次群信号,使这几个低次群的码速统一在主时钟的频率上,达到同频、同相,即不仅低次群信号速率相同,而且码元边缘对齐。

同步复接的实现过程是一个并/串变换过程。例如,4 个低速支路码流各自进入缓存器,开关在一个支路码元的时间间隔内,分别与 4 个支路相接,取出每个支路的一个码元,每个支路的一个码元仅持续 $T/4$ 的时长,如此反复。

在同步复接中,一旦主时钟发生故障,相关的通信系统就会全部中断,因此它只限于局部地区使用。

2. 异步复接

异步复接中,各低次群使用各自的时钟,所以各低次群的码速不同。因此,应先进行码速调整,使各低次群码速达到一致,然后再进行同步复接。

2.6.3　同步技术

数字通信的一个重要特点是通过时间分割来实现多路复用,即时分多路复用。在通信过程中,信号的处理和传输都是在规定的时隙内进行的。为了使整个通信系统有序、准确、可靠地工作,收、发双方必须有一个统一的时间标准。这个时间标准就是靠定时系统去完成收、发双方时间的一致性,即同步。同步系统性能的好坏将直接影响通信质量的好坏,甚至会影响通信能否正常进行。

1. 不同功用的同步

按照同步的功用来区分,同步有载波同步、位同步(码元同步)、帧同步(群同步)和网同步(通信网络中使用)四种。

1)载波同步

当采用相干解调时,接收端需要提供一个与发射端调制载波同频同相的相干载波,这个相干载波的获取就称为载波提取或载波同步。

载波同步的方法有如下两种。

(1)插入导频法:发送有用信号的同时,在适当的频率位置上,插入一个或多个称为导频的正弦波,这种方式被称为频域插入导频法。另外,在一定的时段上传送载波信息,被称为时域插入导频法。接收端则由导频提取出载波。

(2)直接法:不专门发送导频,而在接收端直接从发送信号中提取载波。直接法又可分为非线性变换—滤波法和特殊锁相环法。信号如果不含有载波分量,则使用非线性变换—滤波法;如果含有载波分量,则直接使用特殊锁相环法。

对载波同步的要求是,发送载波同步信息所占的功率尽量小,频带尽量窄。载波同步的具体实现方案与采用的数字调制方式有一定的关系。也就是说,具体采用哪种载波同步方式,应视具体的调制方式而定。

2)位同步

位同步又称为码元同步,是指在接收端产生与接收码元频率和相位一致的定时脉冲序列的过程。位同步示意图如图 2-35 所示,一般称这个定时脉冲序列为码元同步脉冲或位同步脉冲。

由图 2-35 可知,接收端接收码元的频率一致称为同频,即发送端发送了多少个码元,接收端必须产生同样多的判决脉冲,既不多一个,也不少一个。接收端接收的码元相位一致称为同相,即判决脉冲应该对准码元的中心,此时对码元的正确识别率最高。

实现位同步的方法很多,最常用的方法是接收端直接从接收到的信息码流中提取时钟信号,作为接收端的时钟基准,去校正或调整接收端本地产生的时钟信号,使

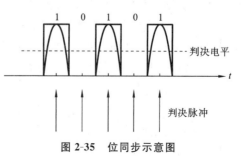

图 2-35　位同步示意图

收、发双方时钟保持同步。这种方法的优点是既不消耗额外的发射功率,也不占用额外的信道。但是这种方法有一个前提条件,就是信息码流中必须含有时钟频率分量,或通过简单变换后可以产生出时钟频率分量。

3) 帧同步

数字通信中的数字信息流总是用若干码元组成一个"字",又用若干"字"组成"句"。因此,在接收这些数字信息流时,同样必须知道这些"字"、"句"的起止时刻。在接收端产生与"字"、"句"起止时刻一致的定时脉冲序列,称为"字"同步和"句"同步,统称为帧同步或群同步。

为了实现帧同步,一般是在数字信息流中插入一些特殊码组作为每帧的头尾标记,接收端根据这些特殊码组的位置就可以实现帧同步。

例如,PCM30/32 系统语音信号若要实现正确分路就离不开帧同步,其帧结构如图2-32 所示。由于发送端在偶数帧的 TS_0 时隙插入了具有特定码型的帧同步码组(如10011011),那么接收端也产生相同的帧同步码组,并逐位与接收到的二进制码流比较。只要能正确识别出帧同步码(即识别出 TS_0),就能正确区分出各个时隙,从而达到语音信号正确分路的目的。

4) 网同步

在一个数字通信网中,往往需要把各个方向传来的信息码按它们的不同目的进行分路、合路和交换,为了有效完成这些功能,必须实现网同步。

在数字通信网内,若数字交换设备之间的时钟频率不一致,或数字比特流在传输中受到损伤,就会在数字交换系统的缓冲存储器中产生码元的丢失和重复,即导致在交换节点中出现滑动。为降低滑动率,必须使网中各个单元使用共同的基准时钟频率,实现各网中单元时钟间的同步,称为网同步。

(1) 全网同步:采用频率控制系统去控制各交换站的时钟,使它们都达到同步,使它们的频率和相位均保持一致,没有滑动。采用这种方法可用稳定度低而价廉的时钟,在经济上是有利的。全网同步又分为主从同步和互控同步两类。

主从同步的方法:在通信网内设立一个主站,它备有一个高稳定的主时钟源(即定时脉冲频率),其直接或间接来自主时钟源,故网内各站的时钟频率相同。这种同步法比较容易实现,且设备简单。但主时钟若发生故障,则全网瘫痪;当某一中间站发生故障时,其后的各站也不能正常工作。我国数字同步网采用"多基准时钟,分区等级主从同步"的组网方案。全网所有的交换站按等级分类,其时钟都按其所处的低位水平分配一个等级。主时钟发生故障时,就主动选择具有最高等级的时钟作为新的主时钟。这种方式提高了系统的可靠性,但其构造较复杂。

为了克服主从同步法过分依赖主时钟源的特点,改进的方法是让网内各站都有自己的时钟,并把它们相互连接起来,使各站的时钟频率都锁定在各站固有频率的平均值上,即网频频率上,从而实现网同步。这是一个相互控制的过程,当网中某一站发生故障时,网频频率将平滑过渡到一个新的值。这样,除了发生故障的站之外,其余各站仍能正常工作,因此提高了通信网的可靠性,但是这种方式的构造比较复杂。

(2) 准同步系统:在一个数字网中的各个节点上,分别设置高精度的独立时钟,这些时钟产生的定时信号以统一标准速率出现,而速率的变化限制在规定范围内,借助缓冲技术,每两个准同步时钟系统间的 64 kb/s 承载链路的滑动应在 72 天以上出现一次。国际通信时通常采用准同步方式。

除上述方法外,网同步还有其他方法,由于篇幅限制,不再赘述。

2. 不同传输方式的同步

同步也是一种信息,按照获取和传输同步信息方式的不同,同步可分为外同步和自同步。

1) 外同步

由发送端发送专门的同步信息(常被称为导频),接收端把这个导频提取出来作为同步信号,称为外同步。外同步一般用于帧同步。

2) 自同步

发送端不发送专门的同步信息,接收端设法从收到的信号中提取同步信息,称为自同步。自同步多用于载波同步和位同步。

2.7 本章小结

本章从数字频带传输系统和数字基带传输系统的实现过程出发,针对其中的模块使用的技术做了详细的介绍,重点介绍了信源编码、差错控制、基带传输的码型、频带传输的常见调制方式。这些手段和方法在点对点传输中必不可少。最后从网络的角度出发,介绍了网络上传输信息所必需的多路复用、数字复接和同步技术。同步技术同样在点对点传输中也非常重要。

思考和练习题

1. 数字频带和基带传输系统的基本传输原理是怎样的?
2. 相对于模拟通信,数字通信的优点有哪些?
3. 将模拟信号数字化,主要的流程有哪些?
4. 抽样有哪些类型? 它们有何区别?
5. 低通抽样定理是什么?
6. 量化有哪些类型?
7. 均匀量化的优缺点是什么?
8. A 律 13 折线的量化是怎样进行的?
9. PCM 编码调制方式中,8 位非线性码分几段? 每一段代表什么含义?
10. 差错控制方式有哪些?
11. 列举几种简单的差错控制编码,并介绍其原理。
12. 数字基带传输系统中,对码型的要求有哪些? 常见的码型有哪些?
13. 数字频带传输和基带传输系统是怎么区分的? 常见的调制技术有哪些?
14. 什么是复用技术? 什么情况下需要进行复用? 复用的方式有哪些?
15. 常用的复接方法有哪些? 它们是怎样进行定义的?
16. 从功用的角度看,同步的方式有哪些? 按不同的传输方式来划分,又有哪些同步方式?

3

计算机通信

3.1 计算机通信概述

3.1.1 计算机通信的定义

1. 计算机通信

随着计算机技术的迅速发展,计算机的应用逐渐渗透到各种技术领域和社会的各个方面。社会的信息化、数据的分布处理、各种计算机资源的共享等都推动计算机技术朝着群体化方向发展,从而促使计算机技术与通信技术紧密结合。计算机网络属于多机系统的范畴,是计算机和通信这两大现代技术相结合的产物,它代表着当前计算机体系结构发展的一个重要方向。通信的实质是实现信息的交换,作为计算机技术和通信技术结合的产物,计算机通信(compunication,即 computer+communication)也属于通信范畴。

通俗地讲,计算机通信就是指经过计算机进行的通信,是计算机之间,或计算机与其终端、外围设备间进行的信息交换,其通信对象是以二进制形式表示的数据。通信的信息有多种,包括数据、文本、音频、视频等,当这些信息转换为以二进制形式表示的数据时,均可经过计算机进行通信。计算机通信可使计算机用户实现资源共享,更充分地发挥每台计算机的作用,也使得通信更加快捷。

简单的近距离计算机通信,只需通过计算机或终端设备的串口、并口,用电缆将其连接起来,就能进行数据传输;而远程计算机通信则是在复杂的计算机通信网络中进行,多台计算机和通信连接设备按一定规则组合起来,通过不同的通信介质完成数据的传输。

2. 计算机网络

所谓计算机网络就是以相互共享资源(硬件、软件和数据)的方式连接起来,各自具有独立功能的计算机系统的集合。这一定义是由美国信息处理学会联合会于 1970 年提出来的,并得到了广泛采纳。此定义包含以下三个含义。

(1) 计算机之间相互通信的目的是共享计算机网络中硬件、软件和数据等资源。

(2) 计算机网络中的各个计算机系统不仅在地域上是分散的,而且各自具有独立的功能。

（3）计算机网络应有一个全网性的网络操作系统，用户只需向网络操作系统提出使用资源的要求，而不必指出资源的具体归属，由网络操作系统自动地分配给该用户所需的资源。

3. 计算机网络的分类

根据不同的分类方法，计算机网络的分类结果有所不同。常见的分类方法主要根据网络的拓扑结构和网络的覆盖范围进行分类。

1）根据网络的拓扑结构分类

网络的拓扑（topology）结构是指网络中各节点的互联构形，也就是连接布线的方式。网络拓扑结构主要有五种：星形、树形、总线型、环形和网状形，如图 3-1 所示。

星形结构　　　树形结构　　　总线型结构　　　环形结构　　　网状形结构

图 3-1　计算机网络的拓扑结构

星形结构的特点是存在一个中心节点，其他计算机与中心节点互连，系统的连通性与中心节点的可靠性有很大的关系；树形结构的特点是从根节点到叶子节点呈现层次性；总线型结构的特点是存在一条主干线，所有的计算机连接到主干线上；环形结构的网络存在一个环形的总线，节点到节点间存在两条通路；网状形结构是一种不规则的连接，其特点是一个节点到另一个节点之间可能存在多条连接。目前的因特网拓扑结构是在网状形结构的基础上，与其他结构构成的混合型。

2）根据网络的覆盖范围分类

计算机网络按照网络的覆盖范围可以分为局域网、广域网和城域网。

（1）局域网（local area network，LAN）。

局域网覆盖的范围往往是地理位置上的某个区域，如某一企业或学校等，一般把计算机和服务器通过高速通信线路连接起来，其传输速率在 10 Mb/s 以上。把校园或企业内部的多个局域网互联起来，就构成了校园网或企业网。目前局域网主要有以太网（Ethernet）和无线局域网（wireless local area network，WLAN）等。

（2）城域网（metropolitan area network，MAN）。

城域网一般来说是在一个城市，但不在同一小区范围内的计算机互联。这种网络的连接距离可以在 10～100 km，MAN 比 LAN 扩展的距离更长，连接的计算机数量更多，在地理范围上可以说是 LAN 网络的延伸。在一个大型城市，一个 MAN 网络通常连接着多个 LAN 网，如连接政府机构的 LAN、医院的 LAN、电信的 LAN、公司企业的LAN 等。

（3）广域网（wide area network，WAN）。

广域网也称为远程网，其覆盖的范围比 MAN 更广，它一般是在不同城市之间的LAN 或者 MAN 网络互连，地理范围可从几百千米到几千千米。因为距离较远，信息衰减比较严重，所以这种网络一般要租用专线，通过 IMP（接口信息处理）协议和传输介质连接起来，构成网状形结构，解决寻径问题。

4. 计算机网络的组成

根据定义可以把一个计算机网络概括为一个由通信子网和终端系统组成的通信系统(见图 3-2)。

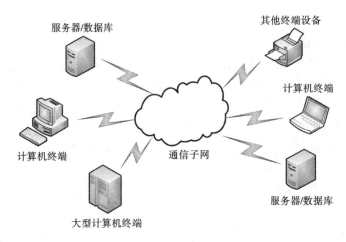

图 3-2 计算机网络的组成

1) 终端系统

终端系统由计算机、终端控制器和计算机上所能提供共享的软件资源和数据源(如数据库和应用程序)构成。计算机通过一条高速多路复用线或一条通信链路连接到通信子网的节点上。终端用户通常是通过终端控制器访问网络,终端控制器能对一组终端提供控制功能。

2) 通信子网

通信子网作为信息交换的网络节点和通信线路组成的独立的数据通信系统,它可以承担全网的数据传输、转接、加工和变换等通信处理工作。网络节点提供双重作用:它可以作为终端系统的接口,也可作为对其他网络节点的存储转发节点。当作为网络接口节点时,接口功能是按指定用户的特定要求编制的。由于存储转发节点提供了交换功能,故报文可在网络中传送到目的节点。它同时又与网络的其余部分合作,以避免拥塞并使网络资源得到有效利用。

3.1.2 数据通信

计算机通信网络最基本的功能是信息交换,而数据是信息的表现形式,因此,计算机通信的本质是数据通信。数据通信是指网络中任何两台设备通过通信线路交换数据的过程。一个数据通信系统由数据终端设备(data terminal equipment,DTE)、数据电路终接设备(data circuit-terminating equipment,DCE)和传输信道三部分组成,如图3-3所示。

从图 3-3 中可看出,DTE 通过数据电路与计算机系统相连。数据电路由传输信道和 DCE 组成。如果传输信道是模拟信道,那么 DCE 的作用就是把 DTE 送来的数据信号变换为模拟信号再送往信道,或者反过来,把信道送来的模拟信号变换成数据信号再送到 DTE;如果传输信道是数字信道,那么 DCE 的作用是实现信号码型与电平的转换、信道特性的均衡、收发时钟的形成与供给以及线路接续控制等。

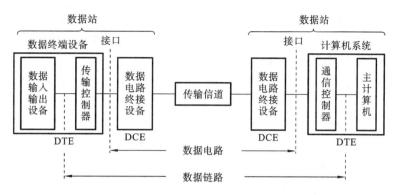

图 3-3 数据通信系统模型

DTE:用于发送和接收数据的设备。DTE 可能是大、中、小型计算机,也可能是一台只接收数据的打印机,DTE 属于用户范畴,其种类繁多,功能差别较大。从计算机和计算机通信系统的观点来看,终端是输入/输出的工具;从数据通信网络的观点来看,计算机和终端都称为网络的数据终端设备。

DCE:用来连接 DTE 与数据通信网络的设备。该设备为用户设备提供入网的连接点。DCE 的功能就是完成数据信号的变换。因为传输信道可能是模拟的,也可能是数字的,DTE 发出的数据信号不适合信道传输,所以要把数据信号变换成适合信道传输的信号。利用模拟信道传输,要进行"数字—模拟"变换,其方法就是调制;而接收端要进行反变换,即"模拟—数字"变换,这就是解调。实现调制与解调的设备称为调制解调器(modem)。因此调制解调器就是模拟信道的数据电路终接设备。利用数字信道传输信号时不需要调制解调器,但 DTE 发出的数据信号也要经过某些变换才能有效而可靠地传输,对应的 DCE 即数据服务单元(data service unit,DSU),其功能是码型和电平的变换、信道特性的均衡、同步时钟信号的形成、控制接续的建立、保持和拆断(指交换连接情况)和维护测试等。

这里需要注意"数据电路"和"数据链路"这两个概念。"数据电路"指的是在线路或信道上加上信号变换设备之后形成的二进制比特流通路,它由传输信道及其两端的DCE 组成。"数据链路"是在数据电路已建立的基础上,通过发送方和接收方之间交换"握手"信号,使双方确认后方可开始传输数据的两个或两个以上的终端装置与互联线路的组合体。

3.1.3 协议与标准

1. 协议

协议(protocol)是计算机的网络语言。如果 m 台计算机不能使用某个协议,它就不能与使用该协议的其他计算机通信。

协议是通信双方完成信息交换而建立的标准或约定规则。网络协议使计算机能够彼此"识别对方",并"听懂对方的语言"。协议定义了数据单元使用的格式,以及应该包含的信息与含义、连接方式与信息发送和接收的时序,从而确保网络中的数据顺利地传递到确定的地方。

通信协议指双方对如何进行信息交换达成一致同意的规则。通信网必须有一系列协议,每个协议规定需要完成的特定任务。总而言之,通信协议为传输的信息定义严格的格式(语法),传输的顺序(时序或同步),以及传输信息所表示的意义(语义),即规定了通信内容是什么,如何进行通信,何时进行通信。

协议对网络来说十分重要。可以设想,如果只把在不同地方、不同类型的计算机用通信线路(有线或无线)连接起来,是不能实现正常通信的。计算机网络不是电力网也不是自来水管网,不是只要有传输线或管道的地方就有电或水。计算机网络是用来在计算机之间进行数据通信的。在网络中把参与数据通信的设备称为实体(entity),任何两个实体间的数据通信必须要遵循一定的规则。协议就是支配数据通信正常进行的规则集合,包含以下三个方面的内容。

(1) 语法。语法指数据与控制信息的结构或格式。例如,某个协议中第一个字节表示源地址,第二个字节表示目的地址,其余字节表示要传输的数据。

(2) 语义。语义指数据格式中各字段的含义。例如,发出何种控制信息、完成何种动作,以及做出何种应答等。

(3) 时序。时序指数据传输或被接收机寻找的时间、信息的排序、速率匹配等。这是协议最复杂、最关键的部分,它规定用何种方法、算法完成所定义的协议功能。协议的功能除包括连接管理,通信方式管理,协议数据的发送、接收、装配和拆卸以外,还包括数据包的编码和解码、分解和组合、流量控制、拥塞控制、发送顺序控制、发送速率控制以及差错处理等,协议的时序用来完成上述工作。

通信网的协议非常复杂,涉及面很广,通常是采用分层描述的方法进行分层,把复杂的通信网络协议分成若干个层次,这些层次之间既是互相独立的,又是互相联系的。采用分层协议的体系结构具有以下特点。

(1) 各层相互独立。高层只需知道如何通过接口向下一层提出服务请求,即可使用下层提供的服务,并不需要了解下层执行的细节。

(2) 结构上独立分割。由于各层独立划分,故每层均可选择最合适的实现技术。

(3) 灵活性好。如某层发生变化,只要接口条件不变,其他各层就均不受影响,有利于技术进步和模型修改。

(4) 易于实现及维护。整个系统被分割为多个部分,系统易实现、管理和维护。

(5) 有益于标准化。每层都有明确的定义,十分利于标准化的实施。计算机通信网已经历了 20 世纪 70 年代各公司为主的体系结构并存,80 年代国际标准化组织(international organization for standardization,ISO)的开放系统互联(open system interconnect,OSI),以及 90 年代的以 Internet 体系结构为主潮流的几个发展阶段。后文将分别介绍 OSI/RM、TCP/IP 相关内容,并比较二者的异同。

2. 标准

在互联网中要使不同生产厂家的产品相互兼容,就必须对网络产品制定明确的标准,这通常由国际上一些标准化组织来制定。著名的标准化组织有如下几个。

(1) 国际标准化组织(ISO)。

(2) 国际电信联盟—电信标准化部门(international telecommunication union-telecommunication standards sector,ITU-T)。ITU-T 的前身为国际电报电话委员会(consultative committee for international telegraph and telephone,CCITT)。

（3）美国国家标准协会（American national standards institute，ANSI）。

（4）电气和电子工程师协会（institute of electrical and electronics engineers，IEEE）。

（5）电子工业协会（electronic industries association，EIA）。

因特网的标准化工作还有些与上面不同的特点，在正式标准形成以前，技术以技术报告的形式公布，经广泛讨论和修订后，从中选出部分确定为标准。这个技术交流是通过发布请求评论的征求意见稿（request for comment，RFC）来实现的。RFC 文档以在线的方式存储起来，并按创建时间的先后顺序编号，任何感兴趣的人都可通过 www.ietf.org/rfc 来访问。

3.2 开放系统互连协议

3.2.1 OSI 参考模型

为了实现不同分层的网络体系结构之间的互联，国际标准化组织（ISO）在 1984 年正式颁布了"开放系统互连参考模型"国际标准，使计算机网络体系结构实现了标准化。

OSI 参考模型是一个开放系统互连模型。所谓开放系统互连，是指按照这个标准设计和建成的计算机网络系统可以互相连接。这个 OSI 参考模型对应于由两台主机组成的计算机网络。通信领域通常采用 OSI 的标准术语来描述系统的通信功能。

OSI 参考模型规定了一个网络协议的框架结构，如图 3-4 所示。它把网络协议从逻辑上分为 7 层：物理层、数据链路层、网络层、传输层、会话层、表示层和应用层，其中第 1～3 层属于通信子网，为用户间提供透明连接，操作主要以每条链路为基础，负责提供网络服务，不负责解释信息的具体语义；第 5～7 层属于资源通信子网，涉及保证信息以正确形式传输，负责进行信息的处理、信息语义的解释等；第 4 层是传输层，它是上 3 层与下 3 层之间的隔离层，负责解决高层应用需求与下层通信子网提供的服务之间的匹配问题，保证透明的端到端连接，满足用户的服务质量（QoS）要求，并向上 3 层提供合适的信息形式。OSI 参考模型中各层的主要功能如下所述。

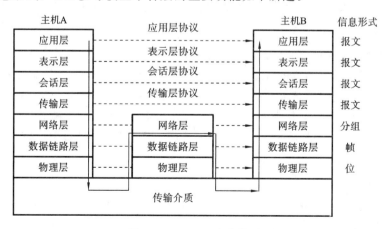

图 3-4 OSI 7 层参考模型

1. 物理层

物理层是 OSI 的最底层,即第 1 层。该层以"位"为单位传输数据流,确定如何使用物理传输介质,实现两节点间的物理连接,透明地传输比特位流。这里需说明两点:首先,物理层直接与物理信道相连接,是 7 层中唯一的"实连接层"(其他各层间接使用物理层功能,为"虚连接层");其次,"透明"表示实际存在的事物看起来像不存在一样。该层主要涉及通信连接端口的相关特性、数据同步和传输方式、网络的物理拓扑结构、物理层完成的其他功能等,其具体功能如下。

(1)设备与介质的接口和物理特性。

(2)数据比特的表示,即比特变为信号(电或光)的编码方式。

(3)数据速率,即每秒发送的比特数。

(4)数据比特的同步,即收发双方比特流的同步。

(5)线路连接方式,两设备点一点的连接和多个设备共享传输介质。

(6)物理拓扑结构:网状形、星形、总线型和环形连接。

(7)传输方式:单工、半双工和全双工。

2. 数据链路层

数据链路层控制网络层与物理层之间的通信。这一层协议的内容包括如下。

(1)链路连接的建立和终止。

(2)帧定界和帧同步。链路层的数据传输单元是帧,协议不同,帧的长短和界面不同,因此,必须对帧进行定界。

(3)顺序控制,指对帧的收发顺序的控制。

(4)差错检测和恢复,还有链路标识、流量控制。差错检测多用方阵码和循环码校验来检测信道上数据的误码,而帧丢失等用序号检测。各种错误的恢复,常靠反馈重发技术来完成。这样一来,数据链路层就把一条有可能出差错的实际链路,转变成让其上一层(网络层)看起来好像是一条不出差错的链路。

3. 网络层

网络层主要处理分组在网络中的传输。这一层协议的功能包括路由选择、数据交换、网络连接的建立和终止,在一个给定的数据链路上网络连接的复用,根据从数据链路层传来的错误报告而进行的错误检测和恢复,分组的排序和信息流的控制等。

4. 传输层

传输层处理报文从信息源到目的地之间的传输。这一层的主要功能是提供进程间的通信机制,保证数据传输的可靠性。传输层的功能是把传输层的地址变换为网络层的地址,此时传送连接的建立和终止,在网络连接上对传送连接进行多路复用、端到端的顺序控制、信息流控制、错误的检测和恢复等。传输层通过向上提供一个标准、通用的界面,使得上层和通信子网(下 3 层)的细节相隔离。所以传输层也是面向应用的高层和面向网络的低层之间的接口。

5. 会话层

会话层提供两个互相通信的应用进程之间的会话机制,即建立、组织和协调双方的交互,并使会话获得同步。会话层、表示层、应用层构成开放系统的上 3 层,对应用进程提供分布处理、会话管理、信息表示、差错修复等功能。会话层要担负应用进程的服务要求,弥补传输层不能完成的部分工作。

6. 表示层

表示层主要处理应用实体间交换数据的语法,其目的是解决格式和数据表示的差别。换句话说,表示层把正在发送或接收的数据进行格式化,所以表示层在构建网络中很关键。为了让采用不同表示法的计算机之间进行通信,表示层可以定义一种标准的编码方法,并负责处理计算机内部表示法和标准表示法之间的变换,如把 ASCII 变换为 EBCDIC 码等,从而使计算机的文件格式能够经过变换而得以兼容。

7. 应用层

应用层是开放系统体系结构的最高层,直接为应用进程提供服务。其主要作用是实现多个系统应用进程相互通信的同时,完成一系列业务处理所需的服务,如文件传输、访问管理等。

3.2.2　TCP/IP

传输控制协议/网际互联协议(transmission control protocol/internet protocol,TCP/IP)参考模型是当今计算机网络领域所使用的专用模型(或称体系结构),其目的是将各种异构网络或主机通过 TCP/IP 实现互联互通,是未来信息高速公路的基础。

TCP/IP 模型与 OSI 参考模型并不完全一致,但两个标准之间存在一定的兼容。OSI 参考模型由 ISO 和 ITU 统一发布标准的文件来规定这一层次数量及每一层次的名称及其功能,而 TCP/IP 模型没有官方标准的文件加以统一规定。一般来说,TCP/IP 可以分为 4 层,即应用层、传输层、网际层、网络接口层,OSI 参考模型与 TCP/IP 模型的对应关系如图 3-5 所示。下面对 TCP/IP 模型中各层的功能进行简单的介绍。

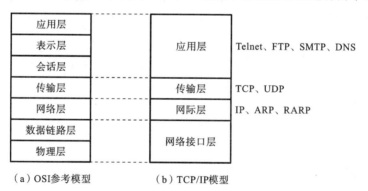

图 3-5　OSI 参考模型与 TCP/IP 模型的对应关系

1. 网络接口层

这一层是 TCP/IP 模型的最底层,负责接收 IP 分组数据信号,并将 IP 数据报通过底层网络(指能够支持 TCP/IP 高层协议的物理网络,如以太网、高速局域网、FDDI 环网、X.25、帧中继网、ATM 网和 SDH 网等)发送出去,或者从低层物理网络上接收数据帧,抽出 IP 数据报,交给上层——网际层。OSI 将网络接口层的活动分割成数据链路层和物理层,这两层完全不同。物理层必须处理铜缆、光纤和无线等不同传输媒质连接的问题。而数据链路层的工作是区分帧头和帧尾,并且以通信需要的可靠性把帧从一端发到另一端。层次划分的增加,使得模型的复杂性也有所提高,但对于开发人员而言,增加了设计的灵活性,因此,好的模型应把它们作为分离的层。

网络接口有两种类型:设备驱动程序,如局域网的网络接口;含自身数据链路协议的复杂子系统,如 X. 25 中的网络接口。

2. 网际层

网际层也称网络层或互联网层,是 TCP/IP 参考模型最重要的一层,主要定义了 IP 协议。这一层以 IP 为标志,提供基于 IP 地址的、不可靠的、尽最大能力的、面向无连接的数据传送服务,它的功能是使主机把分组经由不同的网络(可包括电信网)送往任何网络中的目标,其功能和 OSI 的网络层相同。网际层定义了正式的分组格式和协议。

由于网际层就是把 IP 分组发送到应该去的地方,它只是尽力把 IP 分组送到目的地,对 IP 分组的通过速率、分组的丢失或分组的延时都不"承诺"任何保证。因而,IP 的传输是不可靠的,不保证服务质量。

3. 传输层

传输层的作用与 OSI 参考模型中传输层的作用是一样的,即在不可靠的互联网络上,实现可靠的端对端的数据传送,允许具有相同 IP 地址的不同机器独立地接收和发送数据。所以传输层弥补了网际层提供的服务和用户对服务质量的要求之间的差距。

IP 协议提供无连接的不可靠服务,需要具有良好差错控制功能的传输控制协议来保证端对端的数据传输质量。在 TCP/IP 协议中,传输层定义了 3 个端到端的协议,即传输控制协议(TCP)、用户数据报协议(UDP)和网间控制报文协议(ICMP)。

TCP 提供面向连接的端到端的可靠数据传送,TCP 把用户数据分成 TCP 数据段进行发送,在接收端按顺序号重组,从而恢复原来的用户数据信息。TCP 的主要功能是差错校验、出错重发和顺序控制等,以保证数据的可靠传送,减小端到端的数据传输误码率。

UDP 提供了基本的错误检查功能。UDP 是面向无连接的协议,其优点是避免了在面向连接的通信中所必需的连接建立和连接释放的过程,避免额外开销的增加,有助于提高传输速度。

在传输的分组发生错误或出现丢失时,利用 ICMP 发送出错信息给发送端;其次,在分组流量过大时,通过 ICMP,还可以实现流量控制。

4. 应用层

应用层为用户提供各种应用服务,它包含所有的高层协议。应用层服务是由应用层软件来提供的,应用层软件是由各种应用软件模块组成的。在 TCP/IP 集中提供的应用服务主要有以下几点。

(1) Telnet 远程终端协议,它是指允许一台计算机登录到远程的计算机上并且进行工作。

(2) 文件传输协议(file transfer protocol,FTP),在服务器和客户机之间用两台计算机传送文件。

(3) 简单邮件传输协议(simple mail transfer protocol,SMTP),在两个用户之间传送电子邮件。

(4) 超文本传输协议(hyper text transfer protocol,HTTP),发布和访问具有超文本格式的信息。

（5）简单网络管理协议（simple network management protocol，SNMP），对 TCP/IP 网络进行管理。

综上所述，TCP/IP 明确了异构网络之间基于网络层实现互联的思想，一个独立于任何物理网络的逻辑网际层的存在，使得上层应用与物理网络分离开来。网际层在解决互连问题时无须考虑应用问题，而应用层也无须考虑与计算机相连的具体物理网络是什么，从而使得网络的互联和扩展变得容易了。TCP/IP 已经成为一种通用的工业标准，得到了广泛的应用。

3.2.3 OSI 与 TCP/IP 比较

OSI 与 TCP/IP 都是基于独立协议体系结构的概念，其层的功能也基本相似，如两种模型都有包括传输层在内的以下各层，向希望通信的进程提供独立于网络的端到端传输服务，这些层形成了传输服务提供者。同样，在两种模型中，传输层以上各层都是面向应用的传输服务用户。学习计算机通信网时，常利用 OSI 理解通信过程和协议的概念，利用 TCP/IP 讲解网络协议的具体功能。下面分别介绍二者的联系与区别。

1. 分层结构

OSI 参考模型与 TCP/IP 模型都采用了分层结构，都是基于独立的协议栈的概念。OSI 参考模型有 7 层，而 TCP/IP 模型只有 4 层，没有表示层和会话层，并且把链路层和物理层合并为网络接口层。不过，二者的分层之间有一定的对应关系。

2. 标准的特色

OSI 参考模型的标准最早由 ISO 和 CCITT（ITU-T 的前身）制定，有浓厚的通信背景，具有一定的通信系统的特色，如对 QoS、差错率的保证，只考虑了面向连接的服务。并且它是先定义一套功能完整的构架，再根据该构架来发展相应的协议与系统。

TCP/IP 产生于对计算机网络的研究与实践，是应实际需求而产生的，再由相关组织标准化，而不是先定义一个严谨的框架。且 TCP/IP 主要考虑计算机网络的特点，比较适合计算机实现和使用。

3. 连接服务

OSI 的网络层基本与 TCP/IP 的网际层对应，两者的功能基本相似，但寻址方式有较大的区别：OSI 的地址空间为不固定的可变长，由选定的地址命名方式决定，最长可达 160 B，可容纳非常大的网络，故具有较大的成长空间。根据 OSI 规定，网络上每个系统至多可以有 256 个通信地址。TCP/IP 网络的地址空间为固定的 4 B（IPv6 扩展到 16 B），网络上的每个系统至少有一个唯一的 IP 地址与之对应。

4. 传输服务

OSI 与 TCP/IP 的传输层都对不同的业务采取不同的传输策略。OSI 定义了 5 个不同层次的服务：TP1、TP2、TP3、TP4、TP5；TCP/IP 定义了 TCP 和 UDP 两种协议，分别具有面向连接和面向无连接的性质。其中 TCP、UDP 与 OSI 中的 TP4 在构架和功能上大体相同，只是内部细节有一些差异。

5. 应用范围

OSI 由于体系较复杂，且设计先于实现，部分设计过于理想，不太便于计算机软件实现,因而完全实现 OSI 参考模型的系统并不多,其应用的范围有限;TCP/IP 协议在 Unix、Windows 平台都有稳定的实现,并提供了简单、方便的编程接口,可以在其上开发出丰富的应用程序,因此应用广泛。TCP/IP 已成为目前网际互联事实上的国际标准和工业标准。

由以上分析可以看出,二者大致相似,但各具特色。TCP/IP 模型在实质上不存在,协议却被广泛采用。目前,TCP/IP 应用占了统治地位,在下一代网络(NGN)中也有强大的发展潜力,甚至有人提出"everything is IP"的预言。其面临的主要问题有地址空间问题、QoS 问题、安全问题等。地址问题有望随着 IPv6 的引入而得到解决,QoS、安全保证亦有进展,因此,TCP/IP 在一段时期内还将保持强大的生命力;OSI 参考模型对于讨论计算机通信网非常有用,但 OSI 未能普及。作为一个完整、严谨的体系结构,OSI 也有其生存空间,特别是它的设计思想在许多系统中得以借鉴,随着它的逐步改进、完善,必将得到更广泛的应用。

3.3 MAC 协议及局域网

3.3.1 局域网

1. 局域网的定义

局域网是在合适的地理范围内,把若干独立的数据通信设备连接起来,以较高的数据传输率实现各独立设备间通信的数据通信系统。美国电气和电子工程师协会将其定义为:"局域网在下列方面与其他类型的数据网络不同:通信一般被限制在中等规模的地理区域内,如一所学校;能够依靠具有从中等到较高数据率的物理通信信道,且这种信道具有始终一致的低误码率;局域网是专用的,由单一组织机构所使用。"IEEE 上述定义虽未得到普遍公认,但反映了局域网的根本特点,即局域网是一种在小范围内以实现资源共享、数据传输和彼此通信为基本目的,由计算机、网络连接设备和通信线路等硬件按照某种网络结构连接而成的,配有相应软件的高速计算机通信网络。

局域网虽然是结构复杂程度最低的计算机网络,却使计算机网络的威力获得更充分的发挥,成为目前应用最广泛的一类网络,极大地推进了信息化社会的发展。

2. 局域网的特点

局域网的特点主要体现在以下几方面。

(1)覆盖范围有限,通常归一个单位拥有、使用,但易进行设备更新和新技术的引用,便于增强网络功能。

(2)局域网是个提供通信功能的网络。从 ISO 参考模型的协议层角度看,局域网只包含了下两层(物理层和数据链路层)的功能,所以连到局域网的数据通信设备须加上上层协议和网络软件才能组成计算机网络。

(3)局域网连接的是数据通信设备,这里的数据通信设备是广义的,包括大、中、小型计算机,终端设备及各种计算机外围设备。

(4)局域网具有较高数据传输率(通常 10 Mb/s),最高可达 1 Gb/s,其数据传输可靠、误码率低($10^{-12} \sim 10^{-8}$)。

(5)局域网大多采用总线型、环形或星形拓扑结构,传输介质有双绞线、同轴电缆、光纤等,一般采用多路访问技术来访问信道。

(6)简单的下层协议。局域网的流量控制和路由选择等功能大为简化,其通信处理功能被固化在网卡上。

(7)一般采用分布式控制和广播式通信。局域网各站点地位平等,支持点对点、点对多点的通信方式。一个节点发出的信号可被网上所有节点接收,不用考虑路由选择问题,甚至可忽略 OSI 网络层的存在。

3. 局域网的基本组成

局域网主要由网络硬件和网络软件组成。前者用于访问网络、数据处理和管理共享资源,实现局域网的物理连接,为连在局域网上的计算机之间的通信提供一条物理通道;后者用来控制并具体实现通信双方的信息传输和网络资源的分配与共享。此外,局域网还包括其他组件:网络资源,即在网络上任何用户可以获得的东西;用户,即任何使用客户机访问网络资源的人;协议,即计算机之间通信和联系的规范。

1)网络硬件

网络硬件主要由计算机系统和通信系统组成。前者具有访问网络、数据处理和提供共享资源的能力,根据提供的网络功能和在网络中所起的作用,其有网络服务器和网络工作站之分;后者的作用是通过传输介质、网络设备等硬件系统将计算机连接在一起,为网络提供通信功能。通信系统包括:网络设备、网络接口卡、传输介质及其介质连接设备。从逻辑上看,局域网硬件由网络服务器、网络工作站、网络接口卡、网络传输介质和网络互联设备等组成,如图 3-6 所示。

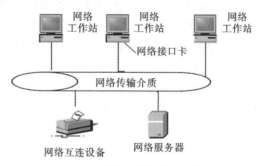

图 3-6 局域网硬件的组成

(1)网络服务器。网络服务器是局域网的核心,它拥有大量可共享的硬件资源和软件资源,通过网络操作系统对相关资源进行分配、管理。网络服务器性能直接影响整个局域网的性能,其主要功能如下。

① 提供网络通信功能,有管理网络服务器与网络工作站之间通信的能力。

② 存储和管理网络中的共享资源。网络服务器为用户提供各种软/硬件资源,并能管理和分配这些资源,可实现对各种共享资源的存取和安全保护,协调用户对资源的访问。

③ 提供各种网络应用服务。在局域网广泛采用的 C/S(client/server)体系结构中,要求网络工作站处理前端任务,网络服务器处理后端任务。这时网络服务器不仅是文件服务器,还是应用程序服务器。

④ 监控网络的情况。网络服务器可提供网络管理功能,监控网络运行情况,对网络进行性能管理、失效管理、配置管理、设备管理等。其能使管理员实时管理、分配系统

资源,启动或停止部分系统资源,了解网络系统使用效率,进而调整网络系统的运行状态,达到理想运行的效果。

服务器为所有网络用户提供服务,会同时被多个用户访问,应具有高速、大容量磁盘和内存、高速的网络接口卡、高档外部设备,以及多线程、多进程、多用户的系统管理功能等。每台服务器至少需安装一块网络接口卡,使用传输介质和介质连接设备把网络服务器与网络设备连接起来,使其成为一个网络节点。同时,在网络服务器上安装并运行网络操作系统、网络协议软件和相应的网络服务应用软件。高性能的计算机系统、高速网卡和网络软件是构成网络服务器的基本条件。

(2)网络工作站。连接到网络上的各种用户计算机,都可以称为网络工作站。它是网络的前端,用户通过它们来使用各种网络服务和共享网络资源。在局域网中,网络工作站可以是一台计算机或终端,通过插在其扩展槽中的网络接口网卡与传输介质相连,成为局域网的一个站点。网络工作站有独立的操作系统,可独立工作,但与网络相连后,在入网工作时,还需运行已经安装在工作站上的有关网络协议软件(如 TCP/IP、IPX 协议软件)、网络应用软件(如 Internet 各种信息服务的客户软件)或网络操作系统的客户端软件(如 NetWare 的工作站入网软件)。用户通过工作站向局域网请求服务和访问共享资源。

(3)网络接口卡。它又称网络适配器,简称网卡,完成物理层和数据链路层的大部分功能,是局域网通信接口的关键设备。它安装于计算机扩展槽,用于实现计算机和传输介质之间的物理连接,为计算机之间的相互通信提供一条物理通道,并通过这条通道进行高速数据传输。局域网中的每台联网计算机都需安装一块或多块网卡,通过介质连接器将计算机接入网络电缆系统。网卡种类很多,不同类型的网卡支持不同的网络协议、传输介质、介质连接器和总线接口。按网卡提供的总线接口分类,网卡有 ISA 总线网卡、EISA 总线网卡、PCI 总线网卡等。网卡选型须根据所使用的局域网标准、协议、传输介质和计算机总线类型选择。

(4)硬件部分还包括作为网络通信物质基础的传输介质,及实现网络间扩展与连接的网络互联设备。

2)网络软件

网络软件可大致分为网络系统软件和网络应用软件两种类型。它包括控制信息传输的网络协议及其相应的协议软件、网络操作系统、通信控制软件和品类繁多的网络应用软件。网络硬件和网络软件是局域网的两个相互依赖、缺一不可的组成部分,它们共同完成局域网的通信功能。

4. 局域网访问控制

介质访问控制也称网络访问控制,其定义为网络各节点使用传输介质进行安全、可靠数据传输的通信规则。不同拓扑结构的网络系统节点连接方式各异。在总线型或环形结构中,所有节点是通过公共传输通路连接起来的,这就产生了各节点如何合理使用信道、合理分配信道的问题,也就是各节点既要充分利用信道的空闲时间传输信息,又不至于发生各信息间的互相冲突。传输介质访问控制方式的功能就是合理解决信道的分配问题。目前,局域网常用的传输介质访问控制方式主要有带冲突检测的载波监听多路访问(carrier sense multiple access with collision detection,CSMA/CD)、令牌环(token ring)及令牌总线(token bus)。这 3 种方式均得到 IEEE 802 委员会的认可,成为了国际标准,其简介如下。

1) CSMA/CD

CSMA/CD 又称随机访问技术,1972 年由施乐(Xerox)公司提出,主要用于总线型和树形网络结构,最大特点是"能够进行碰撞检测,但并不会中断碰撞的发生,也没有更正错误的能力"。该控制方式的工作原理为,当某一节点要发送信息时,首先侦听网络中有无其他节点正发送信息,若没有则立即发送;若网络中已有某节点发送信息(信道被占用),则该节点就需等待一段时间,再继续侦听,直至信道空闲时才开始发送。可简单概括为先听后发、边发边听、冲突停止、随机延迟后重发。该访问控制方式的主要特点如下。

(1)采用了逻辑总线的拓扑结构,使用争用型介质访问控制方式,无法设置介质访问的优先权。

(2)为了克服这种冲突,在总线局域网中,常采用随机争用型的介质访问控制方式,即 CSMA/CD 协议。

(3)具有结构简单、易于实现和维护、价格低廉、适用于广播通信方式等显著特点。

(4)逻辑的总线型网络在节点数较少的情况下,响应较快、效率较高;但当节点增加时,随着冲突的增加,传输延时剧增,会导致网络性能和响应时间急剧下降。

2) 令牌环

令牌环全称为令牌通行环,仅适用于环形网络结构。该方式中,令牌是控制标志,网中只设一张令牌,只有获得令牌的节点才能发送信息,发送完后,令牌又传给相邻的节点。其具体方法:令牌依次沿每个节点传输,各节点都有发送信息包的平等机会。令牌有"空"和"忙"两个状态。"空"表示令牌未被占用,即网络中无信息发送;"忙"表示令牌已被占用,正在携带信息发送。当"空"的令牌传输至正待发送信息的节点时,该节点立即发送信息并置令牌为"忙"状态。在一个节点占用令牌期间,其他节点只能处于接收状态。当所发信息绕环一周,并由发送节点清除,"忙"令牌又被置为"空"状态,绕环传输令牌。当下一节点发送信息时,下一节点便得到这一令牌,并可发送信息。该方式的优点是能提供可调整的访问控制方式以及优先权服务,有较强的实时性;缺点是需要对令牌进行维护,且空闲令牌的丢失将会降低环路的利用率。

3) 令牌总线

该方式主要用于总线型或树形网络结构。受令牌环影响,它把总线型或树形的网络结构传输介质的各节点当成一个逻辑环,即人为地给各节点规定顺序。逻辑环中的控制方式类同于令牌环。不同的是在令牌总线中,信息可以双向传输,任何节点都能检测到其他节点发出的信息。为此,节点发送的信息中要指出下一个要控制的节点的地址。由于只有获得令牌的节点才可发送信息(此时其他节点只收不发),因此该方式不需要检测冲突就可以避免冲突。令牌总线虽然操作简单,但网络管理功能较复杂。如逻辑环的初始化功能是,建立一个顺序访问的次序;故障恢复功能是,出现令牌丢失或令牌重复时产生一个新令牌;其他还包括站点插入、站点删除功能等。

5. 常用局域网

1) 以太网

以太网(Ethernet)是美国施乐公司和斯坦福大学联合开发并于 1975 年推出的一种局域网。1980 年 9 月,DEC、英特尔和施乐公司联合公布了以太网物理层和数据链路层的规范,该规范成为世界上第一个局域网的工业标准。IEEE 802.3 的 CSMA/CD

访问控制方式和物理层规范即来源于此。它的诞生对局域网发展起了巨大的作用。

在局域网中,以太网结构用得最多。其组网非常灵活,根据 IEEE 802.3 标准,以太网标准包括标准以太网(10Base5)、便宜以太网(10Base2)、宽带以太网(10Broad36)、StarLAN(1Base5)、10Base-T 和 10Base-FL。其中,nBasem 一般表示数据传输率为 n Mb/s,Base 表示为基带传输,Broad 表示为宽带传输。缆线最大长度可达数百米。表 3-1 所示的是主要的以太网标准,包括拓扑结构、传输介质及主要性能指标。

表 3-1 主要的以太网标准

标准	传输介质	传输速率/(Mb/s)	拓扑结构	最大网段数量/个	网段长度/m	最大主干长度/m	每网段节点数/个	主干线最多节点数/个	接口标准
10Base5	粗同轴电缆 RG-11	10	总线	5(4 个中继器)	500	2500	100	300	AUI
10Base2	细同轴电缆 RG-58	10	总线	5(4 个中继器)	185	925	30	30	BNC
10Base-T	无屏蔽双绞线	10	总线	5(4 个中继器)	100	500			RJ45
10Base-FL	多模光纤	10	总线	2 个光中继器	2000	4000			ST/SC

(1) 物理结构:以集线器为中心,网络中各节点通过网卡和网线(一般是 5 类双绞线)连接到集线器。

(2) 基本功能:把收到的信息向所有端口分发出去;对接收到的信号进行放大,以扩大网络传输距离。

(3) 通信方式:广播方式通信。一个节点发送的信息,可以送达网上的所有其他节点。节点之间传输数据时,计算机必须把数据分成若干帧,各节点每次只能通过总线传输一帧,然后交出总线使用权,这样所有节点可公平地使用总线。

(4) 介质访问控制方法:由网卡完成 CSMA/CD 访问控制,保证任何时候只有一个节点发送信息。

(5) 介质访问地址:简称 MAC 地址,为了实现总线上任意两节点间的通信,局域网中每个节点的网卡都有唯一的地址(48 B)。当发送节点发送一帧信息时,帧中必须包含自己的 MAC 地址和接收节点的 MAC 地址。每次通信时,连接在总线上的所有节点的网卡都要检测信息帧中的 MAC 地址来决定是否应该接收该信息帧。信息帧接收方可以是一个节点,也可以是一组节点(称为组播),甚至可以是网络上所有其他节点(称为广播)。

(6) 信息帧格式:以太网发送数据是按一定格式进行的,其信息帧格式如表 3-2 所示。

表 3-2 以太网信息帧格式

前导码	帧首定界符	目的地址	源地址	类型	数据区	帧校验序列
7 B	1 B	6 B	6 B	2 B	46～1500 B	4 B

(7) 以太网卡:按传输速度分为 10 M 网卡、100 M 网卡、10/100 M 自适应网卡(目前使用最多),每块网卡有一个全球唯一的 MAC 地址(48 B)。

（8）总线结构以太网特点：维护方便；增/删节点容易；轻负载（节点少，或信息发送不频繁）时效率较高；重负载时，网络性能将急剧下降；不适合实时性要求较高的环境。其结构如图3-7（a）所示。

（9）最高数据传输速率：10 Mb/s（10BASE-T）、100 Mb/s（100BASE-T）、1 Gb/s（千兆位）。

2）光纤分布式数据接口网（FDDI）

FDDI采用环形的双环结构，如图3-7（b）所示。每个设备可挂接到两个环路节点上，环上的节点依次获得对环路的访问权。为提高可靠性，FDDI采用双环结构（分别称为主/副环），主环支持正常情况下的数据传输工作，副环作为一种冗余设施，保证在主环故障或者节点故障时环路仍然可以正常工作。

FDDI使用光纤作为传输介质，传输速率高达100 Mb/s，由于光纤特有的低损耗特性，使得线路的不间断距离增大，可用于远距离通信。多模光纤的传输距离为2 km，单模光纤可达100 km。FDDI具有高可靠性和数据传输的保密性。

此外，FDDI可覆盖较大的范围，实用中常用于构造局域网的主干部分，它把许多不同部门的局域网互相连接起来。由于FDDI的帧格式和其他常用局域网的帧格式不同，因此当它与其他局域网进行互联时，需要通过网关或路由器才能实现。

3）交换式局域网

（1）拓扑结构：星形结构，如图3-7（c）所示。

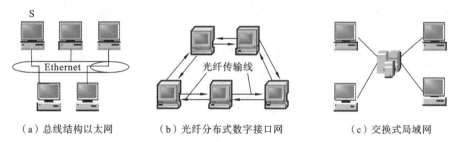

（a）总线结构以太网　　　　（b）光纤分布式数字接口网　　　　（c）交换式局域网

图3-7　几种常用的局域网示意图

（2）物理结构：以以太网交换器为中心，网络中的每个节点通过网卡和网线连接在交换器上，并通过交换器进行相互通信。交换器从发送节点接收数据后，直接传输给指定的接收节点，不向任何其他节点传输数据。

（3）以太网交换器（交换式集线器）：内部有一个核心交换式背板，采用纯粹的交换系统代替传统集线器的共享介质中继网段。连接在交换器上的每个节点各自独享一定的带宽（10 Mb/s或100 Mb/s）。以太网交换器为数据帧从一个端口到另一个任意端口的转发提供了低时延、低开销的通路。以太网交换器可以按层次方式互相连接起来，构成工作组-部门-公司的多层次的局域网。

（4）交换式以太网与总线结构以太网的区别：前者连接在以太网交换器上，每个节点各自独享一定的带宽；后者连接在集线器上，所有节点共享一定的带宽（总线的带宽）。

4）无线局域网

无线网络指采用无线传输介质的网络，包括无线局域网（WLAN）、无线广域网及无线接入网。无线介质可以是无线电波、红外线或激光。无线局域网的发展起源于1971年夏威夷大学的ALOHAnet一项研究课题，该研究课题首次将网络技术和无线电通信结合起来。1990 年 11 月,美国的电气和电子工程师协会召开了 IEEE 802.11 委员会,开始制定无线局域网络标准。1997 年 11 月 26 日,无线局域网络的标准正式公布。1998 年,出现实用的无线局域网络设备。2002 年,开始较大规模组建无线局域网络。目前,无线网络技术发展已相当成熟,广泛应用于各种领域。

作为局域网技术与无线通信技术相结合的产物,无线局域网通过无线网卡、无线接入点(WAP)等设备进行组网,能提供有线局域网的所有功能,同时还能按照用户的需要方便地移动或改变网络。目前使用最多的传输介质是无线电波的 S 频段(2.4～2.4835 GHz),硬件设备有无线网卡、无线 Hub、无线网桥等。无线局域网主要采用 IEEE 802.11、蓝牙等协议。和有线网络相比,无线局域网有以下显著特点。

(1) 移动性。用户在大楼或园区内的任何地方都可以实时地访问信息。

(2) 安装的灵活性。无线技术可以使网络遍及有线网络所不能到达的地方。

(3) 减少投资。无线网络减少了布线的费用,在变化的动态环境中,无线局域网的投资有更大的回报。

(4) 扩展能力。无线局域网可组成多种拓扑结构,从少数用户的对等模式扩展到上千用户的结构化网络。

无线局域网适合无固定工作场所的使用者或有线局域网络架设受环境限制的地方,也可作为有线局域网的备用系统。用户终端可以是台式工作站、掌上电脑、笔记本电脑、个人数字助理、手持数据采集仪等。高速无线网络的传输速率已达到 11 Mb/s,最新的产品速率高达 54 Mb/s,完全满足一般的网络传输要求,包括传输文字、声音、图像等。无线网络的最大传输距离可达到几十千米,甚至更远。但需指出,无线局域网还不能完全取代、脱离有线网络,只是有线网络的补充,相关产品也较贵。无线局域网的构成如图 3-8 所示。

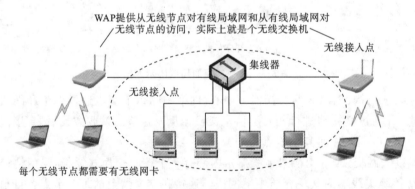

WAP提供从无线节点对有线局域网和从有线局域网对无线节点的访问,实际上就是个无线交换机

无线接入点

集线器

无线接入点

每个无线节点都需要有无线网卡

图 3-8　无线局域网的构成

3.3.2　MAC 地址

1. MAC 地址

局域网中的每台主机必须具有一个可唯一标识其地址的标识符,这个地址称为 MAC 地址或网卡地址,也称为物理地址或硬件地址。局域网中可用的 MAC 地址格式一般有静态分配和动态分配两种格式。

(1) 静态分配的地址格式:该地址由网络硬件厂家在生产硬件(如网络接口卡,或称网卡)时静态指定。因此,局域网地址又称为物理地址或硬件地址。为了保证地址的全球唯一性，IEEE 成立了局域网全局地址的注册管理机构。静态地址通常占 48 位，该 48 位中的前一部分（一般为 24 位）由 IEEE 局域网全局地址的注册管理机构分配给不同的网络硬件厂家，另一部分（一般为 16 位）由厂家为其产品编号，而其他位保留它用。

（2）动态分配的地址格式：该地址是在安装网络时由系统管理员分配给上网的设备，或者是在主机运行时，通过网络请求而获得的。这种地址仅适用于单个网络，地址长度一般为 16 位。

静态地址的优点是具有永久性；缺点是地址占用空间较大，影响通信的效率。

动态地址的优点是地址空间较小，不需要有专门的机构来管理地址的分配问题；缺点是地址是临时性的，动态获取地址需要消耗一定的网络资源。

以太网采用的地址为扩展的唯一标识符 EUI-48 格式的 MAC 地址，占 48 位（6 个字节），分为机构唯一标识符和扩展标识符两部分，通常表示为 12 个 16 进制数，每 2 个 16 进制数之间用冒号隔开，如 08:00:20:0A:8C:6D 就是一个 MAC 地址；通过特定比特位的设置来区分全局管理和本地管理地址，以及区分单播地址和组播地址。

MAC 地址如图 3-9 所示，其前 3 字节表示 OUI(organizationally unique identifier)，是 IEEE 的注册管理机构给不同厂家分配的代码，区分不同的厂家。后 3 字节由厂家自行分配 OAP(organization assigned portion)。MAC 地址最高字节（MSB）的低第二位(least significant bit，LSB，最低有效位)表示这个 MAC 地址是全局的还是本地的，即 U/L(universal/local)位，如果为 0，表示是全局地址；如果为 1，表示是本地地址。所有的 OUI 这一位都是 0。MAC 地址最高字节（MSB）的低第一位(LSB)，表示这个 MAC 地址是单播还是组播，0 表示单播、1 表示组播。

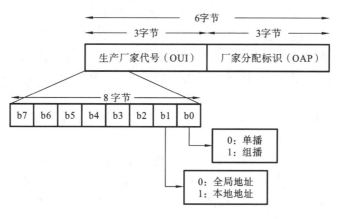

图 3-9　MAC 地址

网卡从网络上每收到一个 MAC 帧就首先用硬件检查其中的 MAC 地址。如果是发往本站的帧则收下，然后再进行其他的处理；否则就将此帧丢弃，不再进行其他的处理，这样做就不会浪费主机的处理机和内存资源。

2. MAC 帧格式

局域网 MAC 帧结构有两种：一种是以太网 DIX V2 标准定义的 MAC 帧结构，另一种是 IEEE 802.3 标准定义的 MAC 帧结构。两种 MAC 帧结构的不同主要在地址字段的长度/类型字段的定义上。这两种不同格式的 MAC 帧结构如图 3-10 所示。

MAC 帧结构内含 6 个字段，即目的地址（DA）、源地址（SA）、数据类型（T）或数据

图 3-10　两种不同格式的 MAC 帧结构

长度(L)、用户数据(DATA)、填充字段(PAD)、帧校验序列(FCS)。

(1) 目的地址(DA)、源地址(SA):DIX V2 标准中规定 MAC 帧中的目的地址和源地址字段各占 6 字节。而 IEEE 802.3 标准规定目的地址和源地址字段各占 2 字节或 6 字节。目的地址指该帧期望发送的目的地,可以是单播地址(表示本帧只能由地址指定的某个接收节点接收)、组播地址(表示本帧能由地址指定的某些节点接收)或者广播地址(表示本帧可以由特定区域内的所有接收节点接收,该特定的区域也称为广播域)。源地址指发送该帧的发送节点地址。IEEE 802.3 对 CSMA/CD 网络的地址结构进行了定义,规定:单播地址的地址字段最高位为 0,表示网络中某个特定的节点;组播地址的地址字段最高位为 1,表示网络中的某些节点;广播地址的地址字段所有位为 1,表示网络中所有节点。地址字段的次高位表示采用的地址为本地地址还是全局地址。本地地址为 2 字节地址,由网络管理员分配,全局地址为 6 字节地址,由 IEEE 分配,要求全球唯一。尽管标准中定义的地址字段可以是 2 字节或 6 字节,但在同一个局域网中地址结构的长度应当一致。

(2) 数据类型(T)或数据长度(L):占 2 字节,DIX V2 标准规定了数据类型字段,而 IEEE 802.3 标准规定了数据长度字段,表示 DATA 字段的实际长度。

(3) 用户数据(DATA):长度小于等于 1500 字节,用于存放高层 LLC 的协议数据单元。

(4) 填充字段(PAD):长度小于等于 46 字节,采用填充无用字符的方式保证整个帧的长度不小于 64 字节。

(5) 帧校验序列(FCS):占 4 字节,采用循环冗余校验码。

在发送一个 MAC 帧之前,会首先发送 7 字节的前导符和 1 字节的帧开始标识,以便让接收站提前做好接收 MAC 帧的准备。需要注意的是,在分析 MAC 帧结构时,前导符和帧开始标识信息均不计入 MAC 帧的实际部分。

3.3.3　802.X 协议

为使不同厂家的网络设备有兼容性、互换性和互操作性,便于用户灵活组网,用很少的投资就能构建具有开放性和先进性的局域网,ISO 开展了局域网标准化工作。1980 年 2 月,局域网络标准化委员会(IEEE 802 委员会)成立。该委员会制定了一系列局域网络标准,统称为 IEEE 802 标准,不但涉及以太网、令牌环网、FDDI 等传统局域网,还包括一些新的高速局域网络标准,如快速以太网、交换以太网、千兆位以太网等。

IEEE 802 系列标准的主要内容如表 3-3 所示,其中,IEEE 802.1、IEEE 802.2、IEEE 802.3、IEEE 802.4、IEEE 802.5 是目前局域网最有代表性的标准。

表 3-3 IEEE 802 系列标准的主要内容

IEEE 802.1	局域网概述、体系结构、网络管理和网络互用
IEEE 802.2	逻辑链路控制
IEEE 802.3	CSMA/CD 总线媒体访问控制子层与物理层规范
IEEE 802.4	令牌总线媒体访问控制子层与物理层规范
IEEE 802.5	令牌环媒体访问控制子层与物理层规范
IEEE 802.6	城域网媒体访问控制子层与物理层规范
IEEE 802.7	宽带技术咨询和物理层课题与建议实施
IEEE 802.8	光纤技术咨询和物理层课题
IEEE 802.9	综合语音/数据服务的访问控制方法和物理层规范
IEEE 802.10	局域网安全性规范
IEEE 802.11	无线局域网访问控制方法和物理层规范
IEEE 802.12	100VG-AnyLAN 快速局域网访问控制方法和物理层规范
IEEE 802.14	混合光纤同轴(HFC)网络的前端和用户站点间数据通信的协议
IEEE 802.15	无线个人网技术标准,其代表是蓝牙(bluetooth)技术
IEEE 802.16	宽带无线局域网技术标准
IEEE 802.17	弹性分组环网
IEEE 802.20	移动宽带无线访问

IEEE 802 标准对局部网络的标准化起了巨大的作用,就目前而言,多数著名的局部网络尽管其高层软件不同,网络操作系统不同,但由于它们的低层都采用了 IEEE 802 标准协议,所以均可以彼此实现互联。上述部分标准之间的逻辑关系如图 3-11 所示。由于不同的局域网可能采用不同的传输介质和介质访问控制技术,为了屏蔽底层网络介质访问控制技术的差异,便于网络之间的互联,IEEE 802 系列标准将局域网数据链路层分为两个子层,分别为逻辑链路控制(logical link control,LLC)和媒体访问控制(media access control,MAC)。MAC 子层与具体的传输介质和介质访问控制技术相关,而 LLC 子层则与具体的传输介质和介质共享的控制技术无关。

图 3-11 IEEE 802 系列标准之间的逻辑关系

3.4 IP协议及互联网

IP协议是Internet中的"交通规则",接入Internet中的每台计算机及处于"十字路口"的路由器都必须熟知和遵守该交通规则。IP数据包则是按该交通规则在Internet中行驶的"车辆",发送数据的主机需要按IP协议装载数据,路由器需要按IP协议指挥交通,接收数据的主机需要按IP协议拆卸数据。IP数据包携带着地址、满载着数据从发送数据的端用户计算机出发,在沿途各个路由器的指挥下,顺利到达目的端用户的计算机。

3.4.1 IP地址

1. IP地址的划分

IP地址就是给每个连接在Internet上的主机(或路由器)分配一个在全世界范围内唯一的32 bit的标识符。IP地址现在由互联网名称与数字地址分配机构(Internet corporation for assigned Names and numbers,ICANN)进行分配。我国用户可向亚太互联网络信息中心(Asia-Pacific network information center,APNIC)申请IP地址。

在IPv4中,IP地址由4个字节构成,即32 bit。例如一个采用二进制形式的IP地址是"00001010000000000000000000000001",这么长的地址人们处理起来太费劲。为了方便人们的使用,IP地址经常被写成十进制的形式,将每8 bit的二进制数转换为十进制数,中间使用符号"."将不同的字节分开。于是,上面的IP地址可以表示为"10.0.0.1",IP地址的这种表示法称为"点分十进制表示法"。

IP地址由两部分组成:一部分为网络地址,另一部分为主机地址。由于世界上各种网络的差异很大,有的网络有很多主机,而有的网络上的主机很少,因此将IP地址分为A类、B类、C类、D类、E类这5类,可以很好地满足不同用户的要求。IP地址的分类如图3-12所示。

图3-12 IP地址的分类

A类地址:地址的最高位为"0",随后7位为网络地址,表示的IP地址范围为0.0.0.0~127.255.255.255,10和127为特殊地址,127为本机测试保留,10作为私有地址保留,每一个A类地址可容纳近1600万个主机。

　　B 类地址:地址的最高两位为"10",随后的 14 位为网络地址,共有 16384 个不同的 B 类网络,范围为 128.0.0.0～191.255.255.255。每一个 B 类网络可容纳 65536 台主机。

　　C 类地址:地址的前 3 位为"110",随后的 21 位为网络地址,共有 8192 个 C 类网络,范围为 192.0.0.0～223.255.255.255。每一个 C 类网络可以容纳 256 台主机。

　　D 类地址:地址的前 4 位为"1111",用于组播,范围为 224.0.0.0～238.255.255.255。

　　E 类地址:预留,不对外分配,范围为 240.0.0.0～247.255.255.255。

　　在使用 IP 地址的时候,还要知道以下地址是保留作为特殊用途的,一般不使用。

　　(1) 全 0 的网络号码,表示"本网络"或者"我不知道号码的这个网络"。

　　(2) 全 1 的网络号码。

　　(3) 全 0 的主机号,表示该 IP 地址就是网络的地址。

　　(4) 全 1 的主机号,表示广播地址,即对该网络上所有的主机进行广播。

　　(5) 全 0 的 IP 地址。

　　(6) 网络号为 127.x.x.x,这里的 x.x.x 为任何有效数,这样的网络号码用作本地软件回送测试(loopback test)。

　　此外,IP 地址还分为公有地址(public address) 和私有地址(private address)两种类型。公有地址由国际互联网络信息中心(InterNIC)负责,这些 IP 地址分配给注册并向 InterNIC 提出申请的组织机构,通过它直接访问 Internet。私有地址属于非注册地址,专门为组织机构内部使用。

　　由于 IP 地址有类划分,不同类之间的一个网络地址所能包含的主机数目相差很大,分配给组织时可能导致浪费。现在 IPv4 地址资源越来越显紧张,人们提出了以无类别域间路由(classless inter-domain routing,CIDR)的方式来分配剩下的 IP 地址,CIDR 的思想是网络地址的长度不限于 8、16、24 位,可以任意长,表示形式为"x.x.x.x/y",这里"x.x.x.x"为网络地址,"/y"表示网络地址的长度,也就是网络掩码中 1 的个数。如"202.112.10.0/25"表示网络地址为"202.112.10.0",网络掩码为"255.255.255.128"。CIDR 地址格式在采用之初有效地减少了主干网路由器中的路由条数,暂时缓解了 IP 地址供应紧张的状况。

　　注意以下几点:IP 地址不仅标识主机,还标识主机与网络的连接,即代表了所处的位置。因此,当主机移到另一个网络时,它的地址必须改变;TCP 要求同一物理网络的每个网络接口具有相同的网络号和唯一的主机号;路由器连接到多个网络上,它就有多个 IP 地址,因为它所连接的每一个网络都有一个网络地址。

2. 子网的划分与子网掩码

　　一个拥有许多物理网络的单位可将所属的物理网络划分为若干个子网(subnet),以便进行网络的管理。但这个单位对外仍然表现为一个没有划分子网的网络。划分子网的方法是从网络的主机号借用若干个比特作为子网号(subnet-id),而主机号(host-id)也就相应减少了若干个比特,这时 IP 地址变为三级 IP 地址:

$$IP 地址 = \{\langle 网络号 \rangle, \langle 子网号 \rangle, \langle 主机号 \rangle\}$$

　　凡是从其他网络发送给本单位某个主机的 IP 数据报,仍然是根据 IP 数据报的目的网络号(net-id)找到连接在本单位网络上的路由器。但此路由器在收到 IP 数据报后,再按目的网络号和子网号找到目的子网,将 IP 数据报交付给目的主机。

从一个 IP 数据报的首部无法判断源主机或目的主机所连接的网络是否进行了子网的划分,这是因为 32 bit 的 IP 地址本身以及数据报的首部都没有包含任何有关子网划分的信息。因此必须另想办法,就是使用子网掩码(subnet mask)。

使用子网掩码的好处是,不管网络有没有划分子网,不管网络字段的长度是 1 字节、2 字节或 3 字节,只要将子网掩码和 IP 地址进行逐比特的"与"(AND)运算,就立即能得出网络地址,这样在路由器处理到来的分组时就可采用同样的算法。

如果一个网络不划分子网,那么该网络的子网掩码就使用默认子网掩码。默认子网掩码中 1 bit 的位置和 IP 地址中的网络号字段正好相对应。因此,若将默认的子网掩码和某个不划分子网的 IP 地址逐比特相"与",就能得出该 IP 地址的网络地址。这样做可以不用查找该地址的类别位就能知道这是哪一类的 IP 地址。显然:A 类地址的默认子网掩码是 255.0.0.0;B 类地址的默认子网掩码是 255.255.0.0;C 类地址的默认子网掩码是 255.255.255.0。

子网掩码是一个网络或一个子网的重要属性。虽然根据已成为 Internet 标准协议的 RFC950 文档,子网号不能为全 1 或全 0,但随着 CIDR 的广泛使用,现在全 1 和全 0 的子网号也可以使用,但一定要谨慎使用。

3. 域名

IP 地址可以唯一地确定一台主机,但由于 IP 地址是数字型标识,用户难以理解和记忆。为此,Internet 在 IP 地址的基础上又发展出一种符号化的地址方案,来代替数字型的 IP 地址。每一个符号化的地址都与特定的 IP 地址对应,这样用户在网络上访问资源就容易得多了,这个与网络上的数字型 IP 地址相对应的字符型地址,就称为域名。

域名是上网单位的名称,是一个通过计算机登上网络的单位在该网中的地址。一个公司如果希望在网络上建立自己的主页,就必须取得一个域名,域名由若干部分组成,包括数字和字母。通过域名,人们可以在网络上找到所需的详细资料。域名是上网单位和个人在网络上的重要标识,起着识别作用,便于他人识别和检索某一企业、组织或个人的信息资源,从而更好地实现网络上的资源共享。域名系统(domain name system,DNS)规定,域名中的标号都由英文字母和数字组成,每一个标号不超过 63 个字符,也不区分字母的大小写,标号中除连字符(-)外不能使用其他的标点符号。级别最低的域名写在最左边,而级别最高的域名写在最右边。由多个标号组成的完整域名总共不超过 255 个字符。近年来,一些国家也纷纷开发使用本民族语言构成的域名,如德语、法语等,我国也开始使用中文域名。域名分为国际域名和国内域名。国际域名(international top-level domain names,iTDs)也称为国际顶级域名,这也是使用最早、最广泛的域名,例如表示工商企业的.com,表示网络提供商的.net,表示非营利组织的.org等。国内域名又称为国内顶级域名(national top-level domain names,nTLDs),即按照国家的不同分配不同后缀,这些域名即为该国的国内顶级域名,例如中国的后缀是.cn,美国的后缀是.us,日本的后缀是.jp 等。

域名虽然便于人们记忆,但机器之间只能互相认识 IP 地址,它们之间的转换工作称为域名解析,域名解析需要由专门的域名解析服务器来完成,DNS 就是进行域名解析的服务器。

3.4.2 IP 协议

3.4.1 节讲了 IP 地址,它是用来标识一个设备(计算机、路由器等)对因特网的接入。有了它,IP 协议才能把分组从一个地方送到另一个地方。IP 地址具有唯一性和统一性,它与具体的网络无关,所以我们称 IP 地址为逻辑地址,而把属于某个网络的地址(如以太网地址)称为物理地址,它是与网络有关的。IP 地址本来是 IP 协议的一部分,我们把它单独分出来集中讲述是为了把它讲得更透彻些。

IP 协议(Internet protocol)是 TCP/IP 协议集的核心协议之一,它提供了无连接数据报传输和网际网路由服务。IP 是一个提供最基本的互联网服务的无连接分组投递系统。IP 通过网际网传输数据报,它是无连接的,各个 IP 数据报之间是互相独立的。它是不可靠的,不保证投递,对分组的丢失、重复、延迟和不按顺序投递等都不加以检测,也不提醒发送方和接收方。IP 不保证传送的可靠性,它只能尽力发送每个分组,且在资源不足的情况下,它可能丢弃某些数据报。

IP 向传输层提供无连接分组投递服务。IP 从源传输层实体获取数据,通过网络接口传送给目的主机的 IP 层。IP 层只利用底层网络提供的最基本的服务,即从一个站点向其相邻站点发送分组的服务。而相邻站点按其本地网络的封装格式来打开 IP 分组的封装,检查 IP 目的站点的地址,如果必要,再中转到另一个网络。

在传送时,高层协议将数据传给 IP,IP 将数据封装为 IP 数据报后通过网络接口发送出去。如果目的主机直接连在本地网中,则 IP 直接将数据报传送给本地网的目的主机;如果目的主机是在外地网络,则 IP 将数据报传送给本地路由器,并由本地路由器将数据报传送给下一个路由器或目的主机,这样,一个 IP 数据报通过一组互联网络从一个 IP 模块传送到另一个 IP 模块,直至到达目的地。

1. IP 数据报格式

IP 数据报是网际层的协议数据单元。目前 Internet 上广泛使用的 IP 协议版本为 IPv4。图 3-13 是 IPv4 数据报的格式结构,一个 IP 数据报由报头(首部)和数据两部分组成,其中,报头包含 20 B 的固定单元与可变长度的任选项和填充项。

版本号	报头长度	服务类型	总长度	
标识			标志	片偏移
生存时间		协议	首部校验和	
源IP地址				
目的IP地址				
选项				
数据				

图 3-13 IPv4 数据报的格式结构

(1)版本号。4 位,用来标识 IP 协议版本,有 IPv4、IPv6 两个版本,现在普遍使用的是 IPv4。

(2)报头长度。4 位,报头长度是指首部以 32 b 为单位的数目,包括任何选项。首部所占位数为 4+4+8+16+16+3+13+8+8+16+32+32+0 b=160 b,正好是 32

b 的 5 倍,所以首部长度最小的值为 5。如果选项字段有其他数据,则这个值会大于 5。由于它是一个 4 位字段,因此,首部最长为 60 B。普通 IP 数据报(不含选项字段)首部长度字段的值是 5,首部长度为 20 B。

(3) 服务类型。8 位,包括一个 3 位的优先权子字段、4 位的 TOS 子字段和 1 位未用位(必须置 0)。其中 TOS 子字段为 4 位,每位分别表示最小延时、最大吞吐量、最高可靠性、最小费用。如果 4 位 TOS 子字段均为 0,那么就意味着是一般服务。

(4) 总长度。16 位,总长度是指首部和数据之和的整个 IP 数据报的长度,以字节为单位。利用首部长度字段和总长度字段,即可知道 IP 数据报中数据内容的起始位置和长度。由于该字段长 16 位,所以 IP 数据报最长可达 65535 B。

(5) 标识、标志、片偏移。用来控制数据报的分片和重组,其中,标识字段唯一标识主机发送的每一份数据报,通常每发送一份报文,标识字段的值就会加 1。

IP 软件在存储器中维持一个计数器,每产生一个数据报,计数器就加 1,并将此值赋给标识字段。但这个“标识”并不是序号,因为 IP 是无连接服务的,数据报不存在按序接收的问题。当数据报由于长度超过网络的 MTU 而必须分片时,这个标识字段的值就被复制到所有数据报的标识字段中。相同的标识字段的值使分片后的各数据报片最后能正确地重装成为原来的数据报。这在分片和重组技术中会用到。

(6) 生存时间 (TTL)。8 位,生存时间字段常用的英文缩写是 TTL(time to live),表明数据报在网络中的寿命。它是由发出数据报的源点设置的,其目的是防止无法交付的数据报无限制地在因特网中“兜圈子”,从而白白消耗网络资源。最初的设计是以秒作为 TTL 的单位。数据报每经过一个路由器时,就把 TTL 减去数据报在路由器中消耗掉的一段时间。若数据报在路由器中消耗的时间小于 1 s,就把 TTL 值减 1。当 TTL 值为 0 时,就丢弃这个数据报。现在 TTL 的单位不再是秒,而是跳数,TTL 可以理解为经过路由器的最大数目。

(7) 协议。8 位,协议字段指出此数据报携带的数据是使用何种协议(上层协议),以便使目的主机的网际层知道应将数据部分上交给哪个处理过程。协议可包括 TCP、UDP、Telnet 等。常用的协议号 1 表示 ICMP 协议,2 表示 IGMP 协议,6 表示 TCP 协议,17 表示 UDP 协议,41 表示 IPv6 协议,89 表示 OSFP 协议。

(8) 首部校验和。16 位,根据 IP 首部计算的检验和码,帮助确保 IP 协议头的完整性。但它不对首部后面的数据进行计算。

(9) 源 IP 地址。32 位,发送主机的 IP 地址。

(10) 目的 IP 地址。32 位,接收主机的 IP 地址。

(11) 选项。允许 IP 支持各种选项,如安全性等。

(12) 数据。上层的数据。

2. 数据报的分段与重装

在各种物理网络中,如 Ethernet、token-ring 等都有最大帧长限制。每一种网络规定各自帧的数据域的最大字节长度称为最大传输单元(maximum transfer unit,MTU)。不同网络的 MTU 的长度是不同的。为了使较大的数据报能以适当的大小在物理网络上传输,IP 协议首先要根据物理网络所允许的最大发送长度对上层协议提交的数据报进行长度检查,必要时把数据报分成若干段发送。在数据报分段时,每个段都要加上 IP 报头,形成 IP 数据报。与数据报分段相关的字段如下。

（1）标识：数据报的唯一标识。当数据报长度超过网络的最大传输单元时，就要进行分片，并且需要为每一个被分片的段提供标识。所有属于同一数据报的分割段被赋予相同的标识值。

（2）报文长度：对每一个被分段的 IP 数据报都要重新计算其报文长度。

（3）分段偏移：若有分段时，用来指出该分段在数据报中的相对位置，也就是说相对于用户数据字段的起点，即该片从何处开始。分段偏移以 8 字节为偏移单位，即每个分段的长度一定是 8 字节的整数倍。

（4）标志：占 3 比特，如果是无分段的 IP 数据报，则该标志为 0；如果是有分段的 IP 数据报，则除了最后一个分段 IP 数据报将该标志置为 0 外，其他的都将该标志置为 1。

标志域结构如图 3-14 所示，标志字段中的最低位记为 MF（more fragment）。MF ＝1 表示后面还有分片的数据报；MF＝0 表示这已是若干数据报片中的最后一个。

0	DF	MF

图 3-14　标志域结构

标志字段中的中间位记为 DF（don't fragment）。当 DF＝1 时，表示不能分片，当 DF＝0 时，表示允许分片。如果一个数据报需要分片但又不允许分片，就把数据报丢弃并发送一个 ICMP 差错报文给起始端。

3. 路由选择

路由选择是 IP 协议最主要的功能之一。在互联网中，每个主机和路由器都保持一个路由选择表。为了隐藏信息、保持较小的路由选择表，并使选路效率高，IP 选路软件一般仅仅维护有关目的网络地址的信息，而与单个主机的地址信息无关。路由选择表给出每个可能的目的网络所对应的路由器地址以及该路由器的忙闲度。路由选择表的基本结构如图 3-15 所示。

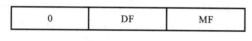

目的网络地址	路由器地址	忙闲度

图 3-15　路由选择表的基本结构

其中，目的网络地址和路由器地址都是用 IP 地址表示的，路由器地址指向 IP 数据报应送往的下一个路由器。忙闲度是用这个路由器所发送的数据报数量来衡量的，当一个目的地址有多个路由时，IP 协议总是选择忙闲度值最小的路由。

路由选择表是每条路由信息的集合，也是 IP 协议选择报文投递路径的决策系统。为了提高路由查找速度，路由选择表通常采用散列表（hash）结构。

3.4.3　互联网

因特网（Internet）又称国际计算机互联网，是目前世界上影响最大的国际性计算机网络。其准确的描述是：因特网是一个网络的网络（a network of network）。它以 TCP/IP 网络协议将各种不同类型、不同规模、不同地理位置的物理网络连接成一个整体。它也是一个国际性的通信网络集合体，融合了现代通信技术和计算机技术，集各个部门、领域的各种信息资源为一体，从而构成网上用户共享的信息资源网。

Internet 发展至今天，已经不再是简单的计算机网络，已发展成为人们在工作、生活、学习、娱乐等各方面获取和交流信息不可缺少的工具,主要表现在以下几个方面。

1) WWW 服务

万维网(world wide web,WWW)将检索技术与超文本技术结合起来,是最受欢迎的信息检索与浏览服务。WWW 中使用的超文本文件一般是使用超文本标记语言(hyper text markup language,HTML)来编写的。HTML 与我们常说的 VC、VB 等编程语言不同,它主要是在文件中添加一些标记符号,使其按照一定的格式在屏幕上显示出来,因此它更类似于 WPS 或 Word 中使用的排版符号语言。我们把使用 HTML 编写的文件称为 HTML 文件。WWW 上的所有 HTML 文件(或称为资源)都有一个唯一的表示符(或者称为地址),这就是统一资源定位器(uniform resource locator,URL)。URL 是用来标识 Internet 上资源的标准方法,它由传输协议、服务器名和文件在服务器上的路径三部分组成。这样,就保证了该资源在互联网上的唯一性。例如,http://sq.newhua.com/sort/196_1.htm,其中 http 表示使用的是超文本传输协议HTTP;sq.newhua.com 表示域名名称;/sort/196_1.htm 表示网站上的某一个网页页面的路径及文件名。

2) 电子邮件服务

电子邮件(electronic mail,E-mail)又称为电子信箱,是 Internet 提供的一种应用非常广泛的服务,每天电子邮件系统接收、存储、转发、传送不计其数的电子邮件。E-mail是 Internet 上使用十分广泛的服务之一,其使用简洁、快速、高效、价廉,可以发送文本、图片和程序等。

3) 文件传输服务

文件传输服务又称为 FTP 服务,它是 Internet 中最早提供的服务功能之一,目前仍在广泛使用。文件传输服务是由 FTP 应用程序提供的,而 FTP 应用程序遵循的是TCP/IP 中的文件传送协议(file transfer protocol,FTP),它允许用户将文件从一台计算机传输到另一台计算机上,并且能够保证传输的可靠性。

4) 远程登录服务

远程登录服务又称为 telnet 服务,它也是 Internet 中最早提供的服务功能之一,目前很多人仍在使用这种服务功能。远程登录服务是指用户使用 Telnet 命令,使自己的计算机暂时成为远程计算机的一个仿真终端的过程。一旦用户成功地实现了远程登录,用户的计算机就可以像一台与远程计算机直接相连的本地终端一样工作。

3.4.4　网络互联设备

网络互联是指不同网段、网络或子网间,通过连接中继器、路由器、网关等设备实现各网络段或子网间的互相连接,以构成范围更大、功能更强的网络系统,目的是实现各网段或子网间的数据传输、通信、交互与资源共享。网络互联拓展了 LAN 的地理范围、分散了负荷、提高了可靠性、丰富了网络资源,特别是实现了更广泛的资源共享。网络互联也可以理解成为了增强网络性能和易于管理,而将一个很大的网络划分为几个子网或网段。互联在一起的网络要进行通信,会遇到许多问题,如不同的寻址方案、不同的最大分组长度、不同的网络接入机制、不同的超时控制、不同的差错恢复方法、不同的路由选择技术、不同的用户接入控制、不同的服务、不同的管理与控制方式等。目前流行的互联技术有数据报、虚电路和隧道技术等。

这里要特别强调"互连"与"互联"的区别:从网络的角度来看,互联主要指网络之间逻辑上的连接,这种连接是通过应用软件和协议体现出来的;而互连则是网络之间实实在在的物理连接,是指通过传输介质的连接以及连接的级联。在本质上,互联就是不同协议的转换,这种协议的转换必须在对等的层次之间实现。

1. 中继器

中继器(repeater)又称转发器,是最简单的连接设备,工作于 OSI 参考模型的物理层。它实际上是数字信号放大器,用来扩展网络电缆的长度,不解释也不改变接收到的数字信号。中继器还可以用来改变网络的拓扑结构,形成多分支的树形结构,通过中继器连接起来的网络仍属于一个网络系统。因此,一般不认为这是网络互联,只是将一个网络的作用范围扩大而已。其最典型的应用是连接两个以上的以太网电缆段,目的是延长网络长度,如图 3-16 所示。但中继器只能在规定的信号延迟范围内有效地工作,如 10BASE5 粗缆以太网组网规则中规定,每个电缆段最大长度为 500 m,最多可用 4 个中继器连接 5 个电缆段,延长后的最大网络长度为 2500 m。

图 3-16　中继器的典型应用

中继器的主要优点是扩展网络长度容易、安装简单、使用方便、价格低廉,是最便宜的扩展网络距离的设备,其存在以下局限性:可连接两个使用不同传输介质和物理端口但使用相同介质访问控制方法的网络;中继器不能进行通信分段,多个网段使用中继器互联后,将增加网络的信息量,易发生阻塞;使用中继器扩展网段和网络距离时,其数目有所限制;中继器不能控制广播风暴。

2. 集线器

集线器(hub)是一种特殊的多端口中继器,本意是中枢或多路交汇点,可作为多个网段的转接设备,用于连接双绞线介质或光纤介质以太网,是组成 10BASE-T、100BASE-T 或 10BASE-F、100BASE-F 以太网的核心设备,其连接如图 3-16 所示。作为管理网络的最小单元,集线器按配置形式分独立型集线器、模块化集线器和堆叠式集线器 3 种。市场上常见的是 10 M、100 M 或 10 M/100 M 等速率的集线器。一般集线器具有 BNC、RJ-45 和 AUI 3 个接口,集线器接口数通常有 8 口、12 口、16 口等几种。集线器连接应考虑所使用的网络传输介质。目前,集线器以高性能、多功能和智能化为设计目标,不仅具有传统集线器多个节点汇接到一起的功能,而且采取模块化结构,可根据需要选择各种模块。这种将多种网络技术集中到一个机箱内的设备,称超级集线器。

集线器的优点是可扩充网络的规模,即延伸网络距离和增加网络节点数目;安装简单,几乎不需要配置;可连接物理层不同但高层(第 2～7 层)协议相同或兼容的网络(见图 3-17)。主要局限性:集线器限制了介质的极限距离,如 10BASE-T 以太网中的最大传输距离为 100 m;没有数据过滤的功能,它将收到的数据发送到所有的端口,因此,使用中继器连接多个网络后,会增加网络的信息量,易发生阻塞;集线器互联网中的多个节点共享网络集线器的带宽,节点数过多时,冲突增加,网络性能急剧下降;集线器向所有端口转发广播信息,因此不能控制广播风暴。

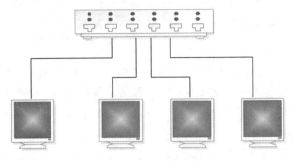

图 3-17 集线器连接

3. 路由器

路由器(router)在网络层实现网络互联,主要完成网络层的路由选择和数据转发功能。路由器与网桥类似,但它的作用层次高于网桥,所以路由器转发的信息以及转发的方法与网桥均不相同,而且使用路由器互联起来的网络与网桥也有本质区别。网桥互联起来的网络是单个的逻辑网,而路由器互联的是多个不同的逻辑网(即逻辑子网)。每个逻辑子网具有不同的网络地址(如 IP 地址),一个逻辑子网可以对应一个独立的物理网段,也可以不对应(如虚拟网)。路由器比网桥和其他网络互联设备有更高的智能、更丰富的功能、更强的异种网互联能力和更高的安全性,并为网络互联提供了更强的灵活性,是应用最为广泛的网络互联设备。即使是在如今的交换网络环境中,路由器技术仍然是不可缺少的。

由于路由器作用在网络层,因此比网桥具有更强的异种网互联能力、更好的隔离能力、更强的流量控制能力、更高的安全性和可管理维护性,其主要特点如下。

(1)可互联传输介质、拓扑结构、传输速率等均不同的异种网,有很强的异种网互联能力。

(2)有很强的广域网互联能力,被广泛地应用于 LAN-WAN-LAN 的网络互联环境。

(3)互联不同的逻辑子网,每个逻辑子网都是独立的广播域,故路由器不在逻辑子网间转发广播信息,具有很强的隔离广播信息的能力。

(4)路由器具有流量控制、拥塞控制功能,能对不同速率的网络进行速度匹配,以保证数据包的正确传输。

(5)路由器工作在网络层,与网络层协议有关。多协议路由器支持多种网络层协议(TCP/IP、DECnet 等),可转发多种网络层协议的数据包。

(6)路由器检查网络层地址,转发网络层数据分组。因此,路由器能基于 IP 地址进行包过滤,具有包过滤(packet filter)的初期防火墙功能。

(7)对大型网络进行微段化,将分段后的网段用路由器连接起来。这样可以达到提高网络性能和扩展网络带宽的目的,而且便于管理和维护网络,这也是共享式网络为解决带宽问题所经常采用的方法。

(8)路由器不仅可以在中、小型局域网中应用,也适合在广域网和大型、复杂的互联网环境中应用。

4．网关

网关（gateway）又称协议转换器，是实现应用系统级网络互联的设备。前面介绍的中继器、网桥和路由器都是属于通信子网范畴的网间互联设备，它们与应用系统无关。而在实际的网络应用中并不是像人们所希望的那样，现有的应用系统并不都是基于同一个协议，有许多很好的应用系统是基于专用网络系统协议的。当在使用不同协议的系统之间进行通信时，就须进行协议转换，网关就是为了解决这类问题而设计的。网关还可用于网络和大型主机系统的互联，使网络用户可共享大型主机的资源。

网关结构复杂、执行效率低、价格昂贵，一般只在两个体系结构完全不同的网络互联时才使用，而且网关总是针对某种特定的应用，不可能有通用型网关。其主要功能是完成传输层以上的协议转换，有传输网关和应用程序网关两种，传输网关是在传输层连接两个网络的网关，应用程序网关是在应用层连接两部分应用程序的网关。因为应用程序网关是应用系统之间的转换，所以应用程序网关一般只适合于某种特定的应用系统的协议转换。网关可以是一个专用设备，也可以用计算机作为硬件平台，由软件实现网关的功能。

5．交换机

交换机（switch）工作在 OSI 参考模型的第 2 层。由于交换机比网桥的数据吞吐性能更好，端口集成度更高，每端口的成本更低，使用更加灵活和方便，已取代网桥成为最常用的网络互联设备。通常将工作在第 2 层的交换机称作第 2 层交换机，它是交换式局域网的主要设备，主要功能是增加传输带宽、降低网络传输的延迟、进行网络管理以及选择网络传输线路等。交换机采用硬件方式交换，速度快，可连接不同带宽的网络。例如，传输速率 10 Mb/s 的以太网和传输速率 100 Mb/s 的以太网可通过交换机实现互联。交换机的主要特点如下。

（1）增加可用带宽。交换机能为各端口提供专用带宽，解决了网络瓶颈问题。

（2）交换速度快。交换机传输延迟仅几十微秒，比网桥的几百微秒、路由器的几千微秒小得多。

（3）容易扩展、兼容性好。交换机能够方便、简单地将网络互联，且管理和维护简单。

（4）具有高带宽专用端口。对于 10 Mb/s 端口，半双工端口带宽为 10 Mb/s，而全双工端口带宽为 20 Mb/s；对于 100 Mb/s 端口，半双工端口带宽为 100 Mb/s，而全双工端口带宽为 200 Mb/s。

（5）允许 10 Mb/s 和 100 Mb/s 等多种端口共存，可充分保护已有投资。但第 2 层交换机只支持 OSI 参考模型第 1、2 层协议不同的网络互联，第 2 层以上的协议必须相同。

3.5 TCP/UDP 协议

传输层的协议主要有两个：TCP 协议和 UDP 协议。它们都为应用层提供数据传输服务。

3.5.1 TCP 协议

TCP 协议是 TCP/IP 协议簇中最重要的协议之一。在本节中，我们将探讨 TCP 协

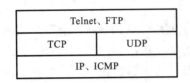

图 3-18 TCP 协议在 TCP/IP
协议簇中的位置

议的重要功能、传输特性和包格式等。

TCP 协议在 TCP/IP 协议簇中的位置如图 3-18 所示。

从图 3-18 中可以看出,传输层中的两个协议 TCP 和 UDP 是处于对等的地位,分别提供了不同的传输服务方式,但这两个协议必须建立在 IP 协议之上。

IP 协议只是单纯地负责将数据分割成包,并根据指定的 IP 地址通过网络将数据传送到目的地。它必须配合不同的传输服务——TCP 协议(提供面向连接的可靠的传输服务)或 UDP 协议(提供非连接的不可靠的传输服务),才能在发送端和接收端建立主机间的连接,完成端到端的数据传输。

1. TCP 协议的主要功能

TCP 协议的主要功能用一句话概括就是:TCP 协议提供面向连接的、可靠的数据流式的传输服务。

1)连接性与无连接性

连接性表示要传输数据的双方,必须事先沟通,在建立好连接之后,才能正式开始传输数据。两台主机之间要想完成一次数据传输,必须经历连接建立、数据传输以及连接拆除等 3 个阶段。

无连接性是指两台主机在进行信息交换之前,无须经事先呼叫来建立通信连接,各个分组独立地各自传送到目的地。

连接性与非连接性的数据传输方式的主要区别如下。

(1)路由选择。在具有连接性的传输方式中,路由的选择仅仅发生在连接建立的时候,在以后的传输过程中,路由不再改变;在具有非连接性的传输方式中,每传送一个分组都要进行路由选择。

(2)在具有连接性的传输方式中,各分组是按顺序到达的;在具有非连接性的传输方式中,分组可能会失序到达,甚至丢失。

(3)具有连接性的传输方式便于实现差错控制和流量控制;非连接性的传输方式一般不实行流量控制和差错控制。

(4)具有连接性的传输方式一般应用于较重要的数据传输;非连接性的传输方式一般应用于较不重要的数据传输。

2)可靠性

TCP 协议用来在两个端用户之间提供可靠的数据传输服务,其可靠性是由 TCP 协议提供的确认重传机制实现的。TCP 协议的确认重传机制可简述如下。

(1)接收端接收的数据若正确,则回传确认包给发送端。

(2)接收端接收到的数据若不正确,则要求发送端重传。

(3)发送端在规定的时间内若未收到相应的确认包,则发送端重传该包。

TCP 协议的可靠性控制可以利用如图 3-19 所示的操作组合来说明。

3)数据流量控制

我们在讨论 TCP 协议在保证数据传输的可靠性时,发送端每次都要等到收到回应的确认包后,才传送下一个数据包。由于发送端等待确认包时是闲置状态,从而造成整个数据传输效率的低下,以及带宽的浪费。因此,在 TCP 协议中,使用一种滑动窗技术,

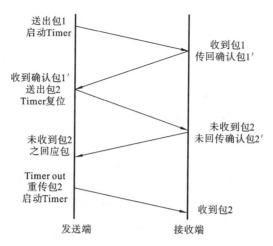

图 3-19　TCP 协议的可靠性控制

来解决这一问题。

　　利用滑动窗技术,可以一次先发送多个包后,再等待确认包,如此便可以减少闲置时间,从而提高传输效率。利用滑动窗技术,还可以对信息在链路上的流量进行控制,通过在发送端设置一个窗口宽度值,来限制发送帧的最大数目,控制链路上的信息流量。窗宽规定了允许发送端发送的最大帧数。利用滑动窗技术控制数据流量的过程如图 3-20 所示。

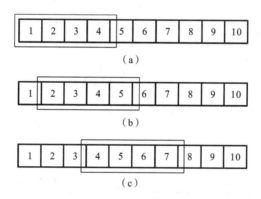

图 3-20　利用滑动窗技术控制数据流量的过程

　　在图 3-20 中,假定总共要传送 10 个包。在图 3-20(a)中,窗口中有 4 个包,表示已送出的包,窗宽 $W=4$。在图 3-20(b)中,当发送端收到确认包 1 时,窗口向右移动一格,并送出包 5。在图 3-20(c)中,当发送端收到确认包 2、3 时,窗口向右移 2 格,并送出包 6、7。简单地说,在窗口右方的包表示要准备送出去的包,而位于窗口里面的包表示已经送出的包,但发送端尚未收到相应的确认包;而窗口左边的包表示已经送出而且也已经收到确认的包。窗口在滑动时,其宽度不能超过规定的窗宽。

2. TCP 协议的通信端口

　　当传送的数据到达目的主机后,最终被应用程序接收并处理。但是,在一个多任务的操作系统环境下(如 Windows、UNIX 等),可能有多个程序同时在运行,那么数据究竟应该被哪个应用程序接收和处理呢?这就需要引入端口的概念。

在 TCP 协议中,端口用一个 2 字节长的整数来表示,称为端口号。不同的端口号表示不同的应用程序(或称为高层用户)。

端口号和 IP 地址连接在一起构成一个套接字(socket),套接字分为发送套接字和接收套接字。

发送套接字＝源 IP 地址＋源端口号

接收套接字＝目的 IP 地址＋目的端口号

一对套接字唯一地确定了一个 TCP 连接的两个端点。也就是说,TCP 连接的端点是套接字而不是 IP 地址。

在 TCP 协议中,有些端口号已经保留给特定的应用程序来使用(大多为 256 号之前),这类端口号称为公共端口,其他的号码称为用户端口。Internet 标准工作组规定,数值在 1024 以上的端口号可以由用户自由使用。

3. TCP 包(TCP 数据报)的格式

(1) TCP 包的位置。我们把在数据链路层上传输的数据单元称为帧,把在网络层上传输的数据单元称为包(packet)。TCP 包是 IP 包的一部分,若以以太网为例,IP 包又是以太网包的一部分。换句话说,IP 包封装了 TCP 包,而以太网的以太包又封装了 IP 包。TCP 包的位置如图 3-21 所示。

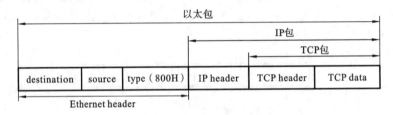

图 3-21　TCP 包的位置

(2) TCP 包头包含了 TCP 协议在传输数据时的字段信息,其格式如图 3-22 所示。

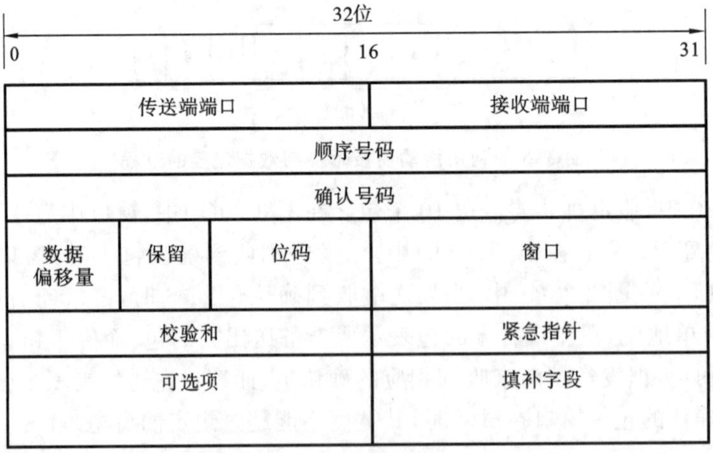

32位	
0　　　　　　　16	31
传送端端口	接收端端口
顺序号码	
确认号码	
数据偏移量 ｜ 保留 ｜ 位码	窗口
校验和	紧急指针
可选项	填补字段

图 3-22　TCP 包头格式

① 传送端端口(source port)。此字段用来定义来源主机的端口(port) 号码,其和来源主机的 IP 地址相结合后,称为完整的 TCP 传送端地址。

字段大小:16 位。

② 接收端端口(destination port)。此字段用来定义目的主机的端口号码,其与目的主机的 IP 地址结合后,称为完整的 TCP 接收端地址。

字段大小:16 位。

③ 顺序号码(sequence number)。此字段用来表示包的顺序号码,利用随机数的方式产生其初始值。

字段大小:32 位。

④ 确认号码(acknowledge number)。响应对方传送包的确认号码,其表示希望下一次应该送出哪个顺序号码的包。它是一个对想要接收的包之前的所有包的一个确认。

字段大小:32 位。

⑤ 数据偏移量(data offset)。由于 TCP 的 option 字段长度不固定,该字段指出 TCP 数据开始的位置。

字段大小:4 位。

⑥ 保留(reservation)。此字段保留供日后需要时使用,目前设为 0。

字段大小:6 位。

⑦ 位码(codes bits)。此字段由 6 个单一二进制位组成。其主要说明其他字段是否包含了有意义的数据以及某些控制功能。例如,该字段中的 URG 位说明紧急数据指针字段是否有效。

⑧ 窗口(windows)。此字段用来控制流量,表示数据缓冲区的大小。当一个 TCP 应用程序激活时,会产生两个缓冲区,即接收缓冲区和发送缓冲区。接收缓冲区用来保存发送端发送来的数据,并等待上层应用程序提取;发送缓冲区用来保存准备要发送的数据。TCP 协议利用此字段来通知对方现在本身的接收缓冲区大小有多少,这样对方才不会送出超过接收缓冲区所能接收的数据量而造成数据流失。

⑨ 校验和(checksum)。用来检查数据的传输是否正确。

字段大小:16 位。

⑩ 紧急指针(urgent pointer)。当 code bits 中的 URG=1 时,该字段才有效。当 URG 标志设置为 1 时,就向接收方表明,目前发送的 TCP 包中包含紧急数据,需要接收端的 TCP 协议尽快将它送到高层上去处理。紧急指针的值和顺序号码相加后就会得到最后的紧急数据字节的编号,对端 TCP 协议以此来取得紧急数据。

字段大小:16 位。

⑪ 可选项(option)。表示接收端能够接收的最大区段的大小,一般在建立联机时规定此值。如果此字段不使用,可以使用任意的数据区段大小。

字段大小:自定。

⑫ 填补字段(padding)。此字段用来与 option 字段相加后,补足 32 位的长度。

字段大小:依 option 字段的设置而有所不同。

3.5.2 UDP 协议

用户数据报协议(user datagram protocol,UDP),简称 UDP 协议,提供了不同于 TCP 的另一种数据传输服务方式,它和 TCP 协议都处于主机-主机层。它们之间是平行的,都构建在 IP 协议之上,以 IP 协议为基础。

1）UDP 的特性

使用 UDP 协议进行数据传输具有非连接性和不可靠性，这与 TCP 协议正好相反。TCP 协议提供面向连接的可靠的数据传输服务；而 UDP 提供面向非连接的、不可靠的数据传输服务。因此，UDP 所提供的数据传输服务，其服务质量没有 TCP 的高。

UDP 没有提供流量控制，因而省去了在流量控制方面的传输带宽，故传输速度快，适用于实时、大量但对数据的正确性要求不高的数据传输。由于 UDP 采用了面向非连接的不可靠的数据传输方式，因此可能会造成 IP 包未按次序到达目的地，或 IP 包重复甚至丢失，这些问题都需要靠上层应用程序来解决。

2）UDP 协议的通信端口

TCP 协议用通信端口来区分同一主机上执行的不同应用程序。同样，UDP 也有相同的功能。与 TCP 一样，UDP 也是用一个 2 字节长的整数号码来表示不同的程序。在 TCP 协议中，某些端口已保留给特定的应用程序使用，同样，UDP 协议也有保留端口。这些保留端口称为公共端口，其他的端口称为用户端口。

3）UDP 包头格式与说明

由于 UDP 是面向非连接的不可靠的数据传输服务，并且不提供流量控制功能，因而 UDP 协议不需要额外的字段来做传输控制，故 UDP 包头比 TCP 的简单得多，如图 3-23 所示。

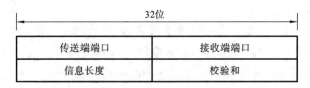

图 3-23　UDP 包头格式

（1）UDP 包的位置。UDP 包的位置与 TCP 包的位置相同，它是作为 IP 包的数据部分，封装在 IP 包中，而 IP 包又是作为以太网帧的数据部分封装在以太包中。UDP 包在以太包中的封装如图 3-24 所示。

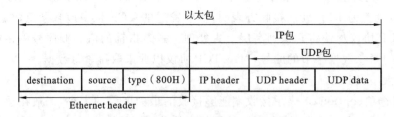

图 3-24　UDP 包在以太包中的封装

（2）UDP 包的格式。

① 传送端端口（source port）。此字段用来定义来源主机的 port 号码，它与来源主机的 IP 地址结合后，成为完整的 UDP 传送端地址。

字段大小：16 位。

② 接收端端口（destination port）。此字段用来定义目的主机的 port 号码，它与目的主机的 IP 地址结合后，成为完整的 UDP 接收端地址。

字段大小：16 位。

③ 信息长度(message length)。此字段为 UDP 包的总长度(包含包头及数据区),最小值为 8,表示只有包头而无数据区。

字段大小:16 位。

④ 校验和(checksum)。用于检查数据的传输是否正确。

字段大小:16 位。

3.6 本章小结

本章主要介绍了计算机通信的基本概念和相关的体系结构与协议,介绍了开放系统互连参考模型与 TCP/IP 协议体系,并给出了两者的比较。接着,介绍了数据链路层上的 MAC 协议以及局域网相关技术与标准。之后,重点介绍了 IP 地址、IP 协议以及互联网协议等计算机网络知识,最后,介绍了传输层上两种重要的传输协议 TCP 和 UDP。

思考和练习题

1. 计算机网络按节点分布的地理覆盖范围怎样进行分类? 试进行说明。
2. 什么是数据通信? 简述数据通信系统的组成及其各部分作用。
3. 什么是网络协议? 它由哪几个基本要素组成?
4. 试分析协议分层的理由。
5. 画图说明 OSI 参考模型及其各部分功能。
6. 简述 TCP/IP 分层结构,并与 OSI 参考模型进行比较。
7. 说明 IP 地址与硬件地址的区别。为什么要使用这两种不同的地址?
8. 简述计算机局域网的概念和特点。
9. 试比较说明中继器、网桥、路由器和网关的功能。
10. 试比较 TCP 协议与 UDP 协议的异同点。

4

现代交换技术

本章全面、系统地介绍了相关传统交换和现代交换技术,包括数据交换原理及相关技术、传统程控电话交换技术和 7 号信令系统,最后介绍了业务融合的 IP 电话网络相关技术和系统。

4.1 交换技术概述

通信的目的是实现信息的传递。

现代通信系统是靠通信网来实现通信的,现代通信网通常由通信终端设备、通信传输设备和通信交换设备等组成。

(1) 通信终端设备,如电话机、传真机、计算机等,将消息(语音、图像、数据等)转换成介质能够接受的电信号形式,同时将来自传输介质的电信号还原成原始消息。

(2) 通信传输设备,包括通信传输介质和相关设备(如电缆、光缆、无线电波等),主要完成信息传输通道的作用。

(3) 交换设备,负责在任意的两条用户之间建立和(而后)释放一条通信链路,如交换机、路由器等。

在整个通信网中,交换机在通信网中起着非常重要的作用,它就像公路中的立交桥,可以使路上的车辆(信息)安全、快捷地通往任何一个道口(交换机输出端口)。交换设备的好坏决定了通信网的好坏。

1. 面向连接网络和无连接网络

信息在通信网中由发送端至终端逐节点传递时,网络有两种工作方式:面向连接(connection oriented,CO)和无连接(connectionless,CL)。某种程度上,这两种工作方式可以比作铁路和公路。铁路是面向连接的,例如从北京到广州的铁路,只要铁路信号往沿路各站一送,道岔一合(类似交换的概念),火车就可以从北京直达广州,一路畅通,保证运输质量。而公路则不然,卡车从北京到广州一路要经过许多岔路口,在每个岔路口都要进行选路,遇见道路拥塞时还要考虑如何绕道走,要是拥塞情况较多时就会影响运输,延误时间或货物受到影响,其质量得不到保证,这就是无连接网络的情况。

1) 面向连接网络

面向连接网络的信息传送过程如图 4-1 所示。

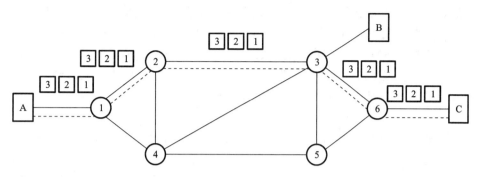

图 4-1 面向连接网络的信息传送过程

假定 A 站有三个数据块要送到 C 站,它首先发送一个"呼叫请求"消息到节点 1,要求到 C 站的连接。节点 1 通过路由表确定将该信息发送到节点 2,节点 2 又将该信息发送到节点 3,节点 3 又将该消息发送到节点 6,节点 6 最终将"呼叫请求"消息投送到 C 站。如果 C 站准备接受这些数据块的话,它就发出一个"呼叫接受"消息到节点 6,这个消息又通过节点 3、2、1 送回到 A 站。现在,A 站和 C 站之间可以经由这条建立的连接(图 4-1 中虚线所示)来交换数据块了。此后的每个数据块都经过这个连接来传送,不再需要选择路由。因此,来自 A 站的每个数据块,穿过节点 1、2、3、6,而来自 C 站的每个数据块穿过节点 6、3、2、1。数据传送结束后,由任意一端用一个"清除请求"消息来终止这一连接。

面向连接网络建立的连接有两种:实连接和虚连接。用户通信时,如果建立的连接由一条接一条的专用电路资源连接而成,无论是否有用户信息传递,这条专用连接始终存在,且每一段占用恒定的电路资源,那么这个连接就称为实连接;如果电路的分配是随机的,用户有信息传送时才占用电路资源(带宽根据需要分配),无信息传送就不占用电路资源,对用户的识别改用标志(即一条连接使用相同标志统计占用的电路资源),那么这样一段又一段串接起来的标志连接称为虚连接。显然,实连接的电路资源利用率低,而虚连接的电路资源利用率高。

2)无连接网络

无连接网络的信息传送过程如图 4-2 所示。

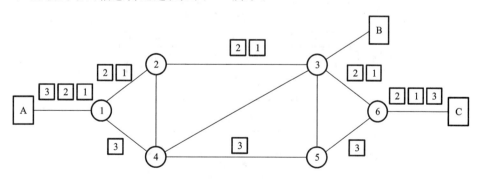

图 4-2 无连接网络的信息传送过程

假定 A 站有三个数据块要送到 C 站,它将数据块 1、2、3 一连串地发给节点 1。节点 1 需对每个数据块做出路由选择的决定。在数据块 1 到来后,节点 1 得知节点 2 的队列短于节点 4,于是它将数据块 1 排入节点 2 的队列。数据块 2 也是如此。但是对于数据块 3,节点 1 发现到节点 4 的队列最短,因此将数据块 3 排入节点 4 的队列中。在以后通往 C 站路由的各节点上,都进行类似的处理。这样,每个路由虽然都有同样的目的地址,但并不遵循同一路由。另外,由于数据块 3 先于数据块 2 到达节点 6 是完全有可能的,因此,这些数据块有可能以一种不同于它们发送时的顺序发送到 C 站,这就需要 C 站来重新排列它们,以恢复它们原来的顺序。

3) 面向连接网络和无连接网络的主要区别

(1) 面向连接网络用户的通信总要经过建立连接、信息传送、释放连接三个阶段;而无连接网络不为用户的通信过程建立和拆除连接。

(2) 面向连接网络中的每一个节点为每一个呼叫选路,节点中需要有维持连接的状态表;而无连接网络中的每一个节点为每一个传送的信息选路,节点中不需要维持连接的状态表。

(3) 用户信息较长时,采用面向连接的通信方式效率高;反之,采用无连接的通信方式。

2. 交换节点的功能及结构

我们已经知道通信网具有面向连接和无连接两种工作方式,根据这两种工作方式,产生了交换机的两种功能结构,如图 4-3 所示。

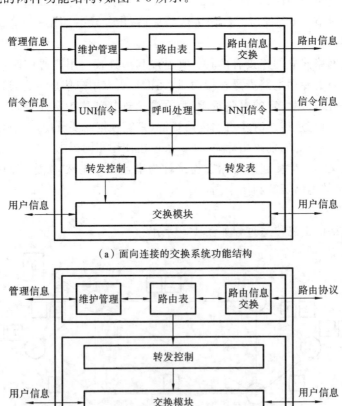

(a)面向连接的交换系统功能结构

(b)无连接的交换系统功能结构

图 4-3 交换机的两种功能结构

路由表:交换节点中存储到网络中每一个目的地的路由信息的数据结构,交换节点依靠它进行寻址选路。路由表可以静态设置,如电话网中的路由表和 ITU ATM 网中的路由表是以局数据的形式人工输入的;路由表可以动态创建,如无连接的 Internet 就是根据路由协议来交换网络拓扑信息,创建转发的路由表的。

转发表:在面向连接网络中,连接建立阶段,这条连接经过的每个交换节点将路由信息保存到一张数据表中,以维持网络内的连接状态,这张表就是转发表。

在用户数据传输阶段,用户数据无须携带目的地址,交换节点将根据已经建立好的转发表实现快速的数据交换。

交换机的主要功能包括以下几个方面。

(1)接入功能:完成用户业务的集中和接入,通常由各类用户接口和中继接口完成。

(2)交换功能:指信息从通信设备的一个端口输入,从另一个端口输出。这一功能通常由交换模块或交换网络完成。

(3)信令功能:负责呼叫控制及连接的建立、监视、释放等。

(4)其他控制功能:包括路由信息的更新和维护、计费、话务统计、维护管理等。

3. 交换技术的分类

现代通信业务较多(如语音业务、数据业务、多媒体业务等),而每种业务对信号处理质量的要求也不一样(如语音和图像业务对时延较敏感、数据业务对误码较敏感等),因而对交换机的技术设计要求就不一样。

各种通信业务的特点如下。

(1)信息相关程度不同。

数据通信的比特差错率必须控制在 10^{-8} 以下,而话音通信比特差错率可达到 10^{-3}。

(2)时延要求不同。

对于电话业务,端到端时延不能大于 25 ms(ITU-TG.164)。大多数数据业务对时延并不敏感。

(3)信息突发率不同。

信息突发率是业务峰值比特率与平均比特率的比值。不同的业务在平均比特率和突发率方面都有不同的特征,如表 4-1 所示。

表 4-1 几种业务的平均比特率和突发率

业　　务	平均比特率	突　发　率
语音	32 kb/s	2
交互式数据	1～100 kb/s	10
批量数据	1～10 kb/s	1～10
标准质量图像	1.5～15 Mb/s	2～3
高清晰度电视	15～150 Mb/s	1～2
高质量可视电话	0.2～2 Mb/s	5

综上所述,语音、数据等不同的通信业务具有不同的特点,因而在网络发展过程中形成了不同的交换技术,交换技术的分类如图 4-4 所示。

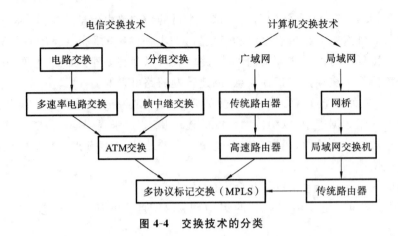

图 4-4 交换技术的分类

4.2 数据交换方式

4.2.1 电路交换

1. 电路交换的概念

电路交换(circuit switching,CS)最早出现时,是电话通信使用的交换方式,是一种实时的、固定分配带宽的交换方式,包含链路建立、链路维持和链路释放三个过程。

(1) 呼叫建立时向网络申请资源,建立一条从主叫到被叫的通路。

(2) 呼叫结束时释放该通路。

(3) 如果申请不到资源,则发生呼损。

电路交换的过程如图 4-5 所示。

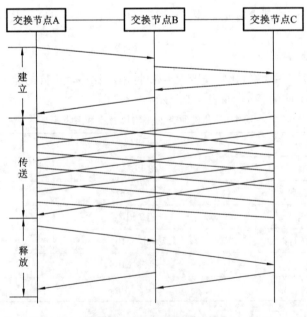

图 4-5 电路交换的过程

2. 电路交换机的分类

可以从不同的角度对电路交换机进行分类。

（1）按交换网络传送的信号形式，可以将电路交换机分为模拟交换机和数字交换机。

（2）按交换网络的接续方式，可以将电路交换机分为空分交换机和时分交换机。

（3）按控制方式可以将电路交换机分为布线逻辑控制交换机和存储程序控制（stored program control，SPC）交换机（程控交换机）。

3. 呼叫处理的一般过程

图 4-6 所示的是一次普通市话通话的接续流程，从中可见一次完整的呼叫过程包含下面一些流程。

（1）摘机并进行检测。

（2）拨号。

（3）选择信号。

（4）接续、被叫用户振铃。

（5）被叫用户摘机、计费。

（6）挂机。

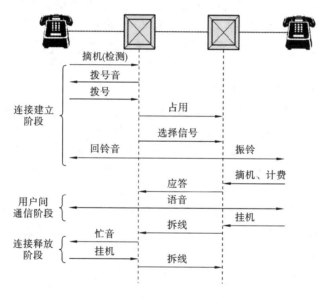

图 4-6　电路交换呼叫流程

4. 电路交换的特点

（1）电路交换采用实时交换，适用于对实时性要求高的通信业务。

（2）电路交换是面向连接的交换技术。

（3）电路交换采用静态复用、预分配带宽并独享通信资源的方式。交换机为用户分配固定位置、恒定带宽（通常是 64 kb/s）的电路。

（4）在传送信息期间，没有任何差错控制措施，控制简单，但不利于对可靠性要求高的数据业务传送。

5. 多速率电路交换

电路交换方式建立连接的传送速率多为 64 kb/s，为满足不同业务的带宽需要，出现了多速率电路交换(multi-rate circuit switching,MRCS)。

多速率电路交换仍然采用固定分配带宽资源的方法,而资源的分配是多个等级的,即为用户提供多种速率的交换方式。

多速率交换的实现方法如下。

(1)采用一个统一的多速率交换网络,设置多种基本信道速率,这样一帧就被分为不同长度的时隙。

(2)采用多个不同速率的交换网络,将几个基本信道绑在一起构成一个速率较高的信道。

多速率电路交换技术的特点如下。

(1)速率事先订制好,不能任意更改,灵活性不够。

(2)基本速率较难确定,不能真正适应突发业务的特点。

(3)用于窄带综合业务数字网(narrowband integrated services digital network,N-ISDN)。

4.2.2 报文交换

报文交换(message switching)是根据电报的特点提出来的。电报的交换传输基本上只要求单向连接,一般也允许有一定的延迟,但如果传输中有差错,必须改正以确保信息正确。因此报文的传输不需要提供通信双方的实时连接,但每个交换节点要有纠错、检错功能。

报文交换原理示意图如图 4-7 所示。交换机把来自用户的报文先暂时存在交换节点内排队等候,待交换节点出口上线路空闲时,就转发至下一节点,这种方式称为存储-转发(store and forward)交换,报文在下一节点再存储-转发,直至到达目的节点。在该方式中,信息是以报文为单位传输的。为了保证报文的正确传送,网络节点必须具有信息处理、存储和路由选择功能。

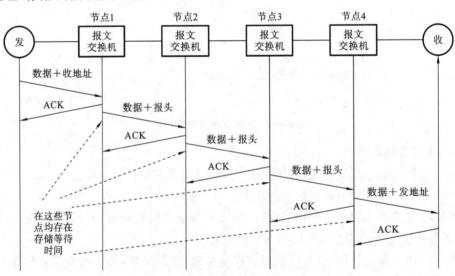

图 4-7 报文交换原理示意图

1. 报文交换的优点

(1)报文交换不需要事先建立连接,并且可采用多路复用,因此不独占信道,从而可大大提高线路的利用率。

（2）用户不需要接通对方就可发送报文，无呼损。

（3）容易实现不同类型终端之间的通信，输入/输出电路速率及电码格式可以不同。

2. 报文交换的主要缺点

（1）当长报文通过交换机存储并等待发送时，会在交换机中产生较大的时延，不利于实时通信。

（2）要求交换机有高速处理能力及较大的存储容量，增加了设备费用。

（3）报文交换适用于公共电报及电子信箱业务。

4.2.3　分组交换

1. 分组交换的基本思想

把用户要传送的信息分成若干个小的数据块，即分组（packet），这些分组长度较短，并具有统一的格式，每个分组有一个分组头，包含用于控制和选路的有关信息。这些分组以"存储-转发"的方式在网内传输，即每个交换节点首先对收到的分组进行暂时存储，分析该分组中有关选路的信息，进行路由选择，并在选择的路由上进行排队，等到有空闲信道时转发给下一个交换节点或用户终端。

显然，采用分组交换时，同一个报文的多个分组可以同时传输，多个用户的信息也可以共享同一物理链路，因此分组交换可以达到资源共享，并为用户提供可靠、有效的数据服务。它克服了电路交换中独占线路、线路利用率低的缺点。同时，由于分组的长度短、格式统一，便于交换机进行处理，因此它比传统的报文交换有更小的时延。

2. 分组交换的优点

（1）线路利用率较高。分组交换在线路上采用动态统计时分复用的技术传送各个分组，因此提高了传输介质（包括用户线和中继线）的利用率。

（2）异种终端通信。分组交换可以实现不同类型的数据终端设备（不同的传输速率、不同的代码、不同的通信控制规程等）之间的通信。

（3）数据传输质量好、可靠性高。每个分组在网络内的中继线和用户线上传输时，可以逐段独立地进行差错控制和流量控制，因而网内全程的误码率在 10^{-11} 以下，传送质量和可靠性较高。分组交换网内还具有路由选择、拥塞控制等功能，当网内线路或设备产生故障后，分组交换网可自动为分组选择一条迂回路由，避开故障点，不会引起通信中断。

（4）负荷控制。分组交换网中进行了逐段地流量控制，因此可以及时发现网络有无过负荷。当网络中的通信量非常大时，网络将拒绝接受更多的连接请求，以使网络负荷逐渐减轻。

（5）经济性好。分组交换网是以分组为单元在交换机内进行存储和处理的，因而有利于降低网内设备的费用，提高交换机的处理能力。此外，分组交换方式可准确地计算用户的通信量，因此通信费用可按通信量和时长相结合的方法计算，而与通信距离无关。

由于分组交换技术在降低通信成本、提高通信可靠性等方面取得了巨大成功，因此

20世纪70年代中期以后的数据通信网几乎都采用了这一技术。40多年来,分组交换技术得到了较大的发展。

3. 分组交换的缺点

上面介绍了分组交换的诸多优点,但任何技术在具有优点的同时都不可避免地具有一些缺点,分组交换也不例外,它的这些优点都是有代价的。

(1)信息传送时延大。由于采用存储-转发方式处理分组,分组在每个节点机内都要经历存储、排队、转发的过程,因此分组穿过网络的平均时延可达几百毫秒。目前各公用分组交换网的平均时延一般都在数百毫秒,而且各个分组的时延具有离散性。

(2)用户的信息被分成了多个分组,每个分组附加的分组头都需要交换机进行分析处理,从而增加了开销。因此,分组交换适用于计算机通信的突发性或断续性业务的需求,而不适合于在对实时性要求高、信息量大的环境中应用。

(3)分组交换技术的协议和控制比较复杂,如前面提到的逐段链路的流量控制、差错控制,还有代码、速率的变换方法,接口、网络的管理和控制的智能化等。这些复杂的协议使得分组交换具有很高的可靠性,但是它同时也加重了分组交换机处理的负担,使分组交换机的分组吞吐能力和中继线速率的进一步提高受到了限制。

4. 分组交换实现原理——统计时分复用

在数字传输中,为了提高数字通信线路的利用率,可以采用时分复用的方法。时分复用有同步时分复用和统计时分复用两种。分组交换中采用了统计时分复用的概念,它在给用户分配资源时,不像同步时分那样固定分配,而是采用动态分配(即按需分配),只有在用户有数据传送时才给它分配资源,因此线路的利用率较高。

分组交换中,执行统计复用功能的是具有存储能力和处理能力的专用计算机——接口信息处理机(IMP)。

IMP要完成对数据流进行缓冲存储和对信息流进行控制的功能,以解决各用户争用线路资源时产生的冲突。当用户有数据传送时,IMP给用户分配线路资源,一旦停发数据,线路资源就另作他用。图4-8所示的是3个终端采用统计时分方式共享线路资源的情况。

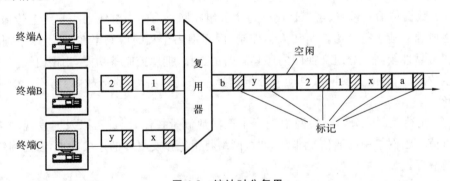

图 4-8 统计时分复用

我们来看看具体的工作过程。来自终端的各分组按到达的顺序在复用器内进行排队,形成队列。复用器按照先进先出(FIFO)的原则,从队列中逐个取出并分组向线路上发送。当存储器空时,线路资源也暂时空闲,当队列中有了新的分组时,又继续进行发送。

图 4-8 中,开始,终端 A 有 a 分组要传送,终端 B 有 1、2 分组要传送,终端 C 有 x 分组要传送,它们按到达顺序进行排队:a、x、1、2。因此在线路上的传送顺序为 a、x、1、2。然后终端均暂时无数据传送,线路空闲。后来,终端 C 有 y 分组要送,终端 A 有 b 分组要送,则线路上又顺序传送 y 分组和 b 分组。这样,在高速传输线上,形成了各用户分组的交织传输。输出的数据不是按固定时间分配,而是根据用户的需要进行的。这些用户数据的区分不像同步时分复用那样靠位置来区分,而是靠各个用户数据分组头中的"标记"来区分。

统计时分复用的优点是可以获得较高的信道利用率。由于每个终端的数据使用一个自己独有的"标记",可以把传送的信道按照需要动态地分配给每个终端用户,因此提高了传送信道的利用率。

统计时分复用的缺点是会产生附加的随机时延并且有丢失数据的可能。这是由于用户传送数据的时间是随机的,若多个用户同时发送数据,则需要进行竞争排队,引起排队时延;若排队的数据很多,引起缓冲器溢出,则会有部分数据被丢失。

5. 分组交换工作原理

分组交换工作原理如图 4-9 所示,分组的构成如图 4-10 所示,分组头的格式如图 4-11 所示。

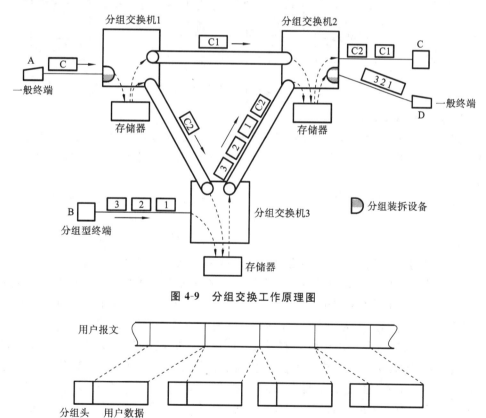

图 4-9　分组交换工作原理图

图 4-10　分组的构成

6. 分组交换中的逻辑信道

在统计时分复用中,虽然没有为各个终端分配固定的时隙,但通过各个用户的数据

图 4-11 　分组头的格式

信息上所加的标记,仍然可以把各个终端的数据在线路上严格地区分开来。这样,在一条共享的物理线路上,实质上形成了逻辑上的多条子信道,各个子信道用相应的号码表示。

图 4-12 所示的是在高速的传输线上形成了分别为三个用户传输信息的逻辑上的子信道。我们把这种形式的子信道称为逻辑信道,用逻辑信道号(logical channel number,LCN)来标识。

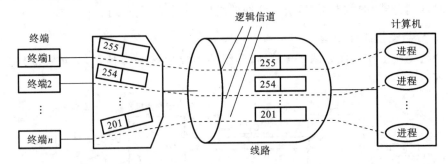

图 4-12 　逻辑信道的概念示意图

7. 虚电路和数据报

如前所述,在分组交换网中,来自各个用户的数据被分成一个个分组,这些分组将沿着各自的逻辑信道,从源点出发,经过网络达到终点。那么分组是如何通过网络的呢?

分组在通过数据网时有两种方式:虚电路(virtual circuit,VC)方式和数据报(datagram,DG)方式。

1) 虚电路方式

两终端用户在相互传送数据之前要通过网络建立一条端到端的逻辑上的虚连接,称为虚电路。一旦这种虚电路建立,属于同一呼叫的数据就均沿着这一虚电路传送。当用户不再发送和接收数据时,该虚电路被清除。在这种方式中,用户的通信需要经历连接建立、数据传输、连接拆除三个阶段,也就是说,它是面向连接的方式。

在电路交换中,多个用户终端的信息在固定的时间段内向所复用的物理线路上发送信息,若某个时间段某终端无信息发送,则其他终端也不能在分配给该用户终端的时间段内向线路上发送信息。而虚电路方式则不然,每个终端发送信息没有固定的时间,它们的分组在节点机内部的相应端口进行排队,当某终端暂时无信息发送时,线路的全部带宽资源可以由其他用户共享。

需要强调的是,分组交换中的虚电路与电路交换中建立的电路不同。不同之处在于:在分组交换中,以统计时分复用的方式在一条物理线路上可以同时建立多个虚电路,两个用户终端之间建立的是虚连接;而电路交换中,是以同步时分方式进行复用的,两用户终端之间建立的是实连接。

换句话说，建立实连接时，不但确定了信息所走的路径，同时还为信息的传送预留了带宽资源；而建立虚电路时，仅仅是确定了信息所走的端到端的路径，但并不一定要求预留带宽资源。我们之所以称这种连接为虚电路，正是因为每个连接只有在发送数据时才会排队竞争来占用带宽资源。

如图 4-13 所示，网中已建立起两条虚电路，VC1：A—1—2—3—B，VC2：C—1—2—4—5—D。所有 A—B 的分组均沿着 VC1 从终端 A 到达终端 B，所有 C—D 的分组均沿着 VC2 从终端 C 到达终端 D，在 1—2 的物理链路上，VC1、VC2 共享资源。若 VC1 暂时无数据可送时，网络将保持这种连接，但将所有的传送能力和交换机的处理能力交给 VC2，此时 VC1 并不占用带宽资源。

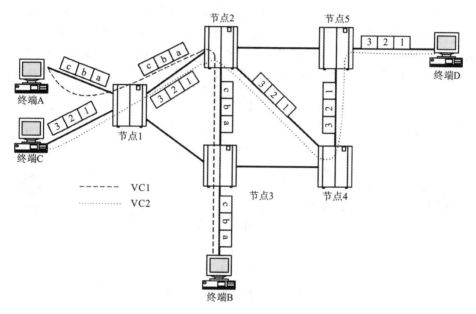

图 4-13　虚电路示意图

虚电路分为两种：交换虚电路（switching virtual circuit，SVC）和永久虚电路（permanent virtual circuit，PVC）。

交换虚电路 SVC 是指在每次呼叫时用户通过发送呼叫请求分组来临时建立虚电路的方式。如果用户预约，由网络运营者为之建立固定的虚电路，就不需要在呼叫时再临时建立虚电路，而可以直接进入数据传送阶段，这种方式称为 PVC。这种方式一般适用于业务量较大的集团用户。

虚电路的优点如下。

（1）虚电路的路由选择仅仅发生在虚电路建立的时候，在以后的传送过程中，路由不再改变，这可以减少节点不必要的通信处理。

（2）由于所有分组遵循同一路由，这些分组将以原有的顺序到达目的地，终端不需要进行重新排序，因此分组的传输时延较小。

（3）一旦建立了虚电路，每个分组头中不再需要有详细的目的地地址，而只需要有逻辑信道号就可以区分每个呼叫的信息，这可以减少每一分组的额外开销。

（4）虚电路是由多段逻辑信道构成的，每一个虚电路在它经过的每段物理链路上都有一个逻辑信道号,这些逻辑信道级连构成了端到端的虚电路。

虚电路的缺点:当网络中线路或者设备发生故障时,可能导致虚电路中断,必须重新建立连接。

虚电路的使用场合:虚电路适用于一次建立后长时间传送数据的场合,其持续时间应显著大于呼叫建立时间,如文件传送、传真业务等。

2) 数据报方式

在数据报方式中,交换节点将每一个分组独立地进行处理,即每一个数据分组中都含有终点地址信息,当分组到达节点后,节点根据分组中包含的终点地址为每一个分组独立地寻找路由,因此同一用户的不同分组可能沿着不同的路径到达终点,在网络的终点需要重新排队,组合成原来的用户数据信息。

如图 4-14 所示,终端 A 有三个分组 a、b、c 要送给终端 B。在网络中,分组 a 通过节点 2 进行转接到达节点 3,分组 b 通过 1—3 的直达路由到达节点 3,分组 c 通过节点 4 进行转接到达节点 3。由于每条路由上的业务情况(如负荷量、时延等)不尽相同,三个分组的到达时间不一定按照顺序,因此在节点 3 要将它们重新排序,再送给终端 B。

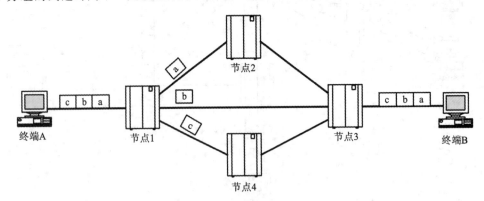

图 4-14 数据报方式示意图

数据报的优点如下。

(1) 用户的通信不需要有建立连接和清除连接的过程,可以直接传送每个分组,因此对于短报文通信效率比较高。

(2) 每个节点可以自由地选路,可以避开网中的拥塞部分,因此网络的健壮性较好。

(3) 对于分组的传送比虚电路更为可靠,如果一个节点出现故障,分组可以通过其他路由传送。

数据报的缺点如下。

(1) 分组的到达不按顺序,在终点各分组需重新排队。

(2) 每个分组的分组头包含详细的目的地址,开销比较大。

数据报的使用场合:数据报适用于短报文的传送,如询问/响应型业务等。

4.2.4　ATM

异步传输模式(ATM)是 ITU-T 确定的用作宽带综合业务数字网(broadband integrated services digital network,B-ISDN)的复用、传输和交换模式。

1．ATM 诞生的背景

在电话网中,电路交换的独占性影响设备资源的利用率,而且电路交换不适合速率变化很大的数据通信业务。

在分组交换通信网中,分组交换一方面采用统计复用方法提高带宽的利用率,另一方面在数据链路层采用逐段转发、差错校正的控制措施,虽然保证了数据的正确传递,但同时也使传输数据产生附加的随机时延。

随着通信技术和通信业务需求的发展,电信网络必须向 B-ISDN 方向发展,这就要求通信网络和交换设备既要容纳非实时性的数据业务,又要容纳实时性的电话和电视信号业务,还要满足突发性强、瞬时业务量大以及业务通信速率可变的要求。

在这样的背景下,一种新的传送模式——ATM 出现了。ATM 采用统计时分复用,由于各路信号不是按照一定时间间隔周期性出现的,ATM 根据标志来识别每路信号。采用该传送模式后,大大提高了网络资源的利用率。

2．ATM 的概念

ATM 是一种数据传输模式,在这一模式中用户信息被组织成固定长度的信元,信元随机占用信道资源。从这个意义上来看,这种传输模式是异步的(统计时分复用也称为异步时分复用)。

ATM 的信元具有固定的长度,从传输效率、时延及系统实现的复杂性考虑,ITU-T 规定 ATM 的信元长度为 53 字节。ATM 信元的结构如图 4-15 所示。

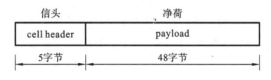

图 4-15　ATM 信元的结构

信元的前 5 个字节为信头(cell header),包含有各种控制信息,主要是表示信元去向的逻辑地址,还有一些维护信息、优先级以及信头的纠错码。后面 48 字节是信息字段,也称为信息净荷(payload),它承载来自各种不同业务的用户信息。

信元的格式与业务类型无关,任何业务的信息经过分割后都封装成统一格式的信元。用户信息"透明"地穿过网络(即网络对它不进行处理)。

3．ATM 技术的特点

1)采用固定长度的短分组

在 ATM 中采用固定长度的短分组,称为信元(cell)。固定长度的短分组决定了 ATM 系统的处理时间短、响应快,便于用硬件实现,特别适合实时业务和高速应用。

2)采用统计复用

在传统的电路交换中,同步传送模式(STM)将来自各种信道上的数据组成帧格式,每路信号占用固定比特位组,在时间上相当于固定的时隙,任何信道都通过位置进行标识。

ATM 是按信元进行统计复用的,在时间上没有固定的复用位置,根据标志来识别每路信号。统计复用是按需分配带宽的,可以满足不同用户传递不同业务的带宽需要。

3）采用面向连接并预约传输资源的方式工作

电路交换通过预约传输资源保证实时信息的传输,同时端到端的连接使得在信息传输时,在任意的交换节点处不必做复杂的路由选择(这项工作在呼叫建立时已经完成)。

分组交换模式提出虚电路工作模式,目的是减少传输过程中交换机为每个分组作路由选择的开销,同时可以保证分组顺序的正确性,但是分组交换取消了资源预定的策略,虽然提高了网络的传输效率,但却有可能使网络接收超过其传输能力的负载,造成所有信息都无法快速传输到目的地。

ATM方式采用的是分组交换中的虚电路形式,同时在呼叫建立时向网络提出传输所希望使用的资源,网络根据当前的状态决定是否接受这个呼叫。

采用预约资源的方式,可以保证网络上的信息在一个允许的差错率下传输。另外,考虑到业务具有波动的特点和交换中同时存在的连接的数量,根据概率论中的大数定理,网络预分配的通信资源肯定小于信源传输时的峰值速率。

4）取消逐段链路的差错控制和流量控制

分组交换协议设计运行的环境是误码率很高的模拟通信线路,所以执行逐段链路的差错控制;同时由于没有预约资源机制,任何一段链路上的数据量都有可能超过其传输能力,所以有必要执行逐段链路的流量控制。

ATM协议运行在误码率很低的光纤传输网上,同时预约资源机制保证网络中传输的负载小于子网络的传输能力,所以 ATM 取消了网络内部节点之间链路上的差错控制和流量控制。

但是通信过程中必定会出现的差错如何解决呢?

(1)如果信元头部出现差错,则会导致信元传输的目的地发生错误,如果网络发现这样的错误,就简单地丢弃信元。至于如何处理由于这些错误而导致信息丢失后的情况则由通信的终端处理。

(2)如果信元净荷部分(用户的信息)出现差错,那么其判断和处理同样由通信的终端完成。

对于不同的传输介质可以采取不同的处理策略。例如,对于计算机数据通信(文本传输),使用请求重发技术要求发送端重新发送;而对于语音和视频这类实时信息发生的错误,接收端可以采用某种掩盖措施(错误隐藏),以减少对接收用户的影响。

5）ATM 信元头部的功能降低

由于 ATM 网络中链路的功能变得非常有限,因此信元头部变得异常简单,其功能如下。

(1)标志虚电路,这个标志在呼叫建立阶段产生,用以表示信元经过网络中传输的路径。依靠这个标志可以很容易地将不同的虚电路信息复用到一条物理通道上。

(2)信元的头部增加纠错和检错机制,防止因为信元头部出现错误导致信元误选路由。

(3)很少的维护开销比特,不再像传统分组交换中那样包含信息差错控制、分组流量控制以及其他特定开销。

ATM 技术既具有电路交换的处理简单、支持实时业务、数据透明传输、采用端到端的通信协议等特点,又具有分组交换的支持动态比特率(VBR)业务的特点,并能对链路上传输的业务进行统计复用。

电路交换、分组交换与 ATM 的关系如图 4-16 所示。

图 4-16 电路交换、分组交换与 ATM 的关系

4. 虚信道、虚通道、虚连接

虚信道(virtual channel,VC)表示单向传送 ATM 信元的逻辑通路,用虚信道标识符(virtual channel identifier,VCI)进行标识。

虚通道(virtual path,VP)表示属于一组 VC 子层 ATM 信元的路径,由相应的虚通道标识(virtual path identifier,VPI)进行标识。

VC 相当于支流,对 VC 的管理力度比较细,一般用于网络的接入;VP 相当于干流,将多个 VC 汇聚起来形成一个 VP,对 VP 的管理力度比较粗,一般用于骨干网。

VP、VC 与传输线路的关系如图 4-17 所示。

图 4-17 VP、VC 与传输线路的关系

虚连接是通过 ATM 网络在端到端用户之间建立一条速率可变的、全双工的、由固定长度的信元流构成的连接。虚连接由虚信道、虚通道组成,通过 VCI 和 VPI 进行标识。VCI 可动态分配连接,VPI 可静态分配连接。VCI、VPI 在虚连接的每段链路上具有局部意义。

5. ATM 协议参考模型

在 ITU-T 的 I.321 建议中定义了 B-ISDN 协议参考模型,如图 4-18 所示。它包括三个面:用户面、控制面和管理面。用户面、控制面都是分层的,分为物理层(PHY)、ATM 层、AAL 层和高层。

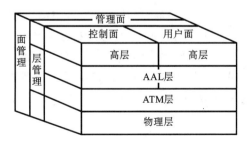

图 4-18 B-ISDN 协议参考模型

1) B-ISDN 协议参考模型中的三个面分别完成不同的功能

(1) 用户面:采用分层结构,提供用户信息流的传送,同时也具有一定的控制功能,

如流量控制、差错控制等。

（2）控制面：采用分层结构，完成呼叫控制和连接控制功能，利用信令进行呼叫和连接的建立、监视和释放。

（3）管理面：包括层管理和面管理。层管理采用分层结构，完成与各协议层实体的资源和参数相关的管理功能，如元信令；同时层管理还处理与各层相关的 OAM 信息流。面管理不分层，它完成与整个系统相关的管理功能，并对所有面起协调作用。

2）模型分层

B-ISDN 协议参考模型中，从下到上分别是：物理层、ATM 层、AAL 层和高层。用户面和控制面在高层和 AAL 层是分开的，在 ATM 层和物理层采用相同的方式处理信息。B-ISDN 协议参考模型各层功能如表 4-2 所示。

表 4-2 B-ISDN 协议参考模型的各层功能

	层 功 能	层 号	
层管理	会聚	CS	AAL
	拆装	SAR	
	一般流量控制 信头处理 VPI/VCI 处理 信元复用和解复用	ATM	
	信元速率耦合 HEC 序列产生和信头检查 信元定界 传输帧适配 传输帧的创建和恢复	TC	PHY
	比特定时 物理介质	PM	

（1）物理层。

物理层主要是提供 ATM 信元的传输通道，将 ATM 层传来的信元加上其传输开销后形成连续的比特流，同时，在接收到物理介质上传来的连续比特流后，取出有效的信元传给 ATM 层。

物理层要实现的功能包括：① 提供与传输介质有关的机械、电气接口；② 从接收波形中恢复定时；③ 提供 ATM 层信元流和物理层传输流之间的映射关系，包括传输结构的生成/恢复及传输结构的适配；④ 从物理层比特流中找出信元的起始边界（信元定界）；⑤ 一般情况下，从 ATM 层中来的信元流速率低于物理层提供的用来传输信元流的净荷速率，因此，物理层还要插入空闲信元，以使两者适配，同时，接收时还要扣去这些空闲信元。

（2）ATM 层。

ATM 层在物理层之上，利用物理层提供的服务，与对等层之间进行以信元为信息单位的通信。

ATM 层与物理介质的类型以及物理层的具体实现是无关的，与具体传送的业务类型也是无关的。各种不同的业务经 AAL 层适配后形成固定长度的分组,ATM 层利用异步时分复接技术合成信元流。

(3) AAL 层。

ATM 适配层(ATM adaptation layer,AAL)是和业务类别相关的,即针对不同的业务类别,其处理方法不尽相同。AAL 层要将上层传来的信息流(长度、速率各异)分割成 48 字节长的 ATM-SDU 传给 ATM 层;同时将 ATM 层传来的业务数据单元 ATM-SDU 组装、恢复再传递给上层。

AAL 层分成两个子层:汇聚子层(convergence sublayer,CS)和拆装子层(segmentation and reassembly,SAR)。

(4) 高层。

高层信息包括用户面的高层和控制面的高层。控制面的高层是信令协议,考虑到与 N-ISDN 的兼容,ITU-T 对 N-ISDN 的信令协议 Q.931 和 ISUP 做了修改,制定了 Q.2931 和 B-ISUP。

6. 交换机技术比较

交换机技术的比较如表 4-3 所示。

表 4-3 交换机技术比较

特　性	技　　术				
	电路交换	分组交换 (面向连接)	帧中继 (交换)	ATM 交换	分组交换 (无连接)
复用方式	同步复用	统计复用	统计复用	统计复用	统计复用
带宽分配	固定带宽	动态带宽	动态带宽	动态带宽	动态带宽
时延	最小	较大	小	小	不定
连接方式	面向连接	面向连接	面向连接	面向连接	无连接
差错控制	无	有	有	有	有
信息单元长度	固定	可变	可变	固定	可变
最佳应用	语音	批量数据	LAN 互连	多媒体	短数据

4.2.5　MPLS

1. MPLS 基本概念

多协议标记交换(multi-protocol label switching,MPLS)的设计目标是针对目前网络面临的速度、可伸缩性(scalability)、QoS 管理、流量工程等问题而设计的一个通用的解决方案。其主要的设计目标和技术路线如下。

(1) 提供一种通用的标记封装方法,使得它可以支持各种网络层协议(主要是 IP 协议),同时又能够在现存的各种分组网络上实现。

(2) 在骨干网上采用定长标记交换取代传统的路由转发,以解决目前 Internet 的路由器瓶颈问题,并采用多层交换技术保持与传统路由技术的兼容性。

(3) 在骨干网中引入 QoS 以及流量工程等技术,以解决目前 Internet 服务质量无法保证的问题,使得 IP 技术可以真正成为可靠的面向运营的综合业务服务网。

总之,为了在下一代网络中满足网络用户的需求,MPLS 将在寻路、交换、分组转发、流量工程等方面扮演重要角色。

2. MPLS 的一些技术术语

(1)标记。如图 4-19 所示,标记是一个短小、定长且只有局部意义的连接标识符,它对应于一个转发等价类(forwarding equivalence class,FEC)。一个分组上增加的标记代表该分组隶属的 FEC。标记可以使用标记分配协议(label distributed protocol,LDP)、RSVP 或通过 OSPF、BGP 等路由协议搭载来分配。每一个分组在从源端到目的端的传送过程中都会携带一个标记。由于标记是定长的,并且封装在分组的最开始部分,因此硬件利用标记就可以实现高速的分组交换。

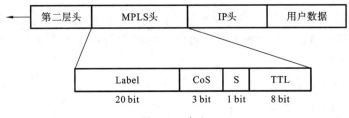

图 **4-19** 标记

(2)标记边缘路由器(LER)。它位于接入网和 MPLS 网的边界的 LSR 中,其中入口 LER 负责基于 FEC 对 IP 分组进行分类,并为 IP 分组加上相应标记,执行第三层功能,决定相应的服务级别和发起 LSP 的建立请求,并在建立 LSP 后将业务流转发到 MPLS 网上。而出口 LER 则执行标记的删除,并将删除标记后的 IP 分组转发至相应的目的地。通常 LER 都提供多个端口以连接不同的网络(ATM、FR、Ethernet 等),LER 在标记的加入和删除、业务进入和离开 MPLS 网等方面扮演了重要的角色。

(3)标记交换路由器(LSR)。LSR 是一个通用 IP 交换机,它位于 MPLS 核心网中,具有第三层转发分组和第二层交换分组的功能。它负责使用合适的信令协议(如 LDP 或 CR-LDP 或 RSVP)与邻接 LSR 协调 FEC/标记绑定信息,建立 LSP。对加上标记的分组,LSR 不再进行任何第三层处理,只是依据分组上的标记,利用硬件电路在预先建立的 LSP 上执行高速的分组转发。

(4)标记分配协议(LDP)。它是 MPLS 中 LSP 的连接建立协议,用于在 LSR 之间交换 FEC/标记关联信息。LSR 使用 LDP 协议交换 FEC/标记绑定信息,建立从入口 LER 到出口 LER 的一条 LSP。但是 MPLS 并不限制已有的控制协议的使用,如 RSVP、BGP 等。

(5)标记交换路径(label-switched path,LSP)。一个从入口到出口的交换式路径,在功能上它等效于一个虚电路。在 MPLS 网络中,分组传输在 LSP 上进行。一个 LSP 由一个标记序列标识,它由从源端到目的端的路径上所有节点的相应标记组成。LSP 可以在数据传输前建立(即控制驱动,control-driven),也可以在检测到一个数据流后建立(即数据流驱动,data-driven)。

(6)标记信息库(LIB)。保存在一个 LSR(LER)中的标记映射表,在 LSR 中包含有 FEC/标记关联信息和关联端口以及介质的封装信息。

(7)转发等价类(FEC)。FEC 代表了有相同服务需求的分组的子集。对于子集中所有的分组,路由器采用同样的处理方式转发。例如,最常见的一种是 LER,它可根据分组的网络层地址确定其所属的 FEC,根据 FEC 为分组加上标记。

在传统方式中,每个分组在每一跳都会重新分配一个 FEC(如执行第三层的路由表查找)。而在 MPLS 中,当分组进入网络时,为一个分组指定一个特定的 FEC,只在 MPLS 网的入口做一次。FEC 一般根据给定的分组集合的业务需求或是简单的地址前缀来确定。每一个 LSR 都要创建一张表来说明分组如何进行转发,该表被称为标记信息库(label information base,LIB),该表中包含了 FEC 到标记间的绑定关系。

MPLS 核心网之所以基于标记而不是直接使用 FEC 进行交换,主要的原因如下。

(1) FEC 长度可变,甚至是一个策略描述,基于它难以实现硬件高速交换。

(2) FEC 是从网络层或更高层得到的,而 MPLS 的目标之一是支持不同的网络层协议,直接使用 FEC 不利于实现一个独立于网络层的核心交换网。

(3) FEC-标记策略也增强了 MPLS 作为一种骨干网技术在路由和流量工程方面的灵活性和可伸缩性,如图 4-20 所示。

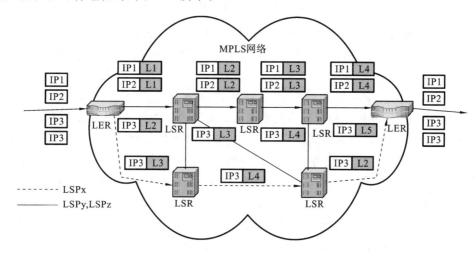

图 **4-20**　FEC-标记与 LSP 的关系示意图

图 4-20 中,地址前缀不同的分组通过分配相同的标记而映射到同一条 LSP 上;同样,地址前缀相同的分组也可由于 QoS 的要求不同而映射到不同的 LSP 上。这极大地增强了核心网流量工程的能力。

3. MPLS 网络体系结构

组成 MPLS 网络的设备分为两类,即位于网络核心的 LSR 和位于网络边缘的 LER。构成 MPLS 网络的其他核心成分包括标记封装结构以及相关的信令协议,如 IP 路由协议和标记分配协议等。通过上述核心技术,MPLS 将面向连接的网络服务引入了 IP 骨干网中。MPLS 网络结构示意图如图 4-21 所示。

MPLS 属于多层交换技术,它主要由两部分组成:控制面和数据面,其主要特点如下。

(1) 控制面:负责交换第三层的路由信息和分配标记。它的主要内容包括:采用标准的 IP 路由协议(如 OSPF、IS-IS(intermediate system to intermediate system)和 BGP 等交换路由信息);创建和维护转发路由表(forwarding information base,FIB);采用新定义的 LDP 协议,或已有的 BGP、RSVP 等交换、创建并维护 LIB 和 LSP。在 MPLS 中,不再使用 ATM 的控制信令。

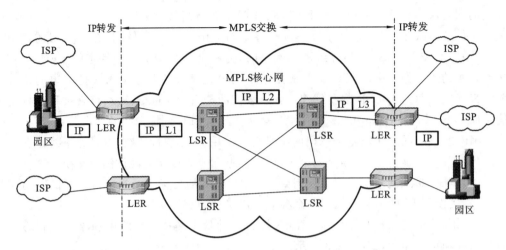

图 4-21　MPLS 网络结构示意图

（2）数据面：负责基于 LIB 进行分组转发，其主要特点是采纳 ATM 的固定长标记交换技术进行分组转发，从而极大地简化了核心网络分组转发的处理过程，提高了传输效率。

（3）在控制面，MPLS 采用拓扑驱动的连接建立方式创建 LSP，这种方式与 PSTN、X.25、ATM 等传统技术采用的数据流驱动的连接建立方式相比，更适合数据业务的突发性特点。原因有两方面：一方面 LSP 基于网络拓扑预先建立；另一方面核心网络需要维持的连接数目不直接受用户呼叫和业务量变化的控制和影响。核心网络可以用数目很少、基本相对稳定、LSP 服务众多的用户业务，这在很大程度上提高了核心网络的稳定性。

控制面由 IP 路由协议模块、标记分配协议模块组成。根据不同的使用环境，IP 路由协议可以是任何一个目前流行的路由协议，如 OSPF、BGP 等。

数据面主要由 IP 转发模块和标记转发模块组成，其中 IP 转发是指执行传统的 IP 转发功能，它使用最长地址匹配算法在路由表中查找下一跳。在 MPLS 中，该功能只在 LER 上执行。MPLS 标记转发则根据给定分组的标记进行输出端口/标记的映射，转发功能通常用硬件实现，以加快处理速度和效率，而控制面的功能主要由软件来实现。

（4）MPLS 网络执行标记交换需经历以下步骤。

① LSR 使用现有的 IP 路由协议获取目的网络的可达性信息，维护并建立标准 IP 转发路由表 FIB。

② LSR 使用 LDP 协议建立 LIB。

③ 入口 LER 接收分组，执行第三层的增值服务，并为分组标上标记。

④ 核心 LSR 基于标记执行交换。

⑤ 出口 LER 删除标记，转发分组到目的网络。

4.2.6　软交换

1. 软交换技术产生的背景

20 世纪 90 年代中期，已有语音和数据两种不同类型的通信网络投入运营。即使是同一类型的网络也逐步打破了一个运营商独家经营的局面。

电信企业力图发展图像和计算机业务；有线电视企业积极发展计算机和电话业务；计算机企业试图把活动图像和电话业务纳入自己的业务范围。这样，三网合一发展综合业务已成为必然。

在众多的业务中，传统电话业务的年增长率为 $5\% \sim 10\%$，而数据业务的年增长率达 $25\% \sim 40\%$，且呈指数增长，特别是 WWW 业务的成功应用，Internet 由单纯的教育科研型网络转为公众信息网络，数据业务量不仅超过电话业务量，而且已进入包括语音和图像在内的多媒体通信领域。这种情况对传统的 PSTN/ISDN 带来了直接影响，大量拨号上网用户长时间占用电路，造成网络资源紧张，正常电话接通率下降。

如何保持传统电信网的无处不在、高质量、高可靠性，同时又可以将用户转移到其他网络，实现异构网络的无缝连接、更广泛的业务和应用，是业务提供者和网络运营商致力的目标。

首先，实现上述思想的成功方案是 IP 电话。由于 IP 网传输时延不定，QoS 无法保证，为了支持实时电话业务，IETF 定义了实时传输协议（real-time transport protocol，RTP）支持 QoS，定义了资源预留协议（resource reservation protocol，RSVP）为呼叫保留网络资源。此外，IP 网是开放式的网络，为了保证网络安全，必须验证电话用户身份（即鉴权），对重要电话信息必须加密。此外还必须对电话用户通话进行计费。

目前，IP 电话的体系结构大体可分为两种，一种是基于 H.323 的 IP 电话体系结构，另一种是基于 SIP 的 IP 电话体系结构。基于 H.323 的 IP 电话网络由 IP 电话网关 GW（gateway）和网守（gatekeeper，GK）组成，如图 4-22 所示。GW 完成媒体信息编码转换和信令转换（No.7 至 H.323 或用户线信令到 H.323 的转换），GK 实现电话号码到 IP 地址的翻译、带宽管理、鉴权、网关定位等服务。多点控制单元（multipoint control unit，MCU）执行多点会议呼叫信息流的处理和控制。

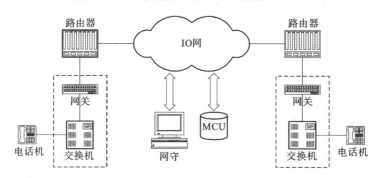

图 4-22 IP 电话系统的组成

在最初的 IP 电话网关设计中，信令处理、IP 网传输层地址交换、编码语音流的传送都在同一设备中实现。因此从表面上看，最初的 IP 电话设备与传统电话一样，其交换都是由硬件来实现的，都是公认的"硬交换"。

后来，人们发现 IP 电话的用户语音流传输（IP 电话用户平面）和 IP 电话的呼叫接续控制（IP 电话控制平面）二者之间并没有必然的物理上的联系和依存关系，因此无需将媒体流的传输与呼叫的控制在物理上放在一起，即可将 IP 电话网关进行功能分解。分解后网关只负责不同网络的媒体格式的适配转换，故称为媒体网关（media gateway，

MGW)。

所有控制功能,包括呼叫控制、连接控制、接入控制和资源控制等功能由另外设置的独立媒体网关控制器(media gateway controller,MGC)负责。MGC 是与传统硬交换不同的"软交换"设备,这就是最初软交换(softswitch)概念的由来。这种思路实际上是回归了传统电信网集中控制的机制,即网关相当于终端设备,数量大且功能简单,MGC相当于交换机,数量少且功能复杂。一个 MGC 可以控制多个网关。业务更新时只需要更新 MGC 软件,无须更改网关,这有利于快速引入新业务。

经过数年的探索,各电信设备制造厂商逐步认同上述分离控制的思想,积极开发各自的产品系列。不同制造商对 MGC 赋予不同的名称,如呼叫服务器(call server)、呼叫性能服务器(call feature server)、呼叫代理(call agent)等。美国贝尔实验室(Bell-core)首先将此概念在 IETF 提出,并提出 MGW-MGC 之间的控制协议草案。其后,ITU-T 和 IETF 合作研究,制定了统一的控制协议标准,这就是著名的 H.248 协议。

2. 软交换的概念

根据 ISC 的定义,软交换是基于分组网利用程控软件提供呼叫控制功能的设备和系统,它是典型的为分组网的语音目的而设计的技术实践手段,更多关注呼叫控制功能的设备和系统。

3. 软交换与 PSTN 交换机的比较

MGC 的基础功能是呼叫控制,其地位相当于电话网中的交换机,但是与普通交换机不同的是,MGC 并不具体负责话音信号的传送,只是向 MGW 发出指令,由后者完成话音信号的传送和格式转换,相当于 MGC 中只包含交换机的控制软件,而交换网络则位于 MGW 之中。

因此,人们把 MGC 统称为软交换机,以屏蔽不同厂商的名称差异,并由制造厂商和运营商联合发起成立了全球性的国际软交换联盟(international softswitch consorti-um,ISC)论坛性组织,积极推行软交换技术及其应用。

4. 软交换网络体系结构

软交换的设计目标是建立一个可伸缩的软件系统,它独立于特定的底层硬件和操作系统,并且能够处理各种各样的通信协议,支持 PSTN、ATM 和 IP 网的互联,并便于业务增值和系统的灵活伸缩。

软交换网络体系结构分成媒体接入层、传输服务层、控制层和业务应用层,如图4-23 所示。

与传统电信网络体系结构相比,软交换网络体系结构最大的不同就是把呼叫的控制和业务的生成从媒体接入层中分离出来。

(1)媒体接入层:主要实现异构网络到核心传输网以及异构网络之间的互联互通,集中业务数据量并将其通过路由选择传送到目的地。

(2)传输服务层:完成业务数据和控制层与媒体接入层间控制信息的集中承载传输。

(3)控制层:决定呼叫的建立、接续和交换,将呼叫控制与媒体业务相分离,理解上层生成的业务请求,通知下层网络单元如何处理业务流。

(4)业务应用层:决定提供和生成哪些业务,并通知控制层做出相应的处理。

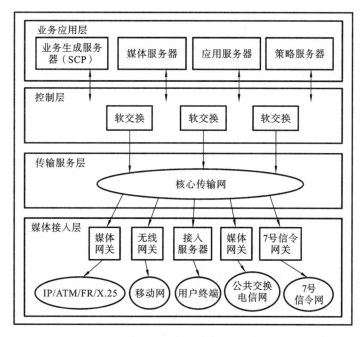

图 4-23　软交换网络体系结构

（5）媒体网关：作为媒体接入层的基本处理单元，负责管理 PSTN 与分组数据网络之间的互通，媒体、信令的相互转换，包括协议分析、语音编/解码、回声消除、数字检测和传真转发等。

（6）信令网关：提供 SS7 信令网络（SS7 链路）和分组数据网络之间的协议转换，其中包括协议 ISUP、TCAP 等的转换。

（7）无线网关：负责移动通信网到分组数据网络的协议转换。

软交换通过提供基本的呼叫控制和信令处理功能，对网络中的传输和交换资源进行分配和管理，在这些网关之间建立呼叫或进行已定义的复杂处理，同时产生这次处理的详细记录。

5．软交换方案举例

图 4-24 所示的是一个典型软交换应用方案。

（1）连接终端的接入网关（access gateway，AGW）和支持 PSTN 互通的中继网关（trunk gateway，TGW），均通过网关控制协议 H.248 受 MGC 的控制。其中，AGW 通过常规的 RJ-11 接口和电话机相接，负责：① 采集电话用户的事件信息（如摘机、挂机等），并上传 MGC；② 支持 RTP 协议，以完成端到端 IP 语音的传送。

（2）TGW 负责桥接 PSTN 和 IP 网络，它能够：① 支持多种类型的中继线接入，如直联 7 号信令中继、MFC 中继、模拟中继等；② 能提供中继接入的各种语音信号；③ 装备录音通知或交互式语音应答设备；④ 在 MGC 控制下完成与 PSTN 用户的交互。

（3）MGC 与 PSTN 的信令转换由 7 号信令网关完成。转换协议是 IETF 定义的流控制传输协议（stream control transfer protocol，SCTP）。MGC 处理经由信令网关转接的 7 号信令，在 phone-PC 通信的情况下，还完成 7 号信令至 H.323 或 SIP 协议簇的转换。按照同样的机理，MGC 还能与智能网的 SCP 互通，而且支持目前 PSTN 的各

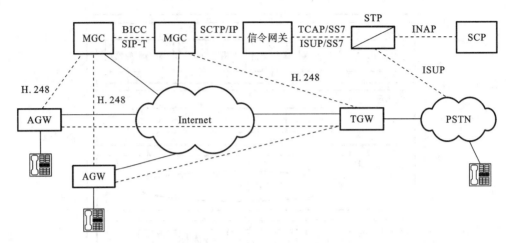

图 4-24　软交换 IP 电话网结构

种智能业务,还可望在 IP 环境下开发新的增值业务。

　　MGC 支持分布式结构,该结构允许在 IP 网中设置多个 MGC,它们协同工作,共同控制网关。在 ISDN-IP-ISDN 应用环境下,为支持主/被叫 ISDN 终端的正常通信,IP 网络有必要在主/被叫侧的 ISDN 之间透明地传送 ISUP 信令。为此,ITU-T 和 IETF 又定义了 MGC 之间的接口协议,分别称为与承载无关呼叫控制(bearer independent call control,BICC)协议和 SIP 电话控制(SIP Telephony,SIP-T)。

4.2.7　光交换

1. 光交换的必要性

　　光交换技术是全光网络的核心技术之一,它的出现较好地解决了高速光通信网络受限于电子交换技术速率不高的问题,这是因为目前商用光通信系统的速率已经高达几十吉比特每秒(采用 WDM 技术),实验室的速率已突破太比特每秒大关。但由于电子交换机的端口速率一般仅为几兆比特每秒至几十兆比特每秒,为了充分利用光通信系统的巨大带宽资源,人们只好将许多端口的低速信号复用起来,这就要求在网络的众多节点中进行频繁的复用解复用、光/电和电/光转换,从而提高了设备的成本和复杂性。另外,如此低的端口速率也无法满足宽带业务的需求。采用 ATM 技术可以缓解这一矛盾,它可以提供 155 Mb/s 或更高的端口速率。但电子线路的极限速率只有 20 Gb/s 左右,仅采用电子系统进行交换不可能突破这一极限速率所形成的“瓶颈”。举例来讲,在一个有 150 个节点的网络中,若每个节点有 40 万条接入线,而每条接入线信息量达 622 Mb/s,则节点中交换网络的容量必须达到 24818 Tb/s,即使负载信息量仅为 40%,交换网络的容量也需达到 99.52 Tb/s。这么大的业务量,仅靠电子交换机显然不能胜任,只能靠光交换节点来解决。

2. 光交换的定义与特点

　　光交换技术是指不经过任何光/电转换,在光域直接将输入光信号交换到不同的输出端。光交换系统主要由输入模块、交换模块、输出模块和控制模块四部分组成,如图 4-25 所示。

　　由于目前光逻辑器件的功能还较简单,不能完成控制部分复杂的逻辑处理功能,因

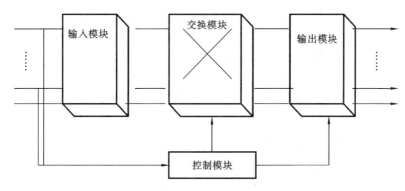

图 4-25 光交换系统的组成

此国际上现有的光交换控制还要由电信号来完成,即所谓的电控光交换。在控制模块的输入端进行光/电转换,而在输出端需完成电/光转换。随着光器件技术的发展,光交换技术的最终发展趋势将是光控光交换。

随着通信网络逐渐向全光平台发展,网络的优化、路由、保护和自愈功能在光通信领域中越来越重要。采用光交换技术可以克服电子交换的容量瓶颈问题,实现网络的高速率和协议透明性,提高网络的重构灵活性和生存性,大量节省建网和网络升级成本。

3. 光交换技术的分类

目前实现光交换有两种基本方案,如图4-26所示。图4-26(a)属于"电控光交换",图 4-26(b)

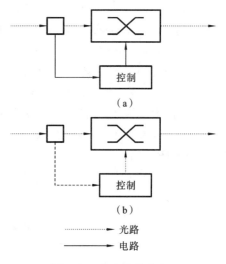

图 4-26 光交换的方案

才可称为真正的光交换,即控制信号和被控制信号都是光信号,是要实现的目标,需要等待光随机存取存储器、逻辑和控制等技术变成熟。而目前,达到最后一个阶段的困难是纯光器件不是消耗功率太大,就是与电子器件的相比其速度太慢,或者两者都有。

1) 光交换网络中的复用方式分类

在光交换网络中,来自用户或支路的信号通常会在交换或传输时进行复用或去复用转换,同电信号的复用或去复用技术相似,光的复用可以是空间域、时间域和波长(频率)域的复用,或是它们的综合复用。

(1) 空分复用。

空分复用(SDM)是指在光交换网络中每条信道都用自己的物理通道。在大多数的通信情况下,这样用过于浪费信道资源;如果线路是由网络用户之间共享的话,就可更好地利用现有网络资源。所以空分复用通常与其他复用结合起来,使每条线路有更多的通道,可以同时使用多条信道。

(2) 时分复用。

时分复用(TDM)是把链路上的传输按时间分成许多帧(一般为 $125\ \mu s$/帧),每帧里又依次分成许多时隙。一个传输通道由每帧内的一个时隙所组成。

TDM 有一个缺点,即它们都各自以固定份额组成通道。当容量不够时,这些分配好的资源无法再扩容,而当容量充足时,又有些浪费。每个通道的带宽和容量通常决定于系统的设计。例如,欧洲电话网是建立在以下带宽的数字通道结构上的:64 kb/s、2 kb/s、8 Mb/s、32 Mb/s、140 Mb/s(PDH 的速率等级 E0~E4)、155 Mb/s、622 Mb/s和 2.5 Gb/s(SDH 的速率等级 STM-1、STM-4、STM-16)。

(3) 波分复用。

波分复用(WDM)是将一条链路上的光学频带分成固定的、不重叠的许多谱带。每条这样的谱带内都有一个波长,可以用特殊的、与其他通道的设置无关的码速和传输技术传输信号,这可被认为是"码速率和码元格式透明"。

2) 光交换的分类

与电子交换一样,光交换可以分为光路交换(optical circuit switching,OCS)和光分组交换(optical packet switching,OPS)两大类,如图 4-27 所示。光路交换又可分为三种交换,即空分交换、时分交换和波分/频分交换以及由这些交换形式组合的。其中空分交换按光矩阵开关所使用的技术又分成两类:一类是采用波导技术的波导空分交换,另一类是使用自由空间光传播技术的自由空分交换。目前,光网络中的交换技术主要有三种:光分组交换(optical packet switching,OPS)、光突发交换(optical burst switching,OBS)和光标记分组交换(optical multi-protocol label switching,OMPLS)。

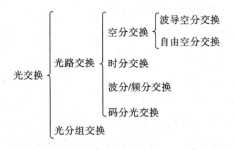

图 4-27　光交换的分类

(1) 光路交换。

光路交换类似于现存的电路交换,采用 OXC、OADM 等光器件设置光通路,中间节点不需要使用光缓存,目前对 OCS 的研究已经较为成熟。根据交换对象的不同,OCS 又可以分为时分交换、波分/频分交换等。

① 时分交换。

时分交换方式的原理与现行电子学的时分交换原理基本相同,只不过它是在光域里实现时隙互换而完成交换的,因此它能够和时分多路复用的光传输系统匹配。光时分交换系统采用光器件或光电器件作为时隙交换器,通过光读/写门对光存储器的受控有序读/写操作完成交换动作。由于时分交换可以时分复用各个光器件,所以能够减少硬件设备,构成大容量的光交换机。光时分交换系统能与光传输系统很好地配合构成全光网,所以光时分交换技术的研究开发进展很快,其交换速率几乎每年提高 1 倍,目前已研制出几种光时分交换系统。1985 年,日本 NEC 成功地实现了 256 Mb/s(4 路 64 Mb/s)彩色图像编码信号的光时分交换系统。它采用 1×4 铌酸锂定向耦合器矩阵开关作选通器,双稳态激光二极管作存储器(开关速度为 1 Gb/s),组成单级交换模块。

20 世纪 90 年代初又推出了 512 Mb/s 试验系统。

　　时分交换可以按比特交换,也可以按字交换,每字由若干比特组成。在光时分交换系统中,各信道的数据速率相互有关,且与网络的开关速度有关。特别是按比特交换时,开关速率等于数据速率。由于时分光交换系统必须知道各信道比特率,所以需要有光控制电路的高速存储器、光比特同步器和复接/分接器。发展时分交换的关键在于实现高速光逻辑器件。

　　② 波分交换。

　　波分交换是指光信号在网络节点中不经过光/电转换,直接将所携带的信息从一个波长转移到另一个波长上。

　　在光时分复用系统中,可采用光信号时隙互换的方法实现交换。在光波分复用系统中,则可采用光波长互换(或光波长转换)的方法来实现交换。光波长互换的实现是通过从光波分复用信号中检出所需的光信号波长,并将它调制到另一个光波长上进行传输。在光波分交换系统中,精确的波长互换技术是关键。波分交换能充分利用光路的宽带特性,获得电子线路所不能实现的波分型交换网。可调波长滤波器和波长变换器是实现波分交换的基本元件,前者的作用是从输入的多路波分复用光信号中选出所需波长的光信号;后者则将可变波长滤波器选出的光信号变换为所需要的波长后输出。用分布反馈型和分布布拉格反射型的半导体激光器可以实现这两类元件的功能。

　　目前,能用的波长转换方式主要还是有源的方式,图 4-28 所示的是一种光波长转换装置的原理图。考虑到光学晶体在特定条件下能够改变光波频率的现象,也许不久的将来,一种无源的光波长变换实用化装置就会诞生,它能够在光域内实现宽频带的光波长变换。如果这一设想能够成为现实,将会给光波分交换带来广阔的应用空间。

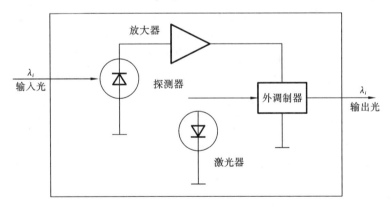

图 4-28　光波长转换装置原理图

　　③ 空分交换。

　　空分交换根据需要在两个或多个点之间建立物理通道,这个通道可以是光波导也可以是自由空间的波束,信息交换通过改变传输路径来完成。

　　空分交换的基本原理是将光交换节点组成可控的门阵列开关,通过控制交换节点的状态可实现输入端的任一信道与输出端的任一信道连接或断开,完成光信号的交换。简言之,空分交换是在按空间顺序排列的各路信息进入空分交换阵列后,交换阵列节点,根据信令对信号的空间位置进行重新排列,然后输出,从而完成交换。空分光交换的交换过程是在光波导中完成的,有时也称为光波导交换。空分交换的交换节点可由机械、电、光、声、磁、热等方式进行控制。就目前的情况而言,机械式控制光节点技术是比较成熟和可靠的空分光交换节点技术。图 4-29 所示的是一个由 4 个 1×2 光交换器件组成的 2×2 光交换节点原理图。

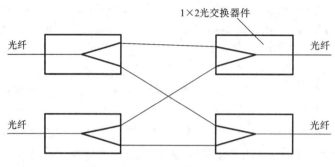

图 4-29 2×2 光交换节点原理图

④ 光 ATM 交换。

光 ATM 交换是以 ATM 信元为交换对象的交换,它引入了分组交换的概念,即每个交换周期处理的不是单个比特的信号,而是一组信息。光 ATM 交换系统已用在时分交换系统中,是最有希望成为吞吐量达 Tb/s 量级的光交换系统。

目前,光 ATM 交换系统主要运用了光宽带的特性,有两种结构:一是采用广播选择方式的超短脉冲星形网络;二是采用光矩阵开关的超立方体网络。采用广播和选择方式的超短光脉冲星形网络为基础的光 ATM 交换系统具有结构简单、可靠性高和成本较低等特点,它有多个输入和受输出缓存器控制的输出通道,并由调制器、信元编码器、星形耦合器、信元选择器、信元缓存器以及信元检测器等部分组成。

由光矩阵开关组成的超立方体网络是 ATM 信元光交换系统的另一种结构。所谓超立方体网络实际上是一个计算机多处理机系统,这种结构在信元交换中有许多优点,例如采用了模块化的结构、有可扩展性、路由算法简单、有高可靠的路由选择性等。采用超立方体网络的光 ATM 交换机,其端子数可以取得很大,其目标指向 10 Tb/s 的容量。

光 ATM 交换的核心技术是光路的自选路由。每个信元有目标地址信息,交换控制系统能自动地识别出这个目标地址并通过对路径的分析将其输送到相应的路径上去。采用空间光调制器的光自选路由,可以实现优先级控制,防止光信息元在输出端口冲突。

⑤ 码分光交换。

码分光交换是指对进行了直接光编码和光解码的码分复用光信号在光域内进行交换的方法。所谓码分复用,就是靠不同的编码来区分各路原始信号,而码分光交换则是由具有光编解码功能的光交换器将输入的某一种编码的光信号变成另一种编码的光信号进行输出,由此来达到交换目的。随着光码分复用(OCDMA)技术的发展,码分光交换技术必将得到迅速的发展和应用。

⑥ 自由空分交换。

自由空分交换(又称自由空间光交换)可以看作是一种空分光交换,它是通过在空间无干涉地控制光的路径来实现的。由于自由空间光交换系统的构成比较简单,有时只需移动棱镜或透镜即可实现交换,因此它是较早出现的光交换技术。它与空分光交换的不同在于:在自由空间光交换网络中,光是通过在自由空间或均匀材料中传播而到达目标的;而空分光交换中光的传播则完全在波导进行。与空分光交换相比,因为它利用的是光束互连,适合做三维高密度组合,即使光束相互交叉,也不会相互影响,因此比较容易构成大规模的交换系统。

⑦ 复合型光交换。

由于各种光交换技术都有其独特的优点和不同的适应性,将几种光交换技术合适地复合起来进行应用能够更好地发挥各自的优势,以满足实际应用的需要。复合型光交换主要包括:空分时分光交换;波分空分光交换;频分时分光交换;时分波分空分光交换等。例如,将时分和波分技术合起来可以得到一种极有前途的大容量复合型光交换模块,其复用度是时分多路复用度与波分复用度的乘积。如果他们的复用度分别为8,则可实现64路的时分2波分复合型交换。将此种交换模块用于4级链路连接的网络,可以构成最大终端数为4096的大容量交换网络。

由于在光路交换方面目前比较常用的有空分交换、时分交换和波分交换,下面各节将重点介绍。

(2) 光分组交换。

未来的光网络要求支持多粒度的业务,其中小粒度的业务是运营商的主要业务,业务的多样性使得用户对带宽有不同的需求,OCS在光子层面的最小交换单元是整条波长通道上每秒数吉比特的流量,很难按照用户的需求灵活地进行带宽的动态分配和资源的统计复用,所以光分组交换应运而生。

① OPS。它以光分组作为最小的交换颗粒,数据包的格式为固定长度的光分组头、净荷和保护时间三部分。在交换系统的输入接口完成光分组读取和同步功能,同时用光纤分束器将一小部分光功率分出送入控制单元,用于完成如光分组头识别、恢复和净荷定位等功能。光交换矩阵为经过同步的光分组选择路由,并解决输出端口竞争。最后输出接口通过输出同步和再生模块,降低光分组的相位抖动,同时完成光分组头的重写和光分组再生。

② OBS。它的特点是数据分组和控制分组独立传送,在时间上和信道上都是分离的,采用单向资源预留机制,以光突发作为最小的交换单元。OBS克服了OPS的缺点,对光开关和光缓存的要求降低,并能够很好地支持突发性的分组业务,同时与OCS相比,它又大大提高了资源分配的灵活性和资源的利用率,被认为很有可能在未来互联网中扮演关键角色。

③ OMPLS也称为GMPLS或多协议波长交换(MPλS),它是MPLS技术与光网络技术的结合。MPLS是多层交换技术的最新进展,将MPLS控制平面贴到光的波长路由交换设备的顶部就具有MPLS能力的光节点。由MPLS控制平面运行标签分发机制,向下游各节点发送标签,标签对应相应的波长,由各节点的控制平面进行光开关的倒换控制,建立光通道。2001年5月NTT开发出了世界首台全光交换MPLS路由器,结合WDM技术和MPLS技术,实现全光状态下的IP数据包的转发。

4.3 传统电话网

传统的通信网是指电话通信网,主要目的是进行语音通信。

4.3.1 传统电话网的组成

最简单的通信网（communication network）仅由一台交换机组成，如图 4-30 所示。每一台通信终端通过一条专门的用户环线（或简称用户线）与交换机中的相应接口连接。交换机能在任意选定的两条用户线之间建立和释放一条通信链路。

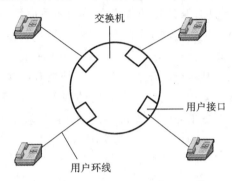

图 4-30 由一台交换机组成的通信网

当用户数量很多且分布的区域较广时，一台交换机不能覆盖所有用户，这时就需要设置多台交换机组成如图 4-31 所示的通信网。网中直接连接电话机或终端的交换机称为本地交换机或市话交换机，相应的交换局称为端局或市话局；仅与各交换机连接的交换机称为汇接交换机。当通信距离很远，通信网覆盖多个省市乃至全国范围时，汇接交换机常称为长途交换机，交换机之间的线路称为中继线。显然，长途交换设备仅涉及交换机之间的通信，而市话交换设备既涉及交换设备之间的通信，又涉及交换设备与终端的通信。

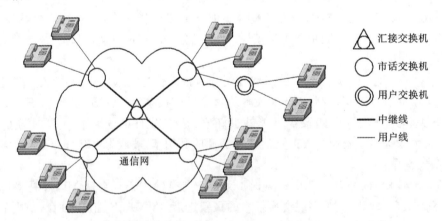

图 4-31 多台交换机组成的通信网

4.3.2 数字程控交换机

数字程控交换机是构成现代电话通信网的主要交换节点之一，通常它由相关硬件结构和交换机的运行软件两大部分组成。

1. 数字程控交换机的硬件基本结构

数字程控交换机的硬件结构可划分为话路子系统和控制子系统两部分，如图 4-32

所示。

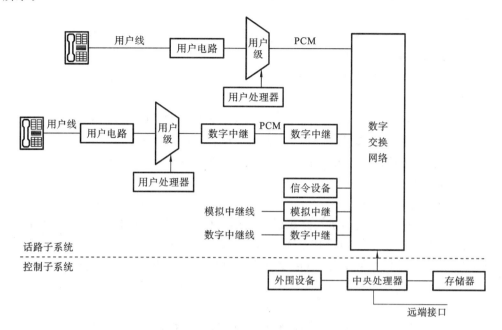

图 4-32 数字程控交换机的硬件结构

1）话路子系统

话路子系统包括用户模块、远端用户模块、数字中继模块、模拟中继模块、信令设备、交换网络等部件。

（1）用户模块。

用户模块通过用户线直接连接用户的终端设备,主要功能是向用户终端提供接口电路,完成用户语音的模/数、数/模转换和话务集中,以及对用户侧的话路进行必要的控制。

用户模块包括两部分:用户电路和用户级。

① 用户电路(line circuit,LC)是数字程控交换机连接模拟用户线的接口电路。目前电话网中绝大多数用户都是模拟用户,采用模拟用户电路。

数字交换系统模拟用户电路的功能可归纳为 BORSCHT。BORSCHT 的含义为B:馈电;O:过压保护;R:振铃;S:监视;C:编译码;H:混合电路(2/4 线转换);T:测试。

② 用户级完成话务集中的功能,一群用户经用户级后以较少的链路接至交换网络,来提高链路的利用率。

（2）远端用户模块。

远端用户模块是现代程控数字交换机所普遍采用的一种外围模块,通常设置在远离交换局(母局)的用户密集的区域。它的功能与用户模块相同,但通常与母局间采用数字链路传输,因此能大大降低用户线的投资,同时也提高了信号的传输质量。远端模块和母局间需要有数字中继接口设备进行配合。

（3）中继模块。

中继模块是程控数字交换机与局间中继线的接口设备,完成与其他交换设备的连接,从而组成整个电话通信网。按照连接的中继线的类型,中继模块可分成模拟中继模块和数字中继模块。

① 数字中继模块是数字交换系统与数字中继线之间的接口电路,可适配一次群或高次群的数字中继线。

数字中继模块具有码型变换、时钟提取、帧同步与复帧同步、帧定位、信令插入和提取、告警检测等功能。

② 模拟中继模块是数字交换系统为适应局间模拟环境而设置的终端接口,用来连接模拟中继线。模拟中继模块具有监视和信令配合、编译码等功能。

目前,随着全网的数字化进程的推进,数字中继设备已经普及应用,而模拟中继设备正在逐步被淘汰。

(4) 信令设备。

信令设备提供程控交换机在完成话路接续过程中所需的各种数字化的信号语音、接收双音多频话机发出的 DTMF 信号、接收和发送的各种信令信息等。信令设备根据功能可以分为 DTMF 收号器、随路记发器信令的发送器和接收器、信号音发生器、No. 7 信令系统的信令终端等设备。

(5) 交换网络。

交换网络是话路系统的核心,各种模块均连接在交换网络上。交换网络可在处理机控制下,在任意两个需要通话的终端之间建立一条通路,即完成连接功能。

2) 控制子系统

控制子系统包括处理机系统、存储器、外围设备和远端接口等部件,通过执行软件系统,来完成规定的呼叫处理、维护和管理等功能。

(1) 处理机是控制子系统的核心,是程控交换机的"大脑"。它要对交换机的各种信息进行处理,并对数字交换网络和公用资源设备进行控制,完成呼叫控制以及系统的监视、故障处理、话务统计、计费处理等。处理机还要完成对各种接口模块的控制,如用户电路的控制、中继模块的控制和信令设备的控制等。

(2) 存储器是保存程序和数据的设备,可细分为程序存储器、数据存储器等。存储器一般指内部存储器,根据访问方式又可以分成只读存储器(ROM)和随机访问存储器(RAM)等,存储器容量的大小也会对系统的处理能力产生影响。

(3) 外围设备包括计算机系统中所有的外围部件:输入设备,如键盘、鼠标等;输出设备,如显示设备、打印机等;各种外围存储设备,如磁盘、磁带和光盘等。

(4) 远端接口包括连接到集中维护操作中心(centralized maintenance&operation center,CMOC)、网管中心、计费中心等处的数据传送接口。

2. 交换机的运行软件

运行软件又称联机软件,是指存放在交换机处理机系统中,对交换机的各种业务进行处理的程序和数据的集合。根据功能不同,运行软件系统又可分为操作系统、数据库系统和应用软件系统三部分,如图 4-33 所示。

1) 操作系统

操作系统是处理机硬件与应用程序之间的接口,用来对系统中的所有软、硬件资源进行管理。程控交换机应配置实时操作系统,以便有效地管理资源和支持应用软件的执行。操作系统主要具有任务调度、通信控制、存储器管理、时间管理、系统安全维护和

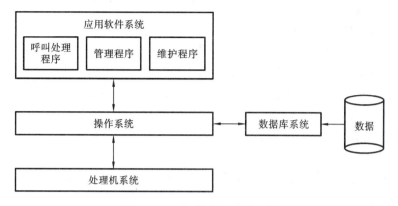

图 4-33 运行软件系统的组成

恢复等功能。

2）数据库系统

数据库系统对软件系统中的大量数据进行集中管理,实现各部分软件对数据的共享访问,并提供数据保护等功能。

3）应用软件系统

应用软件系统通常包括呼叫处理程序、管理程序和维护程序。

呼叫处理程序主要用来完成呼叫处理功能,包括呼叫的建立、监视、释放和各种新业务的处理。在这个过程中,要监视主叫用户摘机,接收用户拨号数字,进行号码分析,接通通话双方,监视双方状态,直到双方用户全部挂机为止。

管理程序和维护程序的主要作用是对交换机的运行状况进行管理和维护,包括及时发现和排除交换机软硬件系统的故障,进行计费管理,管理交换机运行时所需的数据,统计话务数据等功能。

4）数据

在程控交换机中,所有有关交换机的信息都是通过数据来描述的,如交换机的硬件配置、使用环境、编号方案、用户当前状态、资源(如中继、路由等)的当前状态、接续路由地址等。

根据信息存在的时间特性,数据可分为半固定数据和暂时性数据两类。

半固定数据用来描述静态信息,它有两种类型:一种是与每个用户有关的数据,称为用户数据;另一种是与整个交换局有关的数据,称为局数据。这些数据在安装时一经确定,一般较少变动,因此也称为半固定数据。半固定数据可由操作人员输入一定格式的命令加以修改。

暂时性数据用来描述交换机的动态信息,这类数据随着每次呼叫的建立过程不断产生变化,呼叫接续完成后也就没有保存的必要了,如忙闲信息表、事件登记表等。

4.3.3　电话网的编号计划

编号计划是指在本地网、国内长途网、国际长途网,以及一些特种业务、新业务等中的各种呼叫所规定的号码编排和规程。自动电话网的编号计划是使自动电话网正常运行的一个重要规程,交换设备应能适应各项接续的编号要求。

电话网的编号计划是由 ITU-T E.164 建议规定的。

1. 编号原则

电话网的编号原则如下。

（1）编号应给本地电话与长途电话的发展留有充分余地。

（2）合理安排编号计划，使号码资源运用充分。

（3）编号应符合 ITU-T 的建议，即从 1997 年开始，国际电话用户号码的最大位长为 15 位，我国国内有效电话用户号码的最大位长可为 13 位，结合我国的实际情况，目前我国实际采用了最大为 11 位的编号位长。

（4）编号应具有相对的稳定性。

（5）编号应使长途、市话自动交换设备及路由选择的方案简单。

2. 编号方案

1）第一位号码的分配使用

第一位号码的分配规则如下。

（1）"0"为国内长途全自动冠号。

（2）"00"为国际长途全自动冠号。

（3）"1"为特种业务、新业务及网间互通的首位号码。

（4）"2"～"9"为本地电话首位号码，其中，"200"、"300"、"400"、"500"、"600"、"700"、"800"为新业务号码。

2）本地电话网编号方案

在一个本地电话网内，采用统一的编号，一般情况下采用等位制编号，编号位长根据本地网的长远规划容量来确定，但要注意本地网号码加上长途区号的总长不超过 11 位（目前我国的规定）。

本地电话网的用户号码包括两部分：局号和用户号。其中局号可以是 1～4 位，用户号为 4 位。例如，一个 7 位长的本地用户号码可以表示为

$$PQR \quad + \quad ABCD$$
$$局号 \qquad 用户号$$

在同一本地电话网范围内，用户之间呼叫时拨统一的本地用户号码。例如，直接拨 PQRABCD 即可。

3）长途网编号方案

（1）长途号码的组成。

长途呼叫即不同本地网用户之间的呼叫。长途呼叫时需在本地电话号码前加拨长途字冠"0"和长途区号，即长途号码的构成为

$$0+长途区号+本地电话号码$$

按照我国的规定，长途区号加本地电话号码的总位数最多不超过 11 位（不包括长途字冠"0"）。

（2）长途区号编排。

长途区号一般采用固定号码，即全国划分为若干个长途编号区，每个长途编号区都编上固定的号码。长途编号可以采用等位制和不等位制两种。等位制适用于大、中、小城市的总数在一千个以内的国家，不等位制适用于大、中、小城市的总数在一千个以上的国家。我国幅员辽阔，各地区通信的发展很不平衡，因此采用不等位制编号，采用 2 位、3 位的长途区号。

① 首都北京,区号为"10",其本地网号码最长可以为 9 位。

② 特大城市及直辖市,区号为 2 位,编号为"2X",其中 X 为 0～9,共 10 个号,分配给 10 个大城市,如上海编号为"21",西安编号为"29"等。这些城市的本地网号码最长可以为 9 位。

③ 省中心、省辖市及地区中心,区号为 3 位,编号为"X1X2X3",其中 X1 为 3～9(6除外),X2 为 0～9,X3 为 0～9,如郑州编号为"371",兰州编号为"931"。这些城市的本地网号码最长可以为 8 位。

④ 首位为"6"的长途区号除 60、61 留给台湾外,其余号码为 62X～69X 共 80 个号码作为 3 位区号使用。

长途区号采用不等位的编号方式,不但可以满足我国对号码容量的需要,而且可以使长途电话号码的长度不超过 11 位。显然,若采用等位制编号方式,如采用两位区号,则容量只有 100 个,满足不了我国的需求;若采用三位区号,区号的容量是够了,但每个城市的号码最长都只有 8 位,则满足不了一些特大城市的号码需求。

4.3.4　No.7 信令系统

1. 信令的概念

信令是指在通信网上为完成某一通信业务,节点之间要相互交换的控制信息(包括终端、交换节点、业务控制节点)。

信令的功能包括如下功能。

(1)监视功能:监视设备的忙闲状态和通信业务的呼叫进展情况。

(2)选择功能:进行选择被叫、路由选择所需的号码信息。

(3)管理功能:进行网络的管理和维护,如拥塞信息、计费信息、远端维护信令等。

电话业务的基本信令流程如图 4-34 所示,展示了在一次通话过程中所发生的信令事件。

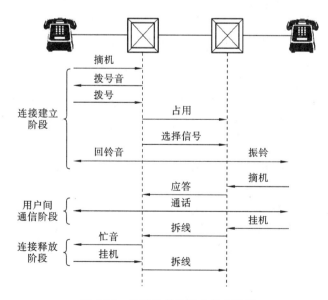

图 4-34　电话业务的基本信令流程

可见信令事件伴随着整个通话过程。由于信令状态较多,通常按不同的分类方法将信令进行分类,如按信令的工作区进行分类,可将信令分为用户线信令和中继信令;按信令的传送方向进行分类,可将信令分为前向信令和后向信令等。同样我们可按信令信道和用户信息信道的关系可将信令分为随路信令(CAS)和公共信道信令(CCS)两类。

CAS:信令与用户信息在同一条信道上传送,或信令信道与对应的用户信息传送信道一一对应。例如,CAS 在模拟电话网(使用中国 1 号信令系统)、X. 25 网络中应用。

CCS:信令在一条与用户信息信道分开的信道上传送,并且该信令信道为一群用户信息信道所共享。信令的传送是与话路分开的、无关的。

本节将介绍公共信道 No. 7 信令(CCS7,即是新版的 CCS 信令,是目前广泛用于电信网中的信令系统)。

2. No. 7 信令系统的概念

1)产生背景

No. 7 信令系统是 ITU-T 在 20 世纪 80 年代初为数字电话网设计的一种局间公共信道信令系统,其发展历史如下。

(1) 1973 年,ITU-T 开始 No. 7 信令的研究。

(2) 1980 年,正式提出 No. 7 信令技术规程(1980 年黄皮书),包括 No. 7 信令系统的总体结构、消息传递部分(MTP)、电话用户部分(TUP)、数据用户部分(DUP)的相关建议。

(3) 1984 年,通过红皮书建议(对黄皮书建议的完善和补充),并提出信令连接控制部分(SCCP)、ISDN 用户部分(ISUP)相关建议。

(4) 1988 年,通过蓝皮书及后来的白皮书(对红皮书建议的完善和补充),完成 TUP 的研究,并提出事务处理能力应用部分(TCAP)和 No. 7 信令系统测试规范。

(5) 1994 年,窄带网的 No. 7 信令标准基本完善,窄带(64 kb/s)电话网、数据网、ISDN 的建议,支持智能网(IN)、移动应用部分(MAP)的标准已经稳定,并广泛应用。

(6) 1989 年,ITU-T 开始研究 B-ISDN 的信令规范。

2)主要应用

No. 7 信令主要的应用如下。

(1) 基本应用,包括数字电话通信网、基于电路交换方式的数据网和窄带综合业务数字网 N-ISDN。基本应用只使用 No. 7 信令系统的 4 级功能结构,即 MTP 和 TUP、DUP、ISUP 等用户部分。

(2) 扩展应用,包括智能网应用、网络的操作、维护与管理、陆地移动通信网、N-ISDN 补充业务等。

为同时支持基本应用和扩展应用,目前的 No. 7 信令系统采用了 4 级结构和 OSI 7 层协议并存的结构,即为了支持扩展应用,No. 7 信令在 4 级结构的基础上,增加了 SCCP、TC 和 TC-用户部分,并扩展成 7 层结构,以支持智能网、移动网和网络的运行、维护和管理业务。

3)No. 7 信令系统的优点

与传统的随路信令系统相比,No. 7 信令系统最显著的特征:它以一个分组通信方式在局间专用的信令链路上传递控制信息的公共信道信令系统,主要的优点如下。

（1）信令系统更加灵活。在 No.7 信令系统中，一群话路以时分方式分享一条公共信道信令链路，两个交换局间的信令均通过一条与话音通道分开的信令链路传送。信令系统的发展可不受业务系统的约束，这对改变信令、增加信令带来了很大的灵活性。

（2）信令在信令链路上以信令单元(signal unit，SU)方式传送，传送速度快，呼叫建立时间大为缩短，不仅提高了服务质量，而且提高了传输设备和交换设备的使用效率。

（3）信令编码容量大，采用不等长信令单元编码方式，便于增加新的网络管理信号和维护信号，以满足各种新业务的要求。

（4）信令以统一格式的信号单元传送，实现了局间信令传送形式的高度统一。

（5）信令与语音分开通道传送，分开交换，因而在通话期间可以随意处理信令，便于以后支持复杂的交互式业务。

（6）信令设备经济合理。采用公共信道信令系统后，每条话路不再配备各自专用的信令设备，而是把几百条、几千条话路的信令汇接起来后共用一组高速数据链路及其信令设备传送，节省了信令设备的总投资。

3. No.7 信令网

No.7 信令网由信令点(SP)、信令转接点(STP)和连接信令点与信令转接点的信令链路三部分组成。

1）信令点

信令点是信令消息的起源点和目的点，它们可以是具有 No.7 信令功能的各种交换局、操作管理和维护中心、移动交换局、智能网的业务控制节点 SCP 和业务交换节点 SSP 等。通常又把产生消息的信令点称为源信令点。把信令消息最终到达的信令点称为目的信令点。

2）信令转接点

信令转接点具有信令转发的功能，它可将信令消息从一条信令链路转发到另一条信令链路上。在信令网中，信令转接点有两种：一种是专用信令转接点，它只具有信令消息的转接功能，也称独立式信令转接点；另一种是综合式信令转接点，它与交换局合并在一起，是具有用户部分功能的信令转接点。

独立式 STP 是一种高度可靠的分组交换机，是信令网中的信令汇接点。它容量大、易于维护、可靠性高，在分级信令网中用来组建信令骨干网，可汇接、转发信令区内、区间的信令业务。

3）信令链路

信令链路是信令网中连接信令点的基本部件。它由 No.7 信令功能的第一、第二功能级组成。目前常用的信令链路主要是 64 kb/s 的数字信令链路。随着通信业务量的增大，目前有些国家已使用了 2 Mb/s 的数字信令链路。

4）信令网

信令网按网络的拓扑结构等级可分为无级信令网和分级信令网两类。

无级信令网是指未引入 STP 的信令网。在无级信令网中，信令点间都采用直联方式，所有的信令点均处于同一等级级别。按照拓扑结构来分，无级信令网有线形网、环状网、网状网等几种结构类型。

分级信令网是引入 STP 的信令网，可以分成二级信令网或三级信令网。二级信令网是具有一级 STP 的信令网，三级信令网是具有二级 STP 的信令网，分级信令网的拓扑结构如图 4-35 所示。第一级 STP 为高级信令转接点（HSTP）或主信令转接点，第二级 STP 为低级信令转接点（LSTP）或次信令转接点。

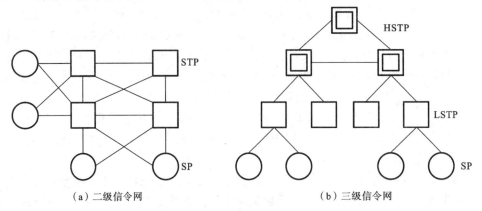

图 4-35   分级信令网的拓扑结构

与无级信令网相比，分级信令网具有如下的优点：网络所容纳的信令点数量多；增加信令点容易；信令路由多、信令传递时延相对较短。因此，分级信令网是国际、国内信令网采用的主要形式。与三级信令网比较，二级信令网具有经过 STP 次数少、信令传递时延小的优点，通常在信令网容量可以满足要求的条件下，都采用二级信令网；但在对信令网容量要求大的国家（如美国和中国）都使用三级信令网。

4. 我国的 No.7 信令网

我国由于地域广阔，且我国电话网目前采用三级结构，因此确定信令网也采用三级结构，即 HSTP、LSTP 和 SP，其中大中城市本地信令网为两级，相当于全国三级网中的第二级（LSTP）和第三级（SP），如图 4-36 所示。

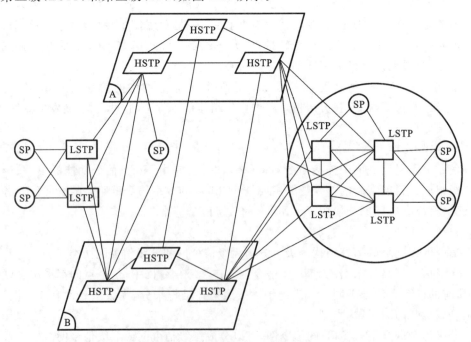

图 4-36   我国的 No.7 信令网结构

第一级 HSTP 的服务区域称为主信令区,每个主信令区对应一个省(自治区、直辖市),通常设置一对 HSTP,放在省会、自治区首府所在地,采用独立式 STP。主信令区间的 HSTP 采用 AB 平面连接法。为保证可靠性,两个 HSTP 间应有一定的距离,所在地要求自然灾害少、维护人员素质高、信令链路性能可靠。HSTP 主要负责转接本信令区内第二级 LSTP 和第三级 SP 的信令消息。

第二级 LSTP 的服务区域称为分信令区,每个分信令区对应一个主信令区内的区或地级市,通常设置一对 LSTP,可以采用独立式 STP 或综合式 STP。若本地网较大,则采用独立式 STP。LSTP 到 HSTP 之间采用固定连接方式,同一主信令区内 LSTP 间的连接可根据业务需要灵活设置,不做具体要求。LSTP 负责转接它所汇接的第三级 SP 的信令消息。

第三级 SP 就是信令网中传送各种信令消息的源点和目的点,SP 至 LSTP 间可以采用固定连接方式,也可以采用自由连接方式。

目前我国电话网等级调整为三级结构,原长途电话网的 C1 和 C2 合并为一级,构成 DC1,C3 和 C4 合并为一级,构成 DC2,电话网与信令网的对应关系如图 4-37 所示。

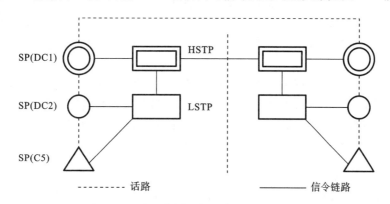

图 4-37 我国电话网与信令网的对应关系

5. 信令网的编号计划

为了使信令网中任意两点之间可以进行相互通信,必须为 STP、SP 分配网络地址,即对信令点进行编码。由于信令网与电话网在逻辑上是相对独立的网络,因此信令点的编码与电话网中的电话簿号码没有直接联系。信令点编码要依据信令网的结构及应用要求,实行统一编码,同时要考虑信令点编码的唯一性、稳定性和灵活性,编码要有充分的容量。

1)国际信令网信令点编码

ITU-T 在 Q.708 建议中规定国际信令网的编码为 14 位,编码容量为 $2^{14} = 16384$。编码采用三级编号结构:大区识别、区域网识别、信令点识别,如图 4-38 所示。

N M L	K J I H G F E D	C B A
大区识别	区域网识别	信令点识别
信令区域网编码(SANC)		

图 4-38 国际信令网信令点编码结构

NML 为 3 比特的大区识别,即第一级,用于识别全球的编号大区;K～D 为 8 比特的区域网识别,即第二级,用于识别每个编号大区内的区域网。这两级均为 ITU-T 分配,如我国被分配在 4-120,即第四世界大区,区域编码为 120。前两部分合起来又称为信令区域网编码(SANC)。最后 3 比特 CBA 为信令点识别,用于识别区域网内的信令点。

2)我国信令网的信令点编码

1993 年我国制定的《中国 No.7 信令网技术体制》中规定,全国 No.7 信令网的信令点采用统一的 24 位编码方案。与三级信令网相对应,我国信令网的信令点编码在结构上分为三级,如图 4-39 所示。

主信令区编码	分信令区编码	信令点编码

图 4-39　我国信令网的信令点编码结构

这种编码结构是以我国省、直辖市、自治区为单位(个别大城市也列入其内),将全国划分成若干个主信令区,每个主信令区再划分成若干个分信令区,每个分信令区含有若干个信令点。这样,每个信令点(信令转接点)的编码由三部分组成:第一部分(8 位)用来识别主信令区;第二部位(8 位)用来识别分信令区;第三部分(8 位)用来识别各分信令区的信令点。

由于国际、我国信令网采用了彼此独立的编号计划,国际接口局应分配两个信令点编码,其中一个是国际网分配的国际信令点编码,另一个则是我国信令点编码。在国际长途接续中,国际接口局要负责这两种编码的转换,其方法是根据业务指示语 SIO 字段中的网络指示码 NI 来识别是哪一种信令点编码并进行相应的转换。

6. No.7 信令的功能结构

最初的 No.7 信令技术规范主要是为了支持基于电路交换的基本电话业务而制定的。其基本功能结构分为两部分:消息传递部分(MTP)和适合不同业务的独立用户部分(UP)。用户部分可以是电话用户部分(TUP)、数据用户部分(DUP)、ISDN 用户部分(ISUP)等。No.7 信令的基本功能结构如图 4-40 所示。

图 4-40　No.7 信令的基本功能结构

消息传递部分作为一个公共消息传送系统,其功能是在对应的两个用户部分之间可靠地传递信令消息。按照具体功能的不同,它又分为三级,并同用户部分一起构成 No.7 信令的基本四级结构。用户部分则是使用消息传递部分的传送能力的功能实体。图 4-41 所示的是四级结构的信令网中,信令点和信令转接点的协议栈结构。

由图 4-41 可以看到,在 No.7 信令系统中,MTP 是所有信令节点的公共部分。MTP 负责实现 No.7 信令系统的通信子网功能,它根据信号单元所携带的目的地址将其通过信令网可靠地传递到目的地,而不关心具体的信令语义,具体的信令语义由相应的用户部分处理。在信令网中,信令转接点可以只有 MTP 部分,而没有任何用户部

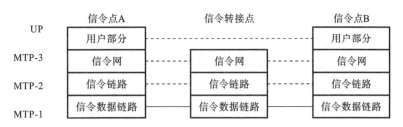

图 4-41　No.7 信令网中信令点和信令转接点的协议栈结构

分。而对于一个信令点来说,MTP 部分是必备的,用户部分可以根据实际的业务需要来选择,没有必要在一个信令点配置所有的用户部分。

四级结构中各级的主要功能如下。

(1) MTP-1:信令数据链路功能,该级定义了 No.7 信令网上使用的信令链路的物理、电气特性以及链路的接入方法等,相当于 OSI 参考模型的物理层。

(2) MTP-2:信令链路功能,该级负责确保在一条信令链路直连的两点之间可靠地交换信号单元,它包含了差错控制、流量控制、顺序控制、信元定界等功能,相当于 OSI 参考模型的数据链路层。

(3) MTP-3:信令网功能,该级在 MTP-2 的基础上,为信令网上任意两点之间提供可靠的信令传送,而不管它们是否直接相连。该级的主要功能包括信令路由、转发、网络发生故障时的路由倒换、拥塞控制等。

(4) UP:由不同的用户部分组成,每个用户部分定义与某一类用户业务相关的信令功能和过程。

7. 信令单元的类型和格式

如图 4-42 所示,我们可以看到信令单元有 3 种类型:

● 消息信令单元(message SU,MSU),用于传送各用户部分的消息、信令管理消息及信令网测试和维护消息;

● 链路状态信令单元(link status SU,LSSU),用于提供链路状态信息,以便完成信令链路的接通、恢复等控制;

● 填充信令单元(fill-in SU,FISU),发送在链路上没有 MSU 或 LSSU 时,用来维持信令链路的正常工作、起填充作用。

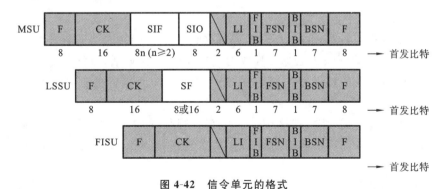

图 4-42　信令单元的格式

8. 信令传送举例

一次长途电话呼叫,局间采用 No.7 信令控制呼叫接续。主叫用户与被叫用户的连接如图 4-43(a)所示。图中主叫与被叫间电路由 a→b→c→d→e 串接组成。发端局、两个长途局和收端局均分配一个信令点编码,发端局与长途 1 局间的信令经 SP1→STP1→STP2→SP2 传送,目的是建立电路 b 的连接;长途 1 局和长途 2 局间的信令经 SP2→STP2→STP3→SP3 传送,以建立电路 c 的连接;长途 2 局与收端局间的信令经 SP3→STP3→SP4 传送,以建立电路 d 的连接。发端局和长途 1 局间呼叫信令流程如图 4-43(b)所示。

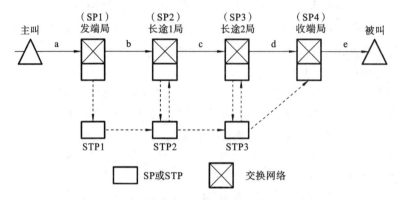

（a）主叫用户与被叫用户的连接关系

（b）发端局和长途1局间呼叫信令流程

图 4-43 呼叫连接和信令流程

图 4-43(b)的信令流程简要说明如下。

(1) SP1 将收到的部分被叫用户号码和转译出的主叫用户号码封装成 IAI 消息,经 STP1 和 STP2 发给 SP2;长途 1 局取出主叫号码,本次通话费用记在该用户名下。

(2) SP1 将剩余的被叫号码封装在 SAM 中,沿与 1 同样的信令链路,依次转发至 SP2。

(3) 至此长途 1 局收全被叫号码,并一直转送到收端局。收端局分析被叫,当被叫用户空闲,就送出 ACM,中间局将该信令依次转送到 SP2,SP2 将 ACM 经 STP2 和 STP1 送 SP1。

(4) 通过步骤(1)、(2)、(3),发端局到长途 1 局的电路 b 已建立。其他各局间电路建立过程相同。当发端局到收端局的 a、b、c、d、e 各段电路均已建立,收端局就用 a→b→c→d→e 串接电路向主叫用户送回铃音,控制向被叫用户振铃。

（5）被叫摘机应答，收端局（SP4）将 ANC 依次送到 SP1，主、被叫用户用 a→b→c→d→e 串接电路通话，长途 1 局开始计费。

（6）通话完毕主叫用户先挂机，SP1 送 CLF 到 SP2，通知长途 1 局主叫已结束呼叫。长途 1 局停止计费并拆除电路 b。长途 1 局拆除电路后，SP2 向 SP1 送 RLG，证实电路 b 已拆除。其他各段话路拆除方法相同。

4.3.5　智能网

传统的电话业务中，用户的所有信息都存储在其物理接入点所对应的本地交换机上，用户和接入点之间具有严格的一一对应关系，故称为基于接入用户线的业务。这种结构决定了业务提供由交换系统完成，如缩位拨号、叫醒业务、呼叫转移等。由于交换机数量十分庞大，而且型号各异，交换机的原理、结构、设计方法和软件都各不相同，因此，每增加一种新业务，必须对网络中所有交换机的软件进行修改，这样做不但工作量大，而且涉及面广。有些交换机在设计上还存在局限性，仅修改软件无法实现新业务；有些交换机即便是能实现新业务，但由于实现的费用高、周期长、可靠性差，因此新业务的推广进程非常缓慢。

随着经济的发展，信息已经成为一种重要资源。人们希望电信网能为用户提供更多、更方便的新业务。例如，被叫集中付费业务和记账卡呼叫业务等，这类业务不要求用户和接入点之间具有严格的一一对应关系，允许用户在任何接入点上接入，费用记在该用户的账号上，而不是记在接入点所对应的话机账号上。这类业务被称为基于号码的业务。开发这类新业务单纯依靠交换机本身软件的改动几乎是不可能的。为了解决上述问题，20 世纪 80 年代后期出现了一种新概念，就是把交换机的交换接续功能与业务控制功能分开，从而引入了智能网（intelligent network，IN）的概念。

1. 智能网的基本结构

图 4-44 所示的是智能网的基本结构。

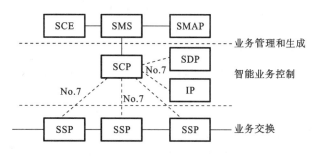

图 4-44　智能网的基本结构

业务控制点（service control point，SCP）是实现智能业务的控制中心。它提供呼叫处理功能，接收业务交换点 SSP 送来的查询信息，查询数据库，验证后进行地址翻译和指派信息传送，并向 SSP 发出呼叫指令。一个 SCP 可以处理单一的 IN 业务，也可以处理多种 IN 业务，这取决于开放的各类 IN 业务的业务量。

业务交换点（service switching point，SSP）从用户接收驱动信息，检测智能呼叫，并通过 7 号信令上报 SCP，根据 SCP 的指令完成相应动作。用户通过 SSP 接到业务控制点和业务数据点（service data point，SDP）上。

智能外设(intelligent peripheral,IP)主要用于传送各种录音通知和接收用户的双音多频信息。

业务管理系统(service management system,SMS)是网络的支持系统,能开发和提供 IN 业务,并支撑正在运营的业务,它可以管理 SCP、SSP、IP。SMS 通过数据网与 SCE、SCP、SMAP 连接。

业务生成环境(service creation environment,SCE)规定、开发、测试智能网中所提供的业务,并将其输入到 SMS 中。利用这个业务生成环境可以方便地开发新的业务,快速提供新的业务。

通过业务管理接入点(service management access point,SMAP),业务用户可以将管理的信息送到 SMS,通过 SMS 对数据进行补充、修改、增加、删除等,可以使客户自己管理业务。

最初,IN 是建立在传统电路交换网之上的一个附加网络,由于它可以快速、灵活地提供增值业务,因此现在已经发展成可以为各种通信网提供增值业务的网络。这些增值业务包括综合业务数字网(ISDN)、公用移动通信网(PLMN)和宽带综合业务数字网(B-ISDN)。通常将叠加在 PSTN/ISDN 网上的智能网称为固定智能网,叠加在移动通信网上的智能网称为移动智能网,叠加在 B-ISDN 上的智能网称为宽带智能网。

2. 智能网提供的业务

理论上,通过 IN 引入的业务种类包括语音和非语音业务。但实际上真正能上网运行的业务,不仅取决于用户需求以及相应的潜在效益,还取决于信令系统、网络能力等相关技术。智能网向用户提供的业务包括两大类:A 类业务和 B 类业务。A 类业务是指业务为单个用户服务并直接影响该用户。大多数 A 类业务只可以在呼叫建立或终止期间调用,属于"单端、单控制点"的分类范畴。"单端"是指业务特性仅对呼叫中的一方产生作用,而与可能加入呼叫的其他用户无关。这种互不相关性使得同一呼叫中的另一方具有相同或不同的单端业务特性。"单控制点"是指一次呼叫仅由智能网的一个业务控制点控制。所有不在 A 类业务范畴内的业务统称为 B 类业务。

1992 年,ITU-T 在 IN CS1(capability set 1)中提出了 25 种目标业务,主要支持 PSTN。目前许多国家已投入运行了许多智能业务,如被叫付费业务(又称 800 业务)、记账卡呼叫,虚拟专用网、移动网中的预付费业务等。这些业务基本上都属于电话领域内的应用。

1997 年,ITU-T 提出的 IN CS2 除了包括 IN CS1 中提出的所有业务外,还补充提出了 16 种新业务,主要支持 PSTN、ISDN 和移动网的网间业务,如全球虚拟网业务、网间被叫集中付费、国际电信计费卡等。IN CS1 和 CS2 业务都属于 A 类业务。

下面以记账卡呼叫为例,介绍智能网的处理过程。电话记账卡业务,也称 300 业务。持卡用户可以在任何一部电话机上打国内长途和国际长途电话,即使是无权拨打长途电话的话机也可以呼叫,通话费记在电话卡上,而且用户可以持卡漫游。由于每一张电话卡都有自己的特性和数据,如卡号、密码、现金及用户的属性等,用户可以持卡在任何一个电话机上使用,因此,这些用户数据必须要有集中的数据库来设置。图 4-45 所示的是 300 业务示意图。

图 4-45 中各步骤说明如下。

(1)用户拨电话记账卡的接入码 300810(300 是电话记账卡的接入码,810 是数据

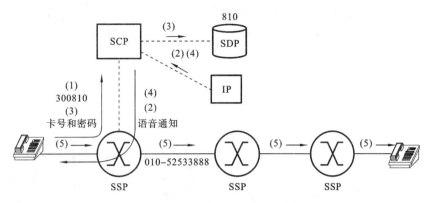

图 4-45　IN 网 300 业务示意图

库的标识码）。SSP 识别智能业务是 300 业务，向 SCP 报告。SCP 启动 810 数据库和智能设备 IP。

（2）IP 语音提示用户输入账号和密码等。

（3）SSP 送卡号和密码给 SCP，SCP 查数据库，核对并确认密码、卡号正确且卡上有钱。

（4）IP 给用户发语音通知，请用户输入被叫用户号码。

（5）SSP 根据收到的被叫号码接续。

像电话记账卡这样的业务，如果采用传统的交换机的方式是很难实现的，因为用户持卡可以漫游，它的呼叫可以在任何一个交换机中发生，这样每一个交换机都必须要有全部电话卡的数据。当用户使用电话卡时，就到该交换机的数据库中去访问，如果电话卡的数据有所变化（如增加或删除电话卡），那么每一个数据库中的数据都要改变，即这些数据库的数据必须实时同步，因此，用交换机来实现记账卡业务是非常困难的。而智能网的方式则是采用集中的数据库，在使用每一张卡时均到该数据库中去访问，这样数据库中数据的改变就非常方便，并且也不存在实时同步的问题了。

4.4　业务融合的 IP 电话网

4.4.1　IP 电话网的发展背景

1. IP 电话网的发展背景

IP 电话是在互联网或其他使用 IP 技术的网络上提供的语音通信业务。能够实现 IP 电话的技术有很多，它们被统称为 VoIP 技术。从本质上看，IP 电话属于分组化语音技术。随着 Internet、TCP/IP 技术的迅速发展，IP 电话因其覆盖面广、接入方便、设备需求简单、价格低廉等成为备受关注、前景十分广阔的分组化语音技术。

2. IP 电话的主要形式

（1）PC to PC：最早出现的 IP 电话是在互联网上的 PC 机与 PC 机之间的通话。在用户的 PC 上需要配备相应的硬件（声卡、扬声器、话筒等）并安装客户端软件，用户通过输入被叫的 IP 地址或账号进行呼叫，接通后，主叫语音被封装成 IP 包并通过 Internet 进行传送。

1995年,以色列 VocalTec 公司推出的"IPhone1.0"是全球第一款 PC to PC 方式的 IP 语音软件。目前较为常见的 QQ 语音、MSN 语音等也属于此方式。

（2）PC to Phone：计算机到 PSTN 用户之间的呼叫（见图 4-46）；Phone to PC：PSTN 用户到计算机之间的呼叫。

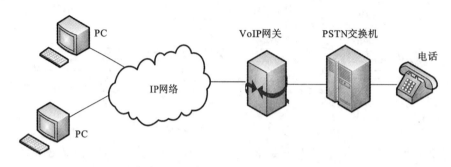

图 4-46　计算机到 PSTN 用户之间的呼叫

Skype 是美国推出的一款 VoIP 软件,支持 PC to PC、PC to Phone、Phone to PC 三种呼叫方式,在全球范围拥有数亿用户。近年来,随着智能手机的普及,基于 IOS、Android 等手机操作系统并支持多种呼叫方式的 VoIP 软件也迅速发展起来了。

（3）IP 话机：为了更加方便地使用 VoIP,市场上出现了专门的 IP 话机终端,在外观和功能上更像普通话机（见图 4-47）。在这种方式下,网络中需要具备专门的代理服务器和应用服务器。

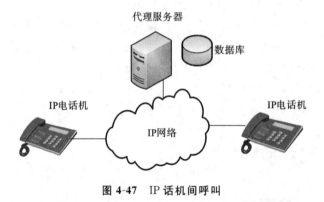

图 4-47　IP 话机间呼叫

Phone to Phone：普通 PSTN 电话用户之间的 IP 电话（见图 4-48）。在这种方式下,运营公司需要在 PSTN 与 IP 网之间引入 IP 电话网关、网守等设备。

4.4.2　VoIP 的关键技术

1. 语音处理技术

IP 电话网中的语音处理主要应解决两方面的问题：一是在保证一定语音质量的条件下尽可能降低编码比特率,二是在 IP 电话网的环境下保证一定的通话服务质量。前者主要涉及语音编码技术、静音检测技术等；后者包括分组丢失补偿、抖动消除、回波抵消等技术。这些功能主要采用低速率声码器及其他特殊软/硬件完成。基于语音编码技术可以对传统电话业务信号进行较大程度的压缩。例如采用 G.729 标准可以将 DS0 的 64 kb/s 信号压缩成 8 kb/s 的信号。

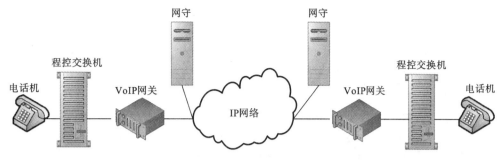

图 4-48　普通话机间的 IP 呼叫

2. 信令技术

VoIP 信令主要负责完成 IP 电话的呼叫控制,IP 电话网中的信令消息被封装成 IP 包进行传送。目前在电信级 IP 电话网中采用的信令协议主要有 H.323 协议、SIP 协议、MGCP 协议、H.248 协议等。

3. 传送技术

由于 IP 语音分组的传送对实时性要求高,因此其传输层协议采用 UDP。此外,IP 电话网中还采用实时传输协议(real-time transport protocol,RTP),该协议提供语音分组的实时传送功能,包括:时间戳(用于同步)、序列号(用于丢包和重排序检测)以及负载格式(用于说明数据的编码格式)。

4. 服务质量保障技术

传统 IP 电话网采用的是无连接、尽力而为的技术,存在着分组丢失、失序、时延、抖动等问题,无法提供服务质量(QoS)。为了满足语音通信服务的需求,需要引入一些其他的技术来保障一定的服务质量。IP 电话网中主要采用资源预留协议(resource reservation protocol,RSVP)、区分服务以及进行服务质量监控的实时传输控制协议(real-time transport control protocol,RTCP)等来提供服务质量保障。

5. 安全技术

相比于传统电信网,IP 电话网具有很强的开放性,但同时也带来了突出的安全问题。在面向公众的 IP 电话网中,为保证长时间可靠地运行,必须具备良好的安全性机制。主要涉及身份认证、授权、加密、不可抵赖性保护、数据完整性保护等技术。

4.4.3　NGN

1. 下一代网络的概念

下一代网络(next generation network,NGN)的概念最早出现于 20 世纪 90 年代末,目前泛指一个不同于前一代网络的,大量采用创新技术的,以 IP 为中心的,可以支持语音、数据、多媒体业务的融合网络(见图 4-49),其主要特征如下。

(1) 开放、分层的网络体系结构。

(2) 业务驱动型网络。

(3) 基于分组交换技术。

(4) 融合异构网络。

(5) 支持服务质量。

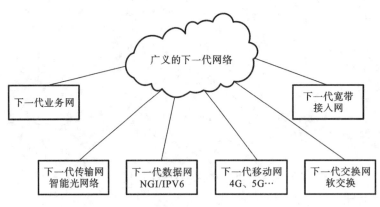

图 4-49　下一代网络的概念

（6）可管理性和可维护性。

2. NGN 的概念和内涵

NGN 既涉及很多新的技术，又涉及传统意义上的多种网络，其内涵十分丰富，从不同的行业和领域来看则具有不同的理解和侧重。

相对于广义的 NGN 概念，狭义的 NGN 一般特指以软交换为核心的体系架构。

NGN 不是现有电信网和 IP 电话网的简单延伸和叠加，也不是单项节点技术和网络技术，而是整个网络框架的变革，是一种整体解决方案。NGN 的出现与发展不是革命，而是演进，即在继承现有网络优势的基础上实现平滑过渡。

ITU-T SG13 在其 Y. NGN-Overview 草案提出了 NGN 的准确定义：NGN 是基于分组技术的网络，能够提供包括电信业务在内的多种业务，能够利用多种宽带和具有 QoS 支持能力的传输技术；业务相关功能与底层传输相关技术相互独立，能够使用户自由接入不同的业务提供商，能够支持通用移动性，从而向用户提供一致的和无处不在的业务。

ETSI 对于 NGN 的定义：NGN 是一种规范和部署网络的概念，通过采用分层、分布和开放业务接口的方式，为业务提供者和运营者提供一种能够通过逐步演进的策略，实现一个具有快速生成、提供、部署和管理新业务的平台。

3. NGN 体系结构

1）业务层

业务层包括资源与接入控制子系统（RACS）、网络附着子系统（NASS）、IP 多媒体子系统、PSTN/ISDN 仿真子系统、流媒体子系统、其他多媒体子系统和应用及公共部件。

2）传输层

传输层在 RACS 和 NASS 的控制下，向 NGN 终端提供 IP 连接，这些子系统隐藏了 IP 层之下使用的接入网和核心网传输技术。该层主要包括边界网关功能（BGF）实体和媒体网关功能（MGF）实体。

ETSI TISPAN 的 NGN 网络体系结构中，IP 多媒体子系统主要使用 3GPP IMS 作为核心控制系统，并在 3GPP 规范的基础上进行了扩展，以支持 xDSL 等固定接入方式。另外，它考虑了对 PSTN/ISDN 仿真业务、流媒体业务及其他业务的支持以及与 RACS 和 NASS 的互通，就目前而言，是一个能满足 NGN 业务和网络要求得比较完整的网络体系架构(见图 4-50)。

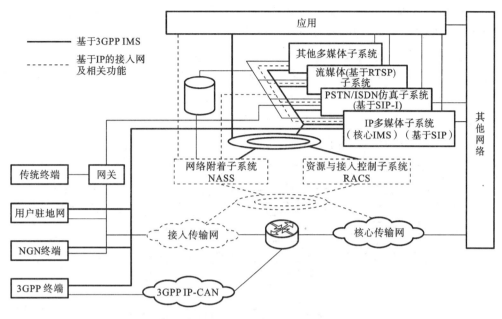

图 4-50 下一代网络体系结构

4.4.4 IP 多媒体子系统

1. IMS 的产生背景

IP 多媒体子系统(IP multimedia subsystem, IMS)是由 3GPP 提出的一个基于 SIP 协议的会话控制系统。目前基于 IMS 实现固定/移动网络融合的思想得到了普遍认同, IMS 已经成为 NGN 发展的一个主要趋势。

IMS 最初是 3GPP 为移动网络定义的, 在 3GPP R5 标准中首次提出。其出发点是为了在移动通信网上以最大的灵活性提供 IP 多媒体业务而设计一个业务体系框架。R5 中只完成了 IMS 基本功能的定义, 如核心网结构、网元功能、接口和流程等, 其余工作在后续的 R6、R7、R8、R9 版本中进行了完善。

除 3GPP 之外, 其他的标准化组织(如 3GPP2、TISPAN 等)也积极展开了 IMS 相关标准化工作。3GPP2 对 IMS 的研究主要以 3GPP R5 作为基础, 重点解决底层分组和无线技术的差异。TISPAN 主要从固定的角度向 3GPP 提出对 IMS 的修改建议。

2. IMS 的特点

3GPP 提出 IMS 的根本出发点是将移动通信网络技术和互联网技术有机结合起来, 建立一个面向未来的通信网, 从而提供融合各类网络能力的综合业务, 同时提供电信级的 QoS 保证, 并能对业务进行灵活有效的计费。从技术上看, IMS 具有以下特点。

(1) 实现了业务和控制的彻底分离。IMS 控制层的核心网元不再处理业务逻辑, 而是完全由应用服务器完成业务逻辑处理。IMS 成为一个真正意义的控制设备, 与业务的耦合性降到最低。

(2) 最大限度地重用了互联网技术和协议。IMS 在大部分网络接口上都采用了互联网协议,如在会话控制层选用 SIP 协议、在网络层采用 IPv6 协议,并重用 DNS 协议进行地址解析。因此 IMS 不但支持 3G 用户之间通过 IP 网进行的多媒体通信,而且也能方便地支持 3G 用户与互联网用户之间的通信。

(3) 继承了移动通信网络特有的技术。IMS 沿用了归属网络和拜访网络的概念,继续采用扩展的移动性管理技术和集中设置的网络数据库来支持用户漫游和切换。因此,IMS 在灵活提供 IP 多媒体业务的同时,仍然保持移动通信系统的特点。

3. IMS 体系结构

3GPP IMS 分层体系结构如图 4-51 所示。

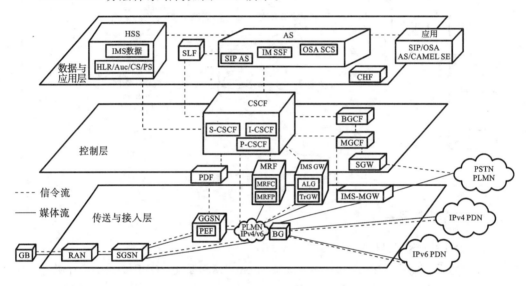

图 4-51 3GPP IMS 分层体系结构

1) 传送与接入层

IMS 在设计思想上与具体接入方式无关,以便 IMS 服务可以通过任何 IP 接入网络来提供。图 4-51 中主要给出了与 GPRS 特性相关的接入方式,包括 RAN、SGSN、GGSN 和 IP 网等。

为了在 IP 网中提供端到端的 QoS,IMS 在接入层和控制层之间定义了策略决策功能(policy decision function,PDF)和策略执行功能(policy enforcement function,PEF)来提供策略服务功能。

为了完成与其他网络的互通,如 PSTN、PLMN 等,传送与接入层引入 IMS-MGW(IMS 媒体网关),它与控制层的 SGW(信令网关)、MGCF(媒体网关控制功能)、BGCF(出口网关控制功能)等实体一起来完成互通功能。

对于分组数据网,IMS 通过 BG(边界网关)和 IMS-GW 完成互通,从而实现 IPv4 到 IPv6 的应用层网关功能、私网穿越和安全防护功能等。

媒体资源功能(media resource function,MRF)位于控制层和传送与接入层之间,为 IMS 会话提供必要的支持,如会议桥、录音通知等。

2) 控制层

控制层负责 IMS 中多媒体业务的呼叫控制,提供 QoS 保障和计费管理。该层的主要实体包括呼叫会话控制功能(call session control function,CSCF)、媒体网关控制功能(media gateway control function,MGCF)、边界网关控制功能(breakout gateway control function,BGCF)、信令网关(SGW)等。其中最核心的功能实体是 CSCF,而 MGCF、BGCF、SGW 等用于实现网间互通。

CSCF 根据功能不同,分为代理 CSCF(proxy CSCF,P-CSCF)、问询 CSCF(interrogating CSCF,I-CSCF)、服务 CSCF(serving CSCF,S-CSCF)。

3) 数据与应用层

归属用户服务器(home subscriber server,HSS)用于用户数据存储、认证、鉴权和寻址。HSS 是从 HLR 演变而来的。

用户定位功能(subscription location function,SLF)是用来确定用户签约地的定位功能实体。当网络中存在多个独立可寻址的 HSS 时,由 SLF 来确定用户数据存放在哪个 HSS 中。作为一种地址解析机制,SLF 的引入使得 I-CSCF、S-CSCF 和 AS 能够找到拥有给定用户身份的签约关系数据的 HSS 地址。

应用服务器(application server,AS)是用于提供业务的实体,有三种类型,包括基于 SIP 的应用服务器(SIP AS)、基于 CAMEL 的 IP 多媒体业务交换功能(IM-SSF)及基于 OSA 的业务能力服务器(OSA-SCS)。

4.5 本章小结

本章先对电信网和交换技术的引入、概念和相关技术进行了介绍,再就各种交换技术如电路交换、报文交换、分组交换、异步传输模式 ATM、MPLS、软交换、光交换等交换技术的概念、原理等进行了讲解。

在 4.3 节中,重点对传统电话网的相关概念和技术进行了介绍,主要介绍了传统电话交换网的组成、数字程控交换机的组成和工作原理、我国电话网的编号计划等;然后对 No.7 信令系统的原理、No.7 信令网的组成、我国的 No.7 信令网结构及 No.7 信令网和电话网的关系等进行了讲解;最后介绍了智能网的概念,并简述智能网的组成、协议结构及工作过程等。

在 4.4 节中,主要对相关新型电信网技术进行了介绍,简述了业务融合的 IP 电话网的发展背景、VoIP 的关键技术、下一代网络 NGN 的概念及发展趋势,最后对 IP 多媒体系统的定义、原理、协议结构及相关应用等也进行了讲解。

思考和练习题

1. 交换技术中,按不同方式划分,各有哪几种交换方式?
2. 电路交换与分组交换相比,有何不同与相同之处?
3. 试比较数据报方式和虚电路方式的优缺点。
4. 什么是 No.7 信令,我国的 No.7 信令网结构是什么?
5. 简述我国 No.7 信令网和电话网的关系。
6. 试简述软交换在下一代通信网中的重要位置,以及软交换的特点。
7. 什么是业务融合 IP 电话网?
8. VoIP 的关键技术有哪些?

9. NGN 的定义是什么？

10. IP 多媒体系统的特点是什么？

11. 什么是面向链接的交换？什么是面向无连接的交换？试举例说明。

12. 什么是光交换？光交换有哪些种类？

5

光纤通信

　　光纤通信技术是 20 世纪最重要的发明之一,它彻底改变了人类通信的模式,为目前的信息高速公路奠定了基础。本章主要介绍光纤通信系统的基本概念、主要技术、发展历程及未来发展展望等,以期给读者一个关于光纤通信系统的概况描述。

5.1　光纤通信概述

5.1.1　光纤通信的定义

　　光纤通信是指利用相干性和方向性极好的激光作为载波(也称光载波)来携带信息,并利用光导纤维(光纤)来进行传输的通信方式。光纤通信常用的波长范围为近红外区,如图 5-1 所示。即光纤通信的波长从 $0.85 \sim 1.6~\mu m$,其频率范围约为 $10^{14} \sim 10^{15}$ Hz,是常用的微波频率的 $10^{4} \sim 10^{5}$ 倍,所以在原则上,其通信容量也比常用的微波的大 $10^{4} \sim 10^{5}$ 倍。

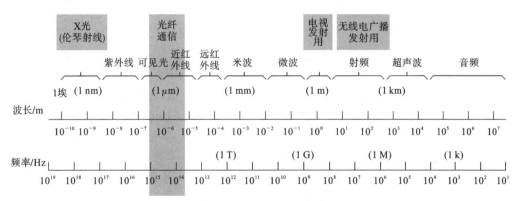

图 5-1　光纤通信中的频段

5.1.2　光纤通信技术的发展

　　自光纤问世以来,光纤通信的发展主要经历了以下四个发展时期。

　　第一个时期是 20 世纪 70 年代的初期发展阶段,主要解决了光纤的低损耗、光源和光接收器等光器件及小容量的光纤通信系统的商用化。1976 年,日本电话电报公司使光纤损耗下降到 0.5 dB/km。1979 年,日本电报电话公司研制出损耗为 0.2 dB/km 的光纤。目前,光纤通信最低损耗为 0.17 dB/km。

第二个时期是 20 世纪 80 年代的准同步数字系列(PDH)设备的突破和商用化。在这个时期,光纤开始代替电缆,数字传输技术逐步取代模拟传输技术,由于 PDH 系统是点对点系统,没有国际统一的光接口规范,其上下电路不方便、成本高、帧结构中没有足够的管理比特,以及无法进行网络的运行、管理与维护等缺点,故在 20 世纪 80 年代中期出现了同步数字系列(SDH)。

第三个时期是 20 世纪 90 年代的通信标准的建立和同步数字系列设备的研制成功及其大量商用化。

1984 年初,美国贝尔通信研究所首先开始了同步信号光传输体系的研究。1985 年美国国家标准协会(ANSI)根据贝尔通信研究所提出的建立全同步网的构想,决定起草光同步网标准,并命名为同步光纤网(synchronous optical network,SONET)。SONET 的最初目标是要使各个供应商生产的设备有统一的标准光接口,使网络在光路上能够互通。后来的发展大大超出这个目标,形成了全新的传输体系,从而引出了传送网的概念。它已不再是只针对某种数字光通信设备或系统的规范,而是一个全网的概念。

1986 年,国际电报电话咨询委员会(CCITT)开始审议 SONET 标准,随后建议增加 2 Mb/s 和 34 Mb/s 支路接口,随后在设备功能、光接口、组网方式和网络管理等方面逐步予以规范,到目前为止已形成了一个完整的、全球统一的光纤数字通信标准。SDH 真正实现了网络化的运行、管理与维护。由于 SDH 实现了大容量传输且其传输性能好,故在干线上光纤开始全面取代电缆。在 SDH 中,光只是用来实现大容量传输,所有的交换、选路和其他智能化方面都是在电层面上实现的;SDH 技术偏重业务的电层处理,具有灵活的调度、管理和保护能力,其 OAM 功能完善。但是,它以 VC4 为基本交叉调度颗粒,采用单通道线路,容量增长和调度颗粒大小受到限制,无法满足业务的快速增长。

第四个时期是 21 世纪以来,波分复用(WDM)通信系统设备的突破和大量商用化。随着现代电信网对传输容量要求的急剧提高,利用电时分复用方式已日益接近硅和镓砷技术的极限:当系统的传输速率超过 10 Gb/s 时,由于受到电子迁移速率的限制(即所谓的"电子瓶颈"问题),电时分复用方式实现起来非常困难,并且传输设备的价格也很高,光纤色度色散和极化模色散的影响也日益加重。因此,如何充分利用光纤的频带资源,提高系统的通信容量,从而降低每一通路的成本,成为光纤通信理论和设计上的重要问题。

光波分复用是多个信源的电信号调制各自的光载波,经复用后在一根光纤上传输,使一根光纤起到多根光纤的作用,通信容量数十倍、百倍地提高。采用 WDM 技术可以大幅度扩大通信容量,降低每条路的成本。有人说 WDM 是通信史上的一大革命,也有人把它举到与摩尔定律一样的高度,不过 WDM 给人类带来的好处显而易见:新技术将不同的颜色(波长)组合到同一光纤上,再分出很多颜色。这样,要增加通信线路的话,只要在采用 WDM 技术的光缆上加一点颜色就可以了,而无须挖地开路。

5.1.3　光纤通信系统的组成

目前实用的光纤通信系统,较多采用的是数字编码、强度调制-直接检测的通信系统（IM-DD 系统），这种系统的框图如图 5-2 所示。

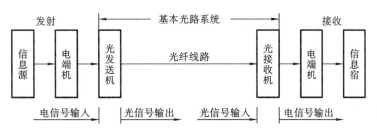

图 5-2　光纤通信系统的框图

图 5-2 所示的是一个方向的传输，其反方向传输的结构是相同的。图中，电端机即为复用设备（准同步复用或同步复用），其作用是对来自信息源的信号进行处理，例如模/数变换、多路复用等。光发送机、光纤线路和光接收机构成了可作为独立的"光信道"单元的基本光路系统，若配置适当的接口设备，则可以插入现有的数字通信系统（或模拟通信系统）或有线通信系统（或无线通信系统）的发射与接收之间；此外，若配置适当的光器件，还可以组成传输能力更强、功能更完善的光纤通信系统。例如，在光纤线路中插入光纤放大器组成光中继长途系统；配置波分复用器和解复用器组成大容量波分复用系统；使用耦合器或光开关组成无源光网络等。下面简要介绍基本光路系统的三个组成部分。

1. 光发送机

光发送机的作用是把输入的电信号转换成光信号，并将光信号最大限度地注入光纤线路。光发送机由光源、驱动器和调制器组成。光发送机的核心是光源，对光源的要求是输出功率足够大、调制速率高、光谱线宽度和光束发散角小、输出光功率和光波长要稳定、器件寿命长。目前，使用最广泛的光源有半导体激光器（或称激光二极管，LD）和半导体发光二极管（LED）。普通的激光器谱线宽度较宽，是多纵模激光器，在高速率调制下激光器的输出频谱较宽，从而限制了传输的码速和中继距离。一种谱线宽度很窄的单纵模分布反馈激光器（DFB）已经逐渐被广泛应用。

光发送机把电信号转换成光信号的过程是通过电信号对光源进行调制而实现的。光调制有直接调制和间接调制（也称外调制）两种。直接调制是利用电信号注入半导体激光器或发光二极管从而获得相应的光信号，其输出功率的大小随信号电流的大小变化而变化，这种方式较简单，且容易实现，但调制速率受激光器特性所限制。外调制是把激光的产生和调制分开，在激光形成后再加载调制信号，是用独立的调制器对激光器输出的激光进行调制的。外调制在相干光通信中得到了应用。

2. 光纤线路

光纤线路是光信号的传输介质，可把来自发送机的光信号以尽可能小的衰减和脉冲展宽传送到接收机。对光纤的要求是其基本传输参数衰减和色散要尽可能小，并要有一定的机械特性和环境特性。工程中使用的是由多根光纤绞合在一起组成的光缆。整个光纤线路由光纤、光纤接头和光纤连接器等组成。

目前使用的光纤均为石英光纤。石英光纤在波长特性中有三个低损耗的波长区，即波长分别为 850 nm、1310 nm、1550 nm 的三个低损耗区。因此光纤通信系统的工作波长只能选择在这三个波长区，激光器的发射波长、光检测器的响应波长都与其一致。

这三个低损耗区的损耗分别小于 2 dB/km、0.4 dB/km 和 0.2 dB/km。

在通信中使用的石英光纤有多模光纤和单模光纤。单模光纤的传输性能比多模光纤好,在大容量、长距离的光纤传输系统中都采用单模光纤。

为适合于不同要求的光纤通信系统,使用的光纤类型有 G.651 光纤(多模光纤)、G.652 光纤(常规单模光纤)、G.653 光纤(色散位移光纤)、G.654 光纤(低损耗光纤)和 G.655 光纤(非零色散位移光纤)等。

3. 光接收机

光接收机的功能是把由光发送机发送的、经光纤线路传输后输出的已产生畸变和衰减的微弱光信号转换为电信号,并经放大、再生恢复为原来的电信号。

光接收机由光检测器、放大器和相关电路组成。对光检测器的要求是响应度高、噪声低、响应速度快。目前广泛使用的光检测器有光电二极管(PIN)和雪崩光电二极管(APD)。

光接收机把光信号转换为电信号的过程是通过光检测器实现的。光检测器检测的方式有直接检测和外差检测两种。直接检测是由光检测器直接把光信号转换为电信号。外差检测是在光接收机中设置一个本地振荡器和一个混频器,使本地振荡光和光纤输出的信号光在混频器中产生差拍而输出中频光信号,再经光检测器把中频光信号转换成电信号。在外差检测方式中,对本地激光器的要求很高,要求光源是频率非常稳定、谱线宽度很窄、相位和偏振方向可控制的单模激光器,其优点是接收灵敏度很高。目前使用的光纤通信系统中,普遍采用强度调制-直接检测方式。外差检测用在相干光纤通信中。外调制-外差检测虽然技术复杂,但其有着传输速率高、接收灵敏度高等优点,所以其是一种有应用前途的通信方式。

衡量接收机质量的主要指标是接收灵敏度。它表示在一定的误码率条件下,接收机调整到最佳状态时接收微弱信号的能力。接收机的噪声是影响接收灵敏度的主要因素。

对于长距离的光纤传输系统,中途还需要光中继器,其作用是将经过光纤长距离衰减和畸变后的微弱光信号放大、整形,再生成具有一定强度的光信号,继续送向前方,以保证良好的通信质量。以往光纤通信系统中的光中继器都是采用光—电—光的形式,即将接收到的光信号用光电检测器变换成电信号,经放大、整形、再生后再调制光源,将电信号变换成光信号重新发出,而不是直接把光信号放大。但随着光放大器(如掺铒光纤放大器)的开发、成熟、使用,光信号直接放大已成为可能,也就是说采用光放大器的全光中继和全光网络已经成为现实。

5.1.4 光纤通信的特点

在光纤通信系统中,作为载波的光波频率比电波频率高得多,而作为传输介质的光纤又比同轴电缆损耗低得多,因此相对于电缆或微波通信,光纤通信具有许多独特的优点。

1. 频带宽、传输容量大

电缆和光纤的损耗和频带比较如表 5-1 所示。

表 5-1　电缆和光纤的损耗和频带比较

类　　　型		频带(或频率)	损耗/(dB/km)	传输容量/(话路/线)
粗同轴电缆 (φ2.4/9.4)		1 MHz	2.42	1800
		60 MHz	18.77	
渐变折射率 多模光纤	0.85 μm	200～1000 MHz·km	≤3	200
	1.31 μm	≥1000 MHz·km	≤1.0	
单模光纤	1.31 μm	>100 GHz	0.36	32000 (2.5 Gb/s)
	1.55 μm	10～100 GHz	0.2	

　　电缆基本上只适用于数据速率较低的局域网(LAN),距离较长的高速局域网(≥100 Mb/s)和城域网(MAN)必须采用光纤。光纤在 1280～1620 nm 的近红外波段,具有 6 个传输窗口,采用密集波分复用技术,这 6 个窗口在理论上讲可以提供多达 10000 个信道。

　　过去,通信线路是信号传输的技术瓶颈,但是自从使用光缆后,这个问题就不复存在了。光多路传输技术是充分挖掘光纤带宽潜力、扩大通信容量的技术之一。采用多路传输技术可以充分利用光纤带宽,给通信带来巨大的经济效益。目前研究开发的光复用技术有波分复用、光时分复用(OTDM)和光码分复用(OCDM)。但 OTDM 和 OCDM 技术还不成熟。目前人们采用密集波分复用(DWDM)技术,增加使用波长的数量,并利用光纤损耗谱平坦,扩大可利用的窗口技术和波长转换技术,实现波长再利用等可使单根光纤的传输速率达到几十太比特每秒,如能进一步利用 OCDMA 技术、OTDM 技术,增加光缆中光纤根数(目前已能达到 432 或 864 根每缆)等技术,理论上讲光纤通信的带宽可达到无限。

2. 损耗小、中继距离长

　　现在,石英(SiO_2)的光纤损耗比任何传输介质的损耗都低,在 0～20 dB/km 范围内;如果将来使用非石英极低损耗传输介质,理论上传输的损耗还可以降到更低的水平。所以光纤通信系统可以减少中继站数目,一方面降低系统成本和复杂性,另一方面可以实现更大的无中继距离。例如,已报道的采用分布式拉曼放大技术,可使 32 波长×40 Gb/s WDM 系统的无中继距离达到 250 km。

3. 重量轻、体积小

　　由于电缆体积和重量较大,安装时还必须慎重处理接地和屏蔽问题。在空间狭小的场合,如舰船和飞机中,这个弱点更加突出。然而,光纤重量很轻且直径很小,即使做成光缆,在芯数相同的条件下,其重量还是比电缆轻得多,体积也小得多。通信设备的重量和体积对许多领域(特别是军事、航空和宇宙飞船等)的应用,具有特别重要的意义。

　　在飞机上用光纤代替电缆,不仅降低了通信设备的成本,提高了通信的质量,而且降低了飞机的制造成本。分析表明,每降低 12 kg,飞机制造成本就减少 27 万美元。

4. 抗电磁干扰性能好

　　光纤的原材料是石英,具有强烈的抗腐蚀性能和良好的绝缘性能,同时自身抗电磁干扰能力强,能够解决电通信中电磁干扰的问题,不受外界雷电以及太阳黑子活动等情况的干扰,可以通过复合与电力导体高压输电线等形成复合光缆,有利于强电领域的通信系统工作。例如,光纤在电气化铁道以及军事等处被应用。用无金属加强筋光缆非常适合于存在强电磁场干扰的高压电力线路周围、油田、煤矿和化工等易燃易爆环境中使用。

5. 泄漏小、保密性好

在现代社会中,不但国家的政治、军事和经济情报需要保密,企业的经济和技术情报也已成为竞争对手的窃取目标。因此,通信系统的保密性能是用户必须考虑的一个问题。由于电波传输会因为电磁波泄露而出现串音情况,容易被窃听,现代侦听技术已能做到在离同轴电缆几公里以外的地方窃听电缆中传输的信号,可是它对光缆却困难得多。因此,在要求保密性高的网络中不能使用电缆;而在光纤中传输的光泄漏非常微弱,即使在弯曲地段也无法窃听。没有专用的特殊工具,光纤不能分接,因此信息在光纤中传输非常安全,对军事、政治和经济都有重要的意义。

6. 节约金属材料,有利于资源合理使用

制造同轴电缆和波导管的金属材料,在地球上的储量是有限的,而制造光纤的石英在地球上几乎是取之不尽的。

光纤通信除了上述的一些具体的特点外,还有很多的优点,如光纤的原材料成本低、资源丰富,光纤柔软、重量轻、容易进行铺设,并且光纤的使用寿命长、稳定性好。光纤的通信应用范围比较广泛,不仅用于电力通信中,而且广泛用于工业领域和军事领域以及其他的领域中。

5.2 光纤与光缆

5.2.1 光纤的结构与种类

1. 光纤的结构

通信光纤的结构一般由纤芯、包层和涂覆层 3 部分组成,如图 5-3 所示。

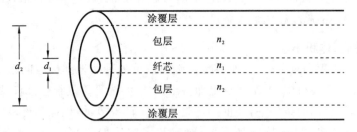

图 5-3 光纤的结构

(1) 纤芯:纤芯位于光纤的中心部位。

直径 d_1 为 4~50 μm,单模光纤的纤芯为 4~10 μm,多模光纤的纤芯为 50 μm。

纤芯的成分是高纯度 SiO_2,掺有极少量的掺杂剂(如 GeO_2,P_2O_5),作用是提高纤芯对光的折射率(n_1),以传输光信号。

(2) 包层:包层位于纤芯的周围。

包层直径 $d_2 = 125\ \mu m$，其成分也是含有极少量掺杂剂的高纯度 SiO_2。掺杂剂（如 B_2O_3）的作用是适当降低包层对光的折射率（n_2），使之略低于纤芯的折射率，即 $n_1 > n_2$，它使得光信号封闭在纤芯中传输。

（3）涂覆层：光纤的最外层为涂覆层，包括一次涂覆层、缓冲层和二次涂覆层。

一次涂覆层一般为丙烯酸酯、有机硅或硅橡胶材料；缓冲层一般为性能良好的填充油膏；二次涂覆层一般多为聚丙烯或尼龙等高聚物。涂覆层的作用是保护光纤不受水汽侵蚀和机械擦伤，同时又增加了光纤的机械强度与可弯曲性，起着延长光纤寿命的作用。涂覆后的光纤外径约 1.5 mm。通常所说的光纤即为此种光纤。

（4）紧套光纤与松套光纤。

套塑光纤结构如图 5-4 所示。紧套光纤就是在一次涂覆层的光纤上再紧紧地套上一层尼龙或聚乙烯等塑料套管，光纤在套管内不能自由活动。松套光纤就是在光纤涂覆层外面再套上一层塑料套管，光纤可以在套管中自由活动。

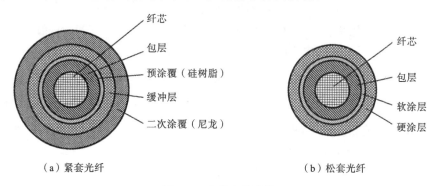

（a）紧套光纤　　　　　　　　　　　　（b）松套光纤

图 5-4　套塑光纤结构

2. 光纤的种类

光纤按不同的分类方法有不同的种类，如按制造光纤的材料光纤可分为石英系光纤、多组分玻璃光纤、氟化物光纤、塑料光纤、液芯光纤和晶体光纤等；按光纤纤芯部分折射率的分布，光纤可分为阶跃型光纤（step index fiber，SIF）和渐变型光纤（graded index fiber，GIF）；按光纤的工作波长，光纤可分为短波长（$0.8\sim0.9\ \mu m$）光纤、长波长（$1.0\sim1.7\ \mu m$）光纤和超长波长（$>2\ \mu m$）光纤；按光纤传输模式，光纤可分为多模光纤（multimode fiber，MMF）和单模光纤（singlemode fiber，SMF）；按光纤套塑结构，光纤可分为紧套光纤和松套光纤等。下面仅讨论按光纤纤芯部分折射率的分布和光纤传输模式两种情况进行分类。

1）按折射率分布分类

根据光纤纤芯部分折射率的分布，光纤划分为阶跃型光纤和渐变型光纤两类，如图 5-5 所示。

（1）阶跃型（均匀型）光纤的折射率分布。

图 5-5(a)所示的是阶跃型光纤抛面的折射率分布图，可用下面关系表示：

$$n(r) = \begin{cases} n_1, & r \leqslant a \\ n_2, & a < r \leqslant b \end{cases} \tag{5-1}$$

式中：n_1，n_2 分别是光纤纤芯折射率和薄层折射率；a 和 b 分别是光纤纤芯半径和包层半径。

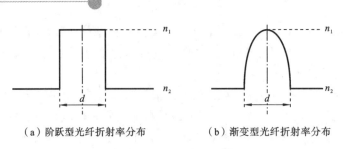

（a）阶跃型光纤折射率分布　　　　（b）渐变型光纤折射率分布

图 5-5　光纤折射率分布

可见阶跃（step index，SI）多模光纤折射率 n_1 在纤芯保持不变，到包层后突然变为 n_2。

（2）渐变光纤（非均匀型）的折射率分布：

$$n(r)=\begin{cases} n(0)\left[1-2\Delta\,(r/a)^g\right]^{\frac{1}{2}}, & r<a \\ n(0)\left[1-2\Delta\right]^{\frac{1}{2}}=n_2, & r\geqslant a \end{cases} \tag{5-2}$$

式中：$n(0)$ 是 $r=0$ 时纤芯中心的折射率；g 是折射率分布指数，它取不同的值时，折射率分布不同；r 是离开光纤中心的距离；a 和 b 分别是光纤的纤芯半径和包层半径；Δ 为相对折射率指数，即

$$\Delta=\frac{n_1^2-n_2^2}{2n_1^2} \tag{5-3}$$

通常 n_1 和 n_2 的值相差很小，也就是说 Δ 很小。这种 Δ 很小的光纤称为弱导光纤，在弱导光纤中相对折射率指数 Δ 可近似写为

$$\Delta=\frac{n_1-n_2}{n_1} \tag{5-4}$$

可见渐变（graded index，GI）多模光纤折射率不像阶跃多模光纤是个常数，而是在纤芯中心最大，沿径向往外按抛物线形状逐渐变小，直到包层变为 n_2。

2）按传输模式分类

按光纤内部传输模式，光纤可分为多模光纤和单模光纤。

传播模式概念：当光在光纤中传播时，如果光纤纤芯的几何尺寸远大于光波波长时，光在光纤中会以几十种乃至几百种传播模式进行传播（见图 5-6）。这些不同的光束称为模式。

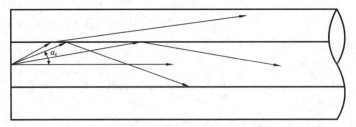

图 5-6　光在阶跃折射率光纤中的传播

（1）多模光纤。

当光纤的几何尺寸（主要是纤芯直径 d_1）远大于光波波长时（约 1 μm），光纤传输的过程中会存在着几十种乃至几百种传输模式，这样的光纤称为多模光纤。

（2）单模光纤。

当光纤的几何尺寸（主要是纤芯直径 d_1）较小，与光波长在同一数量级，如纤芯直

径 d_1 在 4～10 μm 范围,这时,光纤只允许一种模式(基模)在其中传播,其余的高次模全部截止,这样的光纤称为单模光纤,如图 5-7 所示。

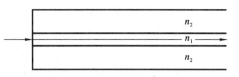

图 5-7 光在单模光纤中的传播轨迹

单模光纤具有大容量、长距离的传输特性,在光纤通信系统中得到广泛应用。针对单模光纤,ITU-T 建议规范了 G.652、G.653、G.654、G.655 和 G.657 等单模光纤标准。

5.2.2 光纤的导光原理

由于光具有波粒二象性,研究光纤传输原理,可从两个角度入手来进行研究:通常要详细描述光纤传输原理,需要借助于光的粒子特性由求解麦克斯韦方程组导出的波动方程得到解答;在极限(波数 $k=2\pi/\lambda$ 非常大,波长 $\lambda \to 0$)条件下,可以用几何光学的射线方程作近似分析。虽然几何光学的方法比较直观,但并不十分严格。不管是射线方程还是波动方程,其数学推演都比较复杂,我们只选取几何光学的方法介绍一下光在光纤中的传光原理。

用射线理论(几何光学)方法分析光纤传输原理,我们关注的问题主要是光束在光纤中传播的空间分布和时间分布,并由此得到数值孔径和时间延迟的概念。

按几何光学射线理论,阶跃光纤中的光线主要有子午射线和斜射线。如图 5-8(a)所示的是阶跃光纤中的子午射线;图 5-8(b)所示的是阶跃光纤中的斜射线。

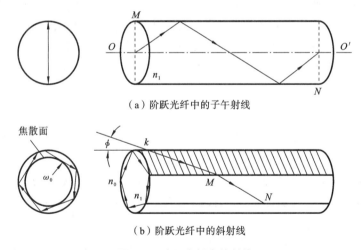

(a)阶跃光纤中的子午射线

(b)阶跃光纤中的斜射线

图 5-8 阶跃光纤中的射线

子午射线:从图 5-8(a)中可见,通过纤芯的轴线 OO' 可做许多平面,这些平面称为子午面,子午面上的光射线在一个周期内和该中心轴相交两次,形成锯齿形波前进,这种射线称为子午射线,可看出这种子午射线在断面上的投影是一条直线。

斜射线:图 5-8(b)所示的是阶跃光纤中的斜射线,这种斜射线不经过光纤中心轴,从光纤截面的投影可见这种射线是限制在一定范围内,这个范围称为散焦面。

在阶跃光纤中,无论是子午射线还是斜射线,都是根据全反射原理,使光线在纤芯和包层之间发生全反射,把光波限制在纤芯中向前传播。由于斜射线的情况较复杂,下面的讨论仅限于光线在光纤中的子午的线。

1. 阶跃型光纤的导光原理

1) 数值孔径

为简便起见,以突变型多模光纤的子午射线为例,讨论光纤的传输条件。设纤芯和包层折射率分别为 n_1 和 n_2,空气的折射率 $n_0 = 1$,纤芯中心轴线与 z 轴一致,如图 5-9 所示。光线在光纤端面以小角度 θ 从空气入射到纤芯($n_0 < n_1$),折射角为 θ_1,折射后的光线在纤芯中以直线传播,并在纤芯与包层交界面以角度入 ϕ_1 射到包层($n_1 > n_2$)。

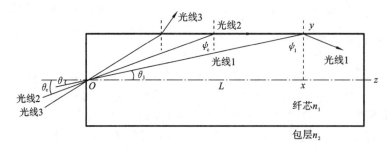

图 5-9 突变型多模光纤的光线传播原理

改变角度 θ,不同 θ 相应的光线将在纤芯与包层交界面发生反射或折射。根据全反射原理,存在一个临界角 θ_c,当 $\theta < \theta_c$ 时,相应的光线将在交界面发生全反射而返回纤芯,并以折线的形状向前传播,如光线 1。根据斯奈尔(Snell)定律得到

$$n_0 \sin\theta = n_1 \sin\theta_1 = n_1 \cos\phi_1 \tag{5-5}$$

当 $\theta = \theta_c$ 时,相应的光线将以 ϕ_c 入射到交界面,并沿交界面向前传播(折射角为 90°),如光线 2;当 $\theta > \theta_c$ 时,相应的光线将在交界面折射进入包层并逐渐消失,如光线 3。

由此可见,只有在半锥角为 $\theta \leqslant \theta_c$ 的圆锥内入射的光束才能在光纤中传播。

根据这个传播条件,定义临界角 θ_c 的正弦为数值孔径(numerical aperture,NA)。根据定义和斯奈尔定律得到

$$\mathrm{NA} = \sqrt{n_1^2 - n_2^2} \approx n_1 \sqrt{2\Delta} \tag{5-6}$$

式中:$\Delta \approx (n_1 - n_2)/n_1$ 为纤芯与包层相对折射率差。设 $\Delta = 0.01$,$n_1 = 1.5$,得到 NA = 0.21 或 $\theta_c = 12.2°$。

NA 表示光纤接收和传输光的能力,NA(或 θ_c)越大,光纤接收光的能力越强,从光源到光纤的耦合效率越高。对于无损耗光纤,在 θ_c 内的入射光都能在光纤中传输。NA 越大,纤芯对光能量的束缚越强,光纤抗弯曲性能越好。

但 NA 越大,经光纤传输后产生的信号畸变越大,因而限制了信息传输容量。所以要根据实际使用场合,选择适当的 NA。

2) 时间延迟

下面我们来观察光线在光纤中的传播时间。根据图 5-9,入射角为 θ 的光线在长度为 $L(Ox)$ 的光纤中传输,所经历的路程为 $l(Oy)$,在 θ 很小的条件下,其传播时间即时间延迟为

$$\tau = \frac{n_1 l}{c} = \frac{n_1 l}{c} \sec\theta_1 \approx \frac{n_1 L}{c}\left(1 + \frac{\theta_1^2}{2}\right) \tag{5-7}$$

式中:c 为真空中的光速。由式(5-7)得到最大入射角($\theta = \theta_c$)和最小入射角($\theta = 0$)的光线之间时间延迟差近似为

$$\Delta\tau=\frac{L}{2n_1 c}\theta_c^2=\frac{L}{2n_1 c}(\text{NA})^2\approx\frac{n_1 L}{c}\Delta \tag{5-8}$$

这种时间延迟差在时域产生脉冲展宽称为信号畸变。由此可见,突变型多模光纤的信号畸变是由于不同入射角的光线经光纤传输后,其时间延迟不同而产生的。设光纤 $\text{NA}=0.20$, $n_1=1.5$, $L=1$ km,根据式(5-8)得到脉冲展宽 $\Delta\tau=44$ ns,相当于 10 MHz·km 左右的带宽。

2. 渐变型光纤的导光原理

渐变型多模光纤具有能减小脉冲展宽、增加带宽的优点。渐变型光纤折射率分布的普遍公式为

$$n(r)=\begin{cases}n_1\left[1-2\Delta\left(\dfrac{r}{a}\right)^g\right]^{\frac{1}{2}}\approx n_1\left[1-\Delta\left(\dfrac{r}{a}\right)^g\right], & r\leqslant a\\[2mm] n_1[1-\Delta]=n_2, & r\geqslant a\end{cases} \tag{5-9}$$

式中: n_1 和 n_2 分别为纤芯中心和包层的折射率; r 和 a 分别为径向坐标和纤芯半径; $\Delta=(n_1-n_2)/n_1$ 为相对折射率差; g 为折射率分布指数。在 $g\to\infty$, $\dfrac{r}{a}\to 0$ 的极限条件下,式(5-9)表示突变型多模光纤的折射率分布。 $g=2$, $n(r)$ 按平方律(抛物线)变化,表示常规渐变型多模光纤的折射率分布。具有这种分布的光纤,不同入射角的光线会聚在中心轴线的一点上,因而脉冲展宽减小。

1)数值孔径

由于渐变型多模光纤折射率分布是径向坐标 r 的函数,纤芯各点数值孔径不同,所以要定义局部数值孔径 $\text{NA}(r)$ 和最大数值孔径 $\text{NA}_{\max}$:

$$\text{NA}(r)=\sqrt{n^2(r)-n_2^2} \tag{5-10}$$

$$\text{NA}_{\max}=\sqrt{n_1^2-n_2^2} \tag{5-11}$$

同样在渐变光纤中,数值孔径 $\text{NA}(r)$ 也表示了非均匀光纤在某点捕捉光纤的能力。式(5-10)表示在 $r=0$ 时, $\text{NA}(r)$ 达到最大值 $\text{NA}_{\max}$;在 $r=a$ 时, $\text{NA}(r)$ 达到最小值 0。

2)渐变型多模光纤的光线轨迹

射线方程的解用几何光学方法分析渐变型多模光纤要求解射线方程,射线方程的一般形式为

$$\frac{\mathrm{d}}{\mathrm{d}s}\left(n\frac{\mathrm{d}\rho}{\mathrm{d}s}\right)=\nabla n \tag{5-12}$$

式中: ρ 为特定光线的位置矢量; s 为从某一固定参考点起的光线长度。选用圆柱坐标 (r, φ, z),把渐变型多模光纤的子午面 $(r-z)$ 示于图 5-10 上。

如式(5-4)所示,一般光纤相对折射率差都很小,光线和中心轴线 z 的夹角也很小,即 $\sin\theta\approx\theta$。由于折射率分布具有圆对称性和沿轴线的均匀性,所以 n 与 φ 和 z 无关。在这些条件下,式(5-12)可简化为

$$\frac{\mathrm{d}}{\mathrm{d}s}\left(n\frac{\mathrm{d}r}{\mathrm{d}z}\right)=n\frac{\mathrm{d}^2 r}{\mathrm{d}z^2}=\frac{\mathrm{d}n}{\mathrm{d}r} \tag{5-13}$$

把式(5-9)和 $g=2$ 代入式(5-13)得到

$$\frac{\mathrm{d}^2 r}{\mathrm{d}z^2}=\frac{-2\Delta r}{a^2\left[1-\Delta\left(\dfrac{r}{a}\right)^2\right]}\approx\frac{-2\Delta r}{a^2} \tag{5-14}$$

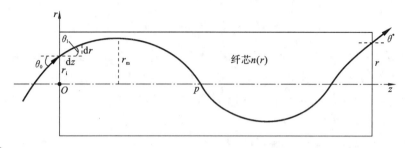

图 5-10   渐变型多模光纤的光线传播原理

解这个二阶微分方程，得到光线的轨迹的普遍公式为

$$
\begin{bmatrix} r \\ \theta^* \end{bmatrix} = \begin{bmatrix} \cos(Az) & \dfrac{1}{An(0)}\sin(Az) \\ -An(0)\sin(Az) & \cos(Az) \end{bmatrix} \begin{bmatrix} r_i \\ \theta_0 \end{bmatrix} \tag{5-15}
$$

这个公式就是自聚焦透镜的理论依据。为方便观察自聚焦效应，把光线入射点移到中心轴线（$z=0$、$r_i=0$），由式(5-15)得到

$$
r = \frac{\theta_0}{An(0)}\sin(Az) \tag{5-16}
$$

$$
\theta^* = \theta_0 \cos(Az) \tag{5-17}
$$

由此可见，渐变型多模光纤的光线轨迹是传输距离 z 的正弦函数，对于确定的光纤，其幅度的大小取决于入射角 θ_0；其周期 $\Lambda=2\pi/A=2\pi a/\sqrt{2\Delta}$，取决于光纤的结构参数 (a,Δ)，而与入射角 θ_0 无关。这说明不同入射角对应的光线，虽然经历的路程不同，但是最终都会聚在 P 点上，如图 5-11 所示，这种现象称为自聚焦(self focusing)效应。

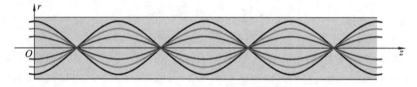

图 5-11   渐变光纤的自聚焦效应

渐变型多模光纤具有自聚焦效应，不仅不同入射角相应的光线会聚在同一点上，而且这些光线的时间延迟也近似相等。

同样我们可以采用波动理论从麦克斯韦方程出发得到单模光纤的相关传输特性，由于其过程较复杂，这里就不再详述。

5.2.3   光纤的传输特性

光纤的传输特性主要是指光纤的损耗特性和色散特性，另有机械特性和温度特性等。

1. 光纤的损耗特性

光波在光纤中传输，随着传输距离的增加，光功率强度逐渐减弱，光纤对光波产生衰减作用，称为光纤的损耗（或衰减）。光纤的损耗限制了光信号的传播距离。

光纤的衰减系数（α）是指光在单位长度光纤中传输时的衰耗量，单位一般用 dB/km。它是描述光纤损耗的主要参数，用公式表示为

$$\alpha = -\frac{10}{L}\lg\frac{P_o}{P_i} = -\frac{10}{L}\lg\frac{P(z)}{P(0)} \quad \left(\frac{dB}{km}\right) \qquad (5\text{-}18)$$

式中：P_o 是光纤出口的光功率；P_i 是光纤入口的光功率；$P(z)$ 是光纤在 z 处的光功率；$P(0)$ 是光纤在 $z=0$ 处的光功率；L 是光纤的长度，衰减系数的单位是 dB/km。

下面我们看一下引起光纤衰减的原因，如图 5-12 所示，可见在单模光纤中有两个低损耗区域，分别在 1310 nm 和 1550 nm 附近，即通常说的 1310 nm 窗口和 1550 nm 窗口。1550 nm 窗口又可以分为 C-band（1525~1562 nm）和 L-band（1565~1610 nm）。

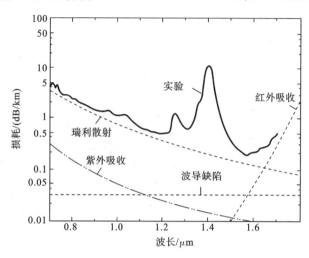

图 5-12 单模光纤损耗谱，示出各种损耗机理

光纤的损耗主要取决于吸收损耗、散射损耗、弯曲损耗等 3 种损耗。

1）吸收损耗

光纤吸收损耗是制造光纤的材料本身造成的损耗，包括紫外吸收损耗、红外吸收损耗和杂质吸收损耗。

吸收损耗是由 SiO_2 材料引起的固有吸收和由杂质引起的吸收产生的损耗。由材料电子跃迁引起的吸收带发生在紫外（UV）区（$\lambda < 0.4\ \mu m$），由分子振动引起的吸收带发生在红外（IR）区（$\lambda > 7\ \mu m$），由于 SiO_2 是非晶状材料，两种吸收带从不同方向伸展到可见光区（见图 5-12）。由此而产生的固有吸收很小，在 0.8~1.6 μm 波段，小于 0.1 dB/km；在 1.3~1.6 μm 波段，小于 0.03 dB/km。光纤中的杂质主要有过渡金属离子（例如 Fe^{2+}、Co^{2+}、Cu^{2+}）和氢氧根（OH^-）离子，这些杂质是早期实现低损耗光纤的障碍。由于技术的进步，目前过渡金属离子含量已经降低到其影响可以忽略的程度。由氢氧根离子（OH^-）产生的吸收峰出现在 0.95 μm、1.24 μm 和 1.39 μm 波长，其中以 1.39 μm 的吸收峰影响最为严重。目前 OH^- 的含量已经降低到 10^{-9} 以下，1.39 μm 吸收峰损耗也减小到 0.5 dB/km 以下。

2）散射损耗

由于材料的不均匀使光信号向四面八方散射而引起的损耗称为瑞利（Rayleigh）散射损耗。散射损耗主要由材料微观密度不均匀引起的瑞利散射损耗和由光纤结构缺陷（如气泡）散射产生的损耗。结构缺陷散射产生的损耗与波长无关。

瑞利散射损耗 αR 与波长 λ 的 4 次方成反比，可用经验公式表示为 $\alpha R = A/\lambda^4$，瑞利散射系数 A 取决于纤芯与包层折射率差 Δ。当 Δ 分别为 0.2% 和 0.5% 时，A 分别为

0.86 和 1.02。瑞利散射损耗是光纤的固有损耗,它决定着光纤损耗的最低理论极限。如果 $\Delta = 0.2\%$,波长为 1.55 μm,那么光纤最低理论极限为 0.149 dB/km。

在光纤制造中,光纤结构上的缺陷会引起与波长无关的散射损耗。

3)弯曲损耗

光纤的弯曲会引起辐射损耗,在实际中有两种情况的弯曲:一种是曲率半径比光纤直径大得多的弯曲;另一种是微弯曲。

决定光纤衰减系数的损耗主要是吸收损耗和散射损耗,弯曲损耗对光纤衰减系数的影响不大。

2. 光纤的色散特性

光脉冲中的不同频率或模式在光纤中的群速度不同,这些频率成分和模式到达光纤终端有先有后,使得光脉冲发生展宽。这就是光纤的色散,如图 5-13 所示。

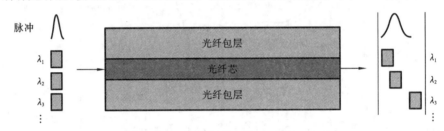

图 5-13 色散引起的脉冲展宽示意图

色散对光纤传输系统的影响,在时域和频域的表示方法不同。如果信号是模拟调制的,色散限制带宽(bandwith);如果信号是数字脉冲,色散产生脉冲展宽(pulse broadening)。

色散一般用时延差来表示,时延差是指不同频率的信号成分传输同样的距离所需要的时间之差。

色散通常用 3 dB 光带宽 f_{3dB} 或脉冲展宽 $\Delta\tau$ 表示。用脉冲展宽表示时,光纤色散可以写成

$$\Delta\tau = (\Delta\tau_n^2 + \Delta\tau_m^2 + \Delta\tau_w^2)^{\frac{1}{2}} \tag{5-19}$$

式中:$\Delta\tau_n$、$\Delta\tau_m$、$\Delta\tau_w$ 分别为模式色散、材料色散和波导色散所引起的脉冲展宽的均方根值。

1)色散的种类

光纤的色散可分为材料色散、波导色散、模式色散、色度色散、偏振色散等。

(1)材料色散。

由于材料折射率随光信号频率的变化而变化,光信号中的不同频率成分所对应的群速度不同,由此引起的色散称为材料色散。

(2)波导色散。

由于光纤波导结构引起的色散称为波导色散,其大小可以与材料色散相比拟,普通单模光纤在 1.31 μm 处这两个值基本相互抵消。

(3)模式色散。

多模光纤中不同模式的光束有不同的群速度,在传输过程中,不同模式的光束因时间延迟不同而产生的色散,称模式色散。

(4)色度色散。

由于光源的不同频率(或波长)成分具有不同的群速度,在传输过程中,不同频率的

光束因时间延迟不同而产生色散称为色度色散。色度色散包括材料色散和波导色散。

（5）偏振色散。

由于光信号的两个正交偏振态在光纤中有不同的传播速度而引起的色散称为偏振模色散（PMD）。

2）色散的表示

通常用时延差表示色散，下面我们来详细讨论。

（1）时延。

设有一单一载频 f_c 携带一个调制信号，当光波频率很高，而调制信号带宽相对较窄时，它在传输过程中的速度可用群速度 v_g 表示，则在单位时间内所用的时间 τ 称为单位长度的时延，即

$$\tau = \frac{1}{v_g} \tag{5-20}$$

代入群速度 $v_g = \dfrac{d\omega}{d\beta}$ 及 $k_0 = \omega \sqrt{\mu_0 \varepsilon_0} = \dfrac{\omega}{c}$，整理后即可得到时延公式：

$$\tau = \frac{1}{c} \cdot \frac{d\beta}{dk_0} \bigg|_{f=f_0} \tag{5-21}$$

式中：c 为光在真空中的光速，f_0 为光波中心频率，β 为光波在光纤中的传播常数，即可由波动方程理论解得。

（2）时延差。

不同速度的信号传输相同的距离，所用时间是不同的，即存在时延差。这个时延差可用 $\Delta\tau$ 表示。由于光源不是单色光，存在一点带宽 $\Delta\omega$，则单位带宽上引起的时延差为 $\dfrac{d\tau}{d\omega}$，那么由 $\Delta\omega$ 引起的时延差为

$$\Delta\tau = \frac{d\tau}{d\omega} \bigg|_{f=f_0} \Delta\omega \tag{5-22}$$

代入式（5-21）中的 τ，并考虑 $k_0 = \dfrac{\omega}{c} = \dfrac{2\pi}{\lambda_0}$，$\lambda_0 = \dfrac{c}{f_0}$，将式（5-22）整理后得到

$$\Delta\tau = 2\pi\Delta f \frac{d^2\beta}{d\omega^2} = \frac{k_0}{c} \cdot \frac{\Delta f}{f_0} \cdot \frac{d^2\beta}{dk_0^2} \tag{5-23}$$

从式（5-23）可见，时延差与信号源的相对带宽 $\dfrac{\Delta f}{f_0}$ 有关，相对带宽越小，时延差越小，引起的色散也越小。

结论：时延并不代表色散的大小，色散的大小是用时延差 $\Delta\tau$ 表示的，时延差越大，色散越大。时延差的单位为 ps/nm·km。

5.2.4 光缆的结构与种类

1. 光缆的结构

光缆由缆芯、护层和加强芯组成。

（1）缆芯：缆芯由光纤的芯数决定，可分为单芯型和多芯型两种。

（2）护层：护层主要是对已成缆的光纤芯线起保护作用，避免受外界机械力和环境损坏。护层可分为内护层（多用聚乙烯或聚氯乙烯等）和外护层（多用铝带和聚乙烯组成的 LAP 外护套加钢丝铠装等）。

（3）加强芯：加强芯主要承受敷设安装时所加的外力。

2. 各种典型结构的光缆

1）层绞式结构光缆

层绞式结构光缆是把经过套塑的光纤绕在加强芯周围绞合而构成。层绞式结构光缆类似传统的电缆结构，故又称为古典光缆。

图 5-14、图 5-15 所示的是目前在市话中继和长途线路上采用的几种层绞式结构光缆的示意图（截面）。

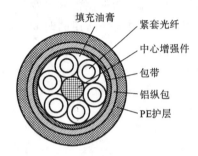

图 5-14　六芯紧套层绞式光缆

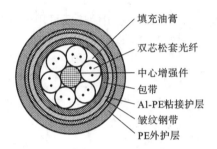

图 5-15　十二芯松套层绞式直埋光缆

2）骨架式结构光缆

骨架式结构光缆是把紧套光纤或一次涂覆光纤放入加强芯周围的螺旋形塑料骨架凹槽内而构成。骨架结构有中心增加螺旋形、正反螺旋形、分散增强基本单元型，图 5-16(b) 所示的是中心增加螺旋形结构。目前，我国采用的骨架式结构光缆，都是采用如图 5-16 所示的结构。

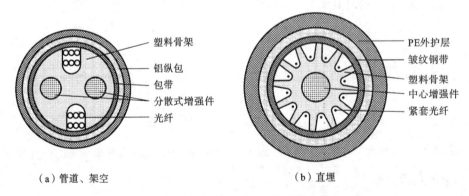

（a）管道、架空　　　　　　　　　　（b）直埋

图 5-16　十二芯骨架式光缆

3）带状结构光缆

带状结构光缆是把带状光纤单元放入大套管中，形成中心束管式结构；也可把带状光纤单元放入凹槽内或松套管内，形成骨架式或层绞式结构，如图 5-17、图 5-18 所示。

单芯结构光缆简称单芯软光缆，如图 5-19 所示。这种结构的光缆主要用于局内（或站内）或用来制作仪表测试软线和特殊通信场所用特种光缆以及制作单芯软光缆的光纤。

3. 光缆分类

光缆按照不同的分类方法可分成不同类别，下面仅讲述几种常用的分类。

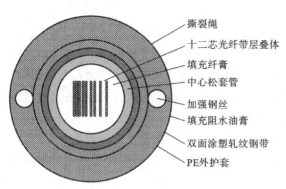

图 5-17　中心束管式带状光缆

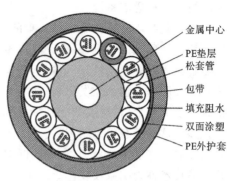

图 5-18　层绞式带状光缆

（1）按传输性能、距离和用途分类。

光缆可分为市话光缆、长途光缆、海底光缆和用户光缆。

（2）按光纤的种类分类。

光缆可分为多模光缆、单模光缆。

（3）按光纤套塑方法分类。

光缆可分为紧套光缆、松套光缆、束管式光缆和带状多芯单元光缆。

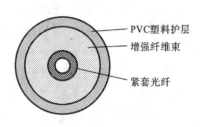

图 5-19　单芯软光缆

（4）按光纤芯数多少分类。

光缆可分为单芯光缆、双芯光缆、四芯光缆、六芯光缆、八芯光缆、十二芯光缆和二十四芯光缆等。

（5）按加强件配置方法分类。

光缆可分为中心加强构件光缆（如层绞式光缆、骨架式光缆等）、分散加强构件光缆（如束管两侧加强光缆和扁平光缆）、护层加强构件光缆（如束管钢丝铠装光缆）和 PE 外护层加一定数量的细钢丝的 PE 细钢丝综合外护层光缆。

（6）按敷设方式分类。

光缆可分为管道光缆、直埋光缆、架空光缆和水底光缆。

（7）按护层材料性质分类。

光缆可分为聚乙烯护层普通光缆、聚氯乙烯护层阻燃光缆和尼龙防蚁防鼠光缆。

（8）按传输导体、介质状况分类。

光缆可分为无金属光缆、普通光缆和综合光缆。

（9）按结构方式分类。

光缆可分为扁平结构光缆、层绞式结构光缆、骨架式结构光缆、铠装结构光缆（包括单、双层铠装）和高密度用户光缆等。

5.3　光纤通信网

5.3.1　数字光纤通信系统概述

光纤通信系统是组成光网络的基本单元，光纤通信系统主要包括数字光纤通信系统和模拟光纤通信系统。

模拟光纤通信系统通常将采集的模拟基带信号直接调制到光载波上,从光发射机经光纤传送到光接收机,从而完成模拟信号的传送;为提高传输质量,也可将模拟基带信号转换为频率调制(FM)、脉冲频率调制(PFM)或脉冲宽度调制(PWM)信号,最后把这种已调信号输入光发射机;还可以采用频分复用(FDM)技术,用来自不同信息源的视频模拟基带信号(或数字基带信号)分别调制指定的不同频率的射频(RF)电波,然后把多个这种带有信息的 RF 信号组合成多路宽带信号,最后输入光发射机,由光载波进行传输。在这个过程中,受调制的 RF 电波称为副载波,这种采用频分复用的多路电视传输技术称为副载波复用(SCM)。

数字光纤通信系统通常将来自电端机上的数字信号调制到光载波上经光纤传送到对端,再解调为数字信号。数字信号经电端机解复用后变为基带数字信号,然后送到用户端。通常数字电端机包括数/模转换电路、编/解码电路、复用和去复用电路、相关保护电路等。

不管是数字系统,还是模拟系统,输入到光发射机带有信息的电信号,都要通过调制转换为光信号。光载波经过光纤线路传输到接收端,再由光接收机把光信号转换为电信号。电接收机的功能和电发射机的功能相反,它把接收的电信号转换为基带信号,最后由信宿恢复用户信息。

1. 数字光通信系统的组成

数字光通信系统由数字光通信发射机、光纤线路和数字光通信接收机等三部分组成。

1)数字光通信发射机

数字光发送机的具体组成包括均衡放大、码型变换、复用、扰码、时钟提取、调制(驱动)电路光源、光源的控制电路(ATC 和 APC)及光监测和保护电路等,如图 5-20 所示。

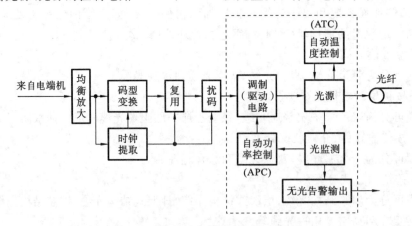

图 5-20 数字光发送机的组成方框图

(1)均衡放大:补偿由电缆传输所产生的衰减和畸变。

(2)码型变换:将 HDB3 码或 CMI 码变化为 NRZ 码。

(3)复用:用一个大传输信道同时传送多个低速信号的过程。

(4)扰码:使信号达到"0""1"等概率出现,利于时钟提取。

(5)时钟提取:提取 PCM 中的时钟信号,供给其他电路使用。

（6）调制（驱动）电路：完成电/光变换任务。

（7）光源：产生作为光载波的光信号。

（8）自动温度控制和功率控制：稳定工作温度和输出的平均光功率。

（9）其他保护、监测电路：如光监测、无光告警电路、LD 偏流（寿命）告警等。

2）数字光通信接收机

数字光通信接收机原理图如图 5-21 所示。

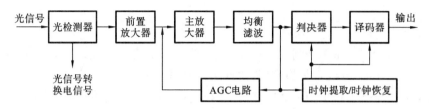

图 5-21　数字光通信接收机原理图

数字光接收机可以分为图中的 8 个部分（或者分为 3 个大块）。

（1）光检测器。

光检测器完成光/电转换，然后送入前置放大器，但是光电流非常小，在纳安至微安量级。

（2）前置放大器。

前置放大器能改善信噪比，其噪声对整个放大器的输出噪声影响很大，影响光接收机的灵敏度。它输出毫伏级的电压。

（3）主放大器。

主放大器把前端输出的信号放大到后继电路需要的电平，即保证增益/提供足够的增益。

（4）均衡滤波。

均衡滤波减小噪声，克服、消除放大器及其他部件（光纤）引起的信号波形失真，使噪声及码间干扰降到最低，对失真的信号进行补偿，使输出信号波形供正确判决。

（5）判决器。

判决器设置判决电平，使放大器送过来的输入信号与判决门限电平比较。在判决时刻，被判码元的瞬时值最大，而相邻码元在此时刻的瞬时值为 0。

（6）译码器。

如果发射端进行线路编码、扰码，译码器在接收端需要有相应的译码/解扰电路。

（7）AGC 电路。

AGC 电路实现自动增益控制，使输出信号在一定范围内不受输入信号变化的影响，保证主放大器的动态范围。

（8）时钟提取/时钟恢复。

同步脉冲提取，以供在准确时刻抽样和判决。

2. 数字光通信系统的特点

（1）抗干扰能力强，传输质量好。在模拟通信系统中，噪声叠加在信号上，两者很难分开，且放大时噪声和信号一起放大，不能改善因传输而劣化的信噪比。数字光纤通信采用二进制信号，信息不包含在脉冲波形中，而由脉冲的"有"和"无"表示。因此，一般噪声不影响传输质量,只有在抽样和判决过程中,当噪声超过一定阈值时,才会产生误码率。

（2）可以用再生中继,传输距离长。数字通信系统可以用不同方式再生传输信号,消除传输过程中的噪声积累,从而恢复原信号、延长传输距离。

（3）适用各种业务的传输,灵活性大。在数字通信系统中,语音、图像等各种信息都变换为二进制数字信号,可以把传输技术和交换技术结合起来,有利于实现综合业务。

（4）容易实现高强度的保密通信。

只需要将明文与密钥序列逐位模 2 相加,就可以实现保密通信。只要精心设计加密方案和密钥序列,并经常更换密钥,便可达到很高的保密强度。

数字通信系统大量采用数字电路,易于集成,从而实现小型化、微型化,增强设备可靠性,有利于降低成本。

数字通信系统的缺点是占用频带较宽,系统的频带利用率不高。注意,这里没有考虑语音、视频压缩编码和多元制数字调制的作用。例如,一路模拟电话只占用 4 kHz 的带宽,而一路数字电话要占用 20~64 kHz 的带宽。数字通信系统的许多优点是以牺牲频带为代价得到的,然而光纤通信的频带很宽,完全能够克服数字通信的缺点。因而对于电话的传输,数字光纤通信系统是最佳的选择。

目前数字通信系统主要包含两种传输体制,一种是 PDH,另一种是 SDH。这两种数字复用体系在早期的电线、电缆及微波等电域传输系统中得到广泛应用。特别是PDH 技术体系为数字通信的发展奠定了基础。这两种数字传输体系结构同样也被引入了早期的光纤通信系统。所以早期的数字光纤通信系统都是以这两种数字信号传输标准进行数字信号传输的。而近年来,以高速率、大容量、多业务为传送目标的现代光纤数字传输技术已经得到迅猛发展,如以密集波分复用技术为基础的光网络技术(OTN,在电域称为 OTH)和以分组技术为基础的下一代光数字传输网络的分组光网络系统(PTN)等都得到迅速发展和应用推广。由于现在还有很多通信系统和设备使用 PDH 标准和 SDH 标准,所以在近期这两种体系结构还不会被淘汰。

5.3.2　SDH 传送网

1. SDH 传送网的概念

SDH 是 ITU-T 制定的,独立于设备制造商的 NNI 上的数字传输体制接口标准(光、电接口)。它主要用于光纤传输系统,其设计目标是定义一种技术,通过同步的、灵活的光传送体系来运载各种不同速率的数字信号。这一目标是通过字节间插(byte-interleaving) 的复用方式来实现的,字节间插使复用和段到段的管理得以简化。

SDH 的内容包括传输速率、接口参数、复用方式和高速 SDH 传送网的 OAM,其主要内容借鉴了 1985 年 Bellcore(现在的 Telcordia Technologies)向 ANSI 提交的SONet(synchronous optical network)建议,但 ITU-T 对其做了一些修改,大部分修改是在较低的复用层,以适应各个国家和地区网络互联的复杂性要求。相关的建议包含在G.707、G.708 和 G.709 中。SDH 设备只能部分兼容 SONet,两种体系之间可以相互承载对方的业务流,但两种体系之间的告警和性能管理信息等无法互通。

SDH 之所以能够快速发展,与它自身的特点是分不开的,其具体特点如下。

（1）SDH 传输系统在国际上有统一的帧结构、数字传输标准速率和标准的光路接口，使网管系统互通，因此有很好的横向兼容性。它能与现有的 PDH 完全兼容，并容纳各种新的业务信号，形成了全球统一的数字传输体制标准，提高了网络的可靠性。

（2）SDH 接入系统的不同等级的码流在帧结构净负荷区内的排列非常有规律，而净负荷与网络是同步的，它利用软件能将高速信号一次直接分插出低速支路信号，实现了一次复用的特性，克服了 PDH 准同步复用方式对全部高速信号进行逐级分解然后再生复用的过程，由于大大简化了 DXC（数字交叉连接），从而减少了背靠背的接口复用设备，改善了网络的业务传送透明性。

（3）由于采用了较先进的 ADM（分插复用器）、DXC、网络的自愈功能和重组功能就显得非常强大，具有较强的生存率。因为 SDH 帧结构中安排了信号的 5% 的开销比特，它的网管功能显得特别强大，并能统一形成网络管理系统，为网络的自动化、智能化、信道的利用率以及降低网络的维管费和生存能力起到了积极作用。

（4）由于 SDH 有多种网络拓扑结构，它所组成的网络非常灵活，能增强网监、运行管理和自动配置功能，优化了网络性能，同时也使网络运行灵活、安全、可靠，使网络的功能非常齐全和多样化。

（5）SDH 有传输和交换的性能，它的系列设备的构成能通过功能块的自由组合，实现了不同层次和各种拓扑结构的网络，十分灵活。

（6）SDH 并不专属于某种传输介质，它可用于双绞线或同轴电缆，但 SDH 如果用于传输高数据率，则需用光纤。这一特点表明，SDH 既适合用作干线通道，也可作支线通道。例如，我国的国家级与省级有线电视干线网就是采用 SDH，而且它也便于与光纤电缆混合网（HFC）相兼容。

（7）从 OSI 模型的观点来看，SDH 属于其最底层的物理层，并未对其高层有严格的限制，便于在 SDH 上采用各种网络技术，支持 ATM 或 IP 传输。

（8）SDH 是严格同步的，从而保证了整个网络稳定、可靠、误码少，且便于复用和调整。

（9）标准的开放型光接口可以在基本光缆段上实现横向兼容，降低了联网成本。

2. SDH 帧结构

1）整体结构

SDH 帧结构是实现 SDH 网络功能的基础，易于实现支路信号的同步复用、交叉连接和 SDH 层的交换，同时使支路信号在一帧内分布均匀、规则和可控，以利于上、下电路。

SDH 帧结构与 PDH 一样，以 125 μs 为帧同步周期，并采用了字节间插、指针、虚容器等关键技术。SDH 系统的基本传输速率是 STM-1（Synchronous Transport Module-1，155.52 Mb/s），其他高阶信号速率均由 STM-1 的整数倍构造而成，如 STM-4（4×STM-1＝622.08 Mb/s），STM-16（16×STM-1＝2488.32 Mb/s），STM-64（64×STM-1＝9953.28 Mb/s）。

SDH 的信号等级如表 5-2 所示。

下面以 STM-1 为例介绍其帧格式。

STM-1 由 9 行、270 列字节组成，高阶信号均以 STM-1 为基础，采用字节间插的方式形成，其帧格式是以字节为单位的块状结构。STM-N 由 9 行、270×N 列字节组成。

表 5-2　SDH 的信号等级

SDH 等级	SONET 等级	信号速率/(Mb/s)	净负荷速率/(Mb/s)	等效的 DS_0 数(64 kb/s)
—	STS-1/OC-1	51.84	50.112	672
STM-1	STS-3/OC-3	155.52	150.336	2016
STM-4	STS-12/OC-12	622.08	601.344	8064
STM-16	STS-48/OC-48	2488.32	2405.376	32256
STM-64	STS-192/OC-192	9953.28	9621.504	129024

STM-N 帧的传送方式与阅读一样,以行为单位,自左向右,自上而下依次发送。

图 5-22 所示的是 STM-1 帧格式示意图。

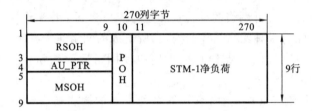

图 5-22　STM-1 帧结构示意图

每个 STM 帧由段开销(section overhead,SOH)、管理单元指针(administrative unit pointer,AU-PTR)和 STM 净负荷(payload)三部分组成。

段开销用于 SDH 传输网的运行、维护、管理和指配(OAM&P),它又分为再生段开销(regenerator SOH,RSOH)和复用段开销(multiplexor SOH,MSOH),它们分别位于 SOH 区的 1～3 行和 5～9 行。段开销是保证 STM 净负荷正常灵活地传送必须附加的开销。

STM 净负荷是存放要通过 STM 帧传送的各种业务信息的地方,它也包含少量用于通道性能监视、管理和控制的通道开销(path overhead,POH)。

管理单元指针(AU-PTR)用于指示 STM 净负荷中的第一个字节在 STM-N 帧内的起始位置,以便接收端可以正确分离 STM 净负荷。它位于 RSOH 和 MSOH 之间,即 STM 帧第 4 行的第 1～9 列。

2)开销字节

SDH 提供了丰富的开销字节,用于简化支路信号的复用/解复用、增强 SDH 传输网的 OAM&P 能力。主要有 RSOH、MSOH、POH 和 AU-PTR,分别负责管理不同层次的资源对象,图 5-23 所示的是 SDH 中再生段、复用段、通道示意图。

(1)RSOH:负责管理再生段,在再生段的发端产生,再生段的末端终结,支持的主要功能有 STM-N 信号的性能监视、帧定位、OAM&P 信息传送。

(2)MSOH:负责管理复用段,复用段由多个再生段组成,它在复用段的发端产生,并在复用段的末端终结,即 MSOH 透明通过再生器。它支持的主要功能有复用或串联低阶信号、性能监视、自动保护切换、复用段维护等。

(3)POH:主要用于端到端的通道管理,支持的主要功能有通道的性能监视、告警指示、通道跟踪、净负荷内容指示等。SDH 系统通过 POH 可以识别一个 VC,并评估系统的传输性能。

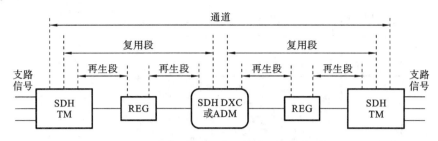

图 5-23 SDH 中再生段、复用段、通道示意图

(4) AU-PTR:定位 STM-N 净负荷的起始位置。

目前 ITU 只定义了部分开销字节的功能,很多字节的功能有待进一步定义。

3) STM 净负荷的结构

(1) VC 的含义。

为使 STM 净负荷区可以承载各种速率的同步或异步业务信息,SDH 引入了虚容器(VC)结构,一般将传送 VC 的实体称为通道。

VC 可以承载的信息类型没有任何限制,目前主要承载的信息类型有 PDH 帧、ATM 信元、IP 分组、LAN 分组等。换句话说,任何上层业务信息必须先装入一个满足其容量要求的 VC,然后才能装入 STM 净负荷区,通过 SDH 网络传输。

VC 由信息净负荷(container)和 POH 两部分组成。POH 在 SDH 网的入口点被加上,在 SDH 网的出口点被除去,然后信息净负荷被送给最终用户,而 VC 在 SDH 网中传输时则保持完整不变。借助于 POH,SDH 传输系统可以定位 VC 中业务信息净负荷的起始位置,因而可以方便、灵活地在通道中的任一点进行插入和提取,并以 VC 为单位进行同步复用和交叉连接处理,以及评估系统的传输性能。

VC 分为高阶 VC(VC-3、VC-4)和低阶 VC(VC-2、VC-11、VC-12)。

要说明的是,VC 中的"虚"有两个含义:一是 VC 中的字节在 STM 帧中并不是连续存放的,这可以提高净负荷区的使用效率,同时这也使得每个 VC 的写入和读出可以按周期的方式进行;二是一个 VC 可以在多个相邻的帧中存放,即它可以在一个帧开始,而在下一帧结束,其起始位置在 STM 帧的净负荷区中是浮动的。

(2) STM 净负荷的组织。

为增强 STM 净负荷容量管理的灵活性,SDH 引入了两级管理结构:管理单元(administrative unit,AU);支路单元(tributary unit,TU)。

AU 由 AU-PTR 和一个高阶 VC 组成,它是在骨干网上提供带宽的基本单元,目前 AU 有两种形式,即 AU-4(见图 5-24)和 AU-3。AU 也可以由多个低阶 VC 组成,此时每个低阶 VC 都包含在一个 TU 中。

TU 由 TU-PTR 和一个低阶 VC 组成,特定数目的 TU 根据路由编排、传输的需要可以组成一个 TUG(TU group)。目前 TU 有 TU-11、TU-12、TU-2、TU-3 四种形式,TUG 不包含额外的开销字节。类似的,多个 AU 也可以构成一个 AUG,以用于高阶 STM 帧。

实际上,AU 和 TU 都是由两部分组成的,即固定部分+浮动部分。固定部分是指针,浮动部分是 VC,通过指针可以轻易地定位一个 VC 的位置。VC 是 SDH 网络中承载净负荷的实体,也是 SDH 层进行交换的基本单位,它通常在靠近业务终端节点的地

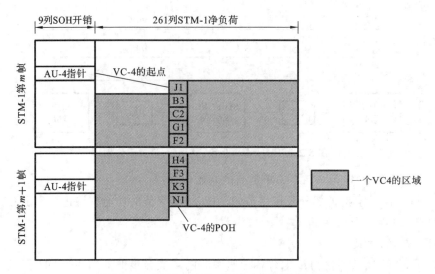

图 5-24 STM-1(AU-4)的净负荷结构示意图

方创建和删除。

3. SDH 复用映射结构

SDH 的一般复用映射结构如图 5-25 所示。各种信号复用到 STM 帧的过程分为以下三个步骤。

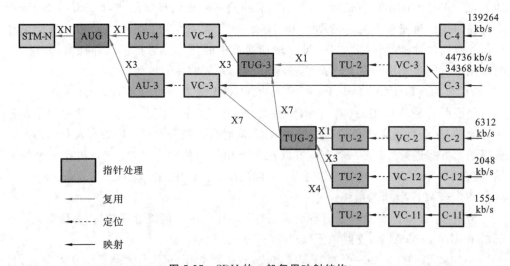

图 5-25 SDH 的一般复用映射结构

(1) 映射(mapping)是一种在 SDH 网络边界处(如 SDH/PDH 边界处),将各种支路信号通过增加调整比特和 POH 适配进 VC 的过程。

(2) 定位(aligning)是指通过指针调整,使指针的值时刻指向低阶 VC 帧的起点在 TU 净负荷中或高阶 VC 帧的起点在 AU 净负荷中的具体位置,使收端能据此正确地分离相应的 VC,即利用 POH 进行支路信号的频差相位的调整,定位 VC 中的第一个字节。

(3) 复用(multiplexing)就是将多个低阶通道层信号适配进高阶通道层或将多个高阶通道层信号适配进复用段的过程,即通过字节间插方式把 TU 组织进高阶 VC 或把 AU 组织进 STM-N 的过程。

为了适应各种不同的网络应用情况,SDH 复用映射有异步、比特同步、字节同步三种映射方法与浮动 VC 和锁定 TU 两种模式。三种映射方法和两类工作模式共可组合成五种映射方式,当前最通用的是异步映射浮动模式。

异步映射浮动模式最适用于异步/准同步信号映射,包括将 PDH 通道映射进 SDH 通道的应用,能直接上/下低速 PDH 信号,但是不能直接上/下 PDH 信号中的 64 kb/s 信号。异步映射接口简单、引入映射时延少,可适应各种结构和特性的数字信号,是一种最通用的映射方式,也是 PDH 向 SDH 过渡期内必不可少的一种映射方式。当前各厂家的设备绝大多数采用的是异步映射浮动模式。浮动字节同步映射接口复杂但能直接上/下 64 kb/s 和 $N\times 64$ kb/s 信号,主要用于不需要一次群接口的数字交换机互连和两个需直接处理 64 kb/s 和 $N\times 64$ kb/s 业务的节点间的 SDH 连接。

SDH 的基本原理:首先各种速率等级的数据流进入相应的容器(C),完成适配功能(主要是速率调整);然后进入虚容器(VC),加入通道开销(POH)。VC 在 SDH 网中传输时可作为一个独立的实体在通道中任意位置取出或插入,以便进行同步复用和交叉连接处理。

由 VC 输出的数据流再按图 5-25 中规定的路线进入管理单元(AU)或支路单元(TU)。在 AU 和 TU 中要进行速率调整,这样使得低一级数字流在高一级数字流中的起始点是浮动的。为了准确地确定起始点的位置,AU 和 TU 设置了指针(AU PRT 和 TU PRT),从而在相应的帧内进行灵活、动态的定位。

在 N 个 AUG 的基础上,再附加 SOH,便形成了 STM-N 的帧结构。图 5-25 中的定位校准即是利用指针调整技术来取代传统的 125 μs 缓存器,实现支路频差的校准和相位的对准。因此,指针调整技术是数字传输复用技术的一项重大革新,它消除了 PDH 中僵硬的大量硬件配件,这种结构有明显的特色,且意义深远。

复用是一种将多个低阶通道层的信号适配进高阶通道,或者把多个高阶通道层信号适配进复用层的过程,其方法是采用字节交错间插的方式将 TU 组织进 VC,或将 AU 组织进 STM-N。由于经 TU PTR 和 AU PTR 处理后的各 VC 支路已实现了相位同步,因此复用过程为同步复用,具体的复用过程在图 5-25 中已表明,即

$$TUG\text{-}2=3\times TUG\text{-}12 \quad 或 \quad TUG\text{-}3=1\times TU\text{-}3$$
$$TUG\text{-}3=7\times TUG\text{-}2$$
$$STM\text{-}1=VC\text{-}4=3\times TUG\text{-}3$$
$$STM\text{-}N=N\times STM\text{-}1$$

不难看出,PDH 低次群信号作为容器经过码流调整并附加以指针后直接映射到 SDH 传输帧中。通过指针直接"取下"或"插入"PDH 低次群信号,取消了背靠背的多路与复用。

要特别说明的是,N 个 STM-1 以字节间插方式复用成 STM-N 时,SDH 的复用并非典型的交错间插,而是仅以第一个 STM-1 的 SOH 和其余 $N-1$ 个 STM-1 的 SOH 中 A1、A2、J0 和 B2 字节参与字节交错间插复用,从而形成 STM-N 的指针和净负荷。

4. SDH 传送网分层模型

如果将分组交换机、电话交换机、无线终端等看作业务节点,则传送网的角色是将这些业务节点互连在一起,使它们之间可以相互交换业务信息,以构成相应的业务网。

然而对于现代高速大容量的骨干传送网来说,仅仅在业务节点间提供链路组是远远不够的,健壮性、灵活性、可升级性和经济性是其必须满足的。

为实现上述目标,SDH 传送网按功能分为两层:通道层和传输介质层,如图 5-26 所示。

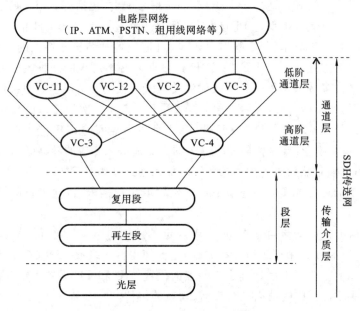

图 5-26　SDH 传送网的分层模型

1) 通道层

通道层负责为一个或多个电路层提供透明通道服务,它定义了数据如何以合适的速度进行端到端的传输,这里的"端"指通信网上的各种节点设备。

通道层又分为高阶通道层(VC-3、VC-4)和低阶通道层(VC-2、VC-11、VC-12)。通道的建立由网管系统和交叉连接设备负责,它可以提供较长的保持时间,直接面向电路层,SDH 简化了电路层交换,使传送网更加灵活、方便。

2) 传输介质层

传输介质层与具体的传输介质有关,它支持一个或多个通道,为通道层网络节点(如 DXC)提供合适的通道容量,一般用 STM-N 表示传输介质层的标准容量。

传输介质层又分为段层和光层,而段层又分为再生段层和复用段层。再生段层负责在点到点的光纤段上生成标准的 SDH 帧,它负责信号的再生放大,不对信号做任何修改。多个再生段层构成一个复用段层,复用段层负责多个支路信号的复用、解复用,以及在 SDH 层次中进行数据交换。光层则是定义光纤的类型以及所使用接口的特性的,随着 WDM 技术和光放大器、光 ADM、光 DXC 等网元在光层的使用,光层也像段层一样分为光复用段和光再生段。

5. SDH 网元设备

1) 终端复用器 TM

TM 主要为使用传统接口的用户(如 T1/E1、FDDI、Ethernet)提供到 SDH 网络的接入,它以类似时分复用器的方式工作,将多个 PDH 低阶支路信号复用成一个 STM-1

或 STM-4,TM 也能完成从电信号 STM-N 到光载波 OC-N 的转换。

2）分插复用器 ADM

ADM 可以提供与 TM 一样的功能,但 ADM 的结构设计主要是为了方便组建环网,提高光网络的生存性。它负责在 STM-N 中插入或提取低阶支路信号,利用内部时隙交换功能实现两个 STM-N 之间不同 VC 的连接。另外一个 ADM 环中的所有 ADM 可以被当成一个整体来进行管理,以执行动态分配带宽,提供信道操作与保护、光集成与环路保护等功能,从而减小由于光缆断裂或设备故障造成的影响,它是目前 SDH 网中应用最广泛的网络单元。

3）数字交叉连接设备 DXC

习惯上将 SDH 网中的 DXC 设备称为 SDXC,以区别全光网络中的 ODXC,在美国称为 DCS。一个 SDXC 具有多个 STM-N 信号端口,通过内部软件控制的电子交叉开关网络,可以提供任意两端口速率(包括子速率)之间的交叉连接,另外 SDXC 也执行检测维护、网络故障恢复等功能。多个 DXC 的互联可以方便地构建光纤环网,形成多环连接的网孔网骨干结构。与电话交换设备不同的是,SDXC 的交换功能(以 VC 为单位)主要为 SDH 网络的管理提供灵活性,而不是面向单个用户的业务需求。

SDXC 设备的类型用 SDXC x/y 的形式表示,其中"x"代表端口速率的阶数,"y"代表端口可进行交叉连接的支路信号速率的阶数。(x,y:0: 64 kb/s;1-4:PDH1-4 次群速率;4/5/6:STM-1/4/16)例如,SDXC 4/4,代表端口速率的阶数为 155.52 Mb/s,并且只能作为一个整体来交换;SDXC 4/1 代表端口速率的阶数为 155.52 Mb/s,可交换的支路信号的最小单元为 2 Mb/s。

6. SDH 网络结构及应用

1）网络结构

SDH 与 PDH 的不同点在于,PDH 是面向点到点传输的,而 SDH 是面向业务的,利用 ADM、DXC 等设备,可以组建线性、星形、环形、网状形等多种拓扑结构的传送网,SDH 还提供了丰富的开销字段。这些都增强了 SDH 传送网的可靠性和 OAM&P 能力,都是 PDH 系统所不具备的。

按地理区域来分割,现阶段我国 SDH 传送网分为四层:省际干线网、省内干线网、中继网、用户接入网,如图 5-27 所示。

(1)省际干线网。

在主要省会城市和业务量大的汇接节点城市装有 DXC4/4,它们之间用 STM-4、STM-16、STM-64 高速光纤链路构成一个网孔型结构的国家骨干传送网。

(2)省内干线网。

在省内主要汇接节点装有 DXC4/4 或 DXC4/1,它们之间用 STM-1、STM-4、STM-16 高速光纤链路构成网状或环形省内骨干传送网结构。

(3)中继网。

中继网指长途端局与本地网端局之间,以及本地网端局之间的部分。对中等城市一般可采用环形结构,特大城市和大城市则可采用多环加 DXC 结构组网。该层面主要网络设备为 ADM、DXC4/1,它们之间用 STM-1、STM-4 光纤链路连接。

(4)用户接入网。

该层面处于网络的边缘,业务容量要求低,且大部分业务都要汇聚于端局,因此环

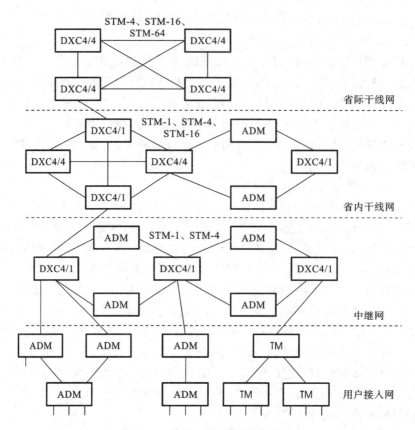

图 5-27 我国 SDH 传送网的结构

形和星形结构十分适合于该层面。它使用的网元主要有 ADM 和 TM,提供的接口类型也最多,主要有 STM-1、STM-4,PDH 体制的 2 M、34 M 或 140 M 接口等。

2)应用

由于 SDH 具备众多优势,其在广域网领域和专用网领域得到了巨大的发展。电信、联通、广电等电信运营商都已经大规模建设了基于 SDH 的骨干光传输网络。利用大容量的 SDH 环路承载 IP 业务、ATM 业务或直接以租用电路的方式出租给企、事业单位。而一些大型的专用网络也采用了 SDH 技术,架设系统内部的 SDH 光环路,以承载各种业务。例如,电力系统利用 SDH 环路承载内部的数据、远控、视频、语音等业务。而对于组网更加迫切而又没有可能架设专用 SDH 环路的单位,很多都采用了租用电信运营商电路的方式。由于 SDH 基于物理层的特点,单位可在租用电路上承载各种业务而不受传输的限制。该承载方式有很多种,可以是利用基于 TDM 技术的综合复用设备实现多业务的复用,也可以利用基于 IP 的设备实现多业务的分组交换。SDH技术可真正实现租用电路的带宽保证,其安全性方面也优于 VPN 技术。在政府机关和对安全性非常注重的企业,SDH 租用线路得到了广泛的应用。一般来说,SDH 可提供 E1、E3、STM-1 或 STM-4 等接口,完全可以满足各种带宽要求,同时在价格方面,也被大部分单位所接受。

5.3.3 波分复用技术

随着信息时代的到来,人们对信息量的需求急剧增加,对光纤通信系统运载信息能力的要求也日趋增强,光纤的可开发使用带宽高达 240 THz。为了进一步满足各种宽带业务对网络容量的需求、提高光纤的利用率、挖掘出更大的带宽资源,开发和使用新型光纤通信系统将成为未来的趋势,其中采用多信道复用技术是加大通信线路传输容量的一种较好的办法。其中波分复用技术是目前在光通信系统中最为成熟和广泛使用的服务技术之一。

1. 波分复用的概念

在光纤中传输一路波长信道时,其容量就比电缆要大得多,而如果能够在一根光纤中同时传输很多路波长信道,则通信容量将会大幅度增加。这种在一根光纤中传输多个波长信道的技术就是 WDM 技术,又称为光波长分割复用。应用波分复用技术,将大量不同的波长信道同时在一芯光纤中传输,使通信容量成倍或数十倍、数百倍地增长,用以满足日益增长的信息传输的需要。

波分复用技术就是为了充分利用单模光纤低损耗区带来的巨大带宽资源,根据每一信道光波的频率(或波长)不同将光纤的低损耗窗口划分成若干个信道,WDM 技术在一根光纤上承载多个波长(信道),将一根光纤转换为多条虚拟纤,每条虚拟纤独立工作在不同的波长上。应用 WDM 技术,原来在一根光纤上只能传送一个光载波的单一光信道变为可传送多个波长光载波的光信道,使得光纤系统的容量大大地增加,对实现高速通信有着十分重要的意义。

WDM 系统的原理结构如图 5-28 所示,把光波作为信号的载波。在发送端,n 个光发射机分别发射 n 个不同波长的信号,复用器(合波器)将载有信息的 n 个不同波长的光载波,在光频域内以一定的波长间隔合并起来,并送入一根光纤中进行传输;在接收端,再利用具有光波长选择功能的解复用器(分波器)将各个不同波长的光载波分开,并做进一步处理,恢复原信号后送入不同的终端。由于每个不同波长信道的光信号在同一光纤中是独立传输的,因此在一根光纤中可实现多路光信号的复用传输。它能充分利用光纤宽带的传输特性,使一根光纤起到多根光纤的作用。

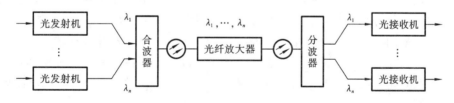

图 5-28　WDM 系统的原理结构

WDM 是对多个波长进行复用,能够复用的波长个数与相邻两波长之间的间隔有关,间隔越小,复用的波长个数就越多。根据相邻信道波长之间的间隔不同,波分复用可分成粗波分复用(CWDM)和密集波分复用(DWDM),一般将相邻信道中心波长的间隔为 50～100 nm 的系统,称为 CWDM 系统,而将相邻信道中心波长的间隔为 1～10 nm 的系统称为 DWDM 系统。

2. WDM 技术的特点

光波分复用系统具有如下特点。

(1) 超大容量传输。WDM 系统可充分利用光纤的巨大带宽资源(低损耗波段),使一根光纤的传输容量比单波长传输的增加几倍至几十倍,可达到 300～400 Gb/s,从而降低了成本,具有很大的应用价值,在很大程度上解决了传输带宽问题。

(2) 传输多种不同类型信号。WDM 系统各复用通路使用的各信号波长彼此独立,因而可以传输特性完全不同的业务信号,完成各种通信业务的合成与分解,包括数字信号和模拟信号,以及 PDH 信号和 SDH 信号,实现多媒体信号(语音、视频、数据和图像等)的混合传输。

(3) 多种网络应用形式。根据不同的需求,WDM 技术有很多种应用形式,如长途干线网络、广播式分配网络、多路多址局域网络应用等。

(4) 扩充网络容量、减少投资。对已建的光纤通信系统扩容方便,只要原系统的功率富余度较大,进一步增容不用敷设更多的光纤线路,也无须使用高速率的网络部分,只要更换光端机就可实现网络容量的扩充。

(5) 组网灵活、可靠。可在网络节点使用光分插复用器(OADM)直接上下光波长信号,或使用光交叉连接设备(OXC)对光波长直接进行交叉连接,组成具有高灵活性、高可靠性、高生存性的全光网络。

(6) 实用高效、性能优良。业已成熟的掺铒光纤放大器(EDFA)技术在特定的频带内,无须进行光/电转换就可直接放大光波信号,为高密度波分复用传输系统的应用提供了最佳扩展空间。

(7) 业务透明。波分复用通道对数据格式是透明的,与信号速率及电调制方式无关。通过增加一个附加波长即可引入想要的宽带新业务或新容量,如 IP over WDM 技术,是一种实现宽带新业务的方便手段。

(8) 降低器件的超高速要求。随着信号传输速率的不断提高,对系统中所使用的光器件的响应度要求越高,许多光电器件的响应速度已明显不足,因此器件的"电瓶颈"直接限制了系统的信息传输速率。使用 WDM 技术可降低对一些器件在性能上的极高要求,同时又可实现大容量传输。

(9) 光波分复用器结构简单、体积小、可靠性高。在波分复用技术中,其关键在于光波分复用器,它具有将几种不同波长的光信号按一定顺序组合起来传输的功能,又具有将多种波长信号组合起来的光信号分开,并分别送入相应终端设备的功能。目前实用的光波分复用器是无源纤维光学器件,由于不含电源,因而器件具有结构简单、体积小、可靠性高、易于与光纤耦合等特点。另外由于波分复用器具有双向可逆性,即一个器件可以起到将不同波长的光信号进行组合和分开的作用,因此便于在一根光纤上实现双向传输的功能。

(10) 光波分复用方式的实施,主要是依靠波分复用器件来完成的,而波分复用器的使用会引入插入损耗,波长数较多时插入损耗较大,将降低系统的可用功率。利用光纤放大器可以补偿光功率的损失,但仍受光纤非线性的影响。此外,一根光纤中不同波长的光信号会产生相互影响,造成串光的结果,从而影响接收灵敏度。

3. DWDM 系统组成

DWDM 系统主要由六部分组成,即光发射机、光中继放大器、光接收机、光监控信道、网络管理系统和光纤,其基本结构和工作原理如图 5-29 所示。

在发送端,光发射机将来自终端设备符合 G.957 协议的非特定波长的光信号经光波转发器(OTU)转换为 G.692 定义的稳定的特定波长的光信号,然后利用光合波器将多个不同波长的光信号合成多通路光信号,再通过光前置放大器放大后送入光纤信道。

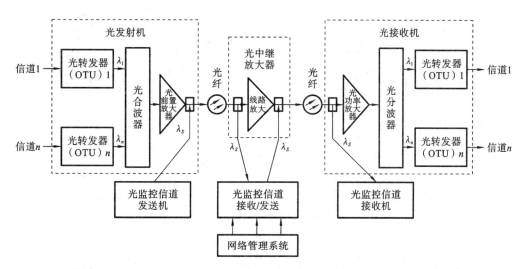

图 5-29 DWDM 系统的基本结构和工作原理

光中继放大器把单根光纤中多个波长的光信号同时放大以补偿线路损耗,从而延长通信距离。目前一般使用 EDFA,而且必须采用增益平坦技术使 EDFA 对不同波长的光信号具有相同的增益。

在接收端,经传输而衰减的主信道的光信号由光功率放大器放大后,利用光分波器从主信道的光信号中分出各个特定波长的光信号,再经 OTU 转换成原终端设备所具有的非特定波长的光信号。接收机不但要满足一般接收机对光信号灵敏度、过载功率等参数的要求,还要能承受一定的光噪声的信号,且有足够的电带宽性能。

光监控信道主要用以监控系统内各信道的传输情况,在发送端插入本节点产生的波长为 λ_s(1510 nm)的光监控信号,与主信道的光信号合波后输出;在接收端,从接收到的光信号中分离出光监控信号。帧同步字节、公务字节和网管所用的开销字节等都能通过光监控信道传输。由于光监控信号是利用 EDFA 工作波段以外的波长,所以光监控信号不能通过 EDFA,只能在 EDFA 后面插入,和在 EDFA 前面取出。

网络管理系统通过光监控信道传送开销字节到其他节点或者接收其他节点的开销字节对 DWDM 系统进行管理,实现配置管理、故障管理、性能管理、安全管理等功能,并与上层管理系统(如 TMN)相连。

4. DWDM 系统的基本结构

通常,DWDM 系统的基本构成主要有双纤单向传输、单纤双向传输和光分路插入传输三种基本形式。

双纤单向 DWDM 传输是指所有光通路在一根光纤上同时沿同一方向传送,如图 5-30 所示。在发送端,将具有不同波长 λ_1,λ_2,…,λ_n 的载有各种信息的已调光信号经复用器组合在一起,并在一根光纤中单向传输。在接收端,通过解复用器将不同波长的各信号分开,完成多路光信号传输。由于各信号是通过不同光波长携带的,因此互相不会产生干扰。反方向的信息则通过另一根光纤传输,其原理相同。

单纤双向 DWDM 传输是指光通路在一根光纤上同时沿两个不同方向传输,如图 5-31 所示。所有波长相互分开,以实现双向全双工的通信。

单向 DWDM 传输系统设备简单,易于实现,但使用的光纤和光纤放大器的数量较

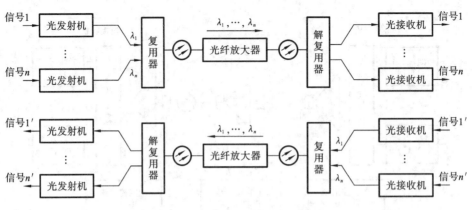

图 5-30 双纤单向 DWDM 传输

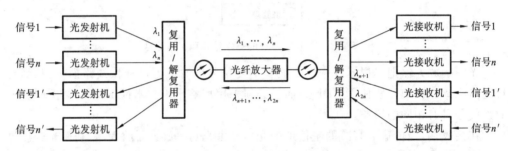

图 5-31 单纤双向 DWDM 传输

多。而双向 DWDM 传输系统的开发和应用相对要求较高,在设计和应用双向 DWDM 传输系统时需考虑几个关键因素,如为抑制多通道干扰,须注意光反射的影响、双向通道间的隔离、串扰的类型和数值、两个方向的功率电平值和相互的依赖性、光监控信道传输和自动功率关断等问题,同时还必须使用双向光纤放大器。虽然双向 DWDM 传输系统实现复杂,但与单向 DWDM 传输系统相比,可以减少光纤和光纤放大器的使用数量,从而降低系统成本。

光分路插入传输结构如图 5-32 所示,在这种系统中,两端都需要一组复用/解复用器(MD),通过解复用器将光信号 λ_1、λ_2 从线路中分出来,并且利用复用器将光信号 λ_3、λ_4 插入到线路中进行传输。通过各波长光信号的合波和分波实现信息的上/下通路,这样就可以根据光纤通信线路沿线的业务量分布情况,合理地安排插入或分出信号,如哪些信号是本地区内使用,哪些信号是跨地区使用等。

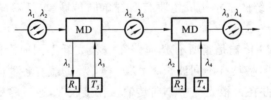

图 5-32 光分路插入传输结构

在 DWDM 系统中使用的主要设备有 DWDM 激光器、光波复用器、光接收器和光放大器等。

(1) DWDM 激光器。

几乎所有的 DWDM 系统都工作在 1550 nm 的低耗波长区。这样,当信号沿光纤传输时,光传输功耗小,能保证尽可能大的传输距离和更好的信号完整性。为此,要选用 1550 nm 波段的高分辨率或窄带激光器。

(2)复用器。

复用器是 DWDM 系统中最关键的设备。从原理上说,复用器是双向可逆的,将一个复用器的输入和输出调换过来,就是解复用器。

(3)光接收机。

光接收机负责检测进入的光波信号,并将它转换为一种适当的电信号,以便接收设备处理。

(4)光纤放大器。

光纤放大器用来提升光信号,补偿由于长距离传输而导致光信号的功耗和衰减。

5. DWDM 系统的关键技术

DWDM 系统需要很多与其功能相适应的高新技术和器件,DWDM 的关键技术包括三个方面,即光源技术、光滤波技术和光放大技术等,在此不再详述。

5.3.4 光网络技术

1. 光网络技术的概念

光纤通信网络实质上是由用户终端设备、传输设备、交换设备等硬件系统和相应的信令系统、协议、标准、资费制度与质量标准等软件构成的。

(1)用户终端设备是以用户线为传输信道的终端设备,也称为终端节点。

(2)传输设备是为用户终端和业务网提供传输服务的电信终端,主要包括光收、发信机设备,PDH 准同步数字系列中的 PCM 复接设备,SDH 同步数字系列中的终端复用器等各种复用设备。

(3)交换设备用于用户群内各用户终端按需求提供相应的临时传输信道连接,并控制信号的流量、流向,以达到公用电信设备、提高设备利用率的目的。例如,电话通信中的程控交换机、数据通信中的分组交换机、宽带通信中的 ATM 交换机及全光通信中的光交换机等。

(4)信令系统是光纤通信网的神经系统。例如,若电话要接通,则必须传递和交换必要的信令以完成各种呼叫处理、接续、控制与维护管理等功能。信令系统可使网络作为一个整体而正常运行,有效完成任何用户之间的通信。

(5)协议是光纤通信网中用户与用户及用户与网络资源间完成通信或服务所必须遵循的原则和约定的共同"语言"。这种语言使通信网能够合理运行、正确控制。而标准则是由权威机构所制定的规范。

2. 光纤通信网络的发展历程

20 世纪 70 年代,随着低损耗石英光纤的研制、光纤的带宽不断增加、光源和光电检测的性能不断改善,光纤通信由起步逐渐走向成熟。到 1976 年,第一条速率为 44.7 Mb/s 的光纤通信系统在美国亚特兰大商用化。

20 世纪 80 年代是光纤通信大发展的时代,随着光纤通信从 0.85 μm 波段转向 1.3 μm 波段,从多模光纤转向单模光纤,各种速率的光纤通信系统在世界各地建立起来,并很快取代了电缆通信,成为电信网中重要的一个环节。

20 世纪 90 年代,随着人类信息化时代的到来,通信的需求量迅猛增长。然而,由于受到电子处理瓶颈的限制,单信道速率达到数十吉比特每秒已经非常困难,使得光纤通信系统出现了负载能力接近饱和的情况。随着掺铒光纤放大器的发明,WDM 在 20 世纪 90 年代后期逐渐成熟并进入商业化,由于采用多通道复用传输技术,WDM 为大容量光纤通信的发展奠定了基础。

光网络发展到现在,已经不仅仅是简单的光纤传输链路,它是在光纤提供的大容量、长距离、高可靠的传输介质基础上,利用光和电子控制技术实现多节点网络的互联和灵活调度。从历史发展的角度来看,光网络可以分为以下三代。

第一代光网络是以 SDH/SONET 为代表,它在历史上第一次实现了全球统一的光网络互联技术,规范了光接口,而且定义了对光信号质量的监控、故障定位和配置等重要网络管理功能。SDH/SONET 采用光传输系统和电子节点的组合,其中光技术用于实现大容量传输,光信号在电子节点中转换为电信号,在电层上实现交换、选路和其他智能。由于受到光—电—光转化效率的影响,为了提高光纤的带宽容量和网络的传输性能,发展了 WDM 光网络,但是在互联技术上没有实现统一,网络性能依然没有改善。

第二代光网络是以 ITU-T 为基础提出的 OTN。OTN 是以波分复用技术为基础、在光层组织网络的传送网,通过增加了交换、选路和其他智能在光层上的实现,解决了传统 WDM 光网络无波长/子波业务调度能力、组网能力弱和保护能力弱的问题。

第三代光网络是全光网,是指网络端到端用户节点之间的数据传交换整个过程都是在光域内进行,中间没有光电信号的转换。由于光信号网络是完全透明的,从而充分利用光纤的潜力,提高网络传输性能。然而,全光交换技术、全光交叉技术的不成熟以及全光组网技术未标准化,全光网目前仍是个研究热点。

3. 光纤通信网络的技术特点

光纤通信技术已渗透到了电信网的接入网、本地网(接入中继网)和长途干线网(骨干网)之中,但由于价格和用户所需带宽的问题,短时间内完全实现光纤接入到户还不现实。在这些典型的网络应用中,光纤只用来代替各类电缆,主要用作传输介质连接业务节点,即实现了节点之间链路传输的光信号格式化,而节点对信号的处理、队列和交换等还是采用电子技术。这类网络称为第一代光网络,即光电混合网。典型的第一代光网络有 SONET(同步光网络)和 SDH(同步数字体系),还有各类企业网如光纤分布数据接口(FDDI)等。

当数据速率越来越高时,采用电子技术处理交换节点的数据是相当困难的。考虑到节点处理的数据不仅有到达自身的,还有通过该节点到达其他节点的,如果到达其他节点的数据能在光域选路,则电子技术处理的数据速率就下降了,其负担就小得多了,这使得第二代光网络(即全光网络)诞生了。第二代光网络以在光域完成节点数据的选路与交换为标志,实现了节点的部分光化。第二代光网络中的代表技术包括 WDM、OTDM 和 OCDMA 等。下面简单介绍一下第二代光网络的主要特点。

1)新型业务提供

为了更好地理解第二代光网络,了解它提供给用户的服务类型是很重要的。任一网络可看成由许多层构成,每一层完成相应的功能。第二代光网络可看成是一个光层,借助于低层(如物理层)为其高层(如 SDH 层、ATM 层、IP 层等)提供服务,服务类型包括以下几个方面。

（1）光通道服务。

光通道是网络中任意两节点之间的连接，通过给其通道上的一个链路分配一个特定波长来建立。

（2）虚电路服务。

光层提供网络两节点之间的电路连接，但连接的带宽可以小于链路或波长上的总带宽，如用户需 1 Mb/s 的带宽连接，而网络链路可工作于 10 Gb/s，则网络必须采用复用技术（如时分复用）来复用许多虚电路到单个波长上去。

（3）数据报业务。

允许两个节点之间传送短的分组或消息，而无须建立连接的额外开销（如占用信息带宽）。

2）信息的透明性

第二代光网络的又一个主要特点是，光通道一旦建立起来，提供的电路交换业务对所传数据是透明的，除了最大的数据速率或带宽是规定的外，对数据采用的格式是没有要求的，甚至可以是模拟数据信号。

第二代光网络的透明程度取决于其物理层的参数，如带宽和信噪比等。如果信号从源节点到达其目的节点的通信过程全在光域，则透明程度最高。在这种情况下，模拟信号比数据需更高的光信噪比。然而在某些情况下，两点之间的信号不能一直在光域，而需要中继，这意味着信号需由光域变换到电域，然后再反过来由电域变换到光域。在光通道上使用中继器会降低网络的透明程度。

3）电分组与光分组交换

考虑到第一代光网络在实际通信网络中的保有量非常大，因此在第二代光网络快速发展的同时，第一代光网络仍然在继续开发中，这意味着要进一步增加光纤中的传输容量以及提高电子交换开关的处理能力和端口数目。尽管电子交换技术是最成熟的技术且易于集成，但是当传输速率增加到数十吉比特每秒乃至更高时，采用电子技术完成所有的交换和处理功能是相当困难的。另一方面，光交换和选路技术还不是非常成熟，在网络中，光开关只能实现电路交换或交叉连接功能，还不能提供像电分组交换那样实现完全意义的分组交换，因此第二代光网络在一开始只能提供电路交换型光通道业务。随着技术的不断改进，可以预见未来的分组交换网络提供越来越多的虚电路业务和数据报业务将会变成现实。

4）光层

光层这一术语现在普遍用来表示第二代 WDM 光网络层的功能，它能够为其光层的用户提供光通道。光层位于现存的网络层，如 SDH 的下层。光通道代替了 SDH 网络节点之间的光纤。现存的 SDH 网络有许多功能，这些功能包括点到点连接和分插功能。分插功能意味着节点不但可以分出业务，也可以让业务直接通过该节点。由于每个节点只能终结经过它们的业务总量的一小部分，因此这个功能是很重要的。SDH 网络同样包括交叉连接功能，它可以完成多业务流之间的交换。SDH 网络还能在不中断业务的情况下处理设备和链路故障。

光层可以执行与 SDH 层相同的功能，它可以支持点到点 WDM 链路以及分插功能，即节点可以分出某些波长，也能让某些波长直接通过。

4. 光纤通信网络的关键技术

基于下一代信息网络的现代服务体系(即 e-Service)如图 5-33 所示,图中的圆就是光网络为基础构建的,也就是说,信息技术必须依托光网络。

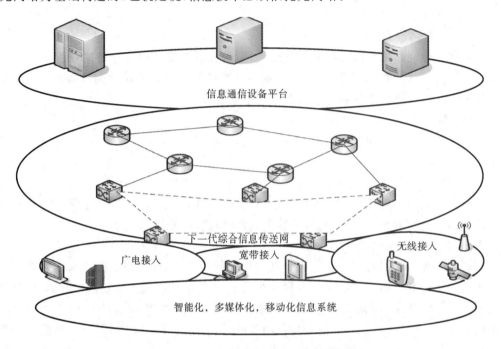

图 5-33 基于下一代信息网络的现代服务体系

这里的光网络,是指以光纤为传输介质的通信网络。当前信息传输系统有两大核心技术:光纤通信和无线通信。光纤通信具有频带宽、容量大的特点。单模光纤在 1200～1600 nm 波长范围内衰耗很低,一般在 0.3 dB/km 左右,其频带超过 50 THz。这一频带宽度超过了目前世界上所有通信技术使用的频带宽度几个数量级。技术上,设最高频谱效率为 0.8 b/s/Hz,可安排 500 路 40 Gb/s,光纤容量可达 20 Tb/s。因此,一根光缆(多纤)的总容量可达 Pb/s 的量级(1 P=1000 T=10^{15} B)。所以说,光纤仍是保证通信大容量扩展的最佳介质。

光网络技术通常可分为光传输技术、光节点技术和光接入技术,它们之间有交叉和融合。下面我们阐述未来五至十年内光网络发展趋势,以及影响光网络发展的各方面的相互关系。

1) 光传输技术

光传输技术解决干线网所需的容量,而超大容量将成为下一代网络的基本特征。大容量的光传输技术,比较成熟且应用较广的是 DWDM,目前商用的 DWDM 系统已经实现 1600 Gb/s 的容量(160 波、每波道速率 10 Gb/s)、3000 km 超长距离传输。其主要的技术发展趋势如下。

(1) 扩展传输光纤的可用带宽。可采用下面方法扩展传输光纤的可用带宽。

① 随着光纤制造技术的进步和激光源制造技术的发展,可用于光通信的波长带已经由最常用的 C 波段发展到 L 波段、S 波段乃至全波段。② 压缩相邻光波长之间的间隔。大容量密集波分复用系统相邻波长间的间隔在短短的几年时间内经历了由 200

GHz、100 GHz、50 GHz 乃至 25 GHz 的演变,每前进一步系统可容纳的波长数就可以增加一倍。③ 单波长传输速率不断提高。电时分复用的速率在短短的不到 10 年的时间内从 155 Mb/s 到 10 Gb/s 乃至 40 Gb/s 发展。④ 采用 ULH(超长距离)技术,延长无再生中继距离。

(2) 光城域网技术。

城域网(metro access networks,MAN)起源于计算机网,作为计算机的局域传输互连。随着数据业务的兴起,各类不同背景的运营公司将其发展为区域性多业务通信网,而其关键特征是公用多业务网。

城域网就是多业务传输平台(MSTP),以传输为主,但含有交换的成分,即含有节点技术,是传输技术与节点技术融合的平台。MSTP 主要有三大类:第一类以 SDH 为核心的 SDH-MSTP;第二类以分组交换为核心的 Package-MSTP,主要指以太网;第三类以 WDM 为基础的城域 WDM、SDH-MSTP。SDH 技术是目前国家通信基础设施的核心技术,现网运行的 SDH 设备占传输系统总量的 80% 以上。因此 SDH-MSTP 仍将在相当长的一段时间内占据城域网建设的主体地位,其发展趋势是提供更丰富、更经济的多业务承载能力。目前,已经实现的技术包括 VC 级联和虚级联、链路容量调整方案(LCAS)和 GFP/LAPS/PPP 等标准封装协议,通过引入 VC 级联与虚级联以提高传输带宽分配的灵活性和使用效率;通过对 LCAS 的支持以实现虚级联承载业务时多径传输的保护能力和潜在的带宽动态调整的可能性;通过支持 GFP/LAPS/PPP 等标准封装协议以保证由不同厂家设备承载的以太网业务实现互联互通。同时具有更高的智能也是基于 SDH-MSTP 的一个重要的发展方向,其可实现带宽按需分配,进一步将客户层网络对带宽需求的变化和节点的带宽调整动作关联起来,逐步向 ASON 演进。基于分组的多业务传送技术(package-MSTP)是城域网从计算机网发展而来的本来方式,虽然其技术比较成熟(简捷、高效),但局限性也比较明显(安全性差、服务质量差)。这种基于分组的多业务传送技术现发展为三种方式:改进的以太网技术、弹性分组环(RPR)技术和工作于 RPR 的 MAC 层之上的 MSR(多业务环)技术。改进以太网技术的主要手段就是在以太网帧外再加帧进行包装,新加的帧提供服务质量(QoS)保证。RPR 技术借鉴 SDH 的环路保护技术,适合于以数据业务为主、TDM(时分复用)业务为辅的网络,随着数据业务日益成为业务的主体,其应用范围会逐渐扩大。MSR 技术不仅和RPR 融合,而且通过支路(业务;如以太网、FR(帧中继)、G.702 等)以及赋予支路不同的特性提供了诸多电信级的功能。

WDM-MSTP。WDM 系统在具有大容量特点的同时,还具有组网灵活、易扩展和易管理等优点。城域 WDM 系统包括城域 DWDM 和 CWDM。城域网 WDM 演进为OADM 光自愈环,最终引入 OXC 互连大量的光自愈环形成光网状网结构,从而带来网状网结构的大量好处,引入 ASON 功能实现动态分配部署波长提供端到端波长业务。CWDM 与 DWDM 在原理上完全相同,CWDM 以扩大波长间隔、减少波长数量作为代价,以降低成本。

2) 光节点技术

(1) 光交叉技术。

现在 WDM 技术的研究方向主要有两个:一个是朝着更多波长、单波长更高速率的方向发展;另一个是朝着 WDM 联网方向发展。点到点的 DWDM 系统只提供了原始的带宽,在竞争激烈的市场中,按需分配容量、个性化业务和低成本等是竞争的优势。因此业务提供者需要与此相适应的方案,需要提供灵活的交叉节点才能更好地满足对传输容量和带宽的巨大需求,具有全光交换能力的光交换节点,其主要研究集中在OXC、OADM 器件以及由这些器件构成的系统上,它可以在此基础上形成具有全光交换能力的产品。

(2)光交换技术。

光交换技术是指不经过任何光/电转换,在光域直接将输入光信号交换到不同的输出端。光交换技术可分成光路光交换类型和分组光交换类型,前者可利用 OADM、OXC 等设备来实现,而后者对光部件的性能要求更高。由于目前光逻辑器件的功能还比较简单,不能完成控制部分复杂的逻辑处理功能,因此国际上现有的分组光交换单元还要由电信号来控制,即所谓的电控光交换。随着光器件技术的发展,光交换技术的最终发展趋势将是光控光交换。

3)智能光网络技术

智能光网络是光网络技术的发展方向,通过研究智能化的光联网技术,可以解决面向未来互联网在光层上动态、灵活、高效的组网问题,具体体现就是 ASON 技术。现在主要研究的问题集中在多粒度光交换、动态波长选路与连接类型、接口单元(NNI、UNI)、业务适配与接入、自动资源发现、控制协议、接口与信令、链路监控与管理、组网与生存性、核心功能软件与网络管理系统等关键技术。

4)光纤接入技术

(1)接受光接入网的充分条件。

光接入技术的发展,与成本(经济性)的关联太密切。骨干网和城域网的传输设备和节点设备,其价格对老百姓用户是隐性的,而光接入技术的成本对老百姓用户是显性的、直接的。因此,相比干线网络技术,接入网的发展相对较慢。接入网的带宽基本停留在窄带水平,根本原因是缺少两个充分条件:一个是能够吸引家庭客户且能够承受费用的实时宽带业务,另一个是对家庭用户来说可以与铜线接入成本相当甚至更低。现在的接入技术手段,如 xDSL(xdigital subscriber loop,x 数字用户环路)系统、HFC(hybrid fiber cable,混合光纤同轴电缆)系统、以太网接入系统和宽带无线接入系统,都基于铜缆或微波频段的接入,受到传输介质、无线频谱和技术体制的先天限制,这些接入方式不能从根本上最终解决用户的宽带接入需求。如果上述的两个充分条件有一个达到,则唯一能够从根本上彻底解决带宽需求的长远技术是光纤接入网。

(2)光纤通信的大同世界——FTTH。

光纤接入技术已广泛应用到汇聚层,而应用到接入终端,即光纤到户(FTTH)是其发展目标。它可以分为有源光纤接入和无源光纤接入两类。有源光纤接入类似铜线以太网的接入技术。无源接入主要有采用 ATM 技术的 APON、采用以太网技术 EPON 和采用GFP 封装的 GPON,统称为 xPON。FTTH 的发展是一个国家、一个社会根本信息化程度和竞争力的体现,FTTH 的发展对于光通信市场的带动有着不可低估的巨大作用,FTTH的出现导致的宽带生活深刻影响到我们根本的生活方式。所以说,FTTH 的发展不仅是信息领域的事,它更是国民经济领域、社会生活领域的变革的前奏。

5)光纤器件技术发展

光纤网络体系是未来光通信的主流发展方向,而光网络技术目前的发展,很大程度上取决于光纤器件技术的发展;而光纤器件技术本身的发展,取决于成本(经济性)。这是与前二十年、特别是前五年最大的不同。器件发展主要有:支持智能化的光可变换器件,包括可调谐光源、可调谐光滤波器、全光波长转换器、光可变衰减器等;支持全光网实现的平面光波技术;新一代的光电子材料——光子晶体及其光子晶体光纤(PCF)。

(1) 光可变换器件。

波长可调谐光源可任意控制信道波长,方便、准确地控制频道间隔,其特性要求包括快速调谐速率、较宽的调谐范围。它可实现快速配置、波长转换、可重构的 OADM 以及光开关、保护和恢复的功能,是智能光网络的催化剂。可调谐光滤波器有两个主要应用:一个是作为光性能监测(OPM)的基础,只需要通过可调谐光滤波器,将要处理的波长筛选出来即可监测;另一个是在可调 OADM 和 OXC 方面应用,通过可调谐光滤波器来取代波分复用器将要下载的波长筛选出来。全光波长转换器波长转换将成为光网络节点中的一个基本功能,可进行透明的互操作、解决波长争用、波长路由选定,以及在动态业务模式下较好地利用网络资源。尤其是对大容量、多节点的网状网,采用波长变换器能大大降低网络的阻塞率。光可变衰减器(VOA)阵列及可调光功率分配器是下一代智能化光通信网络发展的关键之一。出现了各种新技术的光可变衰减器,包括微型机电系统(micro electro-mechanical system,MEMS)技术、液晶技术、波导技术和聚合物材料光栅等。光可变衰减器阵列可以构成 DCE(dynamic channel equalizer)、VMUX(VOA+MUX)、OADM 等光器件的核心部件。

(2) 平面光波导技术。

平面光波导(planar lightwave circuit,PLC)技术以其成本低、便于批量生产、稳定性好、易于集成等诸多特点,被认为是光通信产业的明日之星。PLC 技术可以为光网络提供光功率分配、光开关、光滤波等各种功能的器件,为组建更复杂的光网络提供了必要的基础。另外,PLC 技术为混合集成提供了可靠的平台,可以将诸如激光器、探测器、OEIC(光电集成)与各类无源 PLC 器件集成到一起。这种集成极大地降低了器件成本,促进了 FTTH 的发展。同时混合集成技术的研究也必将为更高度的光电集成提供技术基础,从而在下一代通信系统中扮演重要角色。

(3) 光子晶体。

光子晶体可以制作全新原理或以前所不能制作的高性能光学器件,在光通信上也有重要的用途,被认为是新一代的光电子材料。综合利用光子晶体的各种性能,可以制作光子晶体全反射镜、光子晶体无阈值激光器、光子晶体光波导、光偏振器、光开关、光放大器、光聚焦器等。目前光子晶体研究更多的还是处在实验室制作阶段以及理论分析阶段,离实用有一定的距离,其最大的限制就是制作难度很大。相对而言,一维光子晶体制作工艺更简单,一个特定实用就是偏振分离器/合成器(PBS/PBC)。结合液晶或磁光旋光器以后,纳米光学晶体可用来构成光开关、VOA、光循环器、Interleaver、光路由器等各种各样的光通信用基本器件。PCF(photonic crystal fiber)是在石英光纤上规则地排列空气孔,而光纤的纤芯由一个破坏包层周期性的缺陷态构成,从光纤的端面看,存在周期性的二维光子晶体结构,并且在光纤的中心有缺陷态,光便可以沿着缺陷态在光纤中传输。光子晶体光纤作为下一代传输光纤具有:① 超低的损耗,现在 1.72 dB/km,目标 0.05 dB/km;② 在很宽的频率范围内支持单模传输,通过合理的设计可以支持任何波长光波的单模传输;③ 光子晶体光纤的纤芯面积大于传统光纤纤芯面积的 10 倍左右,这样就允许较高的入射光功率;④ 可灵活地设计色散和色散斜率,提供宽带色散补偿,可以把零色散波长的位置移到 1000 nm 以下。

5. 光纤通信网络的发展趋势

光纤通信从一开始就是为传输基于电路交换的信息的,客户信号一般是 TDM 的连续码流,如 PDH 和 SDH 等。随着计算机网络,特别是互联网的发展,数据信息的传输量越来越大,客户信号中基于分组交换的具有随机性、突发性的分组信号码流的比例逐步增加,通过光纤通信网络承载的数据信号的种类和数量也越来越多。

从现有的光同步数字体系网迈向新一代全光网,将是一个分阶段演化的过程,网络的构成和技术功能在不断地变化,光网络的发展进程如图 5-34 所示。首先采用 WDM 技术和光放大技术,进行点到点通信扩容,实现光域上的全光传输;在光传输路径上设置光分插复用器,可实现本地光信号在光路上的上路和下路功能;传输链路采用波分复用技术,节点也采用光分插复用器作为光节点进行组网,实现网络的光域传输;进而利用光交叉连接,使网络节点具有光交换功能,构成光传送网到自动交换光网络,最终形成基于全光传输和光分组交换的全光网络或光子网络,从而实现光域上的传输和交换。全光网络采用光层保护,并具有好的存活性,可进行灵活的带宽分配、波长转换、波长路由和交换,实现光域上端到端的多粒度波长服务。

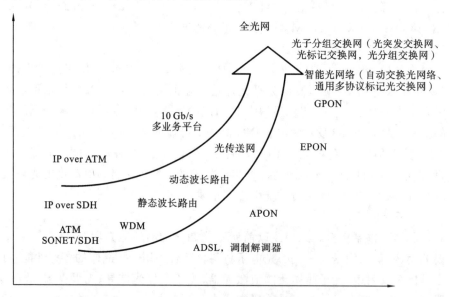

图 5-34 光网络的发展进程

5.3.5 光纤接入网技术

1. 光纤接入网的定义

光纤接入网(OAN)是指在接入网中采用光纤作为主要传输介质来实现信息传送的网络形式,也即在 SNI 和 UNI 之间全部或部分采用光纤传输技术的接入网。它不是传统意义上的光纤传输系统,而是针对接入网环境所设计的特殊光纤传输网络。

2. 光纤接入网的基本结构

光纤接入网采用光纤作为主要传输介质,而局侧和用户侧所发出和接收的均为电信号,所以在局侧要进行电/光变换,在用户侧要进行光/电变换,才可实现中间线路的光信号传输。一个一般意义上的光纤接入网示意图如图 5-35 所示。

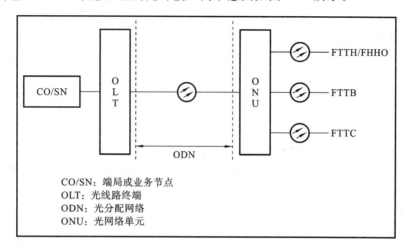

图 5-35 光纤接入网示意图

从图 5-35 中可以看出,一个光纤接入网主要由光线路终端(OLT)、光分配网(ODN)和光网络单元(ONU)组成。

光纤接入网的参考配置如图 5-36 所示。

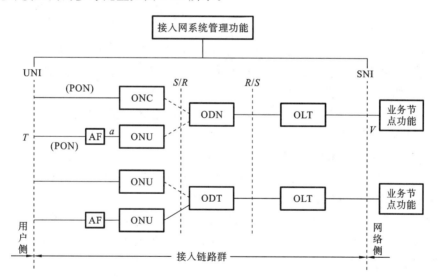

图 5-36 光纤接入网的参考配置

从系统配置上可将 OAN 分为无源光网络(PON)和有源光网络(AON)。

PON 是指在 OLT 和 ONU 之间没有任何有源设备,而只使用光纤等无源器件。PON 对各种业务透明,易于升级扩容,便于维护管理。AON 中,用有源设备或网络系统(如 SDH 环网)的光远程终端(ODT)代替了无源光网络中的 ODN,由于传输距离和容量较大,业务分配和规划可以获得总体的优化;不足的是,有源设备需要机房、供电和维护等辅助设施,同时也存在着升级困难等缺点。

图 5-36 中,光纤接入网的基本功能块包括 OLT、ODN、ONU 及 AF(适配设备)等;主要参考点包括光发送参考点 S、光接收参考点 R、业务节点间参考点 V、用户终端间

参考点 T 以及 AF 与 ONU 之间的参考点 a,接口包括网络管理接口 Q_3 以及用户与网络间接口 UNI。

从给定网络接口(V 接口)到单个用户接口(T 接口)之间传输手段的总和称为接入链路。光接入链路系统可以看作是一种使用光纤的具体实现手段,用以支持接入链路。

OLT 和 ONU 之间的传输连接既可以是一点对多点方式,也可以是一点对一点方式,具体的 ODN 形式要根据用户情况而定。至于双工传输方式,则可以是空分复用(SDM)、波分复用(WDM)、副载波复用(SCM)、时间压缩复用(TCM)以及时分多址接入(TDMA)等。

3. 光纤接入网的基本功能模块

OLT、ONU 和 ODN 等功能模块构成了光纤接入网的基本结构。下面简要介绍这几个主要模块的功能。

1) OLT

OLT 的作用是提供网络与 ODN 之间的光接口,并提供必要的手段来传送不同的业务。OLT 可以分离交换和非交换业务,对来自 ONU 的信令和和监控信息进行管理,从而为 ONU 和自身提供维护和供给功能。

OLT 可以设置在本地交换机的接口处,也可以设置在远端;可以是独立的设备,也可以与其他设备集成在一个总设备内。OLT 的内部由核心部分、业务部分和公共部分组成。

2) ONU

ONU 位于 ODN 和用户之间,ONU 的网络具有光接口,而用户侧为电接口,因此需要具有光/电变换功能。它能实现对各种电信号的处理与维护。ONU 内部由核心部分、业务部分和公共部分组成。

如果 ONU 仅服务于单个用户,有时也称为光网络终端(ONT)。

3) ODN

ODN 位于 ONU 和 OLT 之间,其主要功能是完成光信号的管理分配。以 PON 为例,其中的 ODN 主要由无源光器件和光纤构成无源光路分配网络。ODN 中的光通道通常采用树形结构,如图 5-37 所示。

图 5-37 中的 ODN 是由 p 个级联的光通道元件构成的,总的光通道 L 等于各部分 $L_j(j=1,2,\cdots,p)$ 之和。通过这些元件可以实现直接光连接、光分路/合路、多波长光传输及光路监控等功能。

4) AF

AF 主要为 ONU 和用户设备提供适配功能,它可以包括在 ONU 之内,也可以独立使用。

4. 光纤接入网的分类

根据图 5-36,光纤接入网主要由 OLT、ODN 和 ONU 及光纤线路等部分组成,光纤接入网的分类通常是按照 ODN 有/无源和 ONU 所处位置来进行分类。

(1) 按 ODN 有/无源可将光纤接入网分为 AON 和 PON。

AON:有源光网络中,有源设备或网络系统(如 SDH 环网)的 ODT 代替无源光网络中的 ODN,其传输距离和容量大大增加,易于扩展带宽,网络规划和运行的灵活性

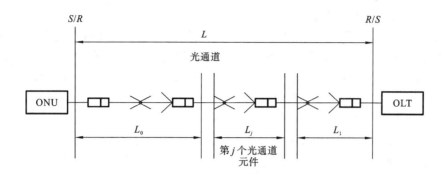

图 5-37 ODN 中的光通道

大。不足的地方是有源设备需要机房、供电、维护等。

PON：无源光网络由于在 OLT 和 ONU 之间没有任何有源电子设备，对各种业务呈透明状态，易于升级扩容，便于维护管理。该系统由于较低的接入成本，受到很多电信部门和运营部门的重视。不足之处是 OLT 之间的距离和容量增长容易受到一定的限制。

两种网络综合使用，可提供窄带、宽带业务的光接入网。总的来说，随着信息传输向全数字化过渡，光接入方式必然成为宽带接入网的最终解决方法。由于 PON 网络中断 ODN 是无源器件，其具有良好的经济型和稳定性，其在光纤接入网技术中得到大量使用。

(2) 按照 OUN/ONT 布设的位置不同，在很多场合下，人们也把光纤接入网技术称为 FTTx 技术。FTTx 是 fiber to the x 的缩写，意思是"光纤接入到什么"。FTTx 技术分为 FTTH（光纤到户，fiber to the home）、FTTB（光纤到楼，fiber to the building）、FTTO（光纤到办公室，fiber to the office）、FTTP（光纤到驻地，fiber to the premise）、FTTC（光纤到路边，fiber to the curb）等。

① FTTH：将光纤直接引入到用户（企业、家庭），1 条光纤供 1 个用户利用；采用以太网或者 PON 技术。

② FTTB：将光纤引入到楼道，1 条光纤供多个用户使用；采用以太网或者 PON 到商务或者公寓小楼。

③ FTTO：采用 MSTP、以太网或者 PON 到办公楼。

④ FTTP：采用 PON 到家或者商务小楼。

⑤ FTTC：采用以太网或 PON 到住户的路边。

在 FTTx 中，FTTH 是接入网发展的终极目标。

简单来说，FTTH 就是将光纤铺到家庭，通过光纤这种独特的传输介质来实现用户到网络的连接，而不是用现有的铜线、同轴电缆、无线或电力线等介质接入。FTTH 一直被认为是接入网的明日之星，也是宽带发展的最终理想。因为它能够满足各类用户的多种需求，像高速通信、家庭购物、实时远程交予、视频点播（VOD）、高清晰度电视（HDTV）等。

5. EPON 光纤接入网

EPON 在现有 IEEE802.3 协议的基础上,通过较小的修改实现在用户接入网络中传输以太网帧,是一种采用点到多点网络结构、无源光纤传输方式、基于高速以太网平台和 TDM(time division multiplexing)时分 MAC(media access control)媒体访问控制方式提供多种综合业务的宽带接入技术。

1) 技术优势

EPON 相对于现有类似技术的优势主要体现在以下几个方面。

(1) 与现有以太网的兼容性:以太网技术是迄今为止最成功和成熟的局域网技术,EPON 只是对现有 IEEE802.3 协议作一定的补充,基本上是与以太网兼容的。考虑到以太网的市场优势,EPON 与以太网的兼容性是其最大的优势之一。

(2) 高带宽:根据目前的讨论,EPON 的下行信道为百兆/千兆的广播方式,而上行信道为用户共享的百兆/千兆信道。这比目前的接入方式,如 Modem、ISDN、ADSL 甚至 ATM PON(下行 622/155 Mb/s,上行共享 155 Mb/s)都要高得多。

(3) 低成本:首先,由于采用 PON 的结构,EPON 网络中减少了大量的光纤和光器件以及维护的成本;其次,以太网本身的价格优势,如廉价的器件和安装维护使 EPON 具有 ATM PON 所无法比拟的低成本。

2) 网络结构

EPON 位于业务往来接口到用户网络接口之间,通过 SNI 与业务节点连接,通过 UNI 与用户设备相连。EPON 主要分为三部分,即 OLT、ODN 和 ONU/ONT(光网络单元/光网络终端)组成。其中 OLT 位于局端,ONU/ONT 位于用户侧。OLT 到 ONU/ONT 的方向为下行方向,反之为上行方向。EPON 接入网络结构如图 5-38 所示。

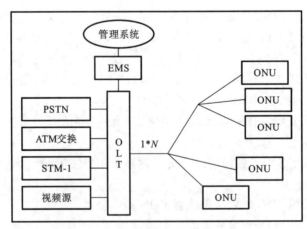

图 5-38 EPON 接入网络结构

在 EPON 系统中,OLT 既是一个交换机或路由器,又是一个多业务提供平台 (multiple service providing platform,MSPP),它提供面向无源光纤网络的光纤接口。根据以太网向城域或广域发展的趋势,OLT 将提供多个 Gb/s 和 10 Gb/s 的以太接口,支持 WDM 传输。为了支持其他流行的协议,OLT 还支持 ATM、FR 以及等速率的 SONET 的连接。若需要支持传统的 TDM 语音、普通电话线(POTS)和其他类型的 TDM 通信(T1/E1),则 OLT 可以被复用连接到 PSTN 接口。OLT 除了提供网络集中和接人的功能外,还可以针对用户的 Qos/SLA 的不同要求进行带宽分配、网络安全和管理配置。

OLT 根据需要可以配置多块光线路卡,OLC 与多个 ONU 通过 POS 连接,POS 是一个简单设备,它不需要电源,可以置于全天候的环境中。通常一个 POS 的分线率为 8、16 或 32,并可以多级连接。

在 EPON 中,OLT 到 ONU 的距离最大可达 20 km,若使用光纤放大器(有源中继器),则其距离还可以扩展。

EPON 中的 ONU 采用了技术成熟的以太网络协议,在中带宽和高带宽的 ONU 中,实现了成本低廉的以太网第二层、第三层交换功能。此类 ONU 可以通过层叠来为多个最终用户提供共享高带宽,在通信过程中,不需要协议转换,就可实现 ONU 对用户数据透明传送。ONU 也支持其他传统的 TDM 协议,而且不增加设计和操作的复杂性。带宽更高的 ONU 提供大量的以太接口和多个 T1/E1 接口。对于 FTTH 的接入方式,ONU 和 NIU 可以被集成在一个简单设备中,不需要交换功能,用极低的成本给终端用户分配所需的带宽。

EPON 中的 OLT 和所有的 ONU 由网元管理系统管理,网元管理系统提供与业务提供者核心网络运行的接口。网元管理范围有故障管理、配置管理、计费管理、性能管理和安全管理等。

3) 传输原理和帧结构

EPON 的工作原理如图 5-39 所示,EPON 系统采用 WDM 技术,实现单芯双向传输(下行 1490 nm,上行 1310 nm)。下行方向的光信号被广播到所有 ONU,通过过滤的机制,ONU 仅接收属于自己的数据帧。上行方向通过 TDMA 方式进行业务传输,ONU 根据 OLT 发送的带宽授权发送上行业务。EPON 系统帧结构如图 5-40 所示。

6. GPON 光接入网

千兆无源光网络(gigabit-capable passive optical network,GPON)技术是 PON 家族中一个重要的技术分支。GPON 技术是基于 ITU-TG.984.x 标准的最新一代宽带无源光综合接入标准,具有带宽宽、效率高、覆盖范围广、用户接口丰富等众多优点,被大多数运营商视为实现接入网业务宽带化,综合化改造的理想技术。

GPON 的主要技术特点是采用最新的"通用成帧协议(GFP)",实现对各种业务数据流的通用成帧规程封装。GPON 的帧结构是在各种用户信号原有格式的基础上进行封装,因此能够高效、通用、简单地支持所有各种业务。

1) GPON 主要技术特点

(1) 业务支持能力强,具有全业务接入能力。GPON 系统可以提供包括 64 kb/s 业务、E1 电路业务、ATM 业务、IP 业务和 CATV 等在内的全业务接入能力,是提供语音、数据和视频综合业务接入的理想技术。

(2) 可提供较宽带宽和较远的覆盖距离。GPON 系统可以提供下行 2.488 Gb/s,上行 1.244 Gb/s 的带宽。此外,GPON 系统中 1 个 OLT 可以支持 64 个 ONU 并支持 20 km 传输。

(3) 带宽分配灵活,有服务质量保证。GPON 系统中采用的 DBA 算法可以灵活调用带宽,能够保证各种不同类型和等级业务的服务质量。

(4) ODN 的无源特性减少了故障点,便于维护。GPON 系统在光传输过程中不需

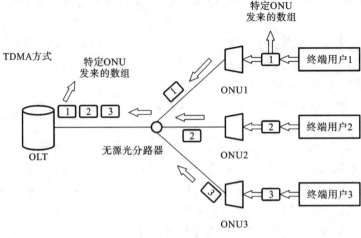

（a）EPON系统中的上行方向工作原理

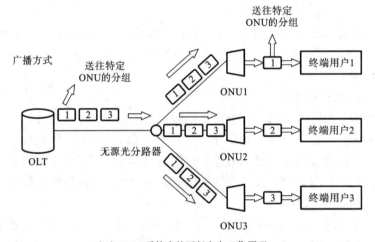

（b）EPON系统中的下行方向工作原理

图 5-39 EPON 的工作原理

要电源,即没有电子部件,因此容易铺设,并避免了电磁干扰和雷电影响,减少了线路和外部设备的故障率,简化了供电,在很大程度上节省了运营成本和管理成本。

（5）PON 可以采用级联的 ODN 结构,即多个光分路器可以进行级联,大大节约了主干光缆。

（6）系统扩展容易,便于升级。PON 系统模块化程度高,对局端资源占用很少,树形拓扑结构使系统扩展容易。

2）GPON 光纤接入网的原理

（1）GPON 的基本结构。

在服务节点接口(service node interface,SNI)和用户节点接口(user node inter-face,UNI)之间的是 GPON。通过 SNI 接口,GPON 与服务提供商的数据、语音、视频网络相连接;通过 UNI 接口,GPON 与用户终端设备相连接。上行方向是从 ONU 到 OLT,相反则为下行方向。同所有的 PON 系统一样,GPON 采用了一点到多点的无源光纤传输方式,即与 APON、EPON 有着相同的体系结构。

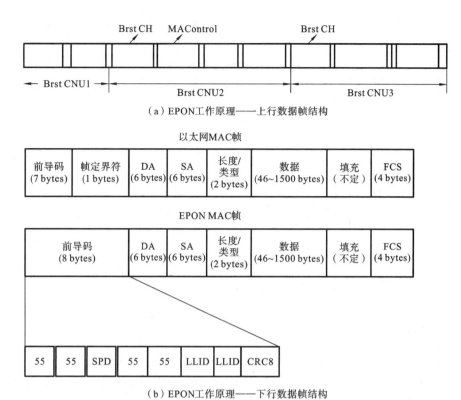

（a）EPON工作原理——上行数据帧结构

以太网MAC帧

图 5-40 EPON 系统帧结构

根据 G.984.1 标准，GPON 的参考模型如图 5-41 所示。GPON 系统包括 OLT、ODN、ONU 等。其中 OLT 是位于局端的通信设备，在整个 ONU 系统中有着核心的作用。其主要功能是向上行提供广域网或骨干城域网提供接口（包括支持基于以太网的 EPON、以 ATM 为承载的 APON 和 DS-3 接口等），并且将广域网或骨干城域网传来的数据信息经 ODN 传给 ONU。OLT 作为 PON 系统的核心的功能器件，为接入网提供网络侧与核心网之间的接口，一般放在中心机房或城域核心机房，具有带宽分配、控制各 ONU、实时监控、运行维护管理 PON 系统的功能。

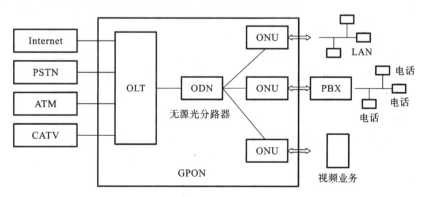

图 5-41 GPON 系统结构

（2）GPON 协议结构。

GPON 的协议结构参考模型如表 5-3 所示，GPON 的层次结构主要包括物理介质相关层(PMD 层)和传输汇聚层(TC 层),其中传输汇聚层又分为 PON 成帧子层和适配子层。

表 5-3　GPON 的协议结构参考模型

GPON 协议结构	传输汇聚层(TC 层)	适配子层	OMCI 适配子层:识别 VPI/VCI 和 Port-ID,提供该通道数据和高层实体交换	
			ATM 适配子层	GEM 适配子层
			ATM SDU 与 PDU 的转换	GEM SDU 与 PDU 的转换
		成帧子层	测距	
			上行时隙分配	
			带宽分配	
			保密和安全	
			保护倒换	
	物理介质相关层(PMD)		E/O 适配	
			波分复用	
			光纤连接	

在物理介质相关层中,GPON 的光接入网结构配置采用的是 G.983.1 的结构配置,它采用 ITU-T G.652 推荐的光纤作为传输介质。系统下行速率为 1.244 Gb/s 或者 2.488 Gb/s,上行速率为 155 Mb/s、622 Mb/s、1.244 Gb/s 或者 2.488 Gb/s。标准规定了在各种速率等级下 OLT 和 ONU 光接口的物理特性,提出了 1.244 Gb/s 及其以下各速率等级的 OLT 和 ONU 光接口参数。ONU 的最大逻辑距离差可达 20 km,支持的最大分路比为 16、32 或 64,不同的分路比对设备的要求不同。

在传输汇聚层中,成帧子层完成帧封装,终结所要求的 ODN 的传输功能,PON 的特定功能(如测距、带宽分配等)也在 PON 的成帧子层终结。适配子层提供 PDU 与高层实体的接口,包括 ATM 适配子层和 GEM 适配子层两种。ATM 适配方式沿用了 G.983 系列建议的规定,以 ATM 信元承载数据流,可支持各种业务。GEM 适配子层可以承载基于包的协议,如 IP,PPP,Ethernet 或者恒定比特率的业务流。GEM 适配方式基于 GFP 协议,两者在帧结构和对高层的封装上是相似的,但是 GEM 不支持透明传输模式,其头部与 GFP 也不相同,并且考虑到 PON 网络中 ONU 较多、多端口复用的情况,从而引入了 Port ID。此外,GEM 还借鉴了 GFP 的帧同步机制,采用自描述方式确定帧边界。因此,GEM 帧的同步与 GFP 帧的同步一样。

(3) GPON 系统组成及工作原理。

GPON 采用与 APON,EPON 相同的点到多点,无源光纤传输方式的网络拓扑结构,主要由 OLT、ODN 和 ONU 三部分组成(见图 5-42),由无源光分路器件将 OLT 的光信号分到各个 ONU 中。

OLT 位于中心局(central office,CO)一侧,并连到一个或多个 ODN 向上提供广域网接口,包括 GbE、OC.3/STM.1、DS.3 等,向下对 ODN 可提供 1.244 Gb/s 或 2.488 Gb/s 的光接口,具有集中带宽分配、控制光分配网络、实时监控、运行维护管理无源光网络系统的功能。ODN 为 OLT 和 ONU 提供光传输手段,由无源光分路器和无源光

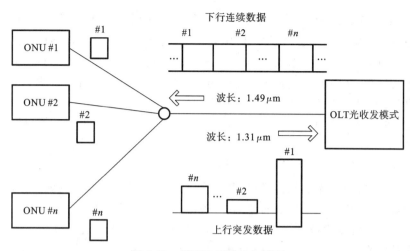

图 5-42　GPON 系统工作原理

合路器构成,是一个连接 OLT 和 ONU 的无源设备,它的功能是分发下行数据和集中上行数据。ONU 为接入网提供用户侧的接口,提供语音、数据、视频等多业务流与ODN 的接入,其对 ODN 的光接口速率有 155 Mb/s,622 Mb/s,1.244 Gb/s 和 2.488 Gb/s 等四种选择,受到 OLT 的集中控制。

　　GPON 系统可支持的分支比为 1:16、1:32 或 1:64,还可能达到 1:128。在同一根光纤上,GPON 可通过粗波分复用覆盖实现数据流的全双工传输。在需要提供业务保护和通道保护的情况下,可加上保护环,对某些 ONU 提供保护功能,通常可采用总线型(bus PON)、树形(tree PON)或环形(ring PON)拓扑结构。

　　GPON 系统的工作原理:在下行方向,OLT 以广播方式将由数据包组成的帧经由无源光分支器发送到各个 ONU,每个 ONU 收到全部的数据流,然后根据 ONU 的媒体访问控制(MAC)地址取出特定的数据包;在上行方向,多个 ONU 共享干线信道容量和信道资涮"。由于无源光合路器的方向属性,从 ONU 来的数据帧只能到达 OLT,而不能到达其他 ONU。从这一点上来说,上行方向的 GPON 网络就如同一个点到点网络。然而,不同于其他的点到点网络,来自不同 ONU 的数据帧可能会发生数据冲突。因此,在上行方向 ONU 需要一些仲裁机制来避免数据冲突和公平地分配信道资源。一般 GPON 系统的上行接入采用 TDMA 方式,将不同 ONU 的数据帧插入不同的时隙发送至 OLT。因此 OLT 模块采用的是连续发射、突发接收;而 ONU 模块刚好与之相反,采用的是突发发射、连续接收。

5.4　光纤通信新技术

　　光纤通信技术的发展已历经四十余年,其技术和应用已经得到飞速的发展,可以这样说,在现今的信息应用领域,光纤通信技术的应用无处不在。但是随着科学技术的不断发展和社会的不断进步,光纤通信技术依然有很大的发展前景和发展空间。下面就相关光纤通信新技术等对光纤通信技术的发展趋势作一展望。

1. 光纤技术的发展

当前光纤通信技术主要采用石英作为原材料制造光纤,但是石英光纤损耗已经达到 0.2 dB/km,接近理论的数值,石英光纤损耗不可能再达到 0.1 dB/km 以下。所以,人们正在进行探索采用重金属氧化物、氟化物以及卤化物玻璃纤维,它们的损耗不仅可以达到 0.7 dB/km,而且可以减少到 0.02 dB/km。这些光纤原材料可以将光纤技术向超长波进行转换,从而可以使一次传输距离不仅达到上万米,而且可以达到更长的传输距离。另外,人们也在研究其他一些特殊用途光纤。

在新一代光纤的研究方面,目前重点研究光子晶体光纤、色散补偿光纤及模块和偏振光纤等。

光子晶体光纤包括高非线性光子晶体光纤、色散平坦光子晶体光纤、FTTH 用微结构光纤、大模场单模光子晶体光纤、空心 PBG 型光子晶体光纤、全固态 PBG 型光子晶体光纤,以及双包层掺镱光子晶体光纤、掺铒光子晶体光纤等。

色散补偿光纤及模块是为人们对通信传输距离增大、传输容量和传输速率提高的要求而设计的光纤。由于常规单模光纤(G.652)在 1530～1625 nm(C+L 波段)通信波段内具有 11～21 ps/nm·km 的正色散,非零色散位移光纤(G.655)在 C 波段内具有 1～10 ps/nm·km 的正色散。通信数据传输一段距离后,系统的累积色散不断增加,导致传输信号的波形畸变,从而造成信号的失真。为了减小通信链路累积色散对通信系统传输性能的影响,目前,国际上采用色散补偿技术来改善链路色散,包括负色散光纤补偿技术、光纤光栅色散补偿技术、电子色散补偿技术等,其中采用负色散光纤进行色散补偿的技术最方便、有效,系统性能稳定、可靠,且成本低。采用色散补偿光纤进行通信链路的色散补偿是当前国际上的主流技术。

随着 FTTx 的广泛应用,ITU-T 提出了一个新的光纤标准 G.657。ITU-T 第十五研究组于 2006 年 10 月 30 日在瑞士日内瓦的 SG15 (2005—2008)研究期第 4 次全会上,除了对多项光纤光缆标准进行了修订之外,在光纤光缆标准方面通过了 G.657 新标准,该新标准为《Characteristics of a bending loss insensitive single mode optical fibers and cables for the access network》,可见各个国家都对 FTTx 市场充满信心,并寄予厚望。2009 年 11 月,ITU-T 正式通过了 G.657 单模光纤标准。G.657 分为 G.657 A 和 G.657 B,G.657 A 与 G.652 后向兼容,适用于 O、E、S、C 和 L 波段(1260～1625 nm 的波长范围),其传输特性和光学特性的技术要求同 G.652 D 相似,主要区别在于稍小的模场直径与较好的弯曲损耗特性。G.657 B 光纤不强调其与 G.652 光纤的兼容性,而是突出其强烈的抗弯曲性能。

保偏光纤主要用于在许多与偏振相关的应用领域。随着通信系统传输速率的提高和光纤陀螺等高级光纤传感器件的发展,偏振态系统控制的问题变得非常重要。国际上,目前已有各种类型的保偏光纤产品进入市场,知名的保偏光纤制造公司有生产领结型保偏光纤的 FiberCore 公司,有生产椭圆包层保偏光纤的 3M 公司,以及生产熊猫型保偏光纤的 Fujikura、Corning、Nufern、YOFC 和 OFS 等公司。所有的这些公司生产的保偏光纤都具有良好的双折射性能。目前市场需求量为 5000 km,市场容量在 5000 万元左右,而且国内对保偏光纤的需求量逐年增大。

特种光纤具有特殊用途,目前主要向如下几个方向发展:① 高附加值、高技术含量的特种光纤;② 光纤通信器件,如可调色散补偿器、动态 PMD 补偿器、高功率放大器、光参量放大器(OPA)、慢光及全光缓存器、波长变换器件等;③ 能量光纤器件,如全光纤化激光器、单频、窄线宽等大功率有源光纤器件与无源光纤器件等;④ 医疗光纤器件,如微创手术器件、内窥医疗器件等;⑤ 传感光纤器件,即各种特殊环境应用的器件,如压力、温度、位移等参量的传感与探测器件,光纤陀螺等。

2. 光器件技术

光通信的核心技术在于光器件和光电器件技术,许多系统技术的实现是建立在器件技术进步的基础上的。光器件和光电器件技术的发展方向是光集成(PIC)和光电集成(OEIC),这也是应用提出的要求。器件发展主要有光器件的集成化和小型化;支持智能化的光可变换器件,包括可调谐光源、可调谐光滤波器、全光波长转换器、光可变衰减器等;支持全光网实现的平面光波技术;新一代的光电子材料——光子晶体及其光子晶体光纤(PCF)。

在超高速率传送的情况下,对激光器的直接调制极其困难,需采用外调制的方式。如果采用电吸收型调制器,则可以与 LD 集成在一起,构成 DFB-LD+EA 的集成器件,以便于使用。此外,为了便于 DWDM 系统使用的可调谐激光器陈列,可以把 8~16 个或者更多的可调谐 LD 集成在一起,每个 LD 可以调谐到 99 个 ITU-T 规定的波长栅格上,无论对于设备制造还是维护与备用都是很方便的。无源器件的集成,如 AWG、PLC 等,以及有/无源的混合集成都使系统设计、制造变得简单。

3. 光纤传输技术

通信传输体制从准同步体系到同步数字体系,再到由波分复用技术引入的光传送体系。光纤传输系统由单波长通道进入了多波长通道,再通过空分、时分、频分、码分等多址复用的引入进一步提高了光纤通信系统的传输容量。目前光纤传输技术正在朝着超大容量和超长距离传输的方向发展。

波分复用技术在光纤传输系统中可大大提高传输容量。由于 WDM 系统可以在一根光纤上同时传送多个波长的信号,从 WDM 系统的原理来看,相邻波长之间的间隔越小,在一定波长范围内能够传送的波长数就越多,总的传送容量越大。因此人们一直在努力提高光的 MUX/DEMUX 器件的技术,以减小波长间隔。如目前的 DWDM 系统中,波长间隔已经可以从最初的 200 GHz 甚至 400 GHz 的减小到 100 GHz、50 GHz 甚至 25 GHz。同时,人们还在努力提高可利用的波长范围,以求容纳更多的波长。要增加波长数,人们通常从两个方面入手:一方面,提高光纤的水平,实现"全波"光纤,即 G.652C 光纤,在 1260~1675 nm 范围内的 O、E、S、C、L、U 等 6 个波段内都可以进行低衰减的传输;另一方面,努力改进光纤放大器在波段内的平坦特性,并实现多个波段的放大。现在商用 DWDM 的波长数已达到 160 个,而实验室已做到超过 1000 个波长。现在,1.6 Tb/s 的 WDM 系统已经在商业中广泛应用,未来通过将 WDM/OTDM 技术相结合可使系统的传输速率进一步提高。在实验中,人们利用时分复用与 WDM 相互结合,其传输速率已超过了 3 Tb/s。

在信号传送距离方面,从宏观角度来说,对光纤传输的要求肯定是传输距离越远越好,所有光纤通信技术的研究机构都在这方面进行研究。光纤放大器的出现为提高光纤线路的中继距离提供了可能。这样可以减少再生中继器的数量,降低建设和运行维护成本,提高系统的可靠性。尤其在拉曼光纤放大器实用之后,为增大无再生中继距离创造了条件。同时,采用有利于长距离传送的线路编码,如 RZ 或 CS-RZ 码;采用 FEC、EFEC 或 SFEC 等技术提高接收灵敏度;采用色散补偿和 PMD 补偿技术解决光通道代价以及选用合适的光纤及光器件等措施,已经可以实现超过 STM- 64 或基于 10 Gb/s 的 DWDM 系统,854000 km 无电再生中继器的超长距离传输。探索无止境,目前人们还在为进一步提高光纤通信系统的容量和传输距离而奋斗。

4. 光网络技术

光网络技术包括交换节点技术和相关网络演化技术。光网络可分为骨干网、城域网和接入网。骨干网主要往大容量、长距离或超长距离、智能化方面发展;城域网主要朝多业务智能化传输平台发展(如 ASON-MSTP、PTN-MSTP 等);接入网主要向混合复用技术的长距离 PON(如 WDM-PON、TDM-PON、CDMA-PON、LR-PON 等)和光纤无线混合接入技术(WIFI 或 HOWBAN 等)。

1)接入网技术

新一代的光纤接入技术主要研究宽带无源光网络的技术以及实现技术与动态宽带分配方案、实用化技术与具有高性价比的宽带接入解决方案,测试技术与相关性能指标等。目前主要研究的是下一代无源光接入网(NG-PON)技术,包括高速 TDM PON、波分复用 PON 和长距离 PON(LR-PON)。传统的 PON 只能提供 256 个图像服务的 ONU,且 ONU 到 OLT 的距离为 20 km,而 LR-PON 可提供 ONU 数在 2000~4000 之间,其到 OLT 的距离可达到 100 km 以上。另外 NG-PON 还包括给予无线 MESH 和光纤的混合接入网技术(WIFI 或 HOWBAN)等。

2)光网络中的交换技术

长期以来,实现高速全光网一直受交换问题的困扰。因为传统的交换技术需要将数据转换成电信号才能进行交换,然后再转换成光信号进行传输。这些光/电转换设备体积过于庞大,并且价格昂贵,而光交换完全克服了这些问题。因此,光交换技术必然是未来通信网交换技术的发展方向。它能够保证网络的可靠性,并能提供灵活的信号路由平台,还可以克服纯电子交换形成的容量瓶颈,省去光/电转换的笨重庞大的设备,进而大大节省建网和网络升级的成本。若采用全光网技术,它将使网络的运行费用节省 70%,设备费用节省 90%。所以说光交换技术代表着人们对光通信技术发展的一种希望。现在全世界各国都正在积极研究开发全光网络产品,其中的关键便是光交换技术的产品。目前市场上的光交换机大多数是光电和光机械的,随着光交换技术的发展和成熟,基于热学、液晶、声学、微机电技术的光交换机将会研究和开发出来。

3)光联网技术

智能化光网络的是发展中的新一代的光网络技术,光联网技术代表着光纤通信的发展方向,通过进行研究智能化的光联网技术,可以解决未来互联网在光层上灵活、动态以及高效组网的问题。在进行智能化光联网的研究发展过程中,重点研究核心技术、A-SON 技术以及研制节点设备,并提出规范,从而完成组网以及系统的实验。而在测量技术方面主要研究 ASON 的性能评估方法以及总体技术要求和相应的测试,从而完成光节点、光接口以及光网络等不同的光层面的性能测试、协议测试、联网和功能测试等。光纤通信技术作为我国信息技术的重要研究之一,通过不断的研究发展,将会在未来的信息时代中占据着非常重要的位置。研究的目的在于,不仅使我国的光纤通信技术在国内广泛使用,而且要使我国的光纤通信技术走向国际化。

全光网络技术光纤通信技术的最高阶段就是全光网。它以光节点代替电节点,同时节点之间实行全光化,信息的传输与交换都是以光形式进行的,而且交换机依照波长来决定路由,然后完成对用户信息的处理。全光网络组网灵活、简单,而且具有可扩展性、误码率低等一系列的优势。当然了,全光网络的发展离不开因特网以及移动通信网等网络技术的相互融合。

5. 相关光纤通信新技术

1)相干光通信技术

相干光通信将在接收机中得到普及。相干光通信增加了光混频器和本真光源具有混频增益的特性,使得系统的接收灵敏度极高,并且其波长选择能力极为出色。因此,相干光通信可以在波分复用系统,特别是光频分复用系统中发挥巨大的作用。可以想象人们将像现在调谐无线电的接收机那样,通过调节接收机本振光源波长,即可极为方便地从众多的信息通道中接收所需要的任何信息。

2)孤子光通信技术

孤子光通信要求光脉冲要足够窄,脉冲能量在一定范围之内是产生光孤子的条件。实验表明,当光脉冲宽度小于几十个皮秒,光纤功率达到几十毫瓦时,光纤中将会产生孤立子。利用光孤子通信,在理论上几乎没有容量限制,其传输速率可高达 1000 Gb/s,从而实现超高速、超长距离的全光通信。光孤子的产生和光孤子的编码调制技术以及光放大技术是实现全光通信的关键,光孤子通信的前景诱人,这必然吸引各国研究者致力于将光孤子投入到实用化过程中去,达到光纤通信的顶峰。

实际上,社会经济必然不断发展,作为经济发展先导的信息需求必然不断增长,一定会超过现有网络能力,推动通信网络的继续发展。同时,原有的光通信网络设施是有一定寿命期的,也需要更新换代。更新换代意味着不是在原有水平上的重复,而是用新一代的技术取代原来的技术。所以,在应用需求的推动下,光通信技术一定会不断进步。这也要求从事光通信事业的人们要勇于进取、顽强拼搏,才能使光通信技术得到长足发展,跟上时代进步的步伐。

5.5 本章小结

本章主要对光纤通信技术的概念、发展历程、系统组成及光纤通信技术的特点进行了介绍。

5.2 节中,从光纤的结构出发,简述了光纤的结构及分类,从几何光学原理出发讲述了光纤的导光原理,然后介绍了光纤传输的两个重要特性,即衰减特性和色散特性,并讲述了这两个特性对光纤信号传输特性的影响,最后还简单讲解了光缆的结构和种类。

5.3 节讲解了光纤通信系统和光网络技术的相关概念。重点介绍了数字光纤通信系统的组成、SDH 光传输技术、光波分复用技术的原理和特点、光网络技术的概念及关键技术等,然后介绍了光接入网的相关概念,对 EPON 和 GPON 的相关技术进行了较详细讲解。

最后还对光纤通信的相关新技术进行了介绍,并对未来光纤通信技术发展进行了展望。

思考和练习题

1. 什么称为光纤通信?
2. 光纤通信有哪些优点?
3. 阶跃型光纤和渐变型的区别是什么?
4. 简述光纤的导光原理。
5. 什么是光纤的损耗? 有哪几种类型?
6. 什么是光纤的色散,都有哪些类型?
7. 什么是 EDFA? 简述其三种应用形式。
8. 光发射机和光接收机的作用分别什么?
9. 什么是波分复用? 简述 WDM 系统的两种基本形式。
10. 光接入网的定义是什么? 简述 EPON 的工作原理。
11. 简述光纤通信系统组成。

6

移动通信系统与技术

目前,手机已经在人们的生活中占据重要地位。随着网络的广泛覆盖,手机不仅是日常交流和通话的必要工具,同时也成为出行、支付等的终端载体,大有"一机走天下"的趋势。本章主要介绍支撑手机实现这多项功能的移动通信系统,具体内容包括实现移动通信需要的基本技术,以及从移动通信系统出现至今,随着需求和技术的发展,各代移动通信系统的基本概况和关键技术。

6.1 移动通信的基本技术

移动通信是通过电磁波在自由空间传播以实现信息传输为目的的通信。移动通信双方至少有一方以无线方式进行信息的交换和传输。移动通信可以用来传输电报、电话、传真、图像、数据、广播、电视等通信业务。与有线通信相比,移动通信无须假设传输线路,不受通信距离限制,具有机动性好、建立迅速等优势。本节介绍移动通信的一些基本技术。

6.1.1 移动通信概述

1. 移动通信发展史

移动通信可以说从无线电通信发明之日就产生了。1897 年,M. G. 马可尼所完成的无线通信试验就是在固定站与一艘拖船之间进行的,它们相距 18 海里(1 海里=1852 米)。

现代移动通信技术的发展始于 20 世纪 20 年代。20 世纪 20 年代至 20 世纪 40 年代,为现代移动通信技术的早期发展阶段。在此期间,借助短波的几个频段开发出专用移动通信系统,其代表是美国底特律市警察使用的车载无线电系统。20 世纪 40 年代中期至 20 世纪 60 年代初期,公用移动通信业务问世,但是其接续方式为人工,且网络的容量较小。20 世纪 60 年代中期至 20 世纪 70 年代中期,美国推出了改进型移动电话系统(Improved mobile telephone system,IMTS),采用大区制、中小容量,实现了无线频道自动选择并能够自动接续到公用电话网。20 世纪 70 年代中期至 20 世纪 80 年代中期,蜂窝状移动通信网成为实用系统,并在世界各地迅速发展。20 世纪 80 年代中期至 20 世纪 90 年代,出现了以美国移动电话系统(advanced mobile phone system,AMPS)和英国的全接入通信系统(total access communication system,TACS)为代表的第一代蜂窝移动通信网(属于模拟系统)。20世纪80年代中期,欧洲首先推出了泛欧数字移动通信网(GSM)的体系。随后,美国和日本也制定了各自的数字移动通信体制。从20世纪90年代到21世纪,这是3G发展时期,同时,4G也开始了研究。2013年,我国发放了4G牌照,4G正式开始商用,并启动5G研发。随着通信技术的快速发展,2019年6月,我国率先发放了5G牌照,步入5G元年。

2. 移动通信的特点

移动通信是有线通信的延伸,与有线通信相比具有以下特点。

(1)移动通信的传输介质为无线电波。无线电波允许通信中的用户在一定范围内自由活动,不受位置束缚,但无线电波的传播特性一般很差,阴影效应、多径效应和多普勒频移等现象会严重影响通信质量。

(2)移动通信在复杂的干扰环境中运行,邻道干扰、互调干扰、共道干扰、多址干扰、远近效应等都会影响通信效果。

(3)移动通信可以利用的频谱资源非常有限,而移动通信业务量的需求却与日俱增,如何提高通信系统的通信容量成为移动通信需要解决的问题。

(4)移动通信系统的网络结构多种多样,网络管理和控制必须高效。

(5)移动通信设备(主要是移动台)必须适于在移动环境中使用。

3. 移动通信的工作方式

移动通信中对工作方式的规定与计算机网络中的规定有所差别。移动通信有3种工作方式:单工方式、双工方式和半双工方式。

(1)单工方式:通信的双方仅能交替地进行收信和发信。根据收、发频率的异同,可以分为同频单工和异频单工两种。

(2)双工方式:通信双方可同时进行传输消息的工作方式,有时也称为全双工方式。全双工方式有频分双工(FDD)和时分双工(TDD)两种形式。

(3)半双工方式:通信的双方,有一方的收、发信机同时工作,且使用两个不同的频率;而另一方则采用双频单工方式,即收、发信机交替工作。

4. 常见的移动通信系统

1)无线寻呼系统

无线寻呼系统通常由无线电寻呼控制中心(主发射台)、发射台和寻呼接收机构成,如图6-1所示。其中,无线电寻呼控制中心与市话网相连,市话用户要呼叫某一用户时可以拨叫无线电寻呼控制中心的专用号码,无线电寻呼控制中心话务员记录所要寻找的用户号码以及要代传的消息,并自动在无线信道上发出呼叫。被呼用户的接收机会发出呼叫声,并显示出主呼用户的电话号码机的简要信息。如有必要,被呼用户可以利用邻近市话电话与主呼用户通话。该系统为单向传输系统,但是在相当长一段时间内发展迅速。目前,该系统已经被更方便的蜂窝移动通信系统所取代。

2)无绳电话系统

简单的无绳电话机把普通话机分成座机和手机两部分,座机与有线电话网连接,手机与座机之间用无线电连接,这样,允许携带手机的用户可以在一定范围内自由活动时进行通话,如图6-2所示。因为手机与座机之间不需要用电线连接,故称为"无绳"电话机。

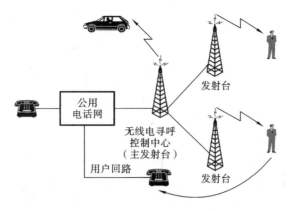

图 6-1　无线寻呼系统示意图

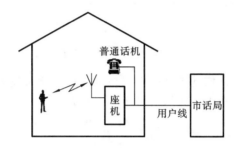

图 6-2　无绳电话系统示意图

3）集群移动通信系统

集群移动通信系统是把一些由各部门分散建立的专用通信网集中起来,统一建网和管理,并动态地利用分配给它们的有限个频道,以容纳数目更多的用户的系统。它改进了频道共用的方式,移动用户在通信的过程中不固定地占用某一个频道,即在按下通话按钮时占用,一旦松开按钮则频道就被释放为空闲频道,并允许其他用户使用。

4）蜂窝移动通信系统

图 6-3 所示的是典型的蜂窝移动通信系统示意图,主要由网络子系统(NSS)、基站子系统(BSS)、移动台(MS)和操作支持系统(OSS)等四部分组成。

有关蜂窝移动通信系统,将在后文详细阐述,这里不再赘述。

6.1.2　移动信道的传播特性

任何一个通信系统,信道都是必不可少的。无线信道中有中、长波的表面波传播,短波电离层反射传播,超短波和微波直射传播以及各种散射传播。无线通信系统的通信能力和服务质量、无线通信设备要采用的无线传输技术都与无线移动信道的性能密切相关。

在移动信道中,电波在传输的过程中会发生直射,也会发生反射、折射、散射、绕射等现象。这都与发送的电磁波的波长(或者频率)密切相关,同时也与电波传播过程中的地形和地物有关系。

1. 自由空间传播损耗

自由空间是指信号在理想的、均匀的各向同性介质中传播,不发生反射、折射、散射和吸收现象,只存在电磁波能量扩散而引起的传播损耗的空间。这是一种理想的想象

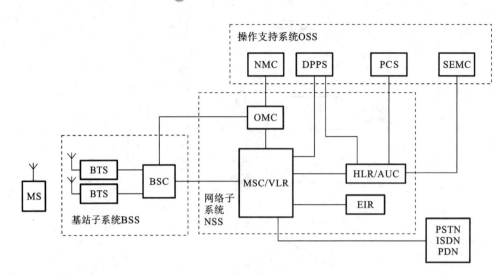

图 6-3　蜂窝移动通信系统示意图

空间,其他的传输损耗问题均基于这一理想模型。通常定义发射功率与接收功率的比值为传播损耗。经推导,自由空间传播损耗可表示为

$$L_o = \frac{(4\pi)^2 d^2}{\lambda^2} \tag{6-1}$$

式中:d 为收、发天线之间的距离;λ 为电磁波的波长。用对数形式表示,把波长换成频率,得到自由空间的传播衰减公式,即

$$L_o = 32.44 + 20\lg f + 20\lg d \tag{6-2}$$

式中:d 的单位为 km;f 的单位为 MHz。考虑到发射天线的增益 G_t 和接收天线的增益 G_r,则系统传输损耗应为

$$L_o = 32.44 + 20\lg f + 20\lg d - G_t - G_r \tag{6-3}$$

2. 多径传播和多普勒频移

典型的两径模型是多径信号传播理论的前提,平面大地的两径传播模型如图 6-4 所示。

当存在建筑物和起伏地形时,接收信号中包含建筑物等反射的电波,此时,可用三径、四径等多径传播模型来描述移动信道。

由于移动台的高速移动而产生的传播信号频率的扩散,称为多普勒效应。多普勒效应引起的多普勒频移可表示为

$$f_d = \frac{v}{\lambda} \cos\theta \tag{6-4}$$

式中:v 为移动台移动速度;λ 为波长;θ 为入射波与移动台移动方向之间的夹角。多普勒效应图示如图 6-5 所示。

3. 移动信道的衰落特性

由于移动和多径传播,移动信道呈现时散及时变(频率色散)特性,进而导致信号通过移动信道传播时产生衰落。其衰落类型取决于发送信号和信道的特性。信道的时散特性导致平坦衰落和频率选择性衰落,而时变特性会引起快衰落和慢衰落,并且这两种机制彼此独立。

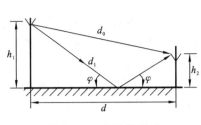 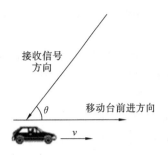

图 6-4　两径传播模型　　　　图 6-5　多普勒效应图示

1）平坦衰落和频率选择性衰落

信道的时散特性通过时延扩展 Δ 来描述,在频域用相关带宽 B_c 来描述。所传输的信号参数:符号间隔 T_s,带宽 $B_s=1/T_s$,则当 $T_s\gg\Delta$ 或者 $B_s\ll B_c$,信号经历平坦衰落,称信道为平坦衰落信道;反之,当 $T_s<\Delta$ 或者 $B_s>B_c$ 时,信号中各频率分量的衰落情况与频率有关,信道特性会导致信号产生频率选择性衰落,称该信道为频率选择性信道。

2）快衰落和慢衰落

新到的时变性是通过相干时间 T_c 和多普勒扩展 B_d 来表征的。同样,设定由传输的信号参数:符号间隔 T_s,带宽 $B_s=1/T_s$,则当 $T_s>T_c$ 或者 $B_s<B_d$ 时,信号经历快衰落,称信道为快衰落信道;反之,当 $T_s\ll T_c$ 或者 $B_s\gg B_d$ 时,信号经历慢衰落,称信道为慢衰落信道。

无主导信号的多径衰落接收信号的相位服从均匀分布,包络服从瑞利分布。若有主导信号分量时,接收信号将服从莱斯分布。

4. 电波传播路径损耗预测

在移动通信系统中,用户的位置是随机变化的,不同的用户遇到的无线电波传播环境是不一样的,也是随机变化的,因而很难准确地计算接收信号场强或传波损耗。工程实践中大量采用统计模型,只需知道地理环境的统计数据和信息,而后基于大量实验测试数据拟合出经验公式或经验曲线,给出各种地形地物下的传播损耗与距离、频率、天线高度之间的关系。常见的模型有奥村(Okumura)模型、Hata 模型和 COST-231/Walfish/Ikegami 模型等。

6.1.3　数字调制与解调技术

调制的目的是把要传输的模拟信号或数字信号变换成适合信道传输的已调信号。调制过程发生在系统的发送端。在接收端将已调信号还原成要传输的原始信号的过程称为解调。

按照调制器输入信号(调制信号)的形式,调制可分为模拟调制和数字调制。在数字调制技术中,已调信号的频谱窄、带外衰减快(即所占频带窄或频谱利用率高);宜采用相干或非相干解调;抗噪声和抗干扰能力强;适宜于在衰落信道中传输。

按照对载波参量的控制方式,数字调制方式可以分为振幅键控(ASK)、频移键控(FSK)和相移键控(PSK)。

按照实际应用类型来划分,调制可以分为线性调制,主要包括 PSK、QPSK、

DQPSK、OQPSK、π/4-QPSK 等；恒定包络调制，主要包括 MSK、GMSK、GFSK 和 TFM 等。

另外还有振幅和相位联合调制（QAM）技术、可变速率 QAM（VR-QAM）、多载波 AQM（MQAM）、正交频分复用（OFDM）技术和可变扩频增益的码分多址（VSG-CDMA）技术。

多进制的线性调制，如 MPSK，可以带来良好的带宽效率，但是随之而来的高误码率会影响系统的性能。采用 QAM 调制方式，在对带宽效率影响不大的情况下，可以改善系统的误码性能。但是这种调制方式不是恒包络调制，对于非线性信道而言，无法抵抗三阶互调等干扰。若要包络保持恒定，则需要采用非线性调制。非线性调制非常适合在非线性信道中使用，而且非线性调制由于可以采用鉴频器解调方式，能极大地简化接收机设计，同时能提高对随机调频噪声以及瑞利衰落所造成的信号起伏的抵抗能力。但是非线性调制的已调波带宽比线性调制方案要宽，在带块效率比功率效率优先考虑的情况下，非线性调制不是最佳的选择。

6.1.4 抗衰落技术

在移动通信系统中，信号的传输环境（即移动通信信道）是非常恶劣的。电波在传播过程中会产生多径效应、多普勒频移、阴影效应等，这些会使移动通信信道出现严重的衰落，对移动通信系统的性能产生负面影响，因此移动通信必须采取相应的抗衰落技术。一般来说，提高移动通信系统性能的抗衰落技术有分集技术、均衡技术和信道编码技术。

1. 分集技术

分集技术是在接收端对它收到的多个衰落特性互相独立（携带同一信息）的信号进行特定的处理，以降低信号电平起伏的一种技术，是一种集中处理、分散传播的技术。

分集技术可以分为宏分集和微分集两种。其中宏分集是多基站分集，目的是减小慢衰落；而微分集主要是为了减小快衰落。

分集技术还可以按照信号传输的方式分为显分集和隐分集，其中显分集是指构成明显分集信号的传输方式，包括空间分集、极化分集、时间分集、频率分集和角度分集等。隐分集是指分集作用隐含在传输信号之中的方式，在接收端利用信号处理技术实现分集。

当实现发送端同一信号的相互独立的发送时，在接收端如何利用这些信号减小衰落的影响，这就是合并问题。

一般情况下，有三种合并的方式：一是选择式合并，即选择其中信噪比最高的那一个支路的信号作为合并器的输出；二是最大比值合并，是指在接收端将多个分集支路，经过相位调整后，按照适当的增益系数，同相相加，再送入检测器进行检测的技术；三是等增益合并，是指在接收端将多个分集支路，经过相位调整后，按照相等的增益系数，同相相加，再送入检测器进行检测的技术。三种合并方式的比较如图 6-6 所示。

由图 6-6 可见，相同分集重数（即 M 相同）情况下，以最大比值合并方式改善信噪比最多，等增益合并方式次之；在分集重数 M 较小时，等增益合并的信噪比改善接近最大比值合并。选择式合并所得到的信噪比改善最小，其原因在于合并器输出只利用了一路最强的信号，而其他支路都没有被利用上。

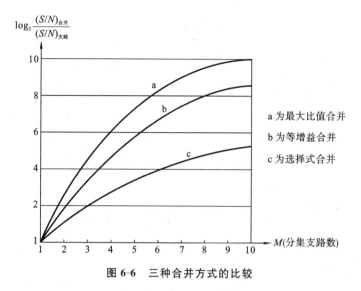

图 6-6 三种合并方式的比较

隐分集的分集作用隐含在传输信号的方式中,依据传输信号方式的不同,可实现时间隐分集和频率隐分集,所采用的技术主要有交织编码技术和扩频技术,也在数字移动通信中得到了广泛应用。

2. 均衡技术

由于多径传输、信道衰落等的影响,接收端会产生严重的码间干扰;另一方面,实际信道的频带总是有限的,当传输信号的带宽大于无线信道的相关带宽时,信号会产生频率选择性衰落,接收信号就会产生失真,在时域上表现为波形发生时散效应,即接收信号产生码间干扰,导致系统误码率增大。

严重的码间干扰会对信息比特造成错误判定。为了提高信息传输的可靠性,必须采取适当的措施来克服码间干扰的影响,其中一种方法就是采用信道均衡。

所谓均衡是指各种用来克服码间干扰的算法和实现方法,是对信道特性的均衡,即在接收端设计一个均衡器的网络,均衡器产生与信道特性相反的特性,用来减小或消除由于码间干扰引起的信号失真。

依据均衡器的输出被用于反馈的方式,均衡器可以分为线性均衡器和非线性均衡器两大类,具体的分类方法如图 6-7 所示。

3. 信道编码技术

为了提高通信系统的可靠性,尽量减少噪声、干扰等因素的影响,改善通信链路的性能,使系统具有一定的纠错能力和抗干扰能力,采取的最重要的措施就是信道编码。信道编码实际上是一种差错控制编码,其基本思路是在发送端给被传输的信息附上一些监督码元。这些多余的码元与信息码元之间以某种确定的规则相互关联(约束)。

信道编码技术在 2.3 节有过简单的介绍,但是那些简单的编码规则对于复杂的移动信道而言是远远不够的。在移动通信中,常用的信道编码有线性分组码、循环码、卷积码、Turbo 码以及低密度奇偶校验码(LDPC)等。为了纠正由突发成串的错误,还要采用交织技术来进一步抗衰落。由于这些编码方法计算复杂,这里就不再详述了。

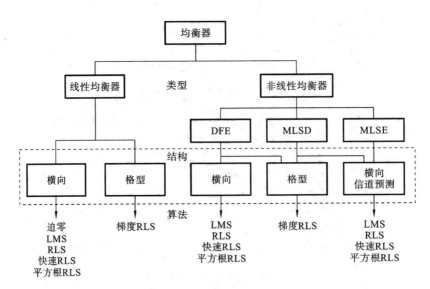

图 6-7 均衡器的分类

6.1.5 组网技术

1. 多址技术

多址技术是指把处于不同地点的多个用户接入一个公共传输介质,实现各用户之间通信的技术,是空中接口多址技术,主要解决众多用户如何高效共享给定频谱资源的问题。移动通信系统中,常规的多址技术有频分多址(FDMA)、时分多址(TDMA)、码分多址(CDMA)、空分多址(SDMA)和正交频分多址(OFDMA)技术。

1)频分多址

FDMA 是将给定的频谱资源划分为若干个等间隔的频道(或称信道),以供不同的用户使用。因为各个用户使用不同频率的信道,所以相互没有干扰。FDMA 给不同的移动台分别分配发射频道和接收频道,为频分双工(FDD)方式。

2)时分多址

TDMA 是指把时间分割成互不重叠的时段(帧),再将帧分割成互不重叠的时隙(信道),与用户具有一一对应关系,依据时隙区分来自不同地址的用户信号,从而完成的多址连接。TDMA 较之 FDMA 具有通信信号质量高、保密较好、系统容量较大等优点,但它必须精确定时和同步,以保证移动终端和基站间正常通信,在技术上比较复杂。

3)码分多址

CDMA 技术的原理是基于扩频技术,将需要传送的具有一定信号带宽信息数据用一个带宽远大于信号带宽的高速伪随机码进行调制,使原数据信号的带宽被扩展,再经载波调制并发送出去。接收端使用完全相同的伪随机码,与接收的带宽信号做相关处理,把宽带信号换成原信息数据的窄带信号(即解扩),以实现信息互通。

在 CDMA 通信系统中,不同用户传输信息所用的信号不是靠频率不同或时隙不同来区分,而是用各自不同的伪随机码序列来区分,或者说,靠信号的不同波形来区分。如果从频域或时域来观察,多个 CDMA 信号是互相重叠的。接收机用相关器可以在多个 CDMA 信号中选出其中使用预定码型的信号。

CDMA 的优点是,抗干扰能力强,采用宽带传输,抗衰落能力强,有利于信号隐蔽,抗截获的能力强。理论上,在使用相同频率资源的情况下,CDMA 移动网比模拟网的容量大 20 倍,在实际使用中比模拟网的大 10 倍,比 GSM 的要大 4～5 倍。但是由于来自非同步 CDMA 网中不同用户的扩频序列不完全正交,从而引起多址干扰。由于使用相同的载频,许多用户共用一个信道,强信号对弱信号有着明显的抑制作用,从而产生"远近效应",影响用户通话。CDMA 系统中采用功率控制技术,解决了远近效应。

4）空分多址

SDMA 是利用不同的空间分割成不同信道的多址技术。SDMA 系统可使系统容量成倍增加,使得系统在有限的频谱内可以支持更多的用户,从而成倍的提高频谱使用效率。空分多址在中国第三代通行系统 TD-SCDMA 中引入,是智能天线技术的集中体现。

5）正交频分多址

OFDMA 是在正交频分复用（OFDM）技术基础上发展起来的一种多址技术。OFDMA 技术是将传输带宽划分成正交的一系列子载波集,将不同的子载波集分配给不同的用户。通过给不同的用户分配不同的子载波,OFDMA 提供了天然的多址方式,并且由于占用不同的子载波,用户间满足相互正交。在理想同步的情况下,系统中无用户间干扰,即无多址干扰（MAI）。

在 FDMA 系统中,不同的用户在相互分离的不同频段上进行传输,在各个用户的频段之间插入保护间隔;而在 OFDMA 系统中,不同用户是在相互重叠但是彼此正交的子载波上同时进行传输的,利用 OFDM 技术为不同的用户分配不同的信道资源。相比于 FDMA 方式,OFDMA 在灵活性和频谱效率上优势明显。

OFDMA 系统中有多种方法给用户分配子载波:一是集中式子载波分配,即将若干相邻子载波集中分配给一个用户,是最简单的一种分配方式;二是分布式扩展子载波,即每个用户分配到的子载波是间隔的,也就是说,用户所使用的子载波扩展到整个系统带宽,各子载波交替排列;三是自适应子载波分配,即如果在发送端知道每个用户在每个子载波上的信噪比,就可以在分配子载波时,将信噪比高的子载波分配给相应的用户。

2. 多信道共用技术

随着各种移动通信网的建立,特别是近几年来蜂窝状移动电话网迅速增长,有限的频率资源和用户急剧增加的矛盾愈来愈大。其解决的办法:一是开发新的频率资源,二是采用各种有效利用频率的措施。

为了提高频道利用率,平均多少用户使用一对频道才是合理的呢? 为了定量地进行计算,我们必须引入话务量、呼损率等话务理论的概念。

在语音通信中,业务量的大小用话务量来度量。话务量又分为流入话务量和完成话务量。流入话务量的大小取决于单位时间（1 小时）内平均发生的呼叫次数 λ 和每次呼叫平均占用信道时间（含通话时间）T。

$$A = \lambda \cdot T \tag{6-5}$$

式中:λ 的单位是（次/小时）;T 为每次呼叫平均占用时间（包括接续时间和通话时间）,单位是（小时/次）; A 的单位为爱尔兰（Erlang）。

给定的流入话务量可以容纳多少用户的通信业务呢？这就要看每个用户的话务量是多少。每个用户在 24 小时内的话务量分布是不均匀的，网络设计应按最忙时的话务量来进行计算。最忙 1 小时内的话务量与全天话务量之比称为集中系数，用 k 表示，一般 k 为 $10\%\sim15\%$。每个用户的忙时话务量需用统计的办法确定。

设通信网中每一用户每天平均呼叫次数为 C(次/天)，每次呼叫的平均占用信道时间为 T(秒/次)，集中系数为 K，则每用户的忙时话务量为

$$a = CTK \frac{1}{3600} \qquad (6\text{-}6)$$

国外运营商统计资料表明，公用移动通信网可按 $a=0.01$ 设计，专业移动通信网可按 $a=0.05$ 设计。由于电话使用习惯不同，国内的用户忙时话务量一般会超过上述数据不少，建议公用移动通信网可按 a 为 $0.02\sim0.03$ 设计，专业移动通信网可按 $a=0.08$ 设计。

在用户忙时话务量 a 确定之后，每个信道所能容纳的用户数 m 就不难计算，其中 n 为共用信道数，即

$$m = \frac{\frac{A}{n}}{a} = \frac{\frac{A}{n}3600}{CTK} \qquad (6\text{-}7)$$

3. 区域覆盖技术

要对区域进行无线信号覆盖，一种方法就是采用大区制，即在一个服务区内只有一个或几个基站，由该基站负责整个移动通信网的联络与控制。这种方式系统组成简单、投资少、见效快。但是，大区制发射功率高，频带利用率低，通信容量受到限制。目前广泛采用小区制的方法，即把整个服务区划分为若干个小区。小区制应用了空间域的同信道再用技术，基站发射功率减小，相互间干扰小。但是它会带来"同频干扰"和"越区切换"的问题，其控制和交换较为复杂。

划定重复使用频带的最小区域称为区群。也就是说，在不同的区群之间频率是复用的。通常的频率复用方式有"4×3"、"3×3"和"1×3"等。"$m\times n$"是指 m 个小区为一个区群，且每个小区内有 n 个扇区(在小区内采用 120°的定向天线，将小区覆盖分为 3 个扇区)。

4. 网络结构和信令

移动通信基本网络结构如图 6-8 所示，其中，MSC 为移动交换中心；BSS 为无线接入部分；OMS 为操作维护部分；汽车代表的是移动终端部分，称为 MS。这些都是构成移动通信网络的基本要素。PSTN 为公共交换电话网，通常指的是有线网络部分。为了使网络中各个传输单元能有效地、统一地协调行动或动作，以达到可靠传输信息的目的，必须需要一个指挥协调系统来发布指令，这就是通信中的信令系统。图 6-8 中，SS7 指的是 7 号信令，是移动通信网络信令系统所采用的信令格式。

MS 与 BSS 之间的接口被称为空中接口，简称空口(Um 口)。由于移动用户的非固定接入，接入的位置和信道是可以改变的，因此链接路由选择复杂，随时间变化而变化。在数字蜂窝移动通信系统中，空中接口的信令分为三个层次：物理层(L_1)、数据链路层(L_2)和网络层(L_3)。

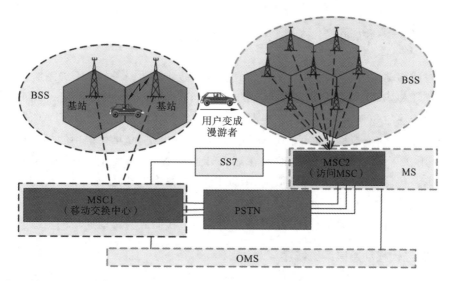

图 6-8　移动通信基本网络结构

5. 越区切换和位置管理

1）越区切换

越区切换指将当前正在进行的移动台与 BS 之间的通信链路从当前 BS 转移到另一个 BS 的过程,该过程也称为自动链路转移(automatic link transfer,ALT)。

越区切换主要有两种方式:一是硬切换,在新连接建立以前,先中断旧的连接(如 TACS、GSM 系统);二是软切换,在与新 BS 建立可靠连接之后再中断旧链路(如 IS-95 系统)。软切换的优点是可利用新、旧链路的分集合并来改善通信质量,并且有效提高切换的可靠性,大大减少由于切换造成的掉话;缺点是会导致硬件设备增加,降低前向容量。软切换要求只能在同一频率的信道间进行。

2）位置管理

在现有的移动通信系统中,将覆盖区域分为若干个登记区(registration area,RA),在 GSM 中称为位置区(location area,LA)。一个 MS 进入一个新的 RA,则需要位置登记。一般分为三个步骤:① 在管理新 RA 的新访问位置寄存器(VLR)中登记 MS;② 修改归属位置寄存器(HLR)中记录服务该 MS 的新 VLR 的身份信息;③ 在旧的 VLR 和 MSC 中注销该 MS。在有呼叫给 MS 的情况下,根据 HLR 和 VLR 中可用的位置信息来定位 MS。

位置更新和寻呼信息都是在无线接口中的控制信道上传输。位置更新开销和寻呼开销是一对矛盾。目前有以下三种动态位置更新策略。

(1)基于时间的位置更新策略。用户每隔 T 周期就更新其位置。T 是确定根据呼叫到达间隔地概率分布。该方法的优点是实现简单,MS 仅仅需一个定时器即可。

(2)基于运动的位置更新策略。MS 跨越一定数量的小区边界后进行一次位置更新。其优点是实现简单,仅需运动计数器即可。

(3)基于距离的位置更新策略。MS 离开上次位置更新小区的距离超过一门限后进行。此距离门限的确定取决于各个 MS 的运动方式和呼叫到达参数。该方法性能最好,但实现开销最大。

6.2 2G 移动通信技术

第一代移动通信系统的典型代表是美国高级移动电话服务(AMPS)系统和后来改进型系统 TACS,以及北欧移动电话(nordic mobile telephony,NMT)等。AMPS 使用模拟蜂窝传输的 800 MHz 频带,在美洲和部分环太平洋国家广泛使用;TACS 是 20 世纪 80 年代欧洲的模拟移动通信的制式,也是我国 20 世纪 80 年代采用的模拟移动通信制式,使用 900 MHz 频带。而北欧也在瑞典开通了 NMT 系统,德国开通了 C-450 系统等。第一代移动通信系统为模拟制式,以 FDMA 技术为基础。

随着数字技术的发展,通信、信息技术向数字化、综合化、宽带化的方向发展。因此,出现了第二代移动通信系统,并迅速取代了第一代而成为移动通信的主流。

6.2.1 第二代移动通信系统概述

第二代移动通信系统(2nd generation,2G)是以传送语音和数据为主的数字通信系统,典型的系统有欧洲的 GSM(采用 TDMA 方式)、北美的 D-AMPS(Digital AMPS)、IS-95 CDMA 和日本的个人数字蜂窝系统(PDC)等数字移动通信系统。2G 除提供语音通信服务之外,还提供中、低速数据服务,如传真和分组数据,以及短消息服务。

与第一代网络相比,第二代网络采用了新的网络结构,使 MSC 计算量降低;标准化和互操作性成为第二代无线网络的新特征,它最终使得 MSC 和基站控制器(BSC)成为可采购的现货。另外,用户单元增加了新功能,如接收功能报告、邻近基路搜索、数据编码及加密等,使得越区切换可采用移动台辅助越区切换(MAHO)。

第二代网络尽量减少了基站子系统(BSS,包括基站控制器和基站收发信台两部分)与 MSC 的运算及交换负担,并设置了智能模块专用于用户的位置管理,用户的身份鉴别及认证等;此外,系统各部分之间的关联减少了,系统配置更灵活了,使得系统得以更快地发展。表 6-1 所示的是第二代 4 种数字蜂窝系统的主要参数。

表 6-1 第二代 4 种数字蜂窝系统的主要参数

参 数	欧洲 GSM/DCD	美 国 D-AMPS	美 国 IS-95	日本 PDC
工作频段/MHz	890~915 935~960 1710~1785 1805~1880	824~849 869~894 1900	824~849 869~894	810~826 940~956 1429~1453 1477~1501
射频间隔/kHz	200	30	1250	50
接入方式	TDMA/FDMA	TDMA/FDMA	CDMA/FDMA	TDMA/FDMA
与现有模拟系统的兼容能力	无	有	有	有
每频道业务信道数	8 16	3 6	61	3 6

这些系统中,GSM 系统得到的广泛的采用,后续各代移动通信系统的架构都是基于该系统。因此它是本节重点介绍的内容。除此以外,CDMA 技术也因其良好的性

能,得到了广泛的使用,这也是本节重点内容。

6.2.2　GSM系统及关键技术

蜂窝移动电话系统早在20世纪70年代末就投入了使用,但由于已部署的不同系统之间的不兼容性,在20世纪80年代中期,欧洲率先推出了泛欧数字移动通信网(global system for mobile communications,GSM)的体系,其在1991年7月才开始投入商用。

1992年,随着设备的开发和数字蜂窝移动通信网的建立,GSM改名为"global system for mobile communications",即"全球移动通信系统"的简称。

1. GSM系统的主要特点

GSM系统作为一种开放式结构和面向未来设计的系统,相对于第一代移动通信系统,具有下列几个特点。

(1)由几个子系统组成,并且可与各种公用通信网(PSTN、ISDN、PDN等)互联互通。各子系统之间或各子系统与各种公用通信网之间都明确和详细定义了标准化接口规范,保证任何厂商提供的GSM系统或子系统能互联。

(2)能提供穿过国际边界的自动漫游功能,全部GSM移动用户都可进入GSM系统,与国别无关。

(3)除了可以开放语音业务,还可以开放各种承载业务、补充业务和与ISDN相关的业务。

(4)具有加密和鉴权功能,能确保用户保密和网络安全。

(5)GSM系统具有灵活和方便的组网结构,频率重复利用率高,移动业务交换机的话务承载能力一般都很强,可以保证在语音和数据通信两个方面都能满足用户对大容量、高密度业务的要求。

(6)抗干扰能力强,覆盖区域内的通信质量高。

(7)用户终端设备(手持机和车载机)随着大规模集成电路技术的进一步发展能向更小型、轻巧和增强功能趋势发展。

2. 系统的结构与功能

GSM系统的结构如图6-9所示。其中基站子系统(BSS)在移动台(MS)和网络子系统(NSS)之间提供和管理传输通路,特别是包括了MS与GSM系统的功能实体之间的无线接口管理。NSS必须管理通信业务,保证MS与相关的公用通信网或与其他MS之间建立通信,也就是说,NSS不直接与MS互通,BSS也不直接与公用通信网互通。MS、BSS和NSS组成GSM系统的实体部分。操作支持子系统(OSS)提供给运营部门一种手段来控制和维护这些实际运行部分。

3. 接口和协议

为了保证网络运营部门能在充满竞争的市场条件下灵活选择不同供应商提供的数字蜂窝移动通信设备,GSM系统在制定技术规范时就对其子系统之间及各功能实体之间的接口和协议做了比较具体的定义,使不同供应商提供的GSM系统基础设备能够符合统一的GSM技术规范而达到互通、组网的目的。为使GSM系统实现国际漫游功能和在业务上迈入面向ISDN的数据通信业务,必须建立规范和统一的信令网络以传递与移动业务有关的数据和各种信令信息。因此,GSM系统引入7号信令系统和信令

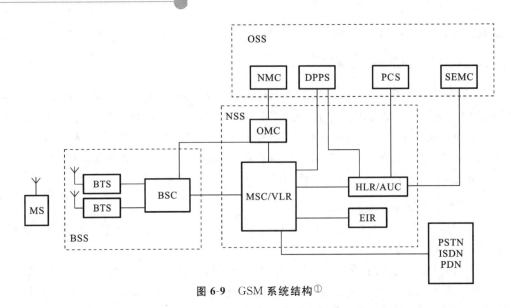

图 6-9　GSM 系统结构[①]

网络,也就是说,GSM 系统的公用陆地移动通信网的信令系统是以 7 号信令网络为基础的。

　　GSM 系统的主要接口是指 A 接口、Abis 接口和 Um 接口。这三种主要接口的定义和标准化能保证不同供应商生产的移动台、基站子系统和网络子系统设备能纳入同一个 GSM 数字移动通信网运行和使用。图 6-10 所示的是 GSM 系统的主要接口图。

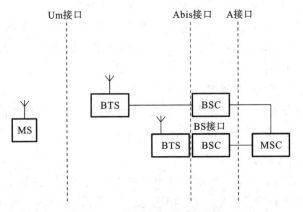

图 6-10　GSM 系统的主要接口

　　(1) A 接口:网络子系统(NSS)与基站子系统(BSS)之间的通信接口,从系统的功能实体来说,就是移动交换中心(MSC)与基站控制器(BSC)之间的互联接口,其物理链接通过采用标准的 2.048 Mb/s PCM 数字传输链路来实现。此接口传递的信息包括移动台管理、基站管理、移动性管理、接续管理等。

　　(2) Abis 接口:基站子系统的两个功能实体基站控制器和基站收发信台(BTS)之间的通信接口。用于 BTS(不与 BSC 并置)与 BSC 之间的远端互联方式,物理链接通

---

　　① OSS:操作支持子系统;BSS:基站子系统;NSS:网络子系统;NMC:网络管理中心;DPPS:数据后处理系统;SEMC:安全性管理中心;PCS:个人通信系统;OMC:操作维护中心;MSC:移动交换中心;VLR:漫游位置寄存器;HLR:归属位置寄存器;AUC:鉴权中心;EIR:设备识别寄存器;BSC:基站控制器;BTS:基站收发机;PDN:公用数据网;PSTN:公用交换电话网;ISDN:综合业务数字网;MS:移动台。

过采用标准的 2.048 Mb/s 或 64 kb/s PCM 数字传输链路来实现。BS 接口作为 Abis 接口的一种特例,用于 BTS(与 BSC 并置)与 BSC 之间的直接互联方式,此时 BSC 与 BTS 之间的距离小于 10 m。此接口支持所有向用户提供的服务,并支持对 BTS 无线设备的控制和无线频率的分配。

(3) Um 接口:移动台与 BTS 之间的通信接口。用于移动台与 GSM 系统的固定部分之间的互通,其物理链接通过无线链路实现。此接口传递的信息包括无线资源管理、移动性管理和接续管理等。

4. 传输技术

1)双工和多址技术

GSM 系统采用频分双工(FDD)时分多址(TDMA)技术,同时可以带有跳频方式。在 GSM 系统中,若干小区构成一个区群,区群内不能使用相同的频道,频道间隔保持相等;每个小区含有多个载频,每个载频上含有 8 个时隙,即每个载频有 8 个物理信道。

2)调制方式

GSM 采用高斯型最小频移键控(GMSK)的方式。矩形脉冲在调制之前先通过一个高斯滤波器,由于改善了频谱特性,从而满足 CCIR 提出的邻信道功率电平小于 -60 dBW 的要求。

3)收发功率

在 GSM 系统中,每个载波在基站的发射功率为 500 W,每个时隙平均为 500/8 W $=62.5$ W。移动台发射功率为 0.8 W、2 W、5 W、8 W 和 20 W 等,可供用户选择。小区覆盖半径最大为 3 km,最小为 500 m。

4)GSM 系统的信道

GSM 系统的信道可分为物理信道和逻辑信道,而逻辑信道又可分为业务信道和控制信道两类。

(1) 物理信道:一个载频上的 TDMA 帧的一个时隙(TS)。每个载频上有 8 个物理信道,即信道 0~7。用户通过一系列频率的一个物理信道接入系统。

(2) 逻辑信道:逻辑信道是根据 BTS 和 MS 之间传递的信息种类而定义的信道,逻辑信道在传输过程中要被放在某个物理信道(即时隙)上。GSM 系统的逻辑信道的分类如图 6-11 所示。

5. GPRS 及其演进

GPRS,全称为 general packet radio service,即通用分组无线业务。它是在 GSM 技术基础上提供的一种端到端的分组交换业务,最大限度利用已有的 GSM 网络,提供高效的无线资源利用率。创建 GPRS 的目的是提供高达 115.2 kb/s 速率的分组数据业务。GPRS 的网络结构如图 6-12 所示。

相对于 GSM 原系统,GRPS 主要增加了两个网络节点:服务支持节点(serving GPRS supporting node,SGSN)和网关支持节点(gateway GPRS support node,GGSN)。

SGSN 的作用是对移动终端进行定位和跟踪,并发送和接收移动终端的分组。它负责分组的路由选择和传输,在其服务区负责将分组递送给移动台。它是为 GPRS 移动台构建的 GPRS 网的服务访问点。SGSN 在 GPRS 网络中的作用,类似于 MSC/VLR 在 GSM 网络中的作用。

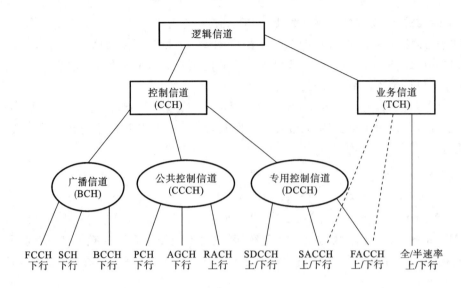

图 6-11 GSM 系统的逻辑信道的分类[①]

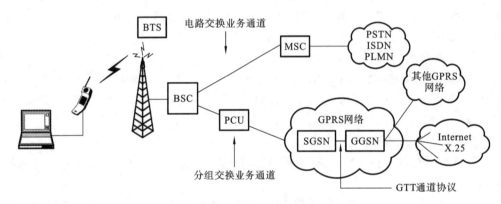

图 6-12 GRPS 的网络结构

GGSN 的作用是将分组按照其他分组协议(如 IP)发送到其他网络,用于和外部网络的连接。它是到子网的路由器,负责存储已激活的 GPRS 用户的路由信息。GGSN 接收来自外部数据网络的数据,通过隧道技术,传送给相应的 SGSN。它还具有地址分配、计费、防火墙的功能。

SGSN 和 GGSN 之间通过 IP 网络连接。GPRS 被称为 2.5 G 移动通信系统。增强型数据速率 GPRS 演进技术(enhanced data rate for GSM evolution,EDGE)提高了 GPRS 的数据吞吐率,比 GPRS 更进一步,被称为 2.75G 移动通信系统。

6.2.3 基于 CDMA 的移动通信技术

CDMA 技术的出现源自人类对更高质量无线通信的需求。在第二次世界大战期间,因战争的需要而研究开发出了 CDMA 技术,其初衷是防止敌方对己方通信的干扰,在战争期间广泛应用于军事抗干扰通信,后来由美国高通公司将其引入到公共蜂窝移

[①] FCCH:频率校正信道;SCH:同步信道;BCCH:广播控制信道;PCH:寻呼信道;AGCH:接入许可信道;RACH:随机接入信道;SDCCH:独立专用控制信道;SACCH:慢速辅助控制信道;FACCH:快速辅助控制信道。

动通信系统。1995年,第一个 CDMA 商用系统运行后,CDMA 技术理论上的诸多优势在实践得到了检验,从而在全球得到了迅速推广和应用,3G 通信中三大主流标准均基于 CDMA。

1. CDMA 基本原理

在 CDMA 系统中,发送端用正交的地址码对各用户发送的信号进行码分,而在接收端,通过相关检测利用码型的正交性从混合信号中选出相应的信号。具体来讲,各用户信号首先与自相关性很强而互相关值为 0 或很小的周期性码序列(地址码)相乘(或模 2 加)实现码分,然后去调制同一载波,经过相应的信道传输后,在接收端以本地产生的已知地址码为参考,借助地址码的相关性差异对收到的所有信号进行鉴别,最后从中将地址码与本地地址码一致的信号选出,并把不一致的信号除掉(称为相关检测或码域滤波)。CDMA 收发系统原理图如图 6-13 所示。

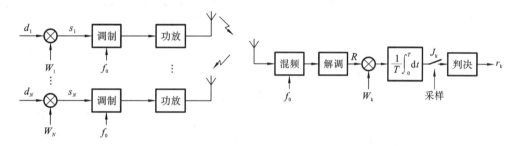

图 6-13 CDMA 收发系统原理图

2. 扩频通信系统

扩展频谱(spread spectrum,SS)通信简称扩频通信,是一种信息传输方式,是码分多址的基础。在发送端,采用扩频码调制,使信号所占的频带宽度远大于所传信息必需的带宽;在接收端,采用相同的扩频码进行相关解调来解扩以恢复所传信息数据。扩频通信系统频谱变换图如图 6-14 所示。

扩频通信系统分为直接序列扩频、调频扩频、线性调频、跳时扩频、混合扩频五种扩频通信系统。在实际使用时,性能要求高的扩频通信系统,大都采用混合扩频方式。

3. CDMA 蜂窝网的关键技术

1) 功率控制

蜂窝通信系统无论采用何种多址方式都会存在各种各样的外部干扰和系统本身产生的特定干扰。相对于基于 FDMA 和 TDMA 的蜂窝系统,基于 CDMA 的蜂窝系统的干扰主要是多址干扰,它是制约蜂窝系统容量的主要干扰,如图 6-15 所示。

当基站同时接收两个距离不同的移动台发来的信号时,因为传输距离的不同,基站接收到靠近基站的用户发送的信号强度比远离基站的用户发送的信号强度大得多,致使远端用户的信号被近端用户的信号所湮没,这种现场称为"远近效应"。解决远近效应的方法即功率控制。

(1) 反向功率控制:又称上行链路功率控制。它使任一移动台无论处于什么位置上,其信号在到达基站的接收机时,都具有相同的电平,而且刚刚达到信干比要求的门限值。显然,能做到这一点,既可以有效地防止"远近效应",又可以最大限度地减小多址干扰。

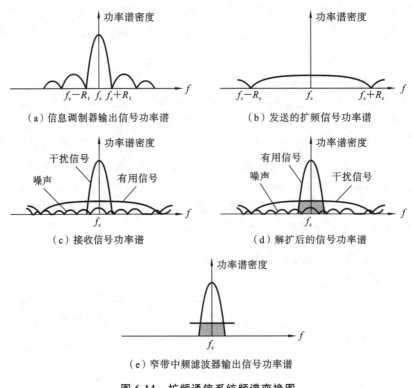

图 6-14 扩频通信系统频谱变换图

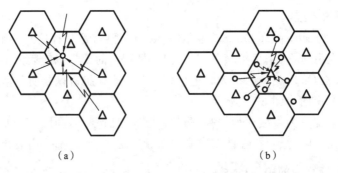

图 6-15 多址干扰示意图

（2）正向功率控制：又称下行链路功率控制。它调整基站向移动台发射的功率，使任一移动台无论处于小区中的任何位置上，收到基站的信号电平都刚刚达到信干比要求的门限值。这就可以避免基站向距离近的移动台辐射过大的信号功率，也可以防止或减少由于移动台进入传播条件恶劣或背景干扰过强的地区而发生误码率增大或通信质量下降的现象。

2）RAKE 接收机

RAKE 接收机就是利用多个并行相关检测器检测多径信号，按照一定的准则合成一路信号供解调用的接收机。从分集接收的角度看，RAKE 接收机实现了多径分集，将多径变害为利，利用多径现象来增强信号。

3）软切换技术

在基于 CDMA 的蜂窝通信系统中，移动台从一个小区进入相同载频的另外一个小区时发生的切换称为软切换,即先与新的小区建立连接,再切断与原小区的联系,也就是说,移动台会在某个时刻与不同的小区或扇区保持通信。

移动台从同一基站的一个扇区进入另一个具有同一载频的扇区时发生的切换称为更软切换。基站的 RAKE 接收机将来自两个扇区分集式天线的语音帧中最好的帧合并为一个业务帧,由基站控制完成。

移动台从一个小区的两个扇区进入相同载频的另外一个小区的扇区时的切换称为软/更软切换。

在各种软切换方式中,当移动台靠近两个小区的交界处需要切换时,两个小区的基站在该处的信号电平都较弱而且有起伏变化,就会导致"乒乓效应",即往返重复地传送切换消息,使系统控制的负荷加重,甚至过载,增加中断的可能性。另外,同时与多个小区或扇区相连接的方式,可以进行宏分集,从而提高通信质量和信道的抗衰落性能。

6.3　3G 移动通信技术

第三代移动通信系统(3rd generation,3G),国际电信联盟(ITY)也称其为国际移动电信 2000(international mobile telecommunications in the year 2000,IMT-2000),欧洲的电信业巨头们则称其为通用移动通信业务(universal mobile telecommunications system,UMTS),包括 WCDMA、TD-SCDMA 和 CDMA2000 三大标准。

6.3.1　第三代移动通信系统概述

3G 采用 CDMA 技术和分组交换技术,而不是 2G 通常采用的 TDMA 技术和电路交换技术。在电路交换的传输模式下,无论通话双方是否说话,线路在接通期间保持开通,并占用带宽。与 2G 相比,3G 支持更多的用户,实现更高的传输速率。3G 的一些关键技术和特点如下。

1. 初始同步与 Rake 多径分集接收技术

1)初始同步

采用 PN 码同步、符号同步、帧同步和扰码同步。在 CDMA2000 系统中,通过对导频信道的捕获建立 PN 码同步和符号同步,通过同步信道的接收建立帧同步和扰码同步。在 WCDMA 系统中采用"三步捕获法",通过对基本同步信道的捕获建立 PN 码同步和符号同步;通过对辅助同步信道的不同扩频码的非相干接收,确定扰码组号等;通过对扰码穷举搜索,建立扰码同步。

2)Rake 多径分集接收技术

通过发送未调导频信号,接收端在确知已发数据条件下估计出多径信号的相位,并实现相干方式的最大信噪比合并,称为相干 Rake 接收。WCDMA 系统采用用户专用的导频信号;在 CDMA2000 下行链路采用公用导频信号,在上行信道采用用户专用的导频信道。

2. 高效的信道编译码技术

3G 采用卷积编码、交织技术和 Turbo 编码技术。Turbo 码采用两个并行相连的系统递归卷积编码器,并辅以一个交织器;卷积编码器的输出经并/串变换及打孔操作后输出;相应的解码器由首尾相接的、中间由交织器和解交织器隔离的两个迭代方式工作的软判输出卷积解码器构成。由于交织长度限制,无法用于速率较低、时延要求较高的数据传输,而基于 MAP 的软输出解码算法所需计算量和存储量较大,因此 Turbo 编码技术实现困难,在衰落信道下的性能还有待提高。

3. 智能天线技术

智能天线技术在 3G 中仅适应于基站系统中,主要用于扩大基站覆盖范围、减少所需的基站数。智能天线实现的关键技术包括多波束形成技术、自适应干扰抑制技术、空时二维的 Rake 接收技术、多通道的信道估计和均衡技术。WCDMA 标准中定义了专用导频,可在整个覆盖区域内实现多波束切换技术,且易实现自适应天线阵列技术。CDMA2000 一般在局部热点区域内实现,由于未定义下行专用导频,其实现相对困难。

4. 多用户检测(MUD)技术

扩频码的准正交特性造成多个用户间的相互干扰,限制了系统容量的提高。为了降低多址干扰、消除远近效应、提高系统的容量,可以采用多用户检测(也称为联合检测和干扰对消)。它通过测量各用户扩频码间的非正交性,用矩阵求逆方法或迭代方法消除多用户间的相互干扰。实现的关键是把多用户干扰抵消算法的复杂度降低到可接受的程度。

5. 功率控制技术

在 WCDMA 和 CDMA2000 中,上行信道采用开环、闭环和外环功率控制技术,下行信道采用闭环和外环功率控制技术。两个系统中的闭环功率控制速度不同,前者为每秒 1600 次,后者为每秒 800 次。

6.3.2 基于 WCDMA 的系统

WCDMA 主要由欧洲电信标准组织(ETSI)和日本 ARIB 提出,是 IMT-2000 的一个重要分支,是目前全球范围内应用最广泛的一种 3G 技术。WCDMA 还可采用一些先进的技术,如自适应天线、多用户检测、分集接收、分层式小区结构等,来提高整个系统的性能。

1. WCDMA 的系统架构

WCDMA 是基于 GSM 网发展出来的 3G 技术规范,并以日本的 WCDMA 技术和欧洲的宽带 CDMA 使用的最初 UMTS 为基础。UMTS 是采用 WCDMA 空中接口技术的 3G 移动通信系统。UMTS 由陆地无线接入网络(UTRAN)、核心网络(CN)和用户设备(UE)三部分构成,如图 6-16 所示,并由 CN 连接到外部网络(CN)。

2. WCDMA 与 GSM 系统的无线接入比较

GSM 系统演进到 GRPS 系统之后,又演进为 EDGE 系统,最终进化为 WCDMA 系统。在无线接入方面,WCDMA 相对于 GSM 系统有很大的变化,如表 6-2 所示。

除此以外,WCDMA 与 GSM 系统由于采用的多址方式不同,从而它们的物理信道也不一样。GSM 系统的物理信道按照频率、时隙来区分,而 WCDMA 的物理信道按照频率和码来区分。二者在网络结构、网络接口、协议结构、信令流程等方面都有差别。另外,WCDMA 系统覆盖能力与系统负载相关,系统负载增加会导致覆盖范围的缩小。WCDMA 中每个载波的容量与所处环境、邻区干扰等因素有关,具有"软"特性。WCDMA

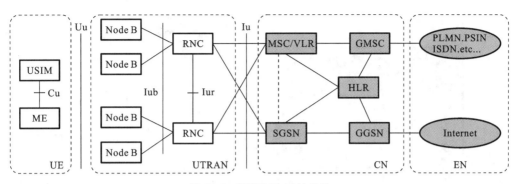

图 6-16 WCDMA 系统结构

表 6-2 WCDMA 与 GSM 系统的无线接入比较

	GSM	WCDMA
信源编码	FR:即 RPE-LTP 编码,13 kb/s; EFR:增强语音质量,13 kb/s; HR:提高系统容量,6.5 kb/s	AMR:8 种语音速率与目前各种主流移动通信系统的编码兼容,利于设计多模终端; 具有话务自适应能力:可以自动调整语音速率,使系统在覆盖、容量、语音质量之间取得平衡
信道编码	卷积码(1/2)	语音业务:卷积码(1/2,1/3), 高速数据业务:Turbo 编码
信道化	数据打包成脉冲方式,在各个时隙发出	数据经过扩频、加扰,然后合并输出
调制技术	GMSK,8 PSK(EDGE)	QPSK,16QAM(HSDPA)
发射技术	慢速功率控制(2 Hz)	快速功率控制(1500 Hz):可抑止衰落; 发射分集
接收技术 (抗衰落)	空间分集、极化分集	空间分集、极化分集接收、频率分集:RAKE 接收机

系统支持包括语音业务在内的多种不同速率、不同 QoS 的业务,它们的覆盖容量各不相同。我们在规划中需充分考虑实际需要通过合理规划和无线资源管理,从而达到充分发挥系统能效的目标。

6.3.3 基于 CDMA2000 的系统

CDMA2000 是美国推出的第三代移动通信标准,主要包含 CDMA2000 1x、CDMA-2000 1x-EV 和 CDMA2000 3x。CDMA2000 技术在 IS-95 技术的基础上采用了包括反向相干解调(利用反向导频)、前向快速功率控制、Turbo 编码、发射分集等一系列新技术,这大大提高了系统的性能,可以支持各种不同的数据传输速率(9.6 kb/s~2 Mb/s),其业务包括电路交换和分组交换业务。在 CDMA2000 系统中,有两种频谱扩展技术可用,即多载波(multiple carrier,MC)和直接序列扩频。

1. CDMA2000 的系统架构

CDMA2000 系统架构及接口图如图 6-17 所示。其中,AAA 为认证授权计费,HA 为家庭代理,PDSN 为分组数据服务节点,PCF 为分组控制功能,PDN 为公用数据网,SDU 为选择和分布单元。

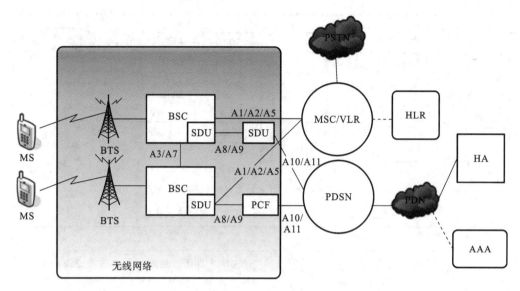

图 6-17 CDMA2000 **系统架构及接口图**

2. CDMA2000 系统与 IS-95 系统的比较

CDMA2000 系统是在 IS-95 系统的基础上发展而来的。CDMA 蜂窝系统最早由美国 Qualcomm(高通)公司开发。1993 年,美国通信工业协会订制标准,即 IS-95 标准。经过不断修改,形成了 IS-95A,IS-95B 等一系列标准。1994 年,CDMA 发展组织(CDG)成立了。20 世纪 90 年代末,CDG 在美国、中国香港、韩国多地投入商用。CDMA 1x 是基于 IS-95 开发的一系列标准和产品的统称,包括 IS-95、IS-95A、TSB-74、J-STD-008 以及 IS-95B,又称为 IS-95 CDMA 系统或 N-CDMA(窄带 CDMA)系统。图 6-18 所示的是 CDMA 系统演进图。

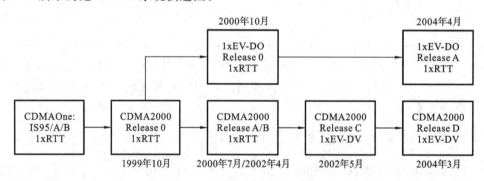

图 6-18 CDMA **系统演进图**(至 3G)

CDMA2000 1x 系列有 Release 0、Release A、Release B、Release C 和 Release D 等 5 个版本。商用较多的是 Release 0 版本,部分运营网络引入了 Release A 的一些功能特性。Release B 改动较少,作为中间版本被跨越。

1xEV-DV 对应于 CDMA2000 Release C 和 Release D。其中,Release C 增加前向高速分组的传送功能;Release D 增加反向高速分组的传送功能。1xEV-DO 是一种专为高速分组数据传送而优化设计的 CDMA2000 空中接口技术,该技术已经发展出 Release 0 和 Release A 两个版本。其中,Release 0 版本可以支持非实时、非对称的高速分组数据业务;Release A 版本可以同时支持实时、对称的高速分组数据业务传送。

CDMA2000 1xEV-DO 系统与 CDMA2000 1x 系统所采用的射频带宽和码片速率完全相同,具有良好的后向兼容性。EV(evolution)表示它是 CDMA2000 1x 的演进版本;DO(data optimization)表示它是专门针对分组数据业务而优化了的技术。

1xEV-DO 于 2001 年被 ITU-R 纳入 3G 技术标准之一。最初它是针对非实时、非对称的高速分组数据业务而设计的。

CDMA 系列的核心网与接入网是各自分别演进的。IS-95 系统可以采用 GSM 类型的 MAP 核心网,也可以采用 IS-41 系列核心网。CDMA2000 则增加了分组域。高速传输是对 1xEV-DO 系统设计的核心功能要求,高速意味着需要基于有限的带宽资源,利用蜂窝网络向移动用户提供类似于有线网络(如 ADSL)那样的高速数据业务。

1xEV-DO 系统的基本设计思想是将高速分组数据业务与低速语音及数据业务分离开来,利用单独载波提供高速分组数据业务。传统的语音业务和中低速分组数据业务由 CDMA2000 1x 系统提供,这样可以获得更高的频谱利用效率,网络设计也比较灵活。在具体设计时,应充分考虑 1xEV-DO 系统与 CDMA2000 1x 系统的兼容性,并利用 CDMA2000 1x/1xEV-DO 双模终端或混合终端(hybrid access terminal)的互操作来实现低速语音业务与高速分组数据业务的共同服务。1xEV-DO 系统的关键技术有时分复用、自适应调制编码、HARQ、多用户调度和虚拟软切换等。

6.3.4　TD-SCDMA 技术

时分同步码分多路访问(time division-synchronous code division multiple access, TD-SCDMA)是中国提出的第三代移动通信标准(简称 3G),也是 ITU 批准的三个 3G 标准中的一个,相对于另外两个 3G 标准(CDMA2000)或(WCDMA)而言,它的起步较晚。

TD-SCDMA 在上/下行链路间的时隙分配可以被一个灵活的转换点改变,以满足不同的业务要求。它的无线传输方案灵活地综合了 FDMA、TDMA、CDMA 和 SDMA,通过与联合检测相结合,它在传输容量方面表现非凡,而且它所呈现的先进的移动无线系统是针对所有无线环境下对称和非对称的 3G 业务所设计的,它运行在不成对的射频频谱上。

TD-SCDMA 的关键技术包括时分双工、联合检测、智能天线、功率控制和上行同步。

1) 时分双工

时分双工(time-division duplex,TDD)无须使用对称的频段,便于灵活使用频率资源。TDD 高效支持非对称上/下行数据传输,有效提高频谱利用率。TDD 基站和终端无须双工器,从而简化设计、降低成本。TDD 上/下行无线传播环境一致,便于使用智能天线、功率控制等技术,有效降低系统干扰,提高系统性能。

2) 联合检测

联合检测是消除和控制 CDMA 系统内干扰的一种有效方法。联合检测的优势是,基本可以消除符号间干扰和多址干扰;增加信号动态检测范围;增加小区的容量;消除远近效应,无须快速功率控制。

3) 智能天线

智能天线是 TD-SCDMA 的关键技术之一,是该标准区别于其他标准的特点之一。TDD 的双工方式使得上/下行传播环境比较一致,便于使用智能天线。智能天线的应用大大提高了系统抗干扰能力,提升了系统容量。

4)功率控制

TD-SCDMA 系统支持实时的上/下行功率控制,功率控制的步长为 1 dB,2 dB 或 3 dB。

5)上行同步

上行同步就是通过同步调整,使得小区内同一时隙内的各个用户发出的上行信号在同一时刻到达基站。TD-SCDMA 是一个同步系统,系统内的基站与基站、基站与移动台之间都是同步的。上行同步可以显著降低小区内各个用户之间的干扰、增加小区覆盖范围、提高系统容量、优化链路预算。

6.4 4G 移动通信技术

2000 年,3G 国际标准被确定之后,ITU 就启动了第四代移动通信技术(4th generation,4G)的相关工作。2008 年,ITU 开始公开征集 4G 标准,有三种方案成为 4G 标准备选方案,分别是 3GPP 的 LTE、3GPP2 的移动超宽带(ultra mobile broadband,UMB)以及电与气电子工程师学会(institute of electrical and electronics engineers,IEEE)的 WiMAX,其中最被产业界看好的就是 LTE。

6.4.1 LTE 概述

LTE 并不是真正意义上的 4G 技术,而是 3G 向 4G 技术发展过程中的一个过渡技术,也被称为 3.9G 的全球化标准技术。它采用正交频分复用(orthogonal frequency division multiplexing,OFDM)和多入多出(multi-input multi-output,MIMO)等关键技术,改进并增强了传统的无线空中接入技术。这些技术的运用,使得 LTE 的峰值速率与 3G 的相比有很大的提高。同时,LTE 技术改善了小区边缘位置的用户的性能,提高了小区容量值,降低了系统的延迟以及网络成本。LTE 的网络结构及接口如图 6-19 所示。其中,E-UTRAN 为演进的 UMTS 陆地无线接入网(evolved UMTS terrestrial radio access network);MME(mobility management entity)是 3GPP 协议 LTE 接入网络的关键控制节点;HSS(home subscriber server)是归属签约用户服务器;SGSN(ser-

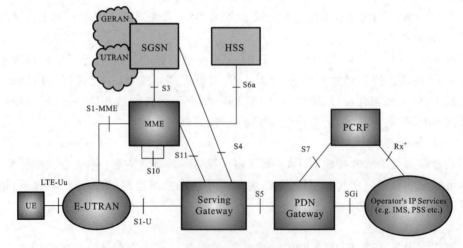

图 6-19 LTE 的网络结构及接口

ving GPRS support node)是服务 GPRS 支持节点;PCRF(policy and charging rules function)是策略与计费规则功能单元;PGW(PDN GateWay),即 PDN 网关,是移动通信网络 EPC 中的重要网元,是演进版 GGSN 网元,其功能和作用与原 GGSN 网元相当。

LTE 的关键技术包括正交频分复用、多入多出、自适应调制编码(adaptive modulation and coding,AMC)、小区间干扰协调(inter cell interference coordination,ICIC)和自组织网(self-organizing networks,SON)等。

1. 正交频分复用

OFDM 是一种特殊的多载波传输方案,结合了多载波调制(MCM)和频移键控(OFSK),把高速的数据流分成多个并行的子数据流同时传输,把每个低速的数据流分到每个单子载波上,在每个子载波上进行 FSK。

OFDM 将频域划分为多个子信道,各相邻子信道相互重叠,但不同子信道相互正交,因而带宽利用率高;OFDM 的子载波带宽小于信道相关带宽,对应的信道是平坦衰落信道,因此频率选择性衰落;当 OFDM 符号的持续时间小于信道"相干时间"时,信道可以等效为"线性时不变"系统,这可以降低信道时间选择性衰落对传输系统的影响。可以通过快速傅里叶反变换(IFFT)和快速傅里叶变换(FFT)分别实现 OFDM 的调制和解调。

2. 多入多出

我们把衡量空间分集的标准称为"分集增益"。通过一个很简单的方法来看一个通信系统能提供多少分集增益,计算从发送天线到接收天线之间有多少条"可辨识"的传播路径。衡量复用的标准是一个系统每时刻最多可以发送多少个不同的数据,也称为"自由度"。MIMO 的基本思想是在收、发两端采用多根天线,分别同时发射与接收无线信号。MIMO 可分为 SU-MIMO(单用户 MIMO)和 MU-MIMO(多用户 MIMO)。

(1) SU-MIMO:指在同一时频单元上一个用户独占所有空间资源,这时的预编码考虑的是单个收发链路的性能。

(2) MU-MIMO:指在同一时频单元上多个用户共享所有的空间资源,相当于一种空分多址技术,这时的预编码还要和多用户调度结合起来,评估系统的性能。

3. 自适应调制编码

AMC 被广泛地应用于移动通信网络中。AMC 可以根据无线信道变化选择合适的调制和编码方式,根据用户瞬时信道质量状况和目前资源选择最合适的链路调制和编码方式,使用户达到尽量高的数据吞吐率。当用户的信道状况较好(如靠近基站或存在视距链路)时,用户的数据发送可以采用高速率的信道调制和编码方式(modulation and coding scheme,MCS),例如 64QAM 和 3/4 编码速率,从而得到高的峰值速率;当用户信道状况较差(如位于小区边缘或者信道深衰落)时,基站选取低速率的 MCS,例如 QPSK 和 1/4 编码速率,从而保证通信质量。

4. 小区间干扰协调

ICIC 的基本思想是通过管理无线资源使小区间干扰得到控制,是一种考虑多个小区中资源使用和负载等情况而进行的多小区无线资源管理方案。具体而言,ICIC 以小区间协调的方式对各个小区中无线资源的使用进行限制,包括限制时频资源的使用或者在一定的时频资源上限制其发射功率等。

一般来说,ICIC 从资源协调方式上可分为部分频率复用(fractional frequency reuse,FFR)、软频率复用(soft frequency reuse,SFR)和全频率复用(full frequency reuse)三类。

5. 自组织网

为了降低网络维护的复杂度与成本,LTE 系统要求无线网络支持自组织行为,即 E-UTRAN 支持 SON。

SON 可用于基站配置和自启动,包括自动发现、自动下载和更新软件、自动配置文件、自动配置检查和存量更新。

SON 的典型应用为自动邻区关系(automatic neighbor relation,ANR),能自动发现漏配邻区,自动维护邻区列表的完整性和有效性,减少非正常邻区切换频率,从而提高网络性能;另外还可以避免人工操作,降低网规网优运维成本。

使用 SON 思想,还可以实现切换自优化,克服移动切换中出现的乒乓效应、切换实际不恰当等问题,节省 20% 移动性优化的人工成本,并通过降低掉话率,提高切换成功率,从而保障网络性能。

通过 SON 还可以实现移动负荷均衡性优化(MLB),根据小区的负荷自动调整小区重选/切换参数,将部分话务分担到邻近的周边小区,可以提升 10% 系统吞吐量和提升 10%～20% 接入成功率,并且降低掉话率,降低不必要的重定向,从而改善客户体验。

6.4.2 LTE-Advanced 技术

2012 年,LTE-Advanced(LTE-A)正式被确立为 IMT-Advanced(也称 4G)国际标准,我国主导制定的 TD-LTE-Advanced 也成为 IMT-Advanced 国际标准之一。LTE 包括 LTE 时分双工(简称 TD-LTE)和 LTE 频分双工。其中,我国引领 TD-LTE 的发展。TD-LTE 继承和拓展了 TD-SCDMA 在智能天线、系统设计等方面的关键技术和自主知识产权,其系统能力与 LTE FDD 的相当。

LTE-A 并不是一项独立的技术,而是由 R10 及后续版本标准中的载波聚合、高阶 MIMO、增强小区间干扰协调、中继等一系列增强特性构成的技术集。相对于 LTE,LTE-A 增加了一些新的关键技术,包括载波聚合(carrier aggregation,CA)、多天线增强(enhanced MIMO)、无线中继(relay)技术和多点协作传输(coordinated multi-point Tx/Rx,CoMP)等

1. 载波聚合

频谱资源总是有限的,尤其在网络流量井喷的市场环境下,若要实现 LTE-A 的高峰值要求,最直接的办法就是增加传输带宽。CA 旨在将多个连续或者离散的带宽较窄的载波聚合在一起,形成一个更宽的完整频谱。这不仅满足了 LTE-A 系统更高的系统带宽的需求,又能有效地利用碎片化的频谱资源。

LTE 采用 OFDM 多址技术,将高速数据流通过串/并变换,以子载波为单位分配频率资源,按照不同的子载波数目,可支持 1.4 MHz、3 MHz、5 MHz、10 MHz、15 MHz 和 20 MHz 各种不同的系统带宽,最大传输带宽为 20 MHz。LTE-A 可以聚合多个后

向兼容的 LTE 载波,最多支持 5 个载波同时聚合,达到支持 100 MHz 的传输带宽。LTE-A 的终端设备,既可以接入多个 LTE 载波同时工作,也可以正常接入一个 LTE 载波进行工作。

可以说,载波聚合是 LTE-A 系统大带宽运行的基础,是 LTE-A 的重要组成部分和关注的焦点。对运营商而言,载波聚合技术决定是否能取得"峰值速率优势"。

2. 多天线增强

多天线增强又称为高阶 MIMO,是 LTE 系统提高吞吐量的又一项关键技术,也是 4G 的代表技术之一。在不增加带宽的情况下,通过在发射端和接收端采用多个天线,成倍地提高通信系统的容量和频谱利用率。Release 8 版本最多可支持 4 个数据流的并行传输,在 20 MHz 带宽下最多实现超过 300 Mb/s 的峰值速率。LTE-A 下行传输由 LTE 的 4 根天线扩展到 8 根天线,最大支持 8 层和两个码字流的传输,2011 年和 2012 年分别完成的 R10 和 R11,下行峰值速率可增加到 3 Gb/s,下行峰值频谱效率可增加到 30 b/s/Hz。

3. 无线中继技术

传统基站需在站点上提供有线链路的连接以进行"回程传输",而中继站通过无线链路进行网络端的回程传输。由于中继站体积小、重量轻、易于选址,故借助中继站的接力转发,可将网络覆盖范围拓展到小区以外的区域及其他覆盖盲区,同时,通过减小信号的传播距离,从而有效提高热点地区的数据吞吐量,保证网络质量。

4. 多点协作传输

采用多天线技术可以提高小区中心的数据速率,却很难提高小区边缘的性能,且小区中心和边缘的性能差异较大。另外,由于下行和上行都采用基于 OFDM 的正交多址方式,故小区间干扰成为主要的干扰。

CoMP 技术通过移动网络中多节点(基站、用户、中继节点等)协作传输,解决现有移动蜂窝单跳网络中的单小区单站点传输对系统频谱效率的限制,更好地克服小区间干扰,提高无线频谱传输效率,提高系统的平均和边缘吞吐量,进一步扩大小区的覆盖。

6.5　5G 移动通信系统

第五代移动通信系统(5th generation,5G)是 4G 的延伸。与 4G 相比,5G 不仅能进一步提升用户的网络体验,同时还能满足未来万物互联的应用需求。5G 致力于构建信息与通信技术的生态系统,是未来无线产业发展的创新前沿。5G 作为网络基础设施的创新突破,有助于增强移动因特网(mobile internet,MI)和物联网(internet of things,IoT)的快速发展。5G 基础设施的增强将有力提升 MI 消费者的用户体验,加强用户黏性以及保障运营商收入。同时,5G 在 IoT 垂直产业的应用拓展也将带给运营商更加广阔的市场空间和商业机会。

6.5.1　5G 愿景与需求

1. 5G 的应用场景

国际通信标准化组织 3GPP 定义了 5G 的三大场景,包括增强型移动宽带(enhanced mobile broadband,eMBB)、海量机器类通信(massive machine-type communication,mMTC)和低时高可靠延通信(ultra-reliable & low-latency communication,URLLC),如图 6-20 所示。

图 6-20   5G 三大应用场景

通过 3GPP 的三大场景定义可以看出,对于 5G,世界通信业的普遍看法是它不仅应具备高速度,还应满足低时延这样更高的要求(尽管高速度依然是它的一个组成部分)。从 1G 到 4G,移动通信的核心是人与人之间的通信,个人的通信是移动通信的核心业务。但是 5G 的通信不仅仅是人的通信,而且是通过将物联网、工业自动化、无人驾驶等业务引入,通信从人与人之间的通信,开始转向人与物的通信,直至机器与机器之间的通信。

5G 的三大场景对通信提出了更高的要求,不仅要解决速度问题,把更高的速率提供给用户,而且对功耗、时延等提出了更高的要求。5G 通信的一些方面已经完全超出了传统通信,需要把更多的应用能力整合到 5G 中。这就对通信技术提出了更高要求。

2. 5G 的需求

5G 的工程需求主要包括数据速率、传输时延、资源效率等方面。该需求用"5G 之花"来展示,如图 6-21 所示。

1) 数据速率

5G 的总数据速率或区域容量至少是 4G 的 1000 倍;其边缘速率至少是 4G 的 100 倍,即用户体验速率为 0.1~1 Gb/s,足以满足高清视频流的传输服务要求;其峰值速率,即网络能提供的最大数据速率可以达到每秒数十吉比特。

2) 传输时延

4G 系统的往返传输时延是 15 ms(子帧时长 1 ms,含数据、资源分配和接入控制等开销),该时延能满足目前大多数业务的传输要求。而 5G 系统支持的业务包括互动游戏、新的触屏业务、虚拟现实(如 Google 眼镜、穿戴式计算机),其设备到设备(device-to-device,D2D)通信等,要求往返传输时延是 1 ms。因此,需要减小子帧时长,并改进相关协议和核心网架构。

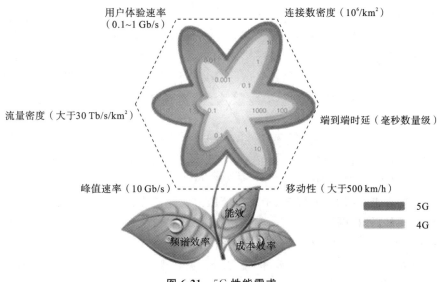

图 6-21 5G 性能需求

3）资源效率

5G 的各类效率都有提高的要求，频谱效率提高 5～15 倍，能量效率提高 100 倍，成本价格降低到原来的 $\frac{1}{100}$。

4）其他支持能力

5G 要求支持不同类型大量终端设备的并发接入，支持 $10^6/\mathrm{km}^2$ 的连接数密度，每秒每平方千米数十太比特的流量密度和 500 km/h 以上的移动性。

具体的指标要求如表 6-3 和表 6-4 所示。

<table>
<tr><td colspan="2" align="center">表 6-3 5G 性能指标</td></tr>
<tr><td>性能指标</td><td>取　值</td></tr>
<tr><td>用户体验速率</td><td>0.1～1 Gb/s</td></tr>
<tr><td>连接数密度</td><td>$10^6/\mathrm{km}^2$</td></tr>
<tr><td>时延</td><td>几毫秒</td></tr>
<tr><td>移动性</td><td>大于 500 km/h</td></tr>
<tr><td>峰值移动速率</td><td>每秒数十吉比特</td></tr>
<tr><td>流量密度</td><td>每秒每平方千米数十太比特</td></tr>
</table>

<table>
<tr><td colspan="2" align="center">表 6-4 5G 效率指标</td></tr>
<tr><td>效率指标</td><td>改善倍数</td></tr>
<tr><td>频谱效率</td><td>5～15 倍</td></tr>
<tr><td>能量效率</td><td>大于 100 倍</td></tr>
<tr><td>成本效率</td><td>大于 100 倍</td></tr>
</table>

蜂窝网络总容量为

$$C_{\mathrm{sum}} = \sum_{\mathrm{HetNets}} \sum_{\mathrm{channels}} B_i \log_2(1 + \mathrm{SNR}_i) \tag{6-8}$$

在 5G 系统中，通过减小单小区覆盖区域，来提高频谱复用度，如宏蜂窝、小蜂窝、微蜂窝、中继站、飞蜂窝（femtocell）等，并呈现异构网络分层重叠部署；充分利用空间资源，增加物理传输信道规模，如大规模 MIMO 技术、空间调制技术、协同 MIMO 技术、分布式天线系统、干扰管理机制等；利用各种途径寻求可用频谱资源，如认知无线电、毫米波通信、可见光通信等；采用高阶调制、自适应调制编码等进一步提高频谱效率；通过密集部署异构网络，利用更高的频谱复用度来提高频谱效率和系统容量，形成高密度异构网络。

缩小蜂窝的尺寸能提高网络容量,如在 1G 系统中,单蜂窝覆盖区域达到数百平方千米,随着用户数的增加,系统容量需求越来越大,已逐渐将单蜂窝覆盖区域缩小为几平方千米。广泛部署的微微蜂窝(picocell)的蜂窝半径小于 100 米;飞蜂窝的蜂窝半径只有 20 多米;分布式天线系统(DAS)类似于微微蜂窝。虽然不同天线组覆盖不同区域,但集中执行基带处理。

缩小蜂窝的尺寸可以提高频率复用度,减少用户接入冲突。随着通信距离缩短,路径损耗降低、功耗降低、能效提高、电磁污染减小,在极端情况下,一个基站只为一个终端提供接入服务,资源管理和回程连接非常简单。其缺点是建网成本增大、蜂窝结构复杂、移动切换频繁、异构多网混叠、干扰协调压力大等。

高密度部署异构网络面临着一些技术挑战,包括如何设计高密度异构多网体系架构和共存协调机制,在获得频谱效率、能量效率、系统容量提升的同时,能避免网间干扰;如何设计新型的无线接入技术,优化边缘数据速率;如何支持用户高速业务和高移动性需求;如何降低组网、运维和回程链路成本等。

5G 有八大关键技术,分别是非正交多址接入(non-orthogonal multiple access,NOMA)技术、滤波组多载波(filter bank multi-carrier,FBMC)技术、毫米波(milimeter waves,mmWaves)、大规模 MIMO(3D/massive MIMO)技术、认知无线电技术(cognitive radio technology)、超宽带频谱、超密度异构网络(ultra-dense hetnets)和多技术载波聚合(multi-technology carrier aggregation)。

6.5.2　5G 进展

1. 5G 标准进展

ITU-R 在 2015 年 6 月发布了愿景建议书,这是定义 5G 愿景和关键能力的官方文件,是 5G 研究的基础性文档。5G 无线通信技术全面颠覆了 4G 技术标准,其技术更新庞大。国际通信标准化组织 3GPP 的 5G 标准是一个大家族概念,分为两种 5G 标准,即非独立组网(non-stand alone,NSA)和独立组网(stand alone,SA),版本从 R14、R15 向 R16 和 R17 版本不断演进,最终的 R17 版本涉及 5G 三大场景的各种标准。

2017 年 12 月,R15 版本的非独立组网标准冻结。非独立组网是一种过渡标准,主要以提升热点区域带宽为主要目标,没有独立信令面,且依托 4G 基站和核心网工作,因此该标准相对简单。

2018 年 6 月,SA 标准冻结。SA 能实现所有 5G 的新特征,如网络切片、边缘计算等,有利于发挥 5G 的全部能力。两大标准冻结后,这也意味着 5G 产业化进入全面冲刺阶段。

3GPP 原本计划在 2018 年底让整个 R15 标准出炉,但 3GPP 小组做出了一个重要决定——原计划于 2018 年 12 月冻结的 R15 Late Drop 版本将推迟到 2019 年 3 月。这也意味着,R15 标准出台要延后几个月。不过,NSA 和 SA 的标准不受影响,5G 的部署也不受影响。但是,业界也认为,随着 5G R15 完成时间的推迟,5G R16 的完成时间也要相应推迟。

2. 5G 实际部署

IHS Markit(以下简称 IHS)发布的名为《Staking a Claim in the 5G Era》的报告,

对全球 5G 的发展现状进行了详细解读,可以让人们全面了解国内外 5G 技术、设备以及网络部署、商用服务的具体情况。

根据 IHS 统计,截至 2019 年 6 月 30 日,全球有 20 个国家的 33 个运营商推出了商用 5G 网络和业务,仅以商用网络的数量来看,这已经是 2019 年第一季度的两倍多。其中行动最快的是韩国,2019 年 4 月初,韩国三大运营商(SK 电信、KT 和 LGUplus)在政府支持下推出了 5G 商用网络和首个增强移动宽带业务。美国虽然宣称在 2018 年第四季度就推出了 5G 商用网络,但业务规模很小,其正式规模应用的时间与韩国非常接近。2019 年 4 月的第一周,AT&T 和 Verizon 启动了 eMBB 业务,此后 Sprint 和 T-Mobile 在美国也推出了 5G 服务。

值得注意的是,中国在 5G 商用网络上的进展也非常快,第一次成为最早采用最新一代移动通信技术的国家之一,其中来自中国政府的支持起到了很大的作用。中国在 2019 年 6 月 6 日向三家电信运营商和一家广电运营商颁发了 5G 牌照,随后开始大规模部署 5G 网络。中国 5G 建设在时间上也许不是最早的,但是鉴于中国市场巨大的体量,预计很快就会成为 5G 商用网络规模最大的区域市场。

IHS 估计,从 2020 年起中国每年将新增部署数十万甚至上百万个基站,这使得中国 5G 基站的规模像 4G 时代的一样,占据全球总量的一半以上。同时,中国运营商还在与通信厂商一起积极探索 5G 行业应用。这将使得中国在 5G 技术、设备和创新解决方案等方面形成优势,对亚太市场产生巨大的辐射影响,并对欧洲等地区产生重要影响。

以下是目前中国和美国各大运营商对 5G 的部署计划。

1) 中国 5G 部署

目前,中国移动拥有 9 亿用户(超过联通和电信两者用户之和),此外,在诸如 5G 基站、铁塔等技术、资源方面也保持一定领先。

在 2018 年 12 月 8 日的 5G 创新合作峰会上,中国移动对外宣布,分别在上海、广州、苏州、武汉、杭州开展 5G 规模试验,每个城市将建设超过 100 个 5G 基站,还将在北京、成都、深圳等 12 个城市再进行 5G 业务应用示范建设,2019 年第三季度将在国内完成 5G 商用网络的搭建工作。

在频段方面,中国移动获得 2515～2675 MHz、4800～4900 MHz 频段的 5G 试验频率资源。其中,2515～2575 MHz、2635～2675 MHz 和 4800～4900 MHz 频段为新增频段,2575～2635 MHz 频段为重耕中国移动现有的 TD-LTE(4G)频段。

2019 年 3 月 10 日,中国移动给出消息称,2019 年 9 月底,上海将在全市范围内完成不少于 5000 个 5G 基站建设,届时相应的 5G 网络试商用活动预计同步开始启动,除去上海外,中国移动首批 5G 网络测试城市,都将同步这样的操作。同时,中国移动也计划 2019 年底前完成北京五环内 5G 网络全覆盖。

中国移动早在 2018 年 10 月 30 日就成立了边缘计算开放实验室,致力于提供产业合作平台,凝聚各行业边缘计算的优势,促进边缘计算生态的繁荣发展,第一批已有 34 家合作伙伴,并拟定开放入驻、跨界合作;提供服务、成果开放;需求引导、应用为王的目标。

与此同时,2019MWC 大会上,中国移动还发布了《中国移动边缘计算技术白皮书》,明确了技术路线以及边缘计算"Pioneer 300"先锋行动。其目标是在 2019 年评估 100

个可部署边缘计算设备的试验节点,开放 100 个边缘计算能力 API,引入 100 个边缘计算合作伙伴,助力商业应用落地。

在应用领域,中国移动边缘计算开放实验室已经和合作伙伴进行试验床建设共 15 项,涵盖了高清视频处理、vPLC、人工智能、TSN 等新兴技术,涉及智慧楼宇、智慧建造、柔性制造、CDN、云游戏和车联网等多个场景。

中国联通在全国使用 3500～3600 MHz 共 100 MHz 带宽频率来开展 5G 试验。2018 年,中国联通已经在 17 个城市开展了每个城市 100 个基站左右规模的 5G 组网与行业应用试点,以及其他省会城市 10 个基站左右的试点,将根据测试效果以及设备成熟度,适度扩大试验规模。关于中国联通 5G 网络推进速度,其首批 5G 试点的 16 个城市分别为:上海、武汉、广州、深圳、北京、雄安、沈阳、天津、南京、杭州、福州、郑州、成都、重庆、青岛、贵阳等。目前首批 5G 测试机已经交付成功,2019 年第二季度启动 5G 终端 NSA 试商用、发布 5G 新型终端,2019 年第四季度 5G 商用终端大规模上市。

在 2018 年,中国联通在 15 个省市开展了 Edge-Cloud 规模试点,打造智慧港口、智能驾驶、智慧场馆、智能制造、视频监控、云游戏、智慧医疗等 30 余个试商用样板工程。2019 年,中国联通将持续深入贯彻聚焦、创新、合作战略,携手生态伙伴,在全国 31 省市加快 MEC 边缘业务规模部署,拓宽行业合作,加速产业实践。截至 2019 年 3 月,中国联通 MEC 边缘云生态合作伙伴已达 153 家。

中国联通已经成功孵化并对外发布了 Edge-Link 智能制衣、Edge-AR 远程维修、Edge-Box(边缘视频盒)、Edge-IoT(边缘物联网)、Edge-Link AGV、Edge-Eye(边缘云眼)、Edge-Link 机加工等 7 大端到端解决方案和创新业务产品,并于 2019 年在全国范围内复制推广。

此外,2019 年中国联通还投资了数十亿资金,以建设数千个边缘节点、招募数百个生态合作伙伴、探索数十个行业领域为目标。与此同时,中国联通发布边缘业务平台 CUBE-Edge 2.0 和《中国联通 CUBE-Edge 2.0 及行业实践白皮书》。

关于中国电信 5G 网络推进速度,从 2018 年 6 月中国电信发布《中国电信 5G 技术白皮书》算起,其后续动作也未中断。

2018 年 9 月,中国电信建成首个基于自主掌控开放平台的 5G 模型网,与诺基亚贝尔达成人工智能战略合作。面向 5G 时代协力推动智能应用落地、开通上海、苏州、成都、兰州、深圳、雄安等多地 5G 独立组网试点,后续将根据国家相关部委要求继续扩大试点范围,再增设 6 个城市。

2018 年 12 月,中国电信牵头 GSMA AI 终端标准制订、完成业界首个 SA 组网的 4G 与 5G 网络互操作验证,成功实现了业界首次高速 WDM-PON 在 5G 承载的现网应用。

2019 年 1 月,中国电信完成首个基于虚拟机容器技术的 5G SA 核心网功能测试。2019 年 3 月,推出了超过 1200 台 5G 终端(包含手机)进行测试,为商用做准备。

在技术创新方面,中国电信一直深度参与 5G 国际标准制定的工作,围绕 5G 业务和商业模式、网络智能化、网络融合等开展了深入研究,先后在 ITU、ETSI、3GPP 等国际标准组织中牵头了多项标准的制定工作。此外,中国电信还承担了涉及 5G 的国家科技重大专项课题 19 项,其中负责牵头的项目有 7 项。

在产业合作方面,为推动 5G 生态快速发展,2018 年 9 月,中国电信宣布启动

"Hello 5G"行动计划。中国电信决定成立 5G 创新中心,与产业界合作开展 5G 研究创新;同时在 17 个城市开展规模试验,打造 5G 示范工程。这表明中国电信 5G 独立组网策略得到了主流 5G 设备厂家的积极响应,也意味着 5G 试验和部署已全面拉开了大幕。

在频段方面,中国电信获得 3400～3500 MHz 共 100 MHz 带宽频率的 5G 试验频率资源。

在 MEC 方面,中国电信提出 5G MEC 融合架构,基于通用硬件平台,支持 MEC 功能、业务应用快速部署。同时支持用户面业务下沉、业务应用本地部署,实现用户面及业务的分布式、近距离、按需部署,还支持网络信息感知与开放以及缓存与加速等服务及应用。

通过以上内容描述,在此把三大运营商的试点城市汇总如图 6-22 所示。

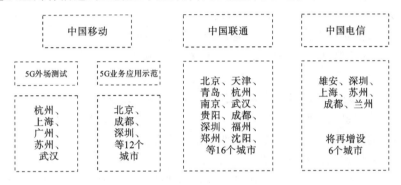

图 6-22　三大运营商试点城市汇总

2) 美国 5G 部署

目前,美国四大运营商的 5G 发展情况不同,整体上美国 5G 还未进入规模覆盖阶段。

AT&T 于 2018 年 12 月,在 12 个城市宣布发布 5G 网络,其业务基于 5G 热点设备;2019 年 6 月,提供 5G 移动智能手机服务;截至 2019 年 10 月,在 20 个城市发布 5G 网络;并在 1 个 NFL(美国职业橄榄球大联盟)体育馆建设基于毫米波的 5G 网络。

Verizon 于 2018 年 10 月,在 4 个城市发布 5G 家庭宽带。2019 年 4 月,在 2 个城市提供 5G 智能手机业务;2019 年 10 月,在 13 个城市发布 5G 网络,在 13 个 NFL 球场建设基于毫米波的 5G 网络。

Sprint 于 2019 年 5 月,在 4 个城市发布 5G 网络;到 2019 年 10 月,在 9 个城市发布网络,网络部署在 2.6 GHz。

T-Mobile 于 2019 年 6 月在 6 个城市发布 5G 网络,所建网络基于毫米波。未来,Sprint 或将与 T-Mobile 迅速合并,共同发展 5G 技术。

6.6　本章小结

本章介绍了移动通信的基本技术和系统演进发展。在移动通信基本技术方面,介绍了移动信道的传播特性、调制与解调方法、抗衰落和组网技术。在移动通信系统方面,介绍了从第二代移动通信系统到第五代移动通信系统,分别从系统架构、关键技术等方面进行了阐述，讲述了移动通信系统的发展历程。

思考和练习题

1. 移动通信有哪些特点？

2. 移动通信的工作方式有哪些？

3. 常见的移动通信系统有哪些？

4. 移动通信中常使用哪些调制方式？

5. 为了抗衰落，移动通信中常用哪些技术？

6. 多址技术有哪些？

7. 多信道共用技术中，话务量是如何定义的？n 条信道共用时，能容纳的用户数目与什么有关？它们之间的关系是怎样的？

8. 越区切换是什么意思？位置管理的步骤是哪些？

9. 2G 系统的典型代表是什么？其关键技术有哪些？

10. GPRS 是什么意思？跟 GSM 系统有什么关系？

11. CDMA 的基本原理是什么？CDMA 蜂窝网的关键技术有哪些？

12. 3G 的关键技术和特点有哪些？3G 空口的三种典型代表是什么？

13. 4G 的关键技术有哪些？什么叫正交频分复用？

14. 5G 的应用场景有哪三个？

15. 5G 之花是什么意思？都表明了哪些技术需求？其具体的数值是多少？

16. 我国和美国目前的 5G 部署情况分别是怎样的？

7

多媒体通信技术

多媒体通信技术是一门综合的、跨学科的技术,是计算机技术、通信技术(即广播电视技术)长期相互融合、渗透的产物。多媒体通信技术的广泛应用极大地提高了人们的工作效率,减轻了社会的交通负担,并对传统的教育和娱乐方式产生了革命性的影响。多媒体通信主要研究多媒体数据的表示、存储、恢复和传输。多媒体数据是由在内容上相互关联的文本、图像、音频、视频等多种媒体数据构成的一种复合信息体。本章共 5个小节,包括多媒体通信概述,音频压缩编码、图像压缩编码、视频压缩编码,以及多媒体通信网络及应用。

7.1 多媒体通信概述

以信息技术为主要标志的高新技术产业中,多媒体技术开辟了当今世界计算机和通信产业的新领域。多媒体通息技术将彼此独立的计算机、通信和广播电视融合起来,进而衍生出多种多媒体应用系统,正在不断影响着人们生活的方方面面。

7.1.1 多媒体通信的基本概念

在了解什么是多媒体通信之前,应首先了解什么是媒体(media),什么是多媒体。

1. 媒体

媒体就是人与人之间实现信息交流的中介,简单地说,就是信息的载体,也称为媒介。它可以分为感觉媒体(perception medium)、表示媒体(representation medium)、显示媒体(presentation medium)、存储媒体(storage medium)、传输媒体(transmission medium)。

1) 感觉媒体

感觉媒体是人类通过感觉器官,如听觉、视觉、嗅觉、触觉等直接感知信息的一类媒体。这类媒体包括声音、文字、静止或活动图像、色彩、气味、冷热等元素。

2) 表示媒体

表示媒体是信息的表示形式,通常表现为感觉媒体所生成模拟电信号的数字化编码。这类媒体包括图像编码、文本编码、声音编码和各类传感设备的编码输出等。

3) 显示媒体

显示媒体是指进行信息输入和输出的一类媒体。这类媒体包括键盘、鼠标、扫描仪、触摸屏、红外线接收器等输入设备和显示屏、打印机、扬声器等输出设备。

4）存储媒体

存储媒体是指进行信息存储的媒体。这类媒体包括硬盘、光盘、软盘、磁带、ROM、RAM 等。存储媒体可以存储模拟信息或数字信息，如果无特别说明，存储媒体一般是指存储数字信息的媒体。

5）传输媒体

传输媒体是指承载信息、将信息进行传输的媒体。这类媒体包括双绞线、同轴电缆、光缆、无线链路等。

2. 多媒体

多媒体的英文单词是 multimedia，它由 multi 和 media 两部分组成。一般理解为多种媒体的综合，也可以理解为直接作用于人感官的文字、图像、声音和视频等各种媒体的统称，即多种信息载体的表现形式和传递方式。

多媒体中的媒体，与通常所说的"新闻媒体""第四媒体""网络媒体""超媒体""多媒体"等中媒体一词的所指是不同的。因此媒体的概念可以分成广义和狭义两种含义。广义媒体指的是能传播文字、声音、图像等多种类型信息的手段、方式或载体，包括电影、电视、计算机、网络等；狭义媒体专指融合两种以上"传播手段、方式或载体"的、人机交互式信息交流和传播的媒体，如多媒体计算机、因特网等。

简而言之，多媒体及技术就是计算机综合处理声音、文字、图像等信息的技术，具有集成性、同步性和交互性的特点。

3. 多媒体通信

多媒体通信技术是多媒体技术、计算机技术、通信技术和网络技术等相互结合和发展的产物。从本质上讲，多媒体通信就是把多媒体信息数字化以后，在通信网络上通过数据传输技术进行传输，然后实现多媒体信息远程应用的过程。

多媒体通信系统有如下几个主要的特点。

1）集成性

多媒体通信系统是集多种编译码器、多种感觉媒体显现方式于一体，能够与多种传输媒体进行接口，并且能与多种存储媒体进行通信的集成通信系统。

2）交互性

多媒体通信系统的终端用户对通信的全过程具有完善的交互控制能力。交互性并非多媒体通信系统独有的特性，许多通信系统也具有不同程度的交互性。

3）同步性

在多媒体通信终端上显现的图像、文字和声音在时间和空间上是同步的。这些图像、文字和声音可以来自不同的信息源，可以通过不同的传输途径传送，多媒体通信终端能够将这些图像、声音、文字同步起来，构成一个完整的多媒体信息显现在用户面前。

此外，多媒体通信还具有多样性、非线性、实时性、互动性、信息使用的方便性、信息结构的动态性等特点。

7.1.2 多媒体通信的关键技术

多媒体应用离不开多媒体技术，多媒体技术涉及很多领域。在计算机领域的技术包括计算机硬件、软件、数据压缩/解压缩算法、数值处理方法、人工智能等；在通信领域的技术包括通信技术、光电子技术、调制/解调技术等；在电视领域的技术包括声音和信号处理技术、集成电路技术等。下面介绍其中的几种。

1. 多媒体压缩和存储

多媒体信息数字化之后的音频和视频信号的数据量非常大。庞大的数据量给音频和视频信号的存储和传输带来很大的困难，制约着多媒体系统的性能，所以必须对这些数据（尤其是视频数据）进行压缩。数据压缩技术是多媒体通信技术的核心问题之一，先进的数据压缩技术（尤其是视频压缩技术）可实现较低的时延、高的压缩比，达到较好的图像质量，而这正是多媒体视听业务能否被广泛接受的重要因素之一。

高效、快速的存储设备是多媒体系统的基本部件之一。多媒体的音频、视频、图像等信息虽经过压缩处理，仍需要相当大的存储空间。大容量只读光盘存储器 CD-ROM、DVD(digital video disc)等出现后才真正解决了该问题。同时，磁带、磁盘和移动硬盘等备份存储设备也有了很多发展。

2. 多媒体数据库及检索技术

多媒体数据库用于存储多媒体数据。由于实时存储和读取数据量庞大的多媒体数据，在多媒体数据库管理中存在较大的难度，加上多媒体数据内部有各种复杂的时域、空域及基于内容的约束关系，以及数据库需要对不同数据源信息同步等问题，多媒体数据库技术还需要进一步发展。

近年来，多媒体数据进行检索和查询的相关技术也得到发展，有基于内容的检索和基于语音的检索。这两种检索方式代表了当前多媒体领域的重点研究方向。此外，该技术还可以基于数据源的类型，分为图像检索和视频检索技术。

3. 多媒体网络与通信技术

网络应用的需求是推动网络技术发展的主要动力。多媒体网络系统在本质上是一种计算机网络，它与普通网络的主要区别在于能够为多媒体服务，如对多媒体数据进行获取、存储、处理、传输等操作。互联网上的媒体应用包括音频点播、视频点播、IP 电话、分组实时视频会议、流媒体技术等。

多媒体通信技术是通信技术、计算机技术和电视技术的相互渗透。从通信的角度看，多媒体通信技术具有数据量大、实时性强、时空约束、多媒体交互等特点。

4. 虚拟现实与交互技术

虚拟现实(virtual reality, VR)通常是指用立体眼镜、传感手套、三维鼠标等一系列传感设备来实现一种三维显示。人们通过这些设备向计算机传输各种动作信息，并通过视觉、听觉、触觉及嗅觉等设施来体验身临其境的自然感觉。目前，这种技术已经得到广泛应用，如各种模拟训练系统、3D 电影等。

在传统计算机与人的交互中，大多数都采用文本信息实现，其交互手段比较单一。在多媒体环境下，各种媒体并存，用户与系统的交互包括视觉、听觉、触觉、味觉和嗅觉等手段。各种媒体时空安排和效应，相互之间的同步和合成效果等都是表达信息时考虑的问题。因此多媒体系统中各种媒体信息的时空合成以及人机之间的灵活的交互方法等仍是多媒体领域需要研究和解决的棘手问题。

7.1.3 多媒体通信的发展趋势

多媒体应用的不断扩展对多媒体通信提出了更高的要求,其发展趋势主要体现在媒体多样化、信息传输统一化以及设备控制集中化等三个方面,目的是使多媒体通信能够提供更大的传输带宽、更智能化的管理手段,以便适应高质量连续传输数字音频、视频等大数据量的应用,而网络融合正是实现这一目标的技术手段。

由 3GPP 组织提出的 IP 多媒体子系统(IMS)是网络融合过程中的重要成果。IMS实现了业务、控制和承载的分离,是不同类型的传输技术和接入技术统一在一个通信框架下:IMS 采用了开放式业务体系结构,支持第三方业务开发,且尽量采用互联网技术,这就构成了一个能够提供各种多媒体业务的统一的平台。IMS 提供了电信级的QoS 保证,在会话建立的同时,按需进行网络资源的分配,使用户能够享受到满意的实时多媒体通信服务。IMS 平台使得网络融合的实现成为可能。

7.2 音频压缩编码

多媒体信息处理领域,人类能够听到的所有声音都称为音频。音频信息是表达思想和情感必不可少的信息表现形式之一,是多媒体信息的重要组成部分。

7.2.1 音频与听觉

音频信息是由于物体振动而产生的一种波动现象的具体表现,人类依靠自身的听觉器官来感知这些音频信息。音频信息的种类很多,譬如音乐、风声、雨声、人类的语言等。多媒体应用中涉及的音频信息主要有背景音乐解说词、电影或动画配音,按钮交互反馈以及其他特殊效果等。

人是通过耳朵来感知声音信息的。人耳是一个非常精细的生理器官,它只有在大脑的配合下才能发挥作用。正常人的听觉系统是极其灵敏的,人耳所能感觉到的最低声压接近空气中分子热运动所产生的声压。当声音弱到人的耳朵刚刚可以听见时,我们称此时的声音强度为"听觉阈"。正常人可以听见的声音的频率范围为 16 Hz～16 kHz,年轻人最高可听到 20 kHz 的声音,而老年人可听到的高频声音会减少到 10 kHz 左右。

人类的听觉系统较为复杂,以至于人们至今对听觉系统的生理结构、生理学原理等还未完全弄清楚,或对听觉感知的实验结果不能做到完全合理解释,而且人耳听觉感知还受到心理因素的影响。所以,对人耳听觉特征的研究限于心理声学和语言声学。其中,人耳对响度、音高的感知特征和掩蔽效应可以直接应用于声音数据的压缩编码。下面介绍几种在音频信息处理时有关人类听觉方面的定义。

1. 响度

声音的响度就是声音的强弱。在物理上,声音的响度使用客观测量单位来度量,即声压或声强。由于人类的听觉系统所接受的声强范围很大,因而一般使用对数的形式表示声强,其单位为分贝(dB)。对应于声波物理模型的声强,主观感觉的声音强弱使用响度级"方(phon)"或者响度级"宋(sone)"来度量。

确定一个声音的响度级时,需要将它与 1 kHz 的纯音相比较,调节 1 kHz 纯音的声强,使它听起来与被确定的声音同样响,这时的声压级规定为该声音的响度级。在数值上,1 方等于 1 kHz 的纯音的声压级,而 0 方对应人耳的听阈。例如,某噪声的频率为 100 Hz,强度为 50 dB,其响度与频率为 1 kHz、强度为 20 dB 的声音响度相同,则该噪声的响度级为 20 方。取响度级为 40 方(等于声压级为 40 dB 的 1 kHz 纯音)的声音的响度为 1 宋。

2. 听觉灵敏度

听觉灵敏度曲线表示了在给定频率上,耳朵能够听到声音的最小声压级,人耳对不同频率声音的敏感程度相差很大,其中对 2~4 kHz 范围内的声音最为敏感,在这个频段以外,人耳的听觉灵敏度逐渐降低。一般来说,两个相同能量而不同频率的声音,听起来是不一样大的。

3. 听觉掩蔽

掩蔽现象是一种常见的心理声学现象,它是由人耳对声音的频率分辨机制决定的。即在一个较强声音的附近,相对较弱的声音将不能被人察觉,即被强音所掩蔽。掩蔽效应分为频域掩蔽和时域掩蔽两种。

当音频信号中存在多个信号时,强信号会降低人耳对该信号频域附近其他信号的敏感度,这种现象称为频域掩蔽(simultaneous masking)。此外,当人耳听到一个强音后,会经过一个短暂的延时才能听到较弱的声音,这种现象称为时域掩蔽,也称为异时掩蔽(non-simultaneous masking)。

对含有多种频率的音频信号,人耳的敏感度随信号的相对强度变化而变化。在很近的时间间隔内发出的两个声音会产生时域掩蔽,时域掩蔽又分为超前掩蔽(pre-masking)和滞后掩蔽(post-masking)两种。超前掩蔽是指一个信号被前面发出的噪声(或另一个信号)掩蔽;滞后掩蔽是指一个信号被后面发出的噪声(或另一个信号)掩蔽。产生时域掩蔽的主要原因是人脑需要一定的时间来处理信息。

4. 临界带宽

为了描述窄带噪声对于纯音调信号的掩蔽效应,人们引入了临界带宽的概念。一个纯音可以被以它为中心频率,并且具有一定频带宽度的噪声所掩蔽,如果在这一频带内噪声功率等于该纯音的功率,这时该纯音处于刚好能被听到的临界状态,称这一带宽为临界带宽。实验表明,频率低于 500 Hz 时,临界带宽是约为 100 Hz 的常数。当频率高于 500 Hz 时,临界带宽近似地以 100 Hz 的倍数线性增加。一般我们将 20 Hz~16 kHz 之间的频率分为 24 个临界带宽。

7.2.2 音频信号编码

音频信号编码技术主要分为三大类:波形编码、参数编码和混合编码。

1. 波形编码

波形编码是将时间域信号直接变换为数字代码,力图使重建语音波形保持原语音信号的波形形状。波形编码的基本原理是在时间轴上对模拟语音按一定的速率抽样,然后将幅度样本分层量化,并用代码表示。波形编码具有适应能力强、语音质量好等优点,但所需的编码速率高,一般在 16~64 kb/s。在第 2.2 节中讲述了脉冲编码调制(PCM)的具体技术,它是波形编码的一种最主要的调制方式。除此以外,还有增量调制、自适应增量调制(ADM)、自适应差分编码(ADPCM)等,都属于波形编码技术。

1) 增量调制

增量调制简称 ΔM 或 DM,目前在军事、工业部门的专用通信网和卫星通信中得到广泛应用。增量调制相比于 PCM 具有一些突出的优点,例如在低比特率时,ΔM 的量化信噪比高于 PCM;ΔM 的抗误码性能好,且编译码设备简单。

ΔM 是一种预测编码技术,是 PCM 编码的一种变形。PCM 对每个采样信号的整个幅度进行量化编码,因此它具有对任意波形进行编码的能力。ΔM 是用 1 位二进制码描述相邻抽样值的相对大小,以反映出模拟信号的变化规律。在 ΔM 中,对实际的采样信号与前一个采样信号进行比较,如果大,则 ΔM 为"1",当前阶梯函数上升一个量阶;如果小,则 ΔM 为"0",当前阶梯函数下降一个量阶。由于 ΔM 编码只需用 1 位二进制码对语音信号进行编码,所以 ΔM 编码系统又称为"1 位系统"。

与编码相对应,译码也有两种情况:一种是收到"1"码,产生一个正的斜变电压;另一种是收到"0"码,产生一个负的斜变电压。如此可以近似得到模拟信号的波形。

2) 自适应差分脉冲编码

自适应差分脉冲编码调制(adaptive differential pulse-code modulation,ADPCM)是自适应量化和自适应预测方法的总称,是对差分 PCM 方法的进一步改进,通过调整量化步长,对不同频段设置不同的量化字长,使数据得到进一步的压缩。

自适应量化就是使量化间隔大小的变化自动地去适应输入信号大小的变化,根据信号分布不均匀的特点,使系统具有随输入信号的变化而改变量化区间的大小,以保持输入量化器的信号基本均匀的能力。

2. 参数编码

参数编码是基于参数的编码方法。与波形编码不同的是,这类编码方法通过语音信号的数字模型对语音信号特征参数进行提取及编码,力图使重建的语音信号尽可能保持原信号的语意。也就是说,参数编码是把语音信号产生的数字模型作为基础,然后求出数字模型的模型参数,再按照这些参数还原数字模型,进而合成语音。参数编码虽然效率较高、编码速率要求低,但是还原出来的信号失真可能会比较大。

线性预测编码(linear prediction coding,LPC)是参数编码的一种。线性预测编码的原理就是通过分析时间信号波形,提取其中重要的音频特征,然后将这些特征量化并传送。在接收端用这些特征值重新合成声音,其质量可以接近于原始信号的质量。LPC 不考虑重建信号的波形是否与原始语音信号的波形相同,而只是尽量使重建信号在主观上与原始输入信号一致。

由于线性预测编码器不必传输残差信号本身,而只是传输代表语音信号特征的一些参数,所以线性预测编码算法可以获得很高的压缩比。4.8 kb/s 就可以实现高质量的语音编码,甚至可以在更低速率(2.4 kb/s 或者 1.2 kb/s)传输较低质量的语音。其缺点是人耳可以直接感觉到再生的声音为合成的。因此 LPC 编解码器主要应用于窄带信道的语音通信和军事领域,这是因为在这些场景下的带宽要求较苛刻。

3. 混合编码

混合编码是指同时使用两种或两种以上的编码方法进行编码的过程。这种编码方法克服了波形编码和参数编码的弱点,并结合了波形编码高质量和参数编码的低数据率的优点。多脉冲激励线性预测编码(multi-pulse excitation linear prediction coding,

MPELPC)、码激励线性预测编码(code excitation linear predictive coding,CELPC)以及感知视频编码(perceptual video coding,PVC)等都属于混合编码器。下面详细介绍后两者。

1) 码激励线性预测编码

CELPC 以语音线性预测模型为基础,对残量信号采用矢量量化,利用合成分析法(analysis-by-synthesis,ABS)搜索最佳激励码矢量,并采用感知加权均方误差最小判决准则,获得高质量的合成语音和优良的抗噪声性能,在 4.8～16 kb/s 的速率上获得了广泛的应用。ITU-T 的 G.728、G.729、G.729(A)和 G.723.1 四个标准都采用了这一方法来保证低数据速率下较好的声音质量。

CELPC 是典型的基于合成分析法的编码器,包括基于合成分析法用最佳码矢量的搜索过程、感知加权、矢量量化和线性预测技术。它从码本中搜索出最佳码矢量后乘以最佳增益,把线性预测的残差信号作为激励信号源。CELPC 采用分帧技术进行编码,帧长一般为 20～30 ms,并将每一语音帧分为 2～5 个子帧,在每个子帧内搜索最佳的码矢量作为激励信号。

2) 感知视频编码

PVC 的原理是利用人耳的听觉特性及心理声学模型,通过剔除人耳不能接收的信息来完成对音频信号的压缩。

感知编码器首先对输入信号的频率和幅度进行分析,然后将其与人的听觉感知模型进行比较,并利用这个模型来去除音频信号中的不相干和统计冗余部分。感知编码器可以将信道的比特率从 768 kb/s 降至 128 kb/s,将字长从 16 比特/样值减少至平均 2.67 比特/样值,其数据量减少了约 83%。尽管这种编码的方法是有损的,但人耳却感觉不到编码信号质量的下降。

感知编码器中采用了自适应的量化方法,根据可听度来分配所使用的字长。重要的声音就多分配位数来确保声音的完整性,而对于不重要的声音的编码位数就会少一些,不可听的声音就不需要进行编码,从而降低比特率。PVC 中常见的压缩率是 4∶1、6∶1 或 12∶1。

PVC 采用前向自适应分配和后向自适应分配两种位分配方案。在前向自适应分配方案中,所有的分配都在编码器中进行,编码信息也包含在比特流中。它的优点是在编码器中采用了心理声学模型,仅仅利用编码数据来完整地重建信号。当改进了编码器中的心理声学模型时,可以利用现有的解码器来重建信号。其缺点是需要占用一些位来传递分配信息。在后向自适应分配方案中,位分配信息可以直接从编码的音频信号中推导出来,不需要编码器中详细的分配信息,分配信息也不占用位。由于解码器中的位分配信息是根据有限的信息推导出来的,其精度必然会降低。另外解码器相应也比较复杂,而且不能轻易改变编码器中的心理声学模型。

7.2.3　音频编码标准

常见的音频编码标准从大的方面可以分为 G.7XX 系列、MPEG 系列以及杜比数码系列。G.7XX 系列是由 ITU-T 国家电信联盟制定的,MPEG 系列是由 MPEG 动态图像专家组制定的,而杜比数码系列是由美国杜比实验室开发的。

常见的音频编码标准有下面几种。

1. G.7XX 系列

1）G.711 标准

这是 PCM 语音压缩标准，采样率为 8 kHz，每个采样值采用 8 位二进制编码，因此其速率为 64 kb/s（计算过程见 2.6.2 节）。该标准广泛用于数字语音编码。

2）G.721 标准

该标准主要用于 64 kb/s 的 PCM 与 32 kb/s ADPCM 之间的转换。它基于 ADPCM 技术，采样频率为 8 kHz，每个样值与预测值的差值用 4 位编码，其编码速率（简称码率）为 32 kb/s。ADPCM 是一种对中等质量音频信号进行高效编码的有效算法之一。

3）G.722 标准

该标准旨在提供比 G.711 和 G.721 标准更高的音质。它主要作为调幅广播质量的音频信号压缩标准，能够将 224 kb/s 的调幅广播质量的音频信号压缩为 64 kb/s。多用于视听多媒体和视频会议等。

4）G.723.1 标准

该标准为 ITU-T 颁布的码率最低的音频编码标准。它主要用于各种网络环境中的多媒体通信。

5）G.728 标准

该标准是一个追求低比特率的标准，码率为 16 kb/s，质量与 32 kb/s 的 G.721 标准相当。它使用了低时延码激励线性预测（LD-CELP）算法。G.728 标准是低速率（56～128 kb/s）ISDN 可视电话的推荐语音编码器。

6）G.729 标准

该标准是为低码率应用设计而制定的语音压缩标准，其码率为 8 kb/s，算法比较复杂，采用码激励线性预测（CELP）技术。同时，为了提高合成语音质量，它采取了一些措施，具体算法比 CELP 的复杂，通常称为共轭结构代数码激励线性预测（CS-ACELP）。G.729 标准语音编码系统能产生良好的合成语音质量，且码率较低，已成为 Internet 语音应用的较好选择。

2. MPEG 系列

MPEG 系列有三种音频编码和压缩方案，分别为 MPEG 声音 Layer1、Layer2、Layer3。随着层数的增加，其算法的复杂度也增大，但可以做到三层分级兼容，即最复杂的解码器同样可以对 Layer1 或 Layer2 的压缩码流进行解码。

MPEG 音频采用 MPEG-Audio 算法，数据速率每声道达 705 kb/s。它利用了人类听觉的生理机能对输入信号进行快速傅里叶变换，将时间域采样信号变换到频率域，然后计算功率谱，对于低于听力阈值的采样值不予编码，这样将大幅度压缩数据量。

3. 杜比数码系列

杜比数码又称杜比环绕影音，是由美国杜比实验室开发的性能卓越的数字音频编码系统。其语音编码标准中，AC-1 用于卫星通信和数码有线广播，AC-2 用于专业音频的传输和存储，AC-3 采用第三代 ATC 技术，称为感觉编码系统，可在 5.1 声道的应用中及 384 kb/s 的码率下提供透明的音频质量。AC-3 将特殊的心理音响知识、人耳效应的最新研究成果与先进的数码信号处理技术很好地结合起来，形成这种数字多声道音频处理技术。

AC-3 最初是针对影院系统开发的,但目前已成为应用最为广泛的环绕声压缩技术之一,它是美国的 DVD、卫星数字广播和 HDTV 伴音的通用标准。另外,Intel MMX 技术也支持 AC-3 作为未来计算机的多媒体音频方案,以实现 Internet 实时音频传输。AC-3 从时域到频域的映射是通过一个时变滤波器组实现的,对于稳态信号采用 256 点的 MDCT,而对于瞬态信号采用 128 点的 MDCT。心理声学模型用于两个过程:首先使用完全心理声学模型简化控制操作过程,然后进行参数化,这些参数将出现在编码器和解码器中。

7.3 图像压缩编码

图像是多媒体中极其重要的信息携带媒体。人们获取信息的 70% 都来自视觉系统,实际就是图像和电视。无论是电视,还是电影,其最终的目的都是为接受者提供视觉图像。因此,图像质量与人眼的视觉特性有关。但是,人们面临一个很棘手的问题,就是图像数字化之后的数据量非常大,无论是进入计算机,还是保存其数据都是很困难的。特别是图像的传输,首先碰到的困难是图像数字信号占频带太宽,通常称为"信息容量"问题,在互联网上传输时很费时间,在本地存储时很占空间,因此有必要对数据进行压缩。本节介绍人类视觉的特征、图像编码技术以及图像压缩标准(本节中提到的图像指的是静止的图像)。

7.3.1 图像与视觉

1. 人的视觉特性

1) 图像的对比度与视觉的对比度灵敏度特性

图像的对比度表示景物或重现图像的最大亮度 I_{max} 和最小亮度 I_{min} 之比,表示相邻区域或相邻点之间的亮度差别,用 C 表示,即

$$C = \frac{I_{max}}{I_{min}} \tag{7-1}$$

在自然景物中,对比度经常可以达到 200∶1,甚至更高。电视机和显示器只有给出类似的对比度,电视上的景物才能达到自然景物的亮度和丰富层次。

在给定的某个亮度环境下,人眼刚好(以 50% 的概率)能够区分两个相邻区域的亮度差别所需要的对比度,称为临界对比度,或称为视觉阈(visibility threshold),用 C_t 表示。它是人眼区分某一给定空间频率的正弦光栅明暗差别所需的最低对比度。在研究数据压缩技术时,人们关心人眼是否能够察觉到压缩所引入的图像失真,因而对视觉阈的研究十分必要。临界对比度的倒数($1/C_t$)称为对比度灵敏度。视觉阈的大小与观察条件有关,如周围环境的亮度、临近区域亮度的变化等。人眼区分图像亮度差别的灵敏度与它附近区域的背景亮度(平均亮度)有关,背景亮度越高,其灵敏度越低。

视觉阈的大小不仅与邻近区域的平均亮度有关,还与邻近区域的亮度在空间上的变化(不均匀性)有关。假设将一个光点放在亮度不均匀的背景上,通过改变光点的亮度测试视觉阈,发现背景亮度变化越剧烈,视觉阈越高,即人眼的对比度灵敏度较低。这种现象称为视觉的掩蔽(masking)效应。

2）视觉的时域特性

人眼的视觉是有惰性的,这种惰性也称为视觉惰性,或者视觉暂留,即当一个景物突然出现在眼前时,需经过一定的时间才能形成一个稳定的主观亮度感受。同样当一个实际景物从眼前消失后,所看到的景物都不会立即消失,还会暂留一段时间。

如果让观察者观察按时间顺序重复的亮度脉冲(如在黑暗中不断开、关的手电筒),当脉冲重复频率不够高时,人眼就有一亮一暗的感觉,称之为闪烁;当脉冲重复频率足够高时,闪烁消失,人眼看到的则是一个恒定的亮点。闪烁刚好消失时的重复频率称为临界闪烁频率。脉冲的亮度越高,临界闪烁频率也越高。

视觉惰性现象已被人们巧妙地运用到电影和电视中,使得本来在时间上不连续的图像给人以真实的、连续的感觉。在通常的电影银幕亮度的环境中,人眼的临界闪烁频率约为 46 Hz。所以在电影中,人们普遍采用每秒钟向银幕上投射 24 幅画面的标准,而在每幅画面停留的时间内,用一个机械遮光阀将投射光遮挡一次,得到每秒 48 次的重复频率,使观众感觉亮度是连续的、不闪烁的。

通常,为了保持画面中物体运动的连续性,要求每秒钟摄取的画面数为 25 个,即其帧率要求为 25 Hz;而临界闪烁频率则远高于这个频率。在数字电视和多媒体系统中,在最终显示图像之前会插入帧存储器,摄像机的帧率只需保证动作连续性的要求,而显示器可以从帧存储器中反复取得数据来刷新所显示的图像,以满足无闪烁的要求。

3）视觉的频域特性

从不同距离观察空间频率相同的正弦光栅,感觉光栅亮度变化的密集程度是不同的。因此,需要将空间频率用每度多少周表示,这里的度是几何角度,其单位为 ie。这样表示的空间频率可以理解为从某一观察点来看,亮度信号在单位角度内周期性变化的次数,即

$$f_x = \frac{\mathrm{d}\varphi(\alpha)}{\mathrm{d}\alpha}（周/度） \tag{7-2}$$

式中:α 表示角度;$\varphi(\alpha)$ 代表亮度信号在角度 α 内的相位变化。

二维图像的空间频率谱可以用二维的傅里叶积分来表示,即

$$F(f_x, f_y) = \int_{-\infty}^{\infty} \int_{-\infty}^{\infty} L(x,y) \mathrm{e}^{-\mathrm{j}2\pi(f_x+f_y)} \mathrm{d}x\mathrm{d}y \tag{7-3}$$

式中:$L(x,y)$ 为亮度在二维平面上的分布函数;x、y 为图像的平面坐标;f_x、f_y 分别为在 x 轴和 y 轴方向上的空间频率。

人的视觉系统基本上可以认为是一个线性系统。

4）视觉的彩色特性

(1) 彩色的度量方法。

根据德国科学家格拉兹曼所总结的法则,任何一种色彩都可由另外的不多于 3 种的其他色彩按不同的比例合成。如果选定了三种人所共知的标准基色,那么任何一种色彩,可以用合成这一色彩所需的 3 种基色的数量来表示。例如,选择波长分别为 700 nm、546.1 nm 和 435.8 nm 的红、绿、蓝(red、green、blue,RGB)光作为基色,用不同比例的三基色光可以配出任何一种色彩。3 种光的能量之和决定了合成光的亮度,而 3 种光强之间的比例关系决定了合成光的色调(颜色)和饱和度(颜色深浅)。

以 R、G 和 B 为坐标轴,以三色系数为坐标,任何一种彩色都可以由这 3 个坐标轴

所确定的矢量来表示。矢量的幅值代表了色彩的亮度,矢量的方向代表了它的颜色信息(色调和饱和度)。

(2) 色彩视觉的空间频率响应。

人眼对亮度的分辨力要明显比色彩的高。对间隔较密的黑白正弦光栅我们可能可以分辨清楚,而同样间距的蓝、黄光栅,我们可能分不清,只能看到一片绿。

(3) 色彩的掩蔽效应。

在亮度变化剧烈的背景上,例如在黑、白跳变的边沿上,人眼对色彩的敏感程度明显降低。类似地,在亮度变化剧烈的背景上,人眼对色彩信号的噪声(如色彩信号的量化噪声)也不易察觉。这些都体现了亮度信号对色彩信号的掩蔽效应。

2. 图像的基本特性和类型

1) 像素

生活中,人们周围到处是图像,通常所见到的一般是具有高分辨率的彩色图像,且图像中的很多东西看上去非常的平滑,没有过渡的边角和颗粒;而计算机上的图像则不同,这些图像都是由许多点(像素)组成的数字图像。数字图像实际上是由一个矩形的点或者是由图像元素阵组成的,有 m 行 n 列。表达式 $m \times n$ 称为图像的分辨率。点称为像素(pixels)。分辨率优势也指图像中的单位长度上像素的个数,且 dpi 是指每英寸(1 英寸$\approx$0.025 米)里有多少个像素。

我们将图像转换成随时间变化而变化的模拟电压波,其中最高的频率记为 B。图像是一个由采样点(像素)组成的矩阵,采样定理保证了在采样时只要单位长度内的采样频率大于 $2B$,就可以恢复原始的图像(即算出图像中每个数学点的颜色)。这是一种理想状态,在现实中,图像的分辨率和频率取决于抽取它们的设备的精确度。

2) 图像的种类

为了更好地理解图像压缩,先来说明几种图像的类型。

(1) 二值(单色)图像:每个像素的取值只有两个值中的一个,即要么黑要么白。这种图像中的像素只需要用二进制数中的一位来表示,这使得它是最简单的一种图像类型。

(2) 灰度级图像:每个像素可能有 n 个值中的一个,从 $0 \sim n-1$。n 的值通常可与一个二进制的数的字节匹配,如 4、8、16 等,或者是 4 或 8 的倍数。

(3) 连续色调图像:可以有很多种相似颜色(或灰度级)的图像。当相邻像素仅差一个单位时,眼睛很难区分出它们的颜色。其结果是,图像中的有些区域,当眼睛扫过时看到的是连续的颜色,但会通过数字相机拍摄到或对照片/绘画扫描时进行区分。

(4) 离散色调图像:称为图形图或合成图像,通常是人工图像。图像中有几种或多种颜色,但是却不像自然图像那样存在噪声和模糊。这类图像不适合用有损压缩方法来处理,因为即使丢掉几个像素都有可能导致看不清楚或是把一个很熟悉的模式变成一个不认识的模式。

(5) 卡通图:包含一些颜色均匀分布区域的彩色图像。每个独立区域中颜色分布均匀,而在相邻区域中,颜色相互相差很大。这种特性对于压缩很有利。

7.3.2　图像编码技术

在现今的电子信息技术领域,正发生着一场有长远影响的数字化革命。由于数字化的多媒体信息尤其是数字视频的数据量特别庞大,如果不对其进行有效的压缩就难以得到实际的应用。因此,图像压缩技术已成为当今数字通信、广播、存储和多媒体娱乐中的一项关键的共性技术。

1. 压缩编码的必要性和可能性

众所周知,图像量化所需数据量大。图像和视频的庞大数据对计算机的处理速度、存储容量都提出过高的要求,因此必须进行数据量压缩。从传输的角度来看,在信道带宽、通信链路容量一定的前提下,采用编码压缩技术能减少传输数据量,这是提高通信速度的重要手段。因此,它更要求数据量压缩。

视频由一帧一帧的图像组成,而图像的各像素之间,无论是在行方向还是在列方向,都存在着一定的相关性,即冗余度。应用某种编码方法提取或减少这些冗余度,便可以达到压缩数据的目的。数据冗余是指信息存在的各种多余度。

常见的静态图像数据冗余包括以下几个方面。

1)空间冗余

这是静态图像存在的最主要的一种数据冗余。一幅图像记录了画面上可见景物的颜色。同一景物表面上各采样点的颜色之间往往存在着空间的连贯性,从而产生了空间冗余。

2)时间冗余

在视频的相邻帧间,往往包含相同的背景和移动的物体。因此,后一帧数据与前一帧数据有许多共同的地方,即在时间上存在大量的冗余。

3)结构冗余

在有些图像的纹理区,图像的分辨率存在着明显的分布模式。例如,方格状的地板图案等。我们称这种冗余为结构冗余。

4)知识冗余

理解某些图像与理解某些知识有相当大的相关性。例如,人脸的图像有固定的结构。这类规律性的结构可由先验知识和背景知识得到,我们称此类冗余为知识冗余。

5)视觉冗余

事实表明,人类的视觉系统对图像的敏感性是非均匀的且非线性的。然而,在记录原始图像数据时,通常假定视觉系统是线性的和均匀的,对视觉敏感和不敏感的部分同等对待,从而产生了比理想编码更多的数据,这就是视觉冗余。

6)图像区域的相似性冗余

在图像中的两个或多个区域所对应的所有分辨率相同或相近,从而产生的数据重复性存储,这就是图像区域的相似性冗余。

7)纹理的统计冗余

有些图像的纹理尽管不严格服从某一分布规律,但是它在统计的意义上服从该规律。利用这种性质也可以减少表示图像的数据量,称之为纹理的统计冗余。

2. 量化及其质量

量化是将具有连续幅度值的输入信号转换为只有有限个幅度值的输出信号的过程。就一般而言,量化是模拟信号到数字信号的映射,就是用有限的离散量代替无限的连续量的多对一的映射过程。这里量化的概念比第 2 章中的更宽泛。

一般的量化过程是预先设置一组判决电平和与其对应的一组码字,再将整个有效值区间划分成若干个子区间(也即量化级),每个子区间对应一个判决电平。量化时将模拟量的采样值与这些判决电平比较,若采样值幅度落在某一子区间上,则将它量化为该量化级对应的码字。

量化的方法通常有标量量化和矢量量化。标量量化是对经过映射变换后的数据或 PCM 数据逐个进行量化,在这种量化中,所有采样使用同一个量化器进行量化,每个采样的量化都与其他采样无关,故也称为零记忆量化。标量量化有均匀量化、非均匀量化和自适应量化之分。矢量量化是一种有损的编码方案,其主要思想是先将输入的语音信号按一定方式分组,再把这些分组数据看成一个矢量,对它进行量化。

3. 图像压缩算法的评价指标

图像压缩算法的优劣主要通过压缩倍数、数据恢复(或称重建)的图像质量以及压缩和解压缩的速度等方面来评价。此外,还有算法的复杂性和延时等也需考虑。

压缩的倍数也称压缩率,通常有两种衡量的方法:一种是由压缩前与压缩后的总的数据量之比来表示;另一种是将任何非压缩算法产生的效果(如降低分辨率、帧率等)排除在外,用压缩后的比特流中每个显示像素的平均比特数(bit per displayed pixel,BPDP)来表示。

图像质量评估法常采用客观评估和主观评估两种方法。主观评估是通过一种具体的算法来统计多媒体数据压缩结果的评估方法,具体做法是由若干人对所观测的重建图像的质量按很好、好、尚可、不好、坏五个等级评分,然后计算出平均分数。

客观评估是通过一种具体的算法来统计多媒体数据压缩结果的评估方法。通常使用信噪比 SNR 来评价,其计算方法是

$$SNR = 10\lg \frac{\sigma^2}{\sigma_e^2} \tag{7-4}$$

式中:σ^2 和 σ_e^2 分别为输入和输出图像的均方差。

4. 图像压缩算法

图像压缩编解码的过程与信息的传输过程类似,也需要信源编/解码器来减少或消除图像中的冗余,这是图像压缩的主要部分。图像信源编码一般分为三个阶段:第一阶段,将输入数据转换为可以减少输入图像中像素间冗余的数据的集合;第二阶段,设法去除原图像信号的相关性,例如对电视信号既可以去除帧内各种相关,又可以去除帧间相关,这样有利于编码压缩;第三阶段,就是找一种更近于熵,又利于计算机处理的编码方式。此外,如果传输过程中信道上有噪声或干扰,会造成数据干扰时,也需要进行信道编/解码,常见的信道编码算法的原理和方法介绍见 2.3 节。

图像压缩的目标是去除各种冗余。根据压缩后是否有信息丢失,多媒体数据压缩技术可以分为无损压缩技术和有损压缩技术两类。图像压缩编码的分类如图 7-1 所示。

常见的无损压缩技术有哈夫曼编码、算数编码、行程编码和其他编码。常见的一些有损压缩技术包括预测编码、变换编码、模型编码、直接映射和其他编码。压缩算法的具体原理与推导详见相关书籍,这里不再赘述。

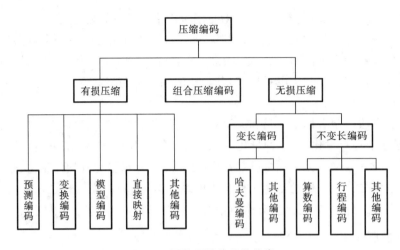

图 7-1 图像压缩编码的分类

7.3.3 图像压缩标准

图像压缩标准包括 JPEG 和 JPEG 2000。

1. JPEG 压缩标准

静止图像压缩编码标准 JPEG 是由国际标准化组织(international organization for standardization, ISO)联合图像专家组(joint photographic expert group)为单帧彩色图像的压缩编码而制定的标准。在该标准中,图像尺寸可以在 1～65535 行/帧,1～65535 像素/行的范围内,将每像素 24 比特的彩色图像压缩至每像素 1～2 比特,彩色图像仍保持很好的质量。

JPEG 确定的图像压缩标准的目标:编码器可由用户设置参数,以便用户在压缩比和图像质量之间权衡折中;标准可适用任意类连续色调的数字静止图像,不限制图像的景象内容;计算复杂度适中,只需一般的 CPU 就可实现,而不要求很高档的计算机。

JPEG 标准是彩色多灰度连续色调静态图像压缩编码标准。在 JPEG 标准中,定义了两种基本压缩编码算法和四种编码模式。

JPEG 采用的编码方式为混合编码。两种基本压缩算法分别为:基于离散余弦变换(discrete cosine transform, DCT)并应用行程编码和熵编码的有失真压缩算法;基于空间线性预测技术(DPCM)的无失真压缩方法。有失真压缩算法又分为基本系统和扩展系统两类。基本系统是一种基于 DCT 的简化编码方法,该系统保证必需的功能,可满足大多数应用的要求。其输入图像精度为 8 比特/像素/色,支持顺序模式,采用哈夫曼编码。所有 JPEG 编解码器都必须支持基本系统。扩展系统是为了满足更为广阔的应用要求而设置的。它增强了数据压缩能力,输入图像精度为 12 比特/像素/色,支持渐进模式,采用哈夫曼编码和算术编码。

JPEG 定义了四种编码模式:DCT 顺序模式、DCT 渐进模式、无失真编码模式、分层编码模式。

DCT 顺序模式的基本算法是将图像分成 8×8 的块,然后进行 DCT 变换、量化和熵编码(哈夫曼编码)。在这种模式下,每个图像分量的编码是一次扫描完成的。

DCT 渐进模式所采用的算法与 DCT 顺序模式类似,不同的是需要对图像进行多次扫描,先传送部分 DCT 系数信息(如低频带的系数或所有系数的近似值),使接收端尽快获得一个"粗略"的图像,然后再将剩余频带的系数渐次传送,最终形成清晰的图像。

顺序模式和渐进模式分别如图 7-2、图 7-3 所示。

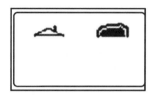

图 7-2　顺序模式

图 7-3　渐进模式

无失真编码模式是采用一维或二维的空间域 DPCM 和熵编码。由于输入图像已经是数字化的,经过空间域 DPCM 之后,预测误差值也是一个离散量,因此可以不再量化而实现无失真编码。编码器的简单原理图如图 7-4 所示。

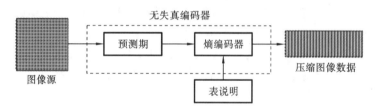

图 7-4　编码器的简单原理图

分层编码模式是对一幅原始图像的空间分辨率,分成多个分辨率进行"锥形"的编码方法,水平(垂直)方向分辨率的下降以 2 的倍数因子改变。先对分辨率最低的一层图像进行编码,然后将经过内插的该层图像作为下一层图像的预测值,再对预测误差进行编码,以此类推,直到底层。

JPEG 用基于 DPCM 的压缩算法来满足无失真压缩图像数据的特殊应用场合,它选择了简单的线性预测编码方法,具有实现容易、重建图像质量好的特点。但其压缩比太低,大约为 2∶1。

2. JPEG 2000

与 JPEG 不同,JPEG 2000 是基于小波变换的,采用嵌入式编码技术,在获得优于 JPEG 标准压缩效果的同时,生成的码流具有较强的功能,可应用于多个领域。JPEG 2000 的目标是在一个统一的集成系统中,允许使用不同的图像模型,对具有不同特征的不同类型的静止图像进行压缩,在低比特率的情况下获得比目前标准更好的比特率失真性能和主观图像质量。

JPEG 2000 具有下面几个主要特点,包括良好的低比特率压缩性能、连续色调和二值图像压缩、有损和无损压缩、可以按照像素精度或者分辨率进行累进式传输、随机获取和处理码流、较强的抗误码特性、固定速率、固定大小、有限的存储空间。

7.4 视频压缩编码

视频又称运动图像,是由相继拍摄并存储的一幅幅单独的画面(帧)序列组成的。这些画面以一定的时间间隔或速率(单位为帧率,即每秒钟显示的帧数目)连续投射在屏幕上并播放出来,由于人眼的视觉暂留效应,使观察者产生平滑和连续的动态画面的感觉。通常,视频图像还伴随一个或多个音频轨,以提供声音。常见的视频有电影、电视剧等。

7.4.1 视频压缩基本概念

这里提到的运动图像即指数字视频。运动图像是由一幅幅静止图像组成的,只是人眼的视觉暂留特性,使人产生了连续的感觉。运动图像可以实现更高压缩度,因为即使在运动图像里有许多的动作,但与单个静止图像里拥有的巨大信息相比,两幅相邻的静止图像之间的差别一般是很小的。因此,与相邻静止图像的压缩算法相比,运动图像编码具有更为广阔的压缩空间。

1. 视频制式

模拟电视信号的标准也称为视频的制式。世界各地使用的视频制式标准不完全相同,不同的制式对视频信号的解码方式、色彩处理的方式以及屏幕扫描频率的要求都有所不同。目前世界上彩色电视的制式主要有以下几种。

(1) PAL 制式:全称为 phase alternate line,是联邦德国制定的彩色电视广播标准,采用逐行/列相正交平衡调幅技术调制信号。目前,德国、英国、新加坡、中国等国家采用这种制式。

(2) SECAM 制式:全称为 sequential color and memory,是法国制定的彩色电视制式,顺序传送、存储和恢复彩色电视信号。法国、东欧和中东等国家及地区采用这种制式。

(3) NTSC 制式:全称为 national television system committee,是美国国家电视标准委员会指定的彩色电视广播标准,由于采用正交平衡调幅的技术调制电视信号,故也称正交平衡调幅制式。美国、加拿大、日本、韩国等国家采用这种制式。

2. 视频基本参数

(1) 帧速:每秒播放的帧数为帧速。其中帧指视频中的一幅画面。

(2) 帧频:每秒扫描的帧数;NTSC 制式的帧频为 29.97 帧,PAL 制式和 SECAM 制式的帧频为 25 帧。

(3) 场频:每秒扫描的场数;电视缓慢一般采用隔行扫描的方式,把一帧画面分成奇、偶两场。因此,NTSC 制式的场频为 59.94,PAL 制式和 SECAM 制式的场频为 50。

(4) 行频:每秒扫描的行数;在数字上等于帧频乘以每帧的行数。每帧 525 行的 NTSC 制式的行频为 15734,而每帧 625 行的 PAL 制式和 SECAM 制式的行频为 15625。

（5）分辨率：用垂直和水平方向的分辨率来表示电视的清晰度。垂直分辨率与扫描行数密切相关。扫描行数越多，分辨率越高。我国电视图像的垂直分辨率为 575 行（线），但电视接收机实际垂直分辨率约 400 行（线）。

3. 视频分类

按视频信号的组成和存储方式，视频可分为模拟视频和数字视频。

1）模拟视频

模拟视频是由连续的模拟信号组成的视频图像，通过在电磁信号上建立变化来支持图像和声音信息的传播和显示。电影、电视、VHS 录像带上的画面通常是以模拟视频的形式出现的，传统的摄像机、录像机、电视机等视频设备所涉及的视频信号都是模拟视频信号。

2）数字视频

数字视频是以二进制数字方式记录的视频信号，是使用计算机数字技术，将图像中的每一个点（即像素）都用二进制数字编码，这种信号是离散的数字视频信号。

将原来模拟视频经过量化变为计算机能处理的数字信号的过程称为视频信号的数字化，这个过程非常复杂。数字视频与模拟视频相比有很多优点，包括采用二进制数字编码，信号精确、可靠且不易受到干扰；数字化的视频信号通过索引表处理，无论复制多少次，画面质量几乎不会下降；可以将视频编辑融入计算机的制作环境；视频数字信号可以大比例地压缩，在网络上可以实现流畅的双向传输。

7.4.2　视频编码技术

视频编码系统的基本结构如图 7-5 所示。

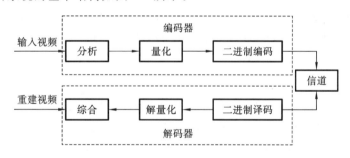

图 7-5　视频编码系统的基本结构

在视频预测编码中，主要分为帧内预测编码和帧间预测编码。帧内预测就是在一个视频帧，即一幅图像内进行的预测。帧内预测编码的优点是算法简单、易于实现，但压缩比较低，因此在视频图像压缩中几乎不单独使用。帧间预测编码就是利用视频图像帧间的相关性，即时间相关性，来获得比帧内预测编码高得多的压缩比。活动图像的帧间内插编码是在系统发送端每隔一段时间丢弃一帧或几帧图像，而在接收端再利用图像的帧间相关性将丢弃的帧通过内插恢复出来，以防止帧率下降引起闪烁和不连续的动作。恢复丢弃帧的一个简单办法是利用线性内插，其缺点是当图像中有运动物体时，会引起图像模糊，为解决这一问题可采用带有运动补偿的帧间预测编码。

具有运动补偿的帧间预测编码是视频压缩的关键技术之一，它包括以下几个步骤：

首先,将图像分解成相对静止的背景和若干运动的物体,通过运动估值得到每个物体的位移矢量;然后,利用位移矢量计算经运动补偿后的预测值;最后,对预测误差进行量化、编码、传输,同时将位移矢量和图像分解方式等信息送到接收端。

在具有运动补偿的帧间预测编码系统中,对图像静止区和不同运动区的实时完善分解和运动矢量计算是较为复杂和困难的。在实际实现时,我们经常采用的是像素递归法和块匹配法两种简化的办法。

像素递归法的具体做法是,通过某种较为简单的方法首先将图像分割成运动区和静止区,在静止区内的像素的位移为零,不进行递归运算;对运动区内的像素,利用该像素左边或正上方像素的位移矢量作为本像素的位移矢量,然后用前一帧对应位置上经位移后的像素值作为当前帧中该像素的预测值。如果预测误差小于某一阈值,则认为该像素可预测,无须传送信息;如果预测误差大于该阈值,则编码器需传送量化后的预测误差以及该像素的地址,从而收、发双方各自根据量化后的预测误差更新位移矢量。

块匹配法将图像划分为许多子块,并认为将每个子块视为一个"运动物体"。对于某一时间 t,图像帧中的某一子块如果在另一时间 t_τ 的帧中可以找到若干与其十分相似的子块,则称其中最为相似的子块为匹配块,并认为该匹配块是时间 t_τ 的帧中相应子块位移的结果。位移矢量由两帧中相应子块的坐标决定。块匹配法中需要解决两个问题:一是确定判别两个子块匹配的准则;二是寻找计算量最少的匹配搜索算法。

7.4.3 视频压缩标准

视频压缩编码标准包括 H.261、MPEG-1、MPEG-2、H.263、MPEG-4、H.264 等。

1. H.261

H.261 标准是 ITU-T 针对窄带 ISDN 网络上要求实时编解码和低时延的视频编码标准,其主要应用是在 ISDN 信道上召开视频会议。H.261 只对 CIF(common intermediate format)和 QCIF(quarter CIF)两种图像格式进行处理。两种格式均为逐行扫描(progressive scan)。通常 CIF 格式用于视频会议,QCIF 格式用于可视电话。

2. MPEG-1

用于数字存储媒体运动图像及其伴音速率为 1.5 Mb/s 的压缩编码简称 MPEG-1。MPEG 算法允许用许多方法去观看数字存储体上的电视图像。有许多观看方法与家用录像机相似,但与录像机相比,MPEG 算法支持的功能却强大得多。MPEG 中的电视图像可以正向顺序正常速度播放、慢放和快放,反向顺序播放时同样可以用正常的速度播放、慢放和快放。MPEG 支持的特性主要有随机存取、快速搜索、逆向播放和编辑功能。

MPEG 推荐的标准化算法,必须使用帧间和帧内编码技术。MPEG-1 标准推荐的算法是以两个基本技术为基础的,一个是基于 16×16 子块的运动补偿技术,用以减少帧序列的时域冗余度;另一个是基于 DCT 的压缩技术,用以减少空域冗余度。在 MPEG-1 中,不仅帧内使用 DCT,而且对帧间预测也使用 DCT,以进一步减少数据量。

3. MPEG-2

MPEG-2(通用视频图像压缩编码)标准是一种既能兼容 MPEG-1 标准,又能满足高分辨率数字电视和高分辨率数字卫星接收机等方面要求的技术标准,它是由 ISO 的活动图像专家组和 ITU-TS 的 15 个研究组于 1994 年共同制定的,在 ITU-TS 的协议系列中,被称为 H.262。

MPEG-2 的初始设计目标是得到一个针对广播电视质量(CCIR601 格式)的视频信号的压缩编码标准,但实际上最后得到一个通用的标准,它能在很宽的范围内对不同分辨率和不同输出比特率的图像信号有效地进行编码。MPEG-2 的图像质量应该高于现行 NTSC、PAL 和 SECAM 广播系统。MPEG-2 标准需要足够的灵活性,以便适用于高性能、高复杂性和低性能、低复杂性的编码系统。该标准应该充分重视已存在的标准,其兼容性能保证新标准的平稳过渡,保持新旧标准设备之间的互操作性,故兼容性应该保持尽可能大的范围。

4. H.263

H.263 采用的是基于运动补偿的 DPCM 的混合编码,在运动矢量搜索的基础上进行运动补偿,然后运用 DCT 变换和“之”字扫描游程编码,从而得到输出码流。H.263 可以处理五种图像格式:sub-QCIF、QCIF、CIF、4CIF 和 16CIF。H.263 在 H.261 的基础上,采用半像素精度运动估计,同时又增加了非限制运动矢量、基于语法的算术编码模式、先进预测模式和 PB 帧模式等四种可选编码模式。

5. MPEG-4

MPEG-4(低比特率音/视频压缩编码)于 1994 年提出并于 1999 年初得到确认,2000 年初正式成为国际标准。MPEG-4 不只是具体压缩算法,它是针对数字电视、交互式绘图应用、交互式多媒体等整合及压缩技术的需求而制定的国际标准,将众多的多媒体应用集成在一个完整的框架内,旨在为多媒体通信及应用环境提供标准的算法及工具,从而建立起一种能被多媒体传输、存储、检索等应用领域普遍采用的统一数据格式。

MPEG-4 最突出的特点是基于内容的压缩编码方法,按图像的内容如图像的场景、画面上的物体(物体 1、物体 2)等分块,将感兴趣的物体(称为对象或实体)从场景中截取出来,并基于这些对象或实体进行编码处理。对每一个对象的编码形成一个对象码流层,该层码流中包含着对象的形状、尺寸、位置、纹理以及其他方面的属性。

6. H.264

H.264 采用“网络友好(network friendliness)”的结构和语法,达到提高网络适应能力的目的,以适应 IP 网络和移动网络的应用。H.264 的编码结构在算法概念上分为两层:视频编码层(video coding layer,VCL)负责高效率的视频压缩能力;网络抽象层(network abstraction layer,NAL)负责以网络所要求的恰当方式对数据进行打包和传送。H.264 规定了三个档次,分别是基本档次、主档次和扩展档次。

7.5　多媒体通信网络及应用

通过通信网络,多媒体应用将处于不同地理位置的多媒体终端和为其提供多媒体服务的服务器连接起来,实现多媒体通信,并保证传输时的通信质量。虽然传统网络并不是进行多媒体通信的理想解决方案,不能保证多媒体信息传输的实时性、连续性和交互性等特殊要求,但从社会的经济角度看,多媒体通信离不开传统网络的支持。

7.5.1 多媒体通信网络

1. 多媒体通信网络的要求

多媒体通信对网络环境要求较高,这种要求通过传输速率、吞吐量、差错率及传输延迟等关键参数反映出来。

1) 吞吐量需求

网络吞吐量是指有效的网络带宽,通常定义成物理链路的传输速率减去各种传输开销,如物理传输开销以及为了克服网络冲突、瓶颈、拥塞和差错等的开销。它反映了网络的最大极限容量。在网络层,吞吐量可表示成单位时间内接收、处理和通过网络的分组数或比特数。它是一个静态参数,反映了网络负载情况。通常,人们习惯将额外开销忽略不计,直接把网络传输速率作为吞吐量。实际上,吞吐量要小于传输速率。

多媒体通信的吞吐量需求与网络传输速率、接收端缓冲容量以及数据流量有关。不同媒体对网络吞吐量的要求不同。

2) 可靠性需求

差错率是多媒体通信的一个重要性能指标,反映网络传输的可靠性。它可以用以下三种方法定义。

(1) 位差错率(BER):出错的位数与所传输的总位数之比。

(2) 帧差错率(FER):出错的帧数与所传输的总帧数之比。

(3) 分组差错率(PER):出错的分组数与所传输的总分组数之比。

在多媒体应用中,将接收到的声像信号直接播放时,由于显示的活动图像和播送的声音是在不断更新的,网络传输引起的差错很快被覆盖,因而人们可以在一定程度上容忍错误的发生。

3) 延迟与抖动控制需求

延迟(delay)通常被称为网络延迟或端到端延迟,它是指从发送端发送一个数据分组到接收端正确接收到该分组所经历的时间。网络延迟等于传播延迟、传输延迟和接口延迟三部分之和。

(1) 传播延迟:指端到端传输一个二进制位所需要的时间,它是一个常数。一个网络中的传播延迟仅与所经过的传输距离有关。

(2) 传输延迟:指端到端传输一个数据块(如分组)所需要的时间,该参数与网络传输速率和中间节点处理延迟有关。

(3) 接口延迟:指发送端从开始准备发送数据块,到实际利用网络发送所需要的时间。

延迟抖动(delay jitter)是指在一条链接上分组延迟的最大变化量,即端到端延迟的最大值与最小值之差。

在理想情况下,端到端延迟为一个恒定值(零抖动)。然而,延迟抖动总是不可避免的。对于连续媒体流的传输来说,应将延迟抖动限制在一定的范围内。这样,有利于改善所接收的音频和视频流的质量。对于一个冗长的视频流,如果接收端在回放之前进行充分的缓冲,则可以大大减小延迟抖动。

4) 多点通信需求

多媒体通信涉及音频和视频数据。网络多媒体应用中有广播(broadcast)和多播

(multicast)信息。因此,除常规的点对点通信外,多媒体通信需要提供广播和多播的支持能力。

5) 同步需求

多媒体通信的同步有两种类型:流内同步和流间同步。流内同步是保持单个媒体流内部的时间关系,即按照一定的延迟和抖动约束传送媒体分组流,以满足感官上的需要。流间同步是不同媒体间的同步。

2. 现有的多媒体通信网络

多媒体通信网络是实现多媒体网络通信的基本环境。目前的多媒体通信网络可分为以下四大类。

(1) 电信运营商投资建设的电信网络,如公共电话网(PSTN)、分组交换网(PSP-DN)。

(2) 相关机构建立的计算机网络,如局域网(LAN)、城域网(MAN)、广域网(WAN)。

(3) 广播电视部门建设的电视传播网络,如有线电视(CATV)网、混合光纤同轴电缆(HFC)网、卫星电视网等。

(4) 移动通信公司建设的公共陆地移动网(public land mobile network,PLMN),如 GSM、3G 等。

根据网络各部分的功能,通信网络可分成主干传输网、交换网、接入网以及终端设备四个部分。

主干传输网用来解决信息的长距离传输,可以采用各种类型的传输介质和传输体系结构,如同轴电缆、微波、卫星以及光纤等。光纤已经成为主干传输的主要物理介质,并且主干传输网能够提供更高的网络带宽。在目前的主干传输网中,电信网仍占据主导地位。

交换网支持各种业务条件下的交换,实现网络中的任意两个或多个用户之间以及用户与服务提供者之间的相互连接;是在主干传输网中实现信息交换的技术集合;根据所传输信号的物理介质的不同,可分为电交换和光交换技术两类。电交换技术实现对电信号的交换传输,可分为电路交换、报文交换和分组交换等。其中的分组交换又称为数据包交换,典型的分组交换技术有 IP 交换、帧中继、异步转移模式等。

接入网的核心是数字化和宽带化,四大主干网络均提供了相关的接入传输技术。如电信网的 ISDN、B-ISDN、ADSL 等;移动网的 GSM、3G、LTE、5G 等;广播电视网的 HFC、CATV 等;计算机网络的 LAN 接入等。特别值得一提的是,为了解决 CATV 的双向传输问题,近年来推出了 HFC 技术。这种技术不仅能提供双向传输,还能使用现有的连接个人用户的电缆。

为了提供灵活、综合的多媒体服务功能,多媒体网络通信应该具备单播(unicast)、多播(multicast)和广播(broadcast)等不同通信方式。

(1) 单播:是指点到点之间的多媒体通信,发送终端通过与每一个组内成员分别建立点到点的通信联系,达到多点通信的目的。

(2) 多播:也称为多点通信,是指网络能够按照发送端的要求将欲传送的信息在适当的节点复制,并传送给组内成员,达到多点通信的目的。

(3) 广播:是指网络的一点向网络的所有其他点传送信息,可用于数字电视广播等分配型多媒体业务。

7.5.2 多媒体通信的应用系统

网络多媒体应用种类繁多,涉及很多领域,如通信、计算机、有线电视、安全、教育、娱乐和出版业等。随着用户需求的不断增长,网络多媒体技术的应用也会有新的发展。常见的网络多媒体应用系统有多媒体视频会议系统、多媒体远程教育系统、多媒体点播系统、IP 电话系统、IPTV 系统等。下面介绍几种常见的多媒体应用系统。

1. 多媒体会议系统

多媒体会议系统一般指视频会议,又称为电视会议或视讯会议。它是一种多媒体通信系统,是融合计算机技术、通信网络技术、微电子技术于一体的产物。它要求将各种媒体信息数字化,利用各种网络进行实时传输并能与用户进行友好的信息交流。

视频会议能为用户提供直接、全面的沟通交流,并能节约时间、降低成本、提高生产率。在我国,视频会议系统的应用有两种形式:一是由中国电信经营的以预约租用方式使用的公用视频会议系统;二是组建专用系统。目前已建成专用系统的单位主要包括海关、公安、铁路、银行、电力、航天、石油和教育等部门。随着微信等即时通信应用的普及使用,视频会议也可以通过手机软件实现。

2. 视频点播系统

视频点播是 20 世纪 90 年代在国外发展起来的,英文称为"video on demand",所以也称为"VOD"。顾名思义,就是根据观众的要求播放节目的视频点播系统,把用户所点击或选择的视频内容,传输给所请求的用户。根据用户的需要播放相应的视频节目,从根本上改变了用户过去被动式看电视的不足,通过多媒体网络将视频节目按照个人的意愿进行点播式播放。

3. 视频监控系统

视频监控系统的发展大致经历了三个阶段。20 世纪 90 年代初,监控系统主要是以模拟设备为主的闭路电视监控系统,称为第一代模拟监控系统。20 世纪 90 年代中期,随着计算机处理能力的提高和视频技术的发展,人们利用计算机的高速数据处理能力进行视频的采集和处理,利用显示器的高分辨率实现图像的多画面显示,从而大大提高了图像质量,这种基于计算机的多媒体主控台系统称为第二代数字化本地视频监控系统。20 世纪 90 年代末,随着网络带宽、计算机处理能力和存储容量的快速提高,以及各种实用视频处理技术的出现,视频监控步入了全数字化的网络时代,称为第三代远程视频监控系统。

视频监控是安全防范系统的重要组成部分,它是一种防范能力较强的综合系统。视频监控因其直观、准确、及时和信息内容丰富而广泛应用于许多场合。视频监控目前可分为两大类:数字视频监控系统和网络监控(嵌入式视频监控系统)。视频监控系统有权限管理功能,因此安全性很高;视频可以保存,可以为事后调查提供依据;监控随时随地可以看到,还可以进行远程视频监控。

智能视频监控能够对画面场景中的人或车辆的行为进行识别、判断,并在适当的条件下,提示用户并报警。近年来,随着国民经济的快速增长、社会的迅速进步和国力的不断增强,银行、电力、交通、安检以及军事设施等领域对安全防范和现场记录报警系统的需求与日俱增,要求越来越高,视频监控在生产生活各方面得到了非常广泛的应用。

4. 远程教育系统

远程教育称为遥距教育(distance education),又称远距教学、远程教育,是指使用电视及互联网等传播媒体的教学模式。它突破了时空的界线,有别于传统需要住校,安坐于课室的教学模式。使用这种教学模式的学生,通常是业余进修者。由于不需要到特定地点上课,因此可以随时随地上课。学生亦可以通过电视广播、互联网、辅导专线、课研社、面授(函授)等多种不同渠道互助学习。

从狭义上讲,远程教育是指由特定的教育组织机构,综合应用一定社会时期的技术,收集、设计、开发和利用各种教育资源、建构教育环境,并基于一定社会时期的技术、教育资源和教育环境为学生提供教育服务,以及出于教学和社会化的目的进而为学生组织一些集体会议交流活动(以传统面对面方式或者以现代电子方式进行),从而帮助和促进学生以远程学习为目的的所有实践活动的总称。

从广义上讲,远程教育是学生与教师、学生与教育组织之间采取多种媒体方式进行系统教学和通信联系的教育形式,是将课程传送给校园外的一处或多处学生的教育。现代远程教育是指通过音频、视频(直播或录像)以及包括实时或非实时在内的计算机技术把课程传送到校园外的教育。现代远程教育是随着现代信息技术的发展而产生的一种新兴教育方式。

由于信息传送方式和手段不同,远程教育的发展经历了三个阶段。第一个阶段是以邮件传输的纸介质为主的函授教育阶段;第二个阶段是以广播电视、录音录像为主的广播电视教学阶段;第三个阶段是通过计算机、多媒体与远程通信技术相结合的网上远程教育阶段。

远程教育的实施打破了封建的教学模式,从而使学校的教学变得生动有趣。利用多媒体教学设备可以减少一些不必要的重复性劳动。教师与学生之间、学生与学生之间,通过网络进行全方位的交流,拉近了教师与学生的心理距离,增加了教师与学生的交流机会和范围。同时,远程教育使得教学过程得到了优化。学与教的理论得到更好的应用,教学组织形式、方法灵活多样,教学过程更加形象、直观。

5. 远程医疗系统

远程医疗从医学的角度又可以称为远程医学(telemedicine),从广义上讲,是使用远程通信技术和计算机多媒体技术提供医学信息和服务,包括远程诊断、远程会诊及护理、远程医学信息服务等所有医学活动;从狭义上讲,主要指会诊、指导手术、医疗资料、图像传输等具体的医疗活动。远程医疗从通信的角度理解为通信技术、计算机技术和多媒体技术在医学上的综合应用。随着医学、通信、计算机和多媒体技术的发展,远程医疗也在不断地更新和拓展。随着信息高速公路在我国的发展,远程医疗在国内逐渐被人们所了解和接受。

最初的远程医疗处理数据的能力很低,因而局限于传递静止的图像。随着现代通信技术的发展,远程医疗可以远距离传输外科手术中病人的病理切片图像,用于诊断疾病。现在,先进的远程医疗设备不仅可以适时传输数据,而且可以传输电视图像。多媒体的应用使得远程医疗更加生动、形象。远程医疗在提高和扩大高质量的医疗服务中越来越显示出重要的地位。

7.6 本章小结

本章介绍了多媒体通信的一些基本概念、关键技术和发展趋势,并从音频和图像的基本概念出发,结合人耳的听觉特征和人眼的视觉特征,介绍了音频和图像编码原理和常用的技术。视频是运动的图像,由于其前后帧连续性较强而具有更大的压缩空间。本章介绍了视频压缩的一些基本概念、编码技术,并介绍了这三种多媒体源的压缩和编码标准,最后介绍了多媒体通信网络的相关知识及多媒体通信的应用系统。

思考和练习题

1. 什么称为多媒体? 什么是多媒体通信?
2. 多媒体通信的关键技术有哪些?
3. 处理音频信息时都关注哪些与人类听觉有关的方面?
4. 音频信号编码技术有哪些分类?
5. 音频编码的标准有哪些?
6. 人的视觉特性有哪些,都有什么含义?
7. 图像的基本特性有哪些,都有哪些类型的图像?
8. 为什么要对图像进行压缩编码? 进行压缩编码后,还能看清楚图像吗?
9. 图像压缩的常见算法有哪些? 评价指标是怎样的?
10. 有哪些图像压缩的标准?
11. 视频的制式有哪些? 视频的基本参数都是什么? 视频有哪些分类?
12. 视频编码的基本依据是什么?
13. 有哪些视频压缩的标准?
14. 多媒体通信的网络要求有哪些?
15. 现有哪些多媒体通信网络?
16. 请介绍几种常见的多媒体应用系统。

8

信息安全

8.1 信息安全概述

随着计算机网络的发展,信息共享应用日益广泛。由于在设计计算机网络初期缺乏安全性,所以信息在公共网络上传输时可能会被非法窃听、截取、窜改或破坏,从而造成不可估量的损失。人类社会对信息的依赖程度越高,信息安全性就越显重要。

21 世纪是信息的时代,信息无所不在。著名的控制论专家维纳曾经说过:"信息就是信息,不是物质,也不是能量。"因此信息以及物质与能量是任何系统的两大组成要素。美国著名未来学家阿尔温托尔勒说过:"谁掌握了信息,控制了网络,谁将拥有整个世界。"一方面,随着信息技术和产业蓬勃发展以及信息高速公路的提出和建设,无所不在的信息网络给我们的生产、生活带来了巨大的方便并极大地推动了人类社会的进步和发展,在人类社会中发挥着越来越重要的作用。然而,另一方面,不断发生的信息安全事件也给社会和人类带来了巨大的精神和物质上的损失,甚至危及国家和整个人类社会的稳定和发展。

信息安全是一个政治问题。随着因特网(Internet)的普及,因特网已经成为一个新的思想文化斗争和思想政治斗争的阵地。1999 年至 2001 年爆发的数次中美黑客大战,将信息安全的政治属性体现得淋漓尽致。2002 年至 2003 年,不法分子曾多次攻击鑫诺卫星,将正常播出的电视节目篡改为反动的宣传资料片。因此,信息安全问题首先必须从政治的高度来认识它,在互联网上保证健康、安全的政治信息的发布和监管。

信息安全是一个军事问题。信息安全和战争军事是密不可分的。而在现代,各国都在军队里面设立了信息战部队,可以说现代战争就是信息战,也就是信息安全的直接对抗。在科索沃战争和伊拉克战争中,美军都使用了电磁炸弹,使对方的信息系统瘫痪,从而占据了战争的信息制高点。而以前的南联盟也曾经组织过黑客联盟对北约信息系统造成一定的破坏。另外各国都积极组织收集互联网上的军事情况,所以互联网造成的军事信息泄密屡见不鲜。2013 年 6 月,前中情局(CIA)职员爱德华·斯诺登将两份绝密资料交给英国《卫报》和美国《华盛顿邮报》,并告之媒体何时发布。按照设定的计划,2013 年 6 月 5 日,英国《卫报》先扔出了第一颗舆论炸弹:美国国家安全局有一项代号为"棱镜"的秘密项目,要求电信巨头威瑞森公司必须每天上交数百万用户的通话记录。2013 年 6 月 6 日,美国《华盛顿邮报》披露,过去 6 年间,美国国家安全局和联邦调查局通过进入微软、谷歌、苹果、雅虎等九大网络巨头的服务器，监控美国公民的电子邮件、聊天记录、视频及照片等秘密资料。

信息安全是一个社会问题。首先，网络上的虚假信息极容易传播和造成社会动荡。2009 年 6 月 25 日，广东电信骨干网由于受到攻击而大面积瘫痪，造成广大用户不能正常使用业务。2001 年 2 月 8 日，新浪网遭受攻击，电子邮件服务器瘫痪了 18 小时，造成几百万用户无法正常联络。

信息安全也是一个经济问题。由于信息产业在各国的经济构成比重越来越大，信息安全问题造成的经济损失不可估量，有许多犯罪分子瞄上了黑客攻击行为带来的巨大经济利益。2014 年 5 月 22 日，财务 500 强、著名在线拍卖网站 eBay 遭黑客入侵，大量用户数据可能被窃，这些数据包含用户的姓名、登录账号、密码、邮件地址、联系地址、电话号码以及出生日期。据 eBay 官方发布的消息称，黑客使用蠕虫的方式攻击，获得了少数 eBay 员工的登录密码，并利用这些密码进行了 APT 攻击，获得了 eBay 的用户数据，数据泄露发生在 2014 年 2 月底至当年 3 月初，不过，这些数据并不包含任何财务信息和其他敏感的个人信息。2014 年 4 月，OpenSSL 爆出本年度最严重的安全漏洞，此漏洞在黑客社区中被命名为"心脏出血"漏洞。360 网站卫士安全团队对该漏洞分析发现，该漏洞不仅涉及以 https 开头的网址，还包含间接使用了 OpenSSL 代码的产品和服务。例如，VPN、邮件系统、FTP 工具等产品和服务，甚至可能会涉及其他安全设施的源代码。同时，对这个漏洞，安全专家 Robert David Graham 发布文章称，全球仍有 30 万台服务器存在 OpenSSL Heartbleed 漏洞（简称"滴血"漏洞）。

我国政府历来重视信息安全问题。2003 年 9 月，中办发布了了[2003]27 号文件《国家信息化领导小组关于加强信息安全保障工作的意见》，提出建立国家信息安全的十大任务。2005 年 4 月，教育部发布了《教育部关于进一步加强信息安全学科、专业建设和人才培养工作的意见》的文件，对信息安全学科的建设和信息安全人才培养给出了指导性意见。2007 年，公安部、国家保密局、国家密码管理局、国务院信息工作办公室联合发布了《信息安全等级保护管理办法》，对信息安全保护做了文件性规定。另外，国家在成都、武汉和上海建立了信息安全产业基地，支持信息安全产业的发展。我国在立法上重视保护信息安全，从 1994 年的《中华人民共和国计算机信息系统安全保护条例》起，我国颁布的全面规范信息安全的法律法规有 18 部之多，包括《电子签名法》《保守国家秘密法》等。

在信息化的浪潮下，在信息社会中，信息安全问题是一个非常重要的问题，不但关系着普通老百姓的生产、生活，而且维系着国家的安定、繁荣和全球竞争力，必须引起我们的高度重视。

8.1.1　信息安全的定义

信息安全指的是保证信息在传输、存储和变换过程中信息的保密性（confidentiality）、完整性（integrity）、不可否认性（non-repudiation）以及可用性（availability）等基本安全属性，即保证信息系统在运行过程中不受偶然的或者恶意的原因而遭到破坏、更改、泄露，系统连续、可靠、正常地运行，信息服务不中断。信息安全具有以下五个特性。

1. 保密性

保密性是指网络信息不被泄露给非授权的用户、实体或过程，即信息只为授权用户使用。即使非授权用户得到信息也无法知晓信息的内容,因而不能使用。

2. 完整性

完整性是指维护信息的一致性,即在信息生成、传输、存储和使用过程中不发生人为或非人为的非授权篡改。

3. 可用性

可用性是指授权用户在需要时能不受其他因素的影响,方便地使用所需信息,即当需要时能否存取所需的信息。这一目标是对信息系统的总体可靠性要求。例如,网络环境下拒绝服务、破坏网络和有关系统的正常运行等都属于对可用性的攻击。

4. 可控性

可控性是指对流通在网络系统中的信息传播及具体内容能够实现有效控制的特性,即网络系统中的任何信息要在一定传输范围和存放空间内可控。除了常规的传播站点和传播内容监控这种形式之外,最典型的如密码的托管政策,当加密算法交由第三方管理时,必须严格按规定可控执行。

5. 不可否认性

不可否认性是指保障用户无法在事后否认曾经对信息进行的生成、签发、接收等行为,一般通过数字签名来提供不可否认性服务。

为了加强信息安全,必须采用一定的方法或手段,以避免信息受到各种安全威胁,减少避免受攻击的可能。密码技术、认证和数字签名等技术已经成为保障信息安全的重要手段。

8.1.2　信息安全威胁

网络系统的安全威胁主要表现在主机可能会受到非法入侵者的攻击,网络中的敏感数据有可能泄露或被修改,从内部网向公共网传送的信息可能被他人窃听、篡改等。典型的网络信息安全威胁如表 8-1 所示。

表 8-1　典型的网络信息安全威胁

威　　胁	含　　义
窃听	网络中传输的敏感信息被窃听
重传	攻击者事先获得部分或全部信息后将此信息发送给接收者
伪造	攻击者将伪造的信息发送给接收者
篡改	攻击者对合法用户之间的通信信息进行修改、删除、插入,再发送给接收者
非授权访问	通过假冒、身份攻击、系统漏洞等手段获取系统访问权,从而使非法用户进入网络系统读取、删除、修改、插入信息等
拒绝服务攻击	攻击者通过某种方法使系统响应减慢甚至瘫痪,阻止合法用户获得服务
行为否认	通信实体否认已经发生的行为
旁路控制	攻击者发掘系统的缺陷或安全脆弱性
电磁/射频截获	攻击者从电子或机电设备所发出的无线射频或其他电磁辐射中提取信息
人员疏忽	授权用户为了自己的利益或由于粗心将信息泄露给非授权用户

8.1.3　信息安全模型

事实上,安全是一种意识,一个过程,而不仅仅是某种技术。进入 21 世纪后,网络信息安全的理念发生了巨大的变化,从不惜一切代价把入侵者阻挡在系统之外的防御思想,开始转变为防护—检测—响应—恢复相结合的思想,出现了PDRR(protect/detect/react/restore,防护/检测/恢复/响应)等网络信息安全模型,如图 8-1 所示。PDRR 倡导一种综合的安全解决方法,由防护、检测、响应、恢复 4 个部分构成一个动态的信息安全周期。

图 8-1　PDRR 模型

1. 防护

网络信息安全策略的最重要的部分就是防护。防护是预先阻止攻击可以发生的条件,让攻击者无法顺利地入侵。防护可以减少大多数的入侵事件。

2. 检测

PDRR 模型的第二个环节就是检测。防护系统可以阻止大多数入侵事件的发生,但是它不能阻止所有的入侵,特别是那些利用新的系统缺陷、新的攻击手段的入侵。因此安全策略的第二个安全屏障就是检测,即如果有入侵发生就会检测出来,这个检测工具就是入侵检测系统(IDS)。

3. 响应

PDRR 模型中的第三个环节就是响应。响应就是已知一个攻击(入侵)事件发生之后,进行相应的处理。在一个大规模的网络中,响应这个工作都有一个特殊部门来负责,那就是计算机响应小组。世界上第一个计算机响应小组 CERT 于 1989 年建立,位于美国 CMU 大学的软件研究所(SEI),是世界上最著名的计算机响应小组之一。从 CERT 建立之后,世界各国以及各机构也纷纷建立自己的计算机响应小组。我国第一个计算机响应小组 CCERT 于 1999 年建立,主要服务于中国教育和科研网。

4. 恢复

恢复是 PDRR 模型中的最后一个环节。恢复是事件发生后,把系统恢复到原来的状态,或者恢复到比原来更安全的状态。恢复也可以分为两个方面:系统恢复和信息恢复。系统恢复是指修补该事件所利用的系统缺陷,不让黑客再次利用这样的缺陷入侵。一般系统恢复包括系统升级、软件升级和打补丁等。信息恢复是把备份和归档的数据恢复到原来的数据。信息恢复过程与数据备份过程有很大的关系。

8.2　数据加密技术

数据加密就是使用密码,通过多种复杂的措施对原始数据加以变换,以防第三方窃取、伪造或篡改,达到保护原始数据的目的。数据加密模型如图 8-2 所示。

数据加密模型中的明文 P(plaintext)是一段有意义的文字或数据,发送方通过加

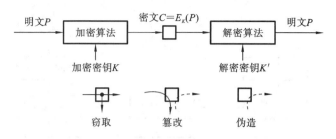

图 8-2　数据加密模型

密算法将其变换为密文 C(ciphertext)。密文是以加密密钥 K 为参数的函数,记作 $C=E_K(P)$。在接收方用解密密钥 K',通过解密算法,将密文 C 还原为明文 P,即 $P=D_{K'}[E_K(P)]$。

　　加密技术包括密码算法设计、密码分析、安全协议、身份认证、消息确认、数字签名、密钥管理、密钥托管等技术,是保障信息安全的核心技术。

　　数据加密技术主要的两大关键技术:加密算法的研究与设计和密码分析(或破译)。两者在理论上是矛盾的。设计密码和破译密码的技术统称为密码学。密码设计的方法有多种,按现代密码体制可分为两类:对称密钥密码系统和非对称密钥密码系统。

8.2.1　对称密码技术

　　对称密钥密码(symmetric key cryptography)系统是一种传统的密码体制,其加密和解密用的是相同的密钥,即 $K=K'$,可确保用解密密钥 K' 能将密码译成明文,即 $D_{K'}[E_K(P)]=P$。早期传统的密码体制常采用替换法和易位法。在此基础上,美国在 1977 年将 IBM 研制的组合式加密方法——数据加密标准(data encryption standard, DES)列为联邦信息标准,该标准后又被 ISO 定为数据加密标准。

　　在使用对称密钥密码技术的情况下,由于加密、解密密钥相同,所以密码体制的安全性就是密钥的安全性。如果密钥泄露,则密码系统便被攻破。因此,这种情况下的密钥通常需要经过安全的密钥信道由发送方传送给接收方。

　　对称密钥密码技术的优点是安全性高,加、解密速度快。但由于对密钥安全性的依赖程度过高,随着网络规模的急剧扩大,密钥的分发和管理成为一个难点。另外,对称密钥密码技术在设计时未考虑消息确认问题,也缺乏自动检测密钥泄露的能力。

　　对称密钥密码技术从加密模式上又可分为序列密码和分组密码。

1. 序列密码

　　采用序列密码时,加密系统通过有限状态机产生高品质的伪随机序列,对信息流逐位进行加密,得出密文序列,其安全强度完全取决于所产生的伪随机序列的品质。序列密码一直是外交和军事等处理涉密数据所使用的基本技术之一。

2. 分组密码

　　分组密码的基本原理是:将明文以组(如 64 位为一组)为单元,用同一密钥和算法对每一组明文进行加密,输出也是固定长度的密文。DES 加密算法使用的就是分组密码方式。DES 加密算法的输入为 64 位明文,密钥长度为 64 位(实际密钥长度为 56 位,另 8 位用于奇偶校验),密文长度为 64 位,其算法框图如图 8-3 所示。

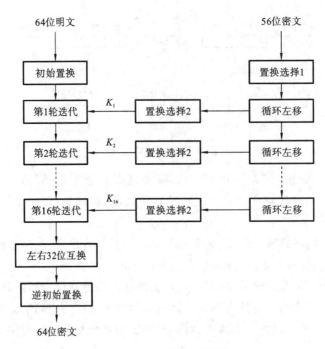

图 8-3 64 位 DES 加密算法框图

64 位 DES 加密算法框图中,明文加密过程如下。

(1) 将长的明文分割成 64 位的明文段,逐段加密。将 64 位明文段进行与密钥无关的初始置换处理。

(2) 初始置换后的结果要进行 16 次的迭代处理,每次迭代的框图相同,但参加迭代的密钥不同。密钥共 56 位,分成左右两个(各 28 位)。第 i 次迭代用密钥 K_i 参加操作。第 i 次迭代完成后,左右 28 位的密钥都进行循环移位,形成第 $i+1$ 次迭代的密钥。

(3) 经过 16 次迭代处理后的结果进行左右 32 位的互换。

(4) 将结果进行一次与初始置换相逆的还原置换处理,得到了 64 位的密文。

上述加密过程中的基本运算包括置换、迭代和异或运算。DES 加密算法是一种对称加密算法(单钥加密算法),既可用于加密,也可用于解密。解密的过程与加密的过程相似,但密钥使用顺序刚好相反。

DES 算法的安全性完全取决于密钥的安全性,其算法是公开的。DES 可提供 7.2×10^{16} 个密钥,即使使用每秒百万次运算的计算机来对 DES 加密算法进行破译,至少也需要运算约 2000 年。DES 算法可以用软件或硬件实现,AT&T 首先用 LSI 芯片实现了 DES 的全部工作模式,即数据加密处理机(DEP)。在 1995 年,DES 的原始形式被攻破,但修改后的形式仍然有效。对 Lai 和 Massey 提出的 IDEA(international data encryption algorithm),目前尚无有效的攻破方法。另外,MIT 采用了 DES 技术开发的网络安全系统 Kerberos 在网络通信的身份认证上已成为工业中的事实标准。

8.2.2 非对称密码技术

若加密密钥和解密密钥不相同,或从其中一个难以推出另一个,则称为非对称密码技术或双钥密码技术。非对称密钥密码(asymmetric key cryptography)系统中有两个

密钥 K 和 K'_0，每个通信方进行保密通信时，通常将加密密钥 K（public key，公钥）公布，而保留解密密钥 K'（privacy key，私钥），所以人们习惯称之为公开密钥技术。使用公开密钥密码系统时，用户可以将自己设计的加密密钥和算法公之于众，而只保密解密密钥。任何人利用这个加密密钥和算法向该用户发送的加密信息，该用户均可以将之还原。由于公钥算法不需要联机密钥服务器，密钥分配协议简单，所以简化了密钥管理。除加密功能外，公钥系统还可以提供数字签名。非对称密钥密码技术的通信模型如图 8-4 所示。

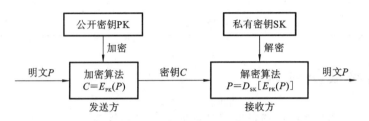

图 8-4　非对称密钥密码技术的通信模型

公钥密码的缺点：算法一般比较复杂，运算时系统开销大，加/解密速度慢。

因此，实际应用环境中的加密普遍采用非对称密码技术和对称密钥密码技术相结合，传送则采用非对称密钥密码技术，以获得较高的安全性。这样既解决了密钥管理的困难，又解决了加/解密速度的问题。

公开密钥的概念是在 1976 年由 Diffie 和 Hellrnan 提出的。目前常用的公开密钥算法是 RSA 算法，该算法由 Rivest、Shamir 和 Adleman 三人在 1977 年提出，常用于数据加密和数字签名。数字签名标准（digital signature standard，DSS）算法可实现数字签名但不提供加密；而最早 Diffie 和 Hellman 提出的算法是基于共享密钥的，既无签名又无加密，通常与传统密码算法共同使用。这些算法的复杂度各不相同，提供的功能也不完全一样。

RSA 算法的理论依据是著名的欧拉定理：若整数 a 和 n 互为素数，则 $a^{\varphi(n)} = l(\bmod n)$，其中 $\varphi(n)$ 是比 m 小且与 n 互素的正整数个数。RSA 公开密钥技术的构成要点如下。

（1）取两个足够大的秘密的素数 p 和 q（一般至少是 100 位的十进制数）。

（2）计算 $n=pq$，n 是可以公开的（事实上，通过 n 的分解因子求 p 和 q 是极其费时的）。

（3）求出 n 的欧拉函数 $z=\varphi(n)=(p-1)(q-1)$。

（4）选取整数 e，满足 $[e,z]=1$，即 e 与 $\varphi(n)$ 互素，e 可公开。

（5）计算 d，满足 $de=l(\bmod z)$，d 应保密。

为了理解 RSA 算法的使用，现举一个简单的例子。若取 $p=7$，$q=11$，则计算出 $n=77$，$z=60$。由于 17 与 60 没有公因子，因此可取 $d=17$，解方程 $17e=l(\bmod 60)$ 可以得 $e=53$。假设发送方发送字符串 HELLO，如表 8-2 所示，字母 H 在英文字母表中排在第 8 位，取其数字值为 8，则密文 $C=M^e(\bmod n)=8^{53}(\bmod 77)=50$。在接收方，对密文进行解密，计算 $M=C^d(\bmod n)=50^{17}(\bmod 77)=8$，恢复出原文。其他字母的加密与解密处理过程如表 8-2 所示。

表 8-2　RSA 算法示例

明文字符	数字代码	发送方计算密文 $C = M^e \pmod{n}$	接收方计算密文 $M = C^d \pmod{n}$
H	8	$8^{53} \pmod{77} = 50$	$50^{17} \pmod{77} = 8$
E	5	$5^{53} \pmod{77} = 59$	$59^{17} \pmod{77} = 5$
L	12	$12^{53} \pmod{77} = 45$	$45^{17} \pmod{77} = 12$
L	12	$12^{53} \pmod{77} = 45$	$45^{17} \pmod{77} = 12$
O	15	$15^{53} \pmod{77} = 64$	$64^{17} \pmod{77} = 15$

8.3　网络安全技术

网络信息安全强调的是通过采用各种安全技术和管理上的安全措施,确保网络数据在公用网络系统中传输、交换、存储和流通的保密性、完整性、可用性、可控性和不可否认性。网络信息安全保障技术是在网络攻击的对抗中不断发展的,它大致经历了从静态到动态、从被动防范到主动防范的发展过程。当前采用的网络信息安全保护技术主要有两类:主动防御保护技术和被动防御保护技术。

1. 主动防御保护技术

主动防御保护技术一般采用数据加密、身份鉴别、访问控制和虚拟专用网络(VPN)等技术来实现。

(1)数据加密。密码技术被公认为是保护网络信息安全最实用的方法。人们普遍认为,对数据最有效的保护就是加密。

(2)身份鉴别。身份鉴别强调一致性验证,通常包括验证依据、验证系统和安全要求。

(3)访问控制。访问控制是指主体对何种客体具有何种操作权力。访问控制是网络信息安全防范和保护的主要策略,根据控制手段和具体目的的不同,可以将访问控制技术分为入网访问控制、网络权限控制、目录级安全控制和属性安全控制等。访问控制的内容包括人员限制、访问权限设置、数据标识、控制类型和风险分析。

(4)虚拟专用网络。虚拟专用网络是在公网基础上进行逻辑分割而虚拟构建的一种特殊通信环境,使用虚拟专用网络或虚拟局域网技术,能确保其具有私有性和隐蔽性。

2. 被动防御保护技术

被动防御保护技术主要有防火墙技术、入侵检测系统、安全扫描器、口令验证、审计跟踪、物理保护及安全管理等。

(1)防火墙技术。防火墙是内部网与外部网之间实施安全防范的系统,可以被认为是一种访问控制机制,用于确定哪些内部服务允许外部访问,以及哪些外部服务允许内部访问。

(2)入侵检测系统(IDS)。入侵检测系统是在系统中的检查位置执行入侵检测功能的程序或硬件执行体,可对当前的系统资源和状态进行监控,检测可能的入侵行为。

（3）安全扫描器。安全扫描器是可自动检测远程或本地主机及网络系统的安全性漏洞的专用功能程序，可用于观察网络信息系统的运行情况。

（4）口令验证。口令验证可有效防止入侵者假冒身份登录系统。

（5）审计跟踪。与安全相关的事件记录在系统日志文件中，事后可以对网络信息系统的运行状态进行详尽审计，帮助发现系统存在的安全弱点和入侵点，尽量降低安全风险。

（6）物理保护及安全管理。如实行安全隔离；通过制定标准、管理办法和条例，对物理实体和信息系统加强规范管理，减少人为因素的干扰。

8.3.1 用户身份认证技术

1. 身份认证技术的定义

身份认证（identity authentication）是建立安全通信的前提条件。用户身份认证是通信的参与方在进行数据交换前的身份鉴定过程，以确定通信的参与方有无合法的身份。身份认证协议是一种特殊的通信协议，它定义了参与认证服务的通信的参与方在身份认证的过程中需要交换的所有消息的格式、语义和产生的次序，常采用加密机制来保证消息的完整性、保密性。

2. 身份认证技术的方法

身份认证是访问控制的基础。根据采用的手段不同，用户身份认证主要有以下几种方法。

（1）基于所知。如收、发 E-mail 的静态口令，当用户登录系统或使用某项功能时，需输入用户名与口令，这是最常见的身份认证方法，其方便简洁，但易被偷窥、破译，传输过程中可能被截取。频繁更改口令虽能提高可靠性，但很不方便。因此，需要一种经常变化、无法推测的动态口令来确保身份认证的可靠性，特别是证券交易、网络银行、电子商务、网络登录等敏感行业尤为如此。动态口令作为经常变化、无法推测、一次性使用的口令，由于所产生口令彼此间无相关性，无法预测、跟踪、截取、破译，因而能提供全面、强大的认证功能，在诸多领域有较高的应用价值。

（2）基于所有。最常用的是各种证件，该方法不需要密码，易丢失、伪造，可靠性较低。目前，安全性极高的基于所有进行身份认证的手段是生物特征，即把人体特征如指纹、面相、声纹等用于身份认证，这些特征必须具有唯一性、稳定性特点。这种方式不存在丢失、被窃问题，且方便、安全。其核心在于获取生物特征，通过可靠的匹配算法完成身份认证。指纹识别就是使用最方便、最成熟的一种。

（3）双因素身份认证。在安全性要求较高场合，多采用基于"所知＋所有"的双因素身份认证。如银行 ATM 柜员机就是将 IC 卡或磁卡＋口令（4/6 位）结合起来进行身份认证，计算机系统可采用 USB 钥匙或 IC 卡＋口令的方式，公安网登录则可采用口令＋数字化＋警证（数字证书）方式，确保身份认证的准确、可靠。

3. 数字签名技术

随着计算机网络的发展，数字签名技术在电子商务、电子政务、电子金融等系统得到了广泛应用。它可以声称是由发送方发送过来的，从而获得非法利益。比如，银行通过网络传送一张电子支票，接收方就可能改动支票的金额，并声称是银行发送过来的。

同样地,信息的发送方也可以否认发送过报文,从而获得非法利益。因此,在电子商务中,某一个用户在下订单时,必须能够确认该订单确实为用户自己发出,而非他人伪造;另外,在用户与商家发生争执时,也必须存在一种手段,能够为双方关于订单进行仲裁。这就需要一种新的安全技术来解决通信过程中引起的争端,由此出现了对签名电子化的需求,即数字签名(digital signature)技术。

数字签名是通信双方在网上交换信息时采用公开密钥法对所收发的信息进行确认,以此来防止伪造和欺骗的一种身份认证方法。数字签名系统的基本功能有以下几个方面。

(1)接收方通过文件中附加的发送方的签名信息能认证发送方的身份。

(2)发送方无法否认曾经发送过的签名文件。

(3)接收方不可能伪造接收到的文件的内容。

使用公开密钥算法的数字签名,其加密算法和解密算法除了要满足 $D[E(P)]=P$ 外,还必须满足 $E[D(P)]=P$,即加密过程和解密过程是可逆的。RSA 算法就具有这样的特性。基于公开密钥算法的数字签名的过程如图 8-5 所示。

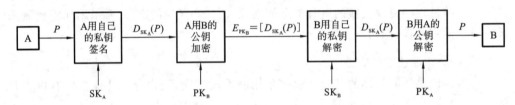

图 8-5　基于公开密钥算法的数字签名的过程

(1)当 A 要向 B 发送签名的报文 P 时,由于 A 知道自己的私钥 SK_A 和 B 的公钥 PK_B,它先用私钥 SK_A 对明文 P 进行签字,即 $D_{SK_A}(P)$,然后用 B 的公钥 PK_B 对 $D_{SK_A}(P)$加密,向 B 发送 $E_{PK_B}[D_{SK_A}(P)]$。

(2)B 收到 A 发送的密文后,先用私钥 D_{SK_B} 解开密文,将 $D_{SK_A}(P)$复制一份放在安全的场所,然后用 A 的公钥 E_{PK_A} 将 $D_{SK_A}(P)$解开,取出明文 P。

上述算法是符合数字签名系统的基本功能要求的。

4. 报文摘要

数字签名虽然可以确保收、发双方互相确认身份,以及无法否认曾经收、发过的报文,但数字签名机制同时使用了用户认证和数据加密两种算法,其复杂度过高。对于有些只需要签名而不需要加密的应用,若将报文全部进行加密,将降低整个系统的处理效率。为此人们提出一种新的方案:使用一个单向的哈希(hash)函数,对任意长度的明文进行计算,生成一个固定长度的比特串,然后仅对该比特串进行加密。这样的处理方法通常称为报文摘要(message digest,MD),常用的算法有 MD5 和 SHA(source hash algorithm)。

报文摘要必须满足以下三个条件。

(1)给定明文 P,很容易计算出 $MD(P)$。

(2)给出 $MD(P)$,很难反推出明文 P。

(3)任何人不可能产生出具有相同报文摘要的两个不同的报文。

为满足条件(3),$MD(P)$至少达到 128 位。实际上,有很多函数符合以上三个条件。在公开密钥密码系统中,使用报文摘要进行数字签名的过程:首先 A 对明文 P 计算出 MD(P),然后用私钥 SK_A 对 MD(P)进行数字签名,连同明文 P 一起发送给 B。B 将密文 $D_{SK_A}[MD(P)]$ 复制一份放在安全的场所,再用 A 的公钥 PK_A 解开密文,取出 MD(P),最后 B 对收到的报文 P 进行摘要计算,如果计算结果和 A 送来的 MD(P)相同,则将明文 P 收下来,否则就说明明文 P 在传输过程中被篡改过。

当 A 试图否认发送过明文 P 时,B 可向仲裁方出示明文 P 和密文 $D_{SK_A}[MD(P)]$ 来证明自己确实收到过明文 P。

8.3.2　黑客与网络攻击

1. 黑客

黑客是 hacker 的音译,源于动词 hack,在美国麻省理工学院的校园俚语中是"恶作剧"的意思,尤其是那些技术高明的恶作剧,确实,早期的计算机黑客个个都是编程高手。因此,"黑客"是人们对那些编程高手、迷恋计算机代码的程序设计人员的称谓。真正的黑客有自己独特的文化和精神,并不破坏其他人的系统。他们崇拜技术,对计算机系统的最大潜力进行智力上的自由探索。

美国《发现》杂志对黑客有以下五种定义。

(1) 研究计算机程序并以此增长自身技巧的人。

(2) 对编程有无穷兴趣和热忱的人。

(3) 能快速编程的人。

(4) 某专门系统的专家,如 UNIX 系统黑客。

(5) 恶意闯入他人计算机或系统,意图盗取敏感信息的人。对于这类人最合适的用词是 cracker(黑客),而非 hacker,两者最主要的不同是,hacker 是创造新东西,cracker 是破坏东西。

黑客技术是网络安全技术的一部分,主要是看用这些技术做什么,用来破坏其他人的系统就是黑客技术,用于安全维护就是网络安全技术。学习这些技术就是要对网络安全有更深的理解,从更深的层次提高网络安全。

2. 网络攻击的步骤

进行网络攻击并不是一件简单的事情,它是一项复杂且步骤性很强的工作。一般的攻击都分为三个阶段,即攻击的准备阶段、攻击的实施阶段、攻击的善后阶段,如图 8-6 所示。

1) 攻击的准备阶段

在攻击的准备阶段重点做三件事情:确定攻击目的、收集信息以及准备攻击工具。

(1) 确定攻击目的。首先确定希望达到的攻击效果,这样才能做下一步工作。

(2) 收集信息。在获取了目标主机及其所在网络的类型后,还需进一步获取有关信息,如目标主机的 IP 地址、操作系统的类型和版本、系统管理人员的邮件地址等,根据这些信息进行分析,可以得到被攻击系统中可能存在的漏洞。

(3) 准备攻击工具。收集或编写适当的工具,并在操作系统分析的基础上,对工具进行评估,判断有哪些漏洞和区域没有覆盖到。

2) 攻击的实施阶段

本阶段实施具体的攻击行动。作为破坏性攻击,只需利用工具发起攻击即可;而作

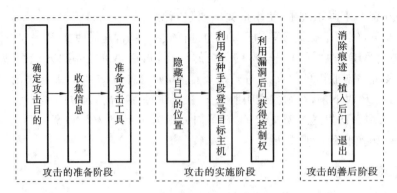

图 8-6　网络攻击的三个阶段

为入侵性攻击,往往需要利用收集到的信息,找到系统漏洞,然后利用该漏洞获取一定的权限。大多数攻击成功的范例都是利用被攻击者系统本身的漏洞。能够被攻击者利用的漏洞不仅包括系统软件设计上的漏洞,也包括由于管理配置不当而造成的漏洞。

攻击实施阶段的一般步骤如下。

(1) 隐藏自己的位置。攻击者利用隐藏 IP 地址等方式保护自己不被追踪。

(2) 利用各种手段登录目标主机。攻击者要想入侵一台主机,仅仅知道它的 IP 地址、操作系统信息是不够的,还必须有该主机的账号和密码,否则连登录都无法进行。他们先设法盗取账户文件,进行破解或进行弱口令猜测,获取某用户的账户和密码,再寻找合适的时机以此身份进入主机。

(3) 利用漏洞后门获得控制权。攻击者用 FTP、Telnet 等工具通过系统漏洞进入目标主机系统获得控制权后,就可以做任何他们想做的事情了。例如,下载敏感信息,窃取账户密码、信用卡号码,使网络瘫痪等;也可以更改某些系统设置,在系统中放置特洛伊木马或其他远程控制程序,以便日后可以不被察觉地再次进入系统。

3) 攻击的善后阶段

对于攻击者来说,完成前两个阶段的工作,也就基本完成了攻击的目的,所以攻击的善后阶段往往会被忽视。如果完成攻击后不做任何善后工作,那么他的行踪会很快被细心的系统管理员发现,因为所有的网络操作系统一般都提供日志记录功能,记录所执行的操作。为了自身的隐蔽性,高水平的攻击者会抹掉其在日志中留下的痕迹。最简单的方法就是清除日志。这样做虽然避免了自己的信息被系统管理员追踪到,但是也明确地告诉了对方系统被入侵了,所以最常见的方法是对日志文件中有关自己的那一部分进行修改。

清除完日志后,需要植入后门程序,因为一旦系统被攻破,攻击者希望日后能够不止一次地进入该系统。为了下次攻击方便,攻击者都会留下一个后门。后门的工具种类有很多,包括嗅探器、扫描器、代理软件等。

3. 网络攻击的种类

1) 网络攻击分类原则

为了解决信息安全评估的脆弱性分析等问题,关于网络攻击分类的原则,人们进行了较多的探讨。目前被人们比较认可的原则如下。

(1) 可接受性(acceptable):对于一种分类体系,应该具有很好的结构化,分类方法符合逻辑和惯例,易于被大多数人(特别是从事网络安全方面工作的人群)所认可和接受。

(2) 易理解性(comprehensible):一个分类体系不仅仅被安全方面专家所理解,而且对于只掌握少量这方面知识的人们来说也应该易于理解。

(3) 无二义性(unambiguous):对每一种分类特点的描述是清晰和准确的,不存在不确定性,即所使用的术语具有准确的定义。

(4) 完备性(completeness,也称无遗漏性(exhaustive)):分类体系能够包含所有可能的攻击行为。

(5) 互斥性(mutually exclusive):互斥性是指按照体系所规定的分类原则,一种攻击仅能且最多只能被划分到某一种类别中去,不可能再被划分到其他类别中,这也就意味着,分类体系中的各个类别之间没有相互交叉和覆盖现象。

(6) 可重现性(repeatable):不同人根据某一原则重复分类的过程,得出的分类结果是一致的,这就要求分类过程是清晰定义的。

(7) 可用性(useful):分类对不同领域的应用具有实际价值。

(8) 适应性(adaptable):可适应于多个不同的应用要求。

(9) 原子性(atomic):每个分类无法再进一步细分。

2) 网络攻击分类

按照以上原则,不同的学者提出了不同的分类方式,目前普遍认同的网络攻击主要分为以下七类。

(1) 窃取密码:获取用户密码的方法。

(2) 社会工程(social engineering):通过采用欺骗的方式,使被攻击者泄露自己的秘密,导致被别人攻击。

(3) 蠕虫和后门:利用那些不规范系统或者具有危害性的那些版本的软件取代正版软件。

(4) 认证失效:攻破系统的认证机制。

(5) 协议故障:协议本身设计不当造成的攻击。

(6) 信息泄露:利用 Finger 或者 DNS 系统是系统管理员获得信息的必要手段,这种正当的网络行为,却能够被攻击者利用。

(7) 拒绝服务攻击:阻止正常用户使用相关服务的行为。

4. 网络攻击的防范策略

在对网络攻击进行分析的基础上,应当认真制定有针对性的防范策略;明确安全对象,设置强有力的安全保障体系;有的放矢,在网络中层层设防,使每一层都成为一道关卡,从而让攻击者无懈可击;还必须做到未雨绸缪,预防为主,备份重要的数据,并时刻注意系统运行状况。以下是针对众多令人担心的网络安全问题所提出的几点建议。

1) 提高安全意识

(1) 不要随意打开来历不明的电子邮件及文件,不要随便运行不太了解的人发送的程序,如"特洛伊"类黑客程序就是通过欺骗接收者运行程序而进行网络攻击的。

(2) 尽量避免从 Internet 下载不知名的软件、游戏程序。即使从知名的网站下载的软件也要及时用最新的病毒和木马查杀软件对软件和系统进行扫描。

(3) 密码设置尽可能使用字母、数字混排,单纯的英文或者数字很容易穷举。将常用的密码经常变换,防止被人查出一个,连带查到重要密码。重要密码最好经常更换。

（4）及时下载并安装系统补丁程序。

（5）不要随便运行黑客程序,许多这类程序运行时会查出用户的个人信息。

（6）定期备份重要数据。

2）使用防病毒和防火墙软件

防火墙是一个用以阻止网络中的黑客访问某个网络的屏障,也称为控制进/出两个方向通信的门槛。在网络边界上通过建立起来的相应网络通信监控系统来隔离内部网络和外部网络,以阻挡外部网络的入侵。将防病毒工作当成日常例行工作,及时更新防病毒软件和病毒库。

3）保护自己的 IP 地址

保护自己的 IP 地址是很重要的。事实上,即便用户的机器上安装了木马程序,若没有该机器 IP 地址,攻击者也是没有办法入侵的,而保护 IP 地址的最好方法是设置代理服务器。代理服务器能起到外部网络申请访问内部网络的转接作用,其功能类似于一个数据转发器,它主要控制哪些用户能访问哪些服务类型。

8.3.3 计算机病毒与木马防护

1. 计算机病毒

计算机病毒在《中华人民共和国计算机信息系统安全保护条例》中被明确定义,病毒是指,编制者在计算机程序中插入的破坏计算机功能或者毁坏数据,影响计算机使用,并能自我复制的一组计算机指令或者程序代码。

与医学上的"病毒"不同,计算机病毒不是天然存在的,是某些人利用计算机软件和硬件所固有的脆弱性编制的一组指令集或程序代码。它能通过某种途径潜伏在计算机的存储介质（或程序）里,当达到某种条件时即被激活,通过修改其他程序的方法将自己的精确复制或者可能演化的形式放入其他程序中,从而感染其他程序,并对计算机资源进行破坏。

计算机病毒的特征主要有传染性、隐蔽性、潜伏性、触发性、破坏性和不可预见性。

（1）传染性。计算机病毒会通过各种媒介从已被感染的计算机扩散到未被感染的计算机。这些媒介可以是程序、文件、存储介质、网络等。

（2）隐蔽性。不经过程序代码分析或计算机病毒代码扫描,计算机病毒程序与正常程序是不容易区分的。在没有防护措施的情况下,计算机病毒程序一经运行并取得系统控制权后,可以迅速感染给其他程序,而在此过程中屏幕上可能没有任何异常显示。这种现象是计算机病毒传染的隐蔽性。

（3）潜伏性。计算机病毒具有依附其他媒介寄生的能力,它可以在磁盘、光盘或其他媒介上潜伏几天,甚至几年。在不满足其触发条件时,病毒除了感染其他文件以外不做破坏;触发条件一旦得到满足,病毒就会四处繁殖、扩散、破坏。

（4）触发性。计算机病毒发作往往需要一个触发条件,其可能利用计算机系统时钟、病毒体自带计数器、计算机内执行的某些特定操作等。如某版本 CIH 病毒在每年 4 月 26 日发作,而一些邮件病毒在打开附件时发作。

（5）破坏性。当触发条件满足时,病毒在被感染的计算机上开始发作。根据计算机病毒的危害性不同,病毒发作时表现出来的症状和破坏性可能有很大差别。从显示一些令人讨厌的信息,到降低系统性能、破坏数据(信息),直到永久性摧毁计算机硬件和软件,造成系统崩溃、网络瘫痪等。

(6)不可预见性。病毒相对于杀毒软件永远是超前的,从理论上讲,没有任何杀毒软件可以杀除所有的病毒。

2. 计算机病毒的分类

1)按病毒存在的媒体划分

通过计算机网络传播感染网络中的可执行文件;文件型病毒感染计算机中的文件(如.com、.exe 和.bat 文件等);引导型病毒感染启动扇区(boot)和硬盘的系统主引导记录(MBR)。

2)按病毒传染的方法划分

按病毒传染的方法划分,病毒可以分为驻留型病毒和非驻留型病毒。驻留型病毒感染计算机后,把自身的内存驻留部分放在内存(RAM)中,这一部分程序挂接系统调用并合并到操作系统中去,它处于激活状态,一直到关机或重新启动。非驻留型病毒在得到机会激活时并不感染计算机内存,如一些病毒在内存中留有小部分,但是并不通过这一部分进行传染,这类病毒也被划分为非驻留型病毒。

3)按病毒破坏的能力划分

按病毒破坏的能力划分,病毒可以分为无害型病毒、无危险型病毒、危险型病毒和非常危险型病毒。

(1)无害型病毒。这类病毒除了传染时减少磁盘的可用空间外,对系统没有其他影响。

(2)无危险型病毒。这类病毒仅仅是减少内存、显示图像、发出声音及同类音响。

(3)危险型病毒。这类病毒在计算机系统操作中造成严重的错误。

(4)非常危险型病毒。这类病毒删除程序、破坏数据、清除系统内存区和操作系统中的重要信息。

4)按病毒链接的方式划分

由于病毒本身必须有一个攻击对象以实现对计算机系统的攻击,病毒所攻击的对象是计算机系统可执行的部分。因此,按病毒链接的方式划分,病毒可以分为以下几类。

(1)源码型病毒。这种病毒攻击高级语言编写的程序,该病毒在高级语言编写的程序编译前插入源程序中,经编译后成为合法程序的一部分。

(2)嵌入型病毒。这种病毒是将自身嵌入现有程序中,把病毒的主体程序与其攻击的对象以插入的方式链接。这种病毒是难以编写的,一旦侵入程序体后也较难消除。

(3)外壳型病毒。这种病毒将其自身包围在主程序的四周,对原来的程序不做修改。这种病毒最为常见,易于编写,也易于发现。

(4)操作系统型病毒。这种病毒用它自己的程序意图加入或取代部分操作系统的程序模块进行工作,具有很强的破坏性,可以导致整个系统瘫痪。

5)按病毒激活的时间划分

按病毒激活的时间划分,病毒可以分为定时型病毒和随机型病毒。

(1)定时型病毒。定时型病毒是在某一特定时间才发作的病毒,它以时间为发作的触发条件,如果时间不满足,此类病毒将不会进行破坏活动。

(2)随机型病毒。与定时型病毒不同,随机型病毒不是通过时间进行触发的。

3. 木马

木马是一种目的非常明确的有害程序,通常会通过伪装吸引用户下载并执行该程序。一旦用户触发了木马程序(俗称种马),被种者就会为施种者提供一条通道,使施种者可以任意毁坏、窃取被种者的文件、密码等,甚至远程操控被种者的计算机。

木马的全称为"特洛伊木马",英文名称为 Trojan horse,据说这个名称来源于希腊神话《木马屠城记》。古希腊大军围攻特洛伊城,久久无法攻下。于是有人献计制造一匹高两丈的大木马,假装作战马神,让士兵藏匿于巨大的木马中,大部队假装撤退而将木马丢弃到特洛伊城下。城中得知解围的消息后,遂将"木马"作为奇异的战利品拖入城内,全城饮酒狂欢。到午夜时分,全城军民进入梦乡,藏匿于木马中的士兵打开秘门游绳而下,开启城门并四处纵火,城外伏兵涌入,部队里应外合,焚屠特洛伊城。后世称这匹大木马为"特洛伊木马",如今黑客程序借用其名,有"一经潜入,后患无穷"之意。

木马程序通常会设法隐藏自己,以骗取用户的信任。木马程序对用户的威胁越来越大,尤其是一些木马程序采用了极其特殊的手段来隐藏自己,使普通用户很难在中毒后发觉。

木马具有以下基本特征。

(1)隐蔽性。隐蔽性是木马的首要特征。要让远方的客户端能成功入侵被种者,服务端必须有效地隐藏在系统之中。隐藏的目的:一是诱惑用户运行服务端;二是防止用户发现计算机被木马感染。

(2)自动运行性。木马除会诱惑用户运行外,通常还会自启动,即当用户的系统启动时木马程序自动运行。因此,木马通常会潜伏在用户的启动配置文件中,如 win. ini、system. ini、winstart. Bat、注册表以及启动组中。

(3)欺骗性。木马程序为了达到长期潜伏的目的,常会使用与系统文件相同或相近的文件名。

(4)能自动打开系统特定的端口。与一般的病毒不同,木马程序潜入用户的计算机的主要目的不是为了破坏系统,而是为了获取系统中的有用信息。正因如此,木马程序通常会自动打开系统特定的端口,以便能与客户端进行通信。

(5)功能的特殊性。木马通常都具有特定的目的,其功能也就有特殊性。以盗号类的木马为例,除了能对用户的文件进行操作之外,还会搜索缓存中的口令、记录用户键盘的操作等。

4. 反病毒技术

在与病毒的对抗中,及早发现病毒是很重要的。早发现、早处置,可以减少损失。检测病毒的常用方法有以下几种:特征代码法、校验和法、行为监测法、软件模拟法、比较法、传染实验法等。虽然这些方法依据的原理不同,实现时所需的开销不同,检测范围不同,但各有所长。

(1)特征代码法。特征代码法是检测已知病毒的最简单、开销最小的方法。其原理是采集所有已知病毒的特征代码,并将这些病毒独有的特征代码存放在一个病毒资料库(病毒库)中。检测时,以扫描的方式将待检测文件与病毒库中的病毒特征代码进行一一对比,如果发现有相同的特征代码,便可以断定,被查文件中感染何种病毒。

(2)校验和法。校验和法是用某种算法计算正常文件的校验和,并将该校验和写入保存该文件或写入别的文件。在文件使用过程中,定期地或每次使用文件前,检查文件现在的校验和与原来保存的校验和是否一致,以此来发现文件是否感染病毒。采用校验和法检测病毒既可发现已知病毒又可发现未知病毒,但是它不能识别病毒种类,更不能报出病毒名称。由于病毒感染并非文件内容改变的唯一的非他性原因,文件内容的改变有可能是正常程序引起的,所以校验和法常常误报警。

(3) 行为监测法。利用病毒的特有行为特征来监测病毒的方法称为行为监测法。通过对病毒多年的观察、研究,人们发现有一些行为是病毒共同的行为,而且比较特殊。当程序运行时,监视其行为,如果发现了病毒行为,就立即报警。

(4) 软件模拟法。它是一种软件分析器,用软件方法来模拟和分析程序的运行,之后演绎为在虚拟机上进行的查毒、启发式查毒技术等,这是一种相对成熟的技术。

(5) 比较法。比较法是将原始的(或正常的)文件与被检测的文件进行比较。比较法包括长度比较法、内容比较法、内存比较法、中断比较法等。这种比较法不需要专用的检测病毒程序,只用常规 DOS 软件和 PCtools 等工具软件就可以。

(6) 传染实验法。这种方法的原理是利用了病毒的最重要的基本特征——传染性。所有的病毒都会进行传染,如果不会传染,就称不上病毒。如果系统中有异常行为,最新版的检测工具也查不出病毒时,就可以做传染实验,运行可疑系统中的程序后,再运行一些确定不带病毒的正常程序,然后观察这些正常程序的长度与校验和,如果发现有的程序长度增长,或者校验和发生变化,就可断言系统中有病毒。

现在的杀毒软件一般是利用其中的一种或几种手段进行检测,严格地说,由于病毒编制技术的不断提高,目前还不能说有完全的把握检测或者预防病毒。

8.3.4　防火墙技术

1. 防火墙的定义

防火墙是指设置在不同网络(如可信任的内部网与不可信任的外部网)之间的一系列部件(软件、硬件)的组合。它在内部网与外部网之间构建一道保护屏障,防止非法用户访问内部网或向外部网传递内部信息,同时阻止恶意攻击内部网的行为。

防火墙技术是一种有效的网络安全机制,它主要用于确定允许哪些内部服务访问外部服务,以及允许哪些外部服务访问内部服务。其基本准则就是,一切未被允许的就是禁止的;一切未被禁止的就是允许的。

防火墙应该是不同网络或网络安全域之间信息的唯一出入口,能根据企业的安全策略控制(允许、拒绝、监测)出入网络的信息流,且本身具有较强的抗攻击能力,是提供信息安全服务,实现网络和信息安全的基础设施。在逻辑上,防火墙是一个分离器,是一个限制器,也是一个分析器。它能有效监控内部网和外部网之间的任何活动,保证了内部网的安全。其结构如图 8-7 所示。

2. 防护墙的功能

防火墙具有如下功能。

(1) 防火墙是网络安全的屏障。由于只有经过精心选择的应用协议才能通过防火墙,所以防火墙(作为阻塞点、控制点)能极大地提高内部网的安全性,并通过过滤不安全的服务而降低风险,使网络环境变得更安全。防火墙同时可以保护网络免受基于路由的攻击,如 IP 选项中的源路由攻击和 ICMP 重定向中的重定向路径等。

(2) 防火墙可以强化网络安全策略。通过以防火墙为中心的安全方案配置,能将

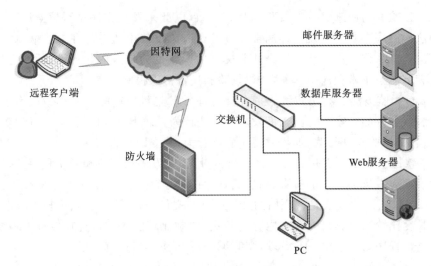

图 8-7　防火墙示意图

所有安全软件(如口令、加密、身份认证、审计等)配置在防火墙上。与将网络安全问题分散到各个主机上相比,防火墙的集中安全管理更经济。例如,在网络访问时,"一次一密"口令系统(即每一次加密都使用一个不同的密钥)和其他的身份认证系统完全可以集防火墙于一身。

(3) 对网络存取和访问进行监控审计。如果所有的访问都经过防火墙,那么防火墙就能记录下这些访问并做出日志记录,同时也能提供网络使用情况的统计数据。当发生可疑动作时,防火墙能进行及时的报警,并提供网络是否受到探测和攻击的详细信息。另外,收集一个网络的使用和误用情况也是非常重要的,这样可以清楚防火墙是否能够抵挡攻击者的探测和攻击,清楚防火墙的控制是否充分。而网络使用统计对网络需求分析和威胁分析等而言也是非常重要的。

(4) 防止内部信息的外泄。利用防火墙对内部网的划分,可实现对内部网重点网段的隔离,从而限制局部重点或敏感网络安全问题对全局网络造成的影响。再者,隐私是内部网非常关心的问题,一个内部网中不引人注意的细节可能包含了有关安全的线索而引起外部攻击者的兴趣,甚至因此暴露了内部网的某些安全漏洞。使用防火墙就可以隐蔽那些透露内部细节的服务,例如 finger(用来查询使用者的资料)、DNS(域名系统)等服务。finger 显示了主机的所有用户的注册名、真名、最后登录时间和使用 shell 类型等。但是 finger 显示的信息非常容易被攻击者获悉。攻击者可以由此而知道一个系统使用的频繁程度,这个系统是否有用户正在连线上网,这个系统是否在被攻击时引起注意等。防火墙可以同样阻塞有关内部网中的 DNS 信息,这样一台主机的域名和 IP 地址就不会被外界所了解了。除了安全作用以外,防火墙通常还支持 VPN(虚拟专用网络)。

虽然防火墙能够在很大程度上阻止非法入侵,但它也有局限性,存在着一些防范不到的地方,比如以下几个方面。

(1) 防火墙不能防范不经过防火墙的攻击(例如,如果允许从受保护的网络内部向外连接,一些用户就可能形成与 Internet 的直接连接)。

(2) 目前,防火墙还不能非常有效地防范感染了病毒的软件和文件的传输。

（3）防火墙管理控制的是内部网与外部网之间的数据流，所以它不能防范来自内部网的攻击。防火墙是用来防范外部网攻击的，也就是防范黑客攻击的。内部网攻击有很多都是攻击交换机或者攻击网络内部其他计算机的，这些根本不经过防火墙，所以防火墙就失效了。

3. 防护墙技术的类型

防火墙技术可分为三大类型：IP级防火墙、应用级防火墙和链路级防火墙。IP级防火墙多基于报文过滤（packet filter）技术实现；应用级防火墙又称为代理（proxy）防火墙，是通过分别连接内、外部网络的代理主机实现防火墙的功能；链路级防火墙的工作原理和组成结构与应用级防火墙类似，但它并不针对专门的应用协议，而是一种通用的 TCP（或 UDP）的连接中继服务，并在此基础上实现防火墙的功能。

目前的防火墙系统大多混合使用上述三种类型，可由软件或硬件来实现。防火墙系统通常由过滤路由器和代理服务器（proxy server）组成。IP 过滤模块可对来往的 IP 数据报头的源地址、目的地址、协议号、TCP/UDP 端口号和分片数等基本信息进行过滤，允许或禁止某些 IP 地址的数据报访问。防火墙为解决某些企业设定内/外网络边界安全的问题起了一定的作用，但它并不能解决所有网络安全问题，更不能认为网络安全措施就是建立防火墙。防火墙只能是网络安全政策和策略中的一个组成部分，只能解决网络安全的部分问题。

配置代理服务器用来限制内部用户进入 Internet，其本质是应用层网关，它为特定的网络应用通信充当中继，整个过程对用户完全透明。代理服务器的优点是它拥有用户级的身份认证、日志记录和账号管理。日本 NEC 公司提出的 SOCK5（RFC 1928）作为通用应用的代理服务器，由一个运行在防火墙系统上的代理服务器软件包和一个链接到各种网络应用程序的库函数包组成，支持基于 TCP/UDP 的应用。现在的主流浏览器都支持 SOCK5。代理服务器的缺点是，若要提供全面的安全保证，则需对每一项服务都建立对应的应用层网关，这大大限制了新业务的应用。

8.3.5 入侵检测技术

1. 入侵检测的定义

入侵检测系统（intrusion detection system，IDS）是一类专门面向网络入侵的安全监测系统，它从计算机网络系统中的若干关键点收集信息，并分析这些信息，查看网络中是否有违反安全策略的行为和遭到袭击的迹象。入侵检测被认为是防火墙之后的第二道安全防线，在不影响网络性能的情况下对网络进行监测，从而提供对内部攻击、外部攻击和误操作的实时保护。

入侵检测系统的基本功能有以下几个方面。

（1）检测和分析用户及系统的活动。

（2）审计系统配置和漏洞。

（3）识别已知攻击。

（4）统计分析异常行为。

（5）评估系统关键资源和数据文件的完整性。

（6）对操作系统审计、追踪、管理，并识别用户违反安全策略的行为。

IDS 分为数据源、分析检测和响应等三个模块。数据源模块为分析检测模块提供网络与系统的相关数据和状态;分析检测模块执行入侵检测后,将结果提交给响应模块;响应模块采取必要的措施,以阻止进一步的入侵或恢复受损害的系统。

目前,入侵检测系统主要以模式匹配技术为主,并结合异常匹配技术,从实现方式上一般分为两种:基于主机和基于网络。而一个完备的入侵检测系统一定是基于主机和基于网络这两种方式兼备的分布式系统。另外,能够识别的入侵手段数量的多少、最新入侵手段的更新是否及时也是评价入侵检测系统的关键指标。

2. 入侵检测系统的分类

1) 根据分析方法和检测原理分类

(1) 基于异常的入侵检测(anomaly intrusion detection)。首先总结出正常操作应该具有的特征(用户轮廓),当用户活动与正常行为有重大偏离时即被认为是入侵。

(2) 基于误用的入侵检测(misuse intrusion detection)。收集非正常操作时的行为特征,建立相关的特征库,当被监测的用户或系统行为与库中的记录相匹配时,系统就认为这种行为是入侵。

2) 根据数据来源分类

(1) 基于主机的入侵检测系统(HIDS)。系统获取数据的依据是系统运行所在的主机,保护的目标也是系统运行所在的主机。

(2) 基于网络的入侵检测系统(NIDS)。系统获取数据的依据是网络传输的数据包,保护的是网络的正常运行。

(3) 分布式入侵检测系统(混合型)。将基于网络和基于主机的入侵检测系统有机地结合在一起。

3) 根据体系结构分类

(1) 集中式。集中式结构的 IDS 可能有多个分布于不同主机上的审计程序,但只有一个中央入侵检测服务器。审计程序把当地收集到的数据踪迹发送给中央入侵检测服务器进行分析处理。随着网络规模的增加,主机审计程序和服务器之间传送的数据就会剧增,导致网络性能大大降低,并且一旦中央入侵检测服务器出现问题,整个系统就会陷入瘫痪。

(2) 分布式。分布式结构的 IDS 就是将中央入侵检测服务器的任务分配给多个基于主机的 IDS。这些 IDS 不分等级,各司其职,负责监控当地主机的某些活动,所以其可伸缩性、安全性都得到提高,但维护成本也高了很多,并且增加了所监控主机的工作负荷。

4) 根据工作方式分类

(1) 离线检测。离线检测系统又称为脱机分析检测系统,就是在行为发生后,对产生的数据进行分析,而不是在行为发生的同时进行分析,从而检测入侵活动,它是非实时工作的系统。如对日志的审查,对系统文件的完整性检查等都属于这种。一般而言,脱机分析也不会间隔很长时间,所谓的脱机只是与联机相对而言的。

(2) 在线检测。在线检测系统又称为联机分析检测系统,就是在数据产生或者发生改变的同时对其进行检查,以便发现攻击行为,它是实时联机分析检测系统。这种方式一般用于网络数据的实时分析,有时也用于实时主机审计分析。它对系统资源的要求比较高。

8.3.6 虚拟专网技术

1. VPN 的定义

虚拟专用网(virtal privacy network,VPN)是将物理分布在不同地点的网络通过公用骨干网(尤其是 Internet)连接而成的逻辑上的虚拟子网。简言之,它是一种建立在开放性网络平台上的专有网络。VPN 的定义允许一个给定的站点是一个或者多个 VPN 的一部分,也就是说,VPN 可以是交叠的。为了保障信息的安全,VPN 技术采用了鉴别、访问控制、保密性和完整性等措施,以防信息被泄露、篡改和复制。

VPN 是平衡 Internet 的实用性和价格优势的最有前途的通信手段之一。利用共享的 IP 网络建立 VPN 连接,可以使企业减少对昂贵的租用专线和复杂的远程访问方案的依赖性。它具有以下特点。

(1)安全性。用加密技术对经过隧道传输的数据进行加密,以保证数据仅被指定的发送方和接收方了解,从而保证了数据的私有性和安全性。

(2)专用性。在非面向连接的公用 IP 网络上建立一个逻辑的、点对点的连接,称为建立一条隧道。

(3)经济性。它可以使移动用户和一些小型的分支机构的网络开销减少,不仅可以大幅度削减传输数据的开销,同时可以削减传输语音的开销。

(4)增加新的节点,支持多种类型的传输媒介,可以满足同时传输语音、图像和数据等新应用对高质量传输以及增加带宽的需求。

2. VPN 的处理过程

一个 VPN 连接一般由客户机、隧道和服务器等三部分组成。VPN 系统使分布在不同地方的专用网络在不可信任的公共网络上安全地通信。它采用复杂的算法来加密传输的信息,使得敏感的数据不会被窃听。如图 8-8 所示,VPN 的处理过程大体如下。

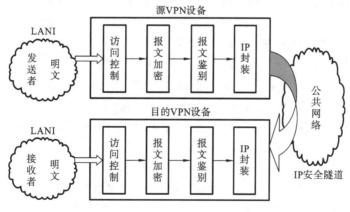

图 8-8 VPN 的处理过程

(1)要保护的主机发送明文信息到连接公共网络的 VPN 设备。

(2)VPN 设备根据网管设置的规则,确定是否需要对数据进行加密或让数据直接通过。

(3)对需要加密的数据,VPN 设备对整个数据包进行加密和附上数字签名。

(4)VPN 设备加上新的数据报报头,其中包括目的地 VPN 设备需要的安全信息和一些初始化参数。

（5）VPN设备对加密后的数据、鉴别包以及源IP地址、目标VPN设备IP地址进行重新封装，重新封装后的数据包通过虚拟通道在公共网络上传输。

（6）当数据包到达目标VPN设备时，数据包将进行解除封装，数字签名被核对无误后，数据包被解密。

3. VPN 的关键技术

1）隧道技术

VPN是在公共网络中形成企业专用的链路，为了形成这样的链路，采用了隧道技术。隧道技术是VPN的基本技术，它是数据包封装的技术，可以模仿点对点连接技术，依靠Internet服务提供商（ISP）和其他的网络服务提供商（NSP）在公用网络中建立自己专用的"隧道"，让数据包通过这条隧道传输。

隧道技术是一种通过使用互联网的基础设施在网络之间传递数据的方法。使用隧道传递的数据可以是其他协议的数据帧或数据包。隧道协议将其他协议的数据帧或数据包重新封装到一个新的IP数据包的数据体中，然后通过隧道发送。新的IP数据包的报头提供路由信息，以便通过互联网传递被封装的负载数据。当新的IP数据包到达隧道终点时，该新的IP数据包被解除封装。

2）加解密技术

发送者在发送数据之前对数据进行加密，当数据到达接收者时接收者对数据进行解密。加密算法主要包括对称加密（单钥加密）算法和不对称加密（双钥加密）算法。对于对称加密算法，通信双方共享一个密钥，发送者便用该密钥将明文加密成密文，接收者使用相同的密钥将密文还原成明文。对称加密算法运算速度较快。

非对称加密算法是通信双方各使用两个不同的密钥，一个是只有发送者自己知道的密钥（私钥，秘密密钥）；另一个则是与之对应的可以公开的密钥（公钥）。在通信过程中，发送者用接收者的公开密钥加密数据，并且可以用发送者的私钥对数据的某一部分或全部加密，进行数字签名。接收者接收到加密数据后，用自己的私钥解密数据，并使用发送者的公开密钥解密数字签名，验证发送者身份。

3）密钥管理技术

密钥管理技术的主要任务是使密钥在公用网络上安全地传递而不被窃取。现行密钥管理技术可分为SKIP与ISAKMP/OAKLEY两种。

SKIP主要是利用Diffie-Hellman的演算法则在网络上传输密钥；在ISAKMP中，双方都有两把密钥，分别作为公钥和私钥。

4）用户与设备身份认证技术

在用户与设备身份认证技术中，最常用的是用户名、口令、智能卡认证等认证技术。

8.4 本章小结

本章主要介绍了信息安全的基本概念和属性，介绍了信息安全存在的威胁并给出了网络环境下典型的信息安全模型；接着，介绍了数字加密技术，详细介绍了对称密钥加密和非对称密钥加密的基本原理；之后说明了身份认证技术、黑客和网络攻击、计算机病毒与木马防护、防火墙技术等信息安全知识；最后给出网络安全与防范的方法，主要包括入侵检测技术、防火墙技术、VPN 技术。

思考和练习题

1. 什么是信息安全？信息安全有哪些基本特征？
2. 举例说明现在网络安全有哪些主要的威胁因素。
3. 简述对称密码技术与非对称密码技术的基本原理与区别。
4. 列举出网络信息安全保障的主要技术。
5. 什么是数字签名技术？什么是报文摘要技术？
6. 试简述网络攻击的一般步骤。
7. 计算机病毒具有哪些基本特征？
8. 什么是防火墙？防火墙的类型有哪些？
9. 试简述入侵检测的定义与分类。
10. 什么是虚拟专用网技术？它有哪些特点？

9

现代通信新技术

9.1 物联网技术

物联网是新一代信息技术的重要组成部分,具有广泛的用途,同时它与云计算、大数据有着千丝万缕的紧密联系。

9.1.1 物联网技术的概念

1. 物联网概念的提出

实际上,物联网的概念起源于比尔·盖茨 1995 年所著的《未来之路》一书。在书中,比尔·盖茨已经提及物联网的概念,只是当时受限于无线网络、硬件及传感设备的发展,并未引起重视。而"物联网"这一名词是 1999 年由 EPCglobal 的前身——麻省理工学院 Auto-ID 中心提出的,并将其定义为把所有物品通过 RFID 等信息传感设备与互联网连接起来,实现智能化识别和管理。2003 年,美国《技术评论》提出传感网络技术将是未来改变人们生活的十大技术之首。

2005 年 11 月 17 日,在突尼斯举行的信息社会世界峰会上,国际电信联盟(ITU)发布了《ITU 互联网报告 2005:物联网》,正式将物联网称为"Internet of things",对物联网概念进行了扩展,提出了任何时刻、任何地点、任何物体之间互联,无所不在的网络和无所不在的计算的发展愿景。该报告指出,无所不在的物联网通信时代即将来临,世界上所有的物体从轮胎到牙刷、从房屋到纸巾都可以通过 Internet 主动进行交换;RFID (radio frequency identification)技术、传感器技术、纳米技术、智能嵌入技术将得到更加广泛的应用;并在此后陆续推出《泛在传感器》、《未来的互联网》等系列报告。

根据 ITU 的描述,在物联网时代,通过在各种各样的日常用品上嵌入一种短距离的移动收发器,人类在信息与通信世界里,将获得一个新的沟通维度。从任何时间、任何地点的人与人之间的沟通扩展到人与物和物与物之间的沟通连接。物联网概念的兴起,在很大程度上得益于 ITU 2005 年以物联网为标题的绿色互联网报告。然而,ITU 的报告对物联网的定义只是描述性的,缺乏一个清晰的定义。

欧盟对物联网的定义:物联网是一个动态的全球网络基础设施,它具有基于标准和互操作通信协议的自组织能力,其中,物理的和虚拟的"物"具有身份标识、物理属性、虚拟的特性和智能的接口,并与信息网络无缝整合。物联网将与媒体互联网、服务互联网和企业互联网一起，构成未来的互联网。

对于物联网，中国科学院在《感知中国报告》中对其做了如下解读。

（1）物联网是全球信息化发展的新阶段，从信息化向智能化提升。

（2）物联网是在已经发展起来的传感、识别、接入网、无线通信网、互联网、云计算、应用软件、智能控制等技术的集成、发展和提升。

（3）物联网本身是针对特定管理对象的"有线网络"，是以实现控制和管理为目的，通过传感/识别器和网络将管理对象连接起来，实现信息感知、识别、情报处理、常态判断和决策执行等智能化的管理与控制。

物联网的应用带来的海量数据和新的业务模式，将给通信网、互联网和信息处理技术带来大量的需求增长与模式变化。

可以看出，物联网本身并不是全新的技术，更不是凭空出现的，而是在原有基础上的提升、汇总和融合。根据上面的分析，物联网的基本特征可以概括为全面感知、可靠传递、智能处理。全面感知指的是物联网需要 RFID、传感器、二维码等及时获取物品的信息；可靠传递指的是通过各种电信网络和互联网的融合，将信息可靠地传输出去；智能处理指的是依靠物联网本身的智能性，它的智能性不仅体现在其传感器端点具有收发功能，还体现在网络中各个传感器信息的汇总、分析和处理。对于物体信息的海量数据，汇总的途径就只能通过良好的网络；而对于海量的数据处理，也可以通过依托于网络的云计算得以解决。传感器节点应该尽可能小（只有这样，才能方便、美观），可以采用纳米或嵌入式芯片技术。

物联网是物物相连的互联网，是互联网的延伸。它利用局域网或互联网等通信技术把传感器、控制器、机器、人员等通过新的方式连在一起，形成人与物、物与物相连，实现信息化和远程管理控制。从技术架构上来看，物联网可分为四层（见图 9-1）：感知层、网络层、处理层和应用层。每层的具体功能如下。

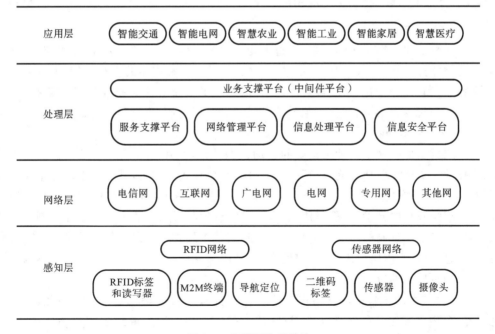

图 9-1　物联网体系架构

感知层：如果把物联网系统比喻为一个人体，那么感知层就好比人体的神经末梢，用来感知物理世界，采集来自物理世界的各种信息。这个层包含了大量的传感器，如温度传感器、湿度传感器、应力传感器、加速度传感器、重力传感器、气体浓度传感器、土壤盐分传感器、二维码标签、RFID 标签和读写器、摄像头、导航定位等。

网络层：相当于人体的神经中枢，起到信息传输的作用。网络层包含各种类型的网络，如互联网、电信网、电网等。

处理层：相当于人体的大脑，起到存储和处理的作用，包括网络、管理平台、信息处理平台等。

应用层：直接面向用户，满足各种应用需求，如智能交通、智慧农业、智慧医疗、智能工业等。

下面给出一个简单的智能公交实例来加深对物联网概念的理解。目前，很多城市居民的智能手机中安装了"智能公交"App，可以用手机随时随地查询每辆公交车当前到达的位置信息，这就是一种非常典型的物联网应用。在智能公交应用中，每辆公交车都安装了 GPS 定位系统和 3G/4G 网络传输模块，在车辆行驶过程中，GPS 定位系统会实时采集公交车当前到达的位置信息，并通过车上的 3G/4G 网络传输模块发送给车辆附近的移动通信基站，经由电信运营商的 3G/4G 移动通信网络传送到智能公交指挥调度中心的数据处理平台，平台再把公交车位置数据发送给智能手机用户，用户的"掌上公交"软件就会显示出公交车的当前位置信息。这个应用实现了"物与物的相连"，即把公交车和手机这两个物体连接在一起，让手机可以实时获得公交车的位置信息，进一步讲，这在实际上也实现了"物和人的连接"，让手机用户可以实时获得公交车位置信息。在这个应用中，安装在公交车上的 GPS 定位设备就属于物联网的感知层；安装在公交车上的 3G/4G 网络传输模块以及电信运营商的 3G/4G 移动通信网络属于物联网的网络层；智能公交指挥调度中心的数据处理平台属于物联网的处理层；智能手机上安装的"智能公交"App 属于物联网的应用层。

2. 物联网关键技术

物联网是物与物相连的网络，通过为物体加装二维码、RFID 标签、传感器等，就可以实现物体身份唯一标识和各种信息的采集，再结合各种类型的网络连接，就可以实现人和物、物和物之间的信息交换。因此，物联网中的关键技术包括识别和感知技术（二维码、RFID 标签、传感器等）、网络与通信技术、数据挖掘与融合技术等。

1）识别和感知技术

二维码是物联网中一种很重要的自动识别技术，是在一维条码基础上扩展出来的条码技术。二维码包括堆叠式/行排式二维码和矩阵式二维码，其中后者较为常见。如图 9-2 所示，矩阵式二维码在一个矩形空间中通过黑、白像素在矩阵中的不同分布进行编码。在矩阵相应元素位置上，用点（方点、圆点或其他形状）的出现表示二进制"1"，点的不出现表示二进制的"0"，点的排列组合确定了矩阵式二维码所代表的意义。二维码具有信息容量大、编码范围广、容错能力强、译码可靠性高、成本低、易制作等良好特性，已经得到了广泛的应用。

RFID 技术用于静止或移动物体的无接触自动识别，具有全天候、无接触、可同时实现多个物体自动识别等特点。RFID 技术在生产和生活中得到了广泛的应用，大大推动了物联网的发展。我们平时使用的公交卡、门禁卡、校园卡等都嵌入了 RFID 芯

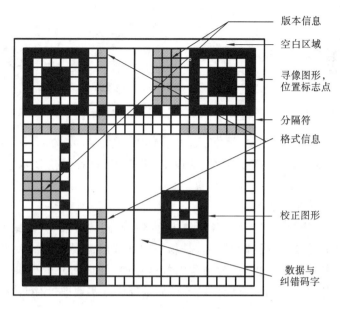

图 9-2 矩阵式二维码

片,可以实现迅速、便捷的数据交换。从结构上讲,RFID 是一种简单的无线通信系统,由 RFID 标签和 RFID 读写器两个部分组成。RFID 标签是由天线、耦合元件、芯片组成的,是一个能够传输信息、回复信息的电子模块。RFID 读写器也是由天线、耦合元件、芯片组成的,用来读取(或者有时也可以写入) RFID 标签中的信息。RFID 使用 RFID 读写器及可附着于目标物的 RFID 标签,利用频率信号将信息由 RFID 标签传送至 RFID 读写器。以公交卡为例,市民持有的公交卡就是一个 RFID 标签(见图 9-3),公交车上安装的刷卡设备就是 RFID 读写器,当我们执行刷卡动作时,就完成了一次 RFID 标签和 RFID 读写器之间的非接触式通信和数据交换。

图 9-3 采用 RFID 芯片的公交卡

传感器是一种能感受规定的被测量件并按照一定的规律(数学函数法则)转换成可用信号的器件或装置,具有微型化、数字化、智能化、网络化等特点。人类需要借助耳朵、鼻子、眼睛等感觉器官来感受外部物理世界,类似地,物联网也需要借助传感器实现对物理世界的感知。物联网中常见的传感器有光敏传感器、声敏传感器、气敏传感器、化学传感器、压敏传感器、温敏传感器、气象传感器、流体传感器等(见图 9-4),可以用来模仿人类的视觉、听觉、嗅觉、味觉和触觉。

2) 网络与通信技术

物联网中的网络与通信技术包括短距离无线通信技术和远程通信技术。短距离无

（a）气敏传感器　　（b）温敏传感器　　（c）气象传感器　　（d）流体传感器

图 9-4　不同类型的传感器

线通信技术包括 ZigBee、NFC、蓝牙、WiFi、RFID 等；远程通信技术包括互联网、2G/3G/4G 移动通信网络、卫星通信网络等。

3）数据挖掘与融合技术

物联网中存在大量数据来源、各种异构网络和不同类型系统，如此大量的不同类型数据，如何实现有效整合、处理和挖掘，是物联网处理层需要解决的关键技术问题。如今，云计算和大数据技术的出现，为物联网数据存储、处理和分析提供了强大的技术支撑，海量物联网数据可以借助于庞大的云计算基础设施实现廉价存储，利用大数据技术实现快速处理和分析，满足各种实际应用需求。

9.1.2　物联网的应用

物联网已经广泛应用于智能交通、智慧医疗、智能家居、环保监测、智能安防、智能物流、智能电网、智慧农业、智能工业等领域，对国民经济与社会发展起到了重要的推动作用，具体如下。

1. 智能交通

利用 RFID、摄像头、线圈、导航设备等物联网技术构建的智能交通系统，可以让人们随时随地通过智能手机、大屏幕、电子站牌等方式，了解城市各条道路的交通状况、所有停车场的车位情况、每辆公交车的当前到达位置等信息，合理安排行程，提高出行效率。

2. 智慧医疗

医生利用平板电脑、智能手机等手持设备，通过无线网络，可以随时连接并访问各种诊疗仪器，实时掌握每个病人的各项生理指标数据，科学、合理地制定诊疗方案，甚至可以支持远程诊疗。运用电子病历可以把错误降低 25％，运用医学图像存档和通信系统与计算机化医嘱录入系统分别可以将错误降低 15％和 30％。

3. 智能家居

利用物联网技术提升家居安全性、便利性、舒适性、艺术性，并实现环保节能的居住环境。例如，可以在工作单位通过智能手机远程开启家里的电饭煲、空调、门锁、监控、窗帘和电灯等，也可以根据时间和光线变化自动开启和关闭家里的窗帘和电灯。

4. 环保监测

可以在重点区域放置监控摄像头或水质土壤成分检测仪器，相关数据可以实时传输到监控中心，当出现问题时实时发出警报。

5. 智能安防

采用红外线、监控摄像头、RFID 等物联网设备，实现小区出入口智能识别和控制、意外情况自动识别和报警、安保巡逻智能化管理等功能。

6. 智能物流

利用集成智能化技术,使物流系统能模仿人的智能,具有思维、感知、学习、推理、判断和自行解决物流中某些问题的能力(如选择最佳行车路线,选择最佳包裹装车方案),从而实现物流资源优化调度和有效配置,提升物流系统效率。

7. 智能电网

通过智能电表,不仅可以免去抄表工的大量工作,还可以实时获得用户用电信息,提前预测用电高峰和低谷,为合理设计电力需求响应系统提供依据。

8. 智慧农业

利用温度传感器、湿度传感器和光线传感器,实时获得种植大棚内的农作物生长环境信息,远程控制大棚遮光板、通风口、喷水口的开启和关闭,让农作物始终处于最优生长环境,提高农作物产量和品质。

9. 智能工业

具有环境感知能力的各类终端、基于泛在计算的模式、移动通信技术等不断融入工业生产的各个环节,大幅提高制造效率,改善产品质量,降低产品成本和资源消耗,将传统工业提升到智能化的新阶段。

9.2　云计算技术

尽管云计算的一般概念可以追溯到 20 世纪 50 年代,但云计算服务开始应用是在 21 世纪初,特别是以大型企业为服务对象。之后,云计算扩展到小型和中型商业,并且最后扩展到消费者。苹果的 iCloud 于 2012 年推出,经过一周的推介就有两千万个用户。发布于 2008 年的 Evernote(一种笔记管理软件)提供了基于云计算的记笔记和存档服务,在不到 6 年的时间内用户数接近 1 亿。2014 年下半年,谷歌宣布 Google Drive 有了近 2.5 亿活跃用户。本节将简单介绍云计算技术的概念和应用。

9.2.1　云计算技术的概念

1. 云计算的概念

许多组织机构日益倾向将大部分甚至所有 IT 操作转移到与因特网连接的基础设施上,这些基础设施称为企业云计算(colud computing)。与此同时,独立的计算机用户和移动设备越来越多地依赖云计算服务来备份数据,以及使用个人云计算同步设备和相互共享。

美国国家标准及技术协会(NIST)定义了云计算的基本特征。

(1) 广泛的网络接入:借助网络和通过标准机制接入可供使用的能力,这种能力促进了由异构的瘦或胖客户程序平台(如移动电话、便携机和个人数字助理)以及其他传统的或基于云的软件服务的使用。

① 快速的弹性:云计算使你能够根据特定服务需求扩展和减少资源。例如,你可能在特定的任务期间需要大量的服务器资源,一旦该任务完成则能够释放这些资源。

② 可测量的服务:云系统自动地控制和优化资源使用,通过适合服务类型的某种

层次的抽象改变计量能力,这些服务如存储、处理、带宽和主动用户账户等。它能够监视、控制和报告资源使用,对提供商和使用服务的消费者提供透明性。

③ 按需自助服务:消费者能够自动地根据需求单方面地留出计算能力(如服务器时间和网络存储),而不要求人与每个服务提供商交互。因为服务是按需的,而这些资源不是 IT 基础设施的永久部分。

(2) 资源池:使用多租户模式服务于多个消费者,提供商的计算资源被池化,不同的物理和虚拟资源动态分配并根据消费者的需求重新分配。有某种程度的位置无关性,即消费者通常不控制或没有提供商资源的准确知识,但可能在较高层次的抽象上指定位置(如国家、州或数据中心)。资源的例子包括存储、处理、内存、网络带宽和虚拟机。甚至专用云在同一组织的不同部分之间也趋向于池化资源。

云计算实现了通过网络提供可伸缩的、廉价的分布式计算能力,用户只需要在具备网络接入条件的地方,就可以随时随地获得所需的各种 IT 资源。云计算代表了以虚拟化技术为核心、以低成本为目标、动态可扩展的网络应用基础设施,是近年来最有代表性的网络计算技术与模式。

云计算包括三种典型的服务模式(见图 9-5),即 IaaS (基础设施即服务)、PaaS (平台即服务)和 SaaS (软件即服务)。IaaS 把基础设施(计算资源和存储)作为服务出租,PaaS 把平台作为服务出租,SaaS 把软件作为服务出租。

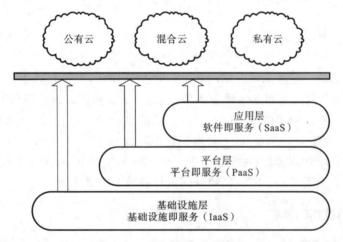

图 9-5　云计算的服务模式和类型

云计算包括公有云、私有云和混合云等三种类型(见图 9-5)。公有云面向所有用户提供服务,只要是注册付费的用户都可以使用,如 Amazon AWS;私有云只为特定用户提供服务,如大型企业出于安全考虑自建的云环境,只为企业内部提供服务;混合云综合了公有云和私有云的特点,因为对于一些企业而言,一方面出于安全考虑需要把数据放在私有云中,另一方面又希望可以获得公有云的计算资源,为了获得最佳的效果,就可以把公有云和私有云进行混合搭配使用。

可以采用云计算管理软件来构建云环境(公有云或私有云),OpenStack 就是一种非常流行的构建云环境的开源软件。OpenStack 管理的资源不是单机的而是一个分布的系统,它把分布的计算、存储、网络、设备、资源组织起来,形成一个完整的云计算系统,以帮助服务商和企业内部实现类似于 Amazon EC2 和 S3 的云基础架构服务。

2. 云计算的关键技术

云计算的关键技术包括虚拟化、分布式存储、分布式计算、多租户等。

1）虚拟化

虚拟化技术是云计算基础架构的基石，是指将一台计算机虚拟为多台逻辑计算机，在一台计算机上同时运行多个逻辑计算机，每个逻辑计算机可运行不同的操作系统，并且应用程序都可以在相互独立的空间内运行而互不影响，从而显著提高计算机的工作效率。

虚拟化的资源可以是硬件（如服务器、磁盘和网络），也可以是软件。以服务器虚拟化为例，它将服务器物理资源抽象成逻辑资源，让一台服务器变成几台甚至上百台相互隔离的虚拟服务器，不受限于物理上的界限，而是让 CPU、内存、磁盘、I/O 等硬件变成可以动态管理的"资源池"，从而提高资源的利用率，简化系统管理，实现服务器整合，让 IT 对业务的变化更具适应力。

Hyper-V、VMware（威睿）、KVM、Virtualbox、Xen、Qemu 等都是非常典型的虚拟化技术。其中，Hyper-V 是微软的一款虚拟化产品，旨在为用户提供成本效益更高的虚拟化基础设施软件，从而为用户降低运作成本、提高硬件利用率、优化基础设施、提高服务器的可用性；VMware 是全球桌面到数据中心虚拟化解决方案的领导厂商。

近年来发展起来的容器技术（如 Docker），是不同于 VMware 等传统虚拟化技术的一种新兴轻量级虚拟化技术（也称为"容器型虚拟化技术"）。与 VMware 等传统虚拟化技术相比，Docker 容器具有启动速度快、资源利用率高、性能开销小等优点，受到业界青睐，并得到了越来越广泛的应用。

2）分布式存储

面对"数据爆炸"的时代，集中式存储已经无法满足海量数据的存储需求，分布式存储应运而生。GFS(Google file system)是谷歌公司推出的一款分布式文件系统，可以满足大型、分布式、对大量数据进行访问的应用需求。GFS 具有良好的硬件容错性，可以把数据存储到成百上千台服务器，并在硬件出错的情况下尽量保证数据的完整性。GFS 还支持吉字节(GB)或者太字节(TB)数量级超大文件的存储，一个大文件会被分成许多块，分散存储在由数百台机器组成的集群里。HDFS(hadoop distributed file system) 是对 GFS 的开源实现，它采用了更加简单的"一次写入、多次读取"文件模型，文件一旦创建、写入并关闭了，之后就只能对它执行读取操作，而不能执行任何修改操作；同时，HDFS 是基于 Java 实现的，具有强大的跨平台兼容性，只要是 JDK 支持的平台都可以兼容。

谷歌公司后来又以 GFS 为基础开发了分布式数据管理系统 BigTable，它是一个稀疏、分布、持续多维度的排序映射数组，适合于非结构化数据存储的数据库，具有高可靠性、高性能、可伸缩等特点，可在廉价 PC 服务器上搭建起大规模的存储集群。HBase 是针对 BigTable 的开源实现。

3）分布式计算

面对海量的数据，传统的单指令、单数据流顺序执行的方式已经无法满足快速数据处理的要求；同时，我们也不能寄希望于通过硬件性能的不断提升来满足这种需求，因为晶体管电路已经逐渐接近其物理上的性能极限，摩尔定律已经开始慢慢失效，CPU 处理能力再也不会每隔 18 个月翻一番来迅速获得海量计算能力。它允许开发者在不具备并行开发经验的前提下也能够开发出分布式的并行程序,并让其同时运行在数百台机器上,在短时间内完成海量数据的计算。MapReduce 将复杂的、运行于大规模集群上的并行计算过程抽象为两个函数——Map 和 Reduce,并把一个大数据集切分成多个小的数据集,分布到不同的机器上进行并行处理,极大提高了数据处理速度:可以有效满足许多应用对海量数据的批量处理需求。Hadoop 开源实现了 MapReduce 编程框架,被广泛应用于分布式计算。

4)多租户

多租户技术目的在于使大量用户能够共享同一堆栈的软/硬件资源,每个用户按需使用资源,能够对软件服务进行客户化配置,而不影响其他用户的使用。多租户技术的核心包括数据隔离、客户化配置、架构扩展和性能定制。

9.2.2 云计算技术的应用

1. 云计算数据中心

云计算数据中心是一整套复杂的设施,包括刀片服务器、宽带网络连接、环境控制设备、监控设备以及各种安全装置等。数据中心是云计算的重要载体,为云计算提供计算、存储、带宽等各种硬件资源,为各种平台和应用提供运行支撑环境。

谷歌、微软、IBM、惠普、戴尔等国际 IT 巨头,纷纷投入巨资在全球范围内大量修建数据中心,旨在掌握云计算发展的主导权。我国政府和企业也都在加大力度建设云计算数据中心。内蒙古自治区提出了"西数东输"发展战略,即把本地的数据中心通过网络提供给其他省份用户使用。福建省泉州市安溪县的中国国际信息技术(福建)产业园的数据中心是福建省重点建设的两大数据省泉州市安溪县的中国国际信息技术(福建)产业园的数据中心,是福建省重点建设的两大数据中心之一,由惠普公司承建,拥有5000 台刀片服务器,是亚洲规模最大的云渲染平台。阿里巴巴集团公司在甘肃玉门建设的数据中心是我国第二个绿色环保的数据中心,其电力全部来自风力发电。贵州被公认为是我国南方最适合建设数据中心的地方,目前,中国移动、中国联通、中国电信三大运营商都将南方数据中心建在贵州。2015 年,整个贵州省的服务器规模为 20 余万台,未来规划建设服务器规模达 200 万台。

2. 云计算的应用

云计算在电子政务、医疗、卫生、教育、企业等领域的应用不断深化,对提高政府服务水平、促进产业转型升级和培育发展新兴产业等都起到了关键的作用。政务云上可以部署公共安全管理、容灾备份、城市管理、应急管理、智能交通、社会保障等应用,通过集约化建设、管理和运行,可以实现信息资源整合和政务资源共享,推动政务管理创新,加快向服务型政府转型。教育云可以有效整合幼儿教育、中小学教育、高等教育以及继续教育等优质教育资源,逐步实现教育信息共享、教育资源共享及教育资源深度挖掘等目标。中小企业云能够让企业以低廉的成本建立财务、供应链、客户关系等管理应用系统,大大降低企业信息化门槛,迅速提升企业信息化水平,增强企业市场竞争力。医疗云可以推动医院与医院、医院与社区、医院与急救中心、医院与家庭之间的服务共享,并形成一套全新的医疗健康服务系统,从而有效地提高医疗保健的质量。

3. 云计算产业

云计算产业作为战略性新兴产业,近些年得到了迅速发展,形成了成熟的产业链结构。产业涵盖硬件与设备制造、基础设施运营、软件与解决方案供应商、基础设施即服务(IaaS)、平台即服务(PaaS)、软件即服务(SaaS)、终端设备、云安全、云计算交付咨询认证等环节。硬件与设备制造环节包括了绝大部分传统硬件制造商,这些厂商都已经在某种形式上支持虚拟化和云计算,主要包括 Intel、AMD、Cisco、SUN 等。基础设施运营环节包括数据中心运营商、网络运营商、移动通信运营商等。软件与解决方案供应商主要以虚拟化管理软件为主,包括 IBM、微软、思杰、SUN、Redhat 等。IaaS 将基础设施(计算和存储等资源)作为服务出租,向客户出售服务器、存储和网络设备、带宽等基础设施资源,厂商主要包括 Amazon、Rackspace、Gogrid、Gridplayer 等。PaaS 把平台(包括应用设计、应用开发、应用测试、应用托管等)作为服务出租,厂商主要包括谷歌、微软、新浪、阿里巴巴等。SaaS 则把软件作为服务出租,向用户提供各种应用,厂商主要包括 Salesforce、谷歌等。云安全旨在为各类云用户提供高可信的安全保障,厂商主要包括 IBM、OpenStack 等。云计算交付/咨询/认证环节包括了三大交付以及咨询认证服务商,这些服务商都支持绝大多数形式的云计算咨询及认证服务,这些服务商主要包括 IBM、微软、Oracle、思杰等。

9.3 大数据技术

9.3.1 大数据的概念

1. 大数据的定义

随着大数据时代的到来,"大数据"已经成为互联网信息技术行业的流行词汇。关于"什么是大数据"这个问题,行业比较认可关于大数据的"4V"说法。大数据的"4V"(或者说是大数据的 4 个特点)包含 4 个层面:数据量大(volume)、数据类型繁多(variety)、处理速度快(velocity)和价值密度低(value)。

1) 数据量大

人类进入信息社会以后,数据以自然方式增长,其产生不以人的意志为转移。从 1986 年开始到 2010 年的 20 多年时间里,全球数据的数量增长了 100 倍,今后的数据量增长速度将更快,我们正生活在一个"数据爆炸"的时代。目前,世界上只有 25% 的设备是联网的,大约 80% 的上网设备是计算机和手机,而在不远的将来,将有更多的用户成为网民,汽车、电视、家用电器、生产机器等各种设备也将接入互联网。随着 Web 2.0 和移动互联网的快速发展,人们已经可以随时随地、随心所欲发布包括博客、微博、微信等在内的各种信息。将来,随着物联网的推广和普及,各种传感器和摄像头将遍布我们工作和生活的各个角落,这些设备每时每刻都在自动产生大量数据。

综上所述,人类社会正经历第二次"数据爆炸"(如果把印刷在纸上的文字和图形也看作数据的话,那么人类历史上第一次"数据爆炸"发生在造纸术和印刷术发明的时期)。各种数据产生速度之快,产生数量之大,已经远远超出人类可以控制的范围,"数据爆炸"成为大数据时代的鲜明特征。根据著名咨询机构 IDC(Internet data center)做出的估测,人类社会产生的数据一直都在以每年 50% 的速度增长,也就是说,每两年就增加一倍,这被称为"大数据摩尔定律"。这意味着,人类在最近两年产生的数据量相当于之前产生的全部数据量之和。到 2020 年,全球将总共拥有 35 ZB(见表 9-1)的数据量,与 2010 年相比,数据量将增长到近 30 倍。

表 9-1　数据存储单位之间的换算关系

单　　位	换 算 关 系
B(字节)	1 B＝8 b
KB(Kilobyte,千字节)	1 KB＝1024 B
MB(Megabyte,兆字节)	1 MB＝1024 KB
GB(Gigabyte,吉字节)	1 GB＝1024 MB
TB(Trillionbyte,太字节)	1 TB＝1024 GB
PB(Petabyte,拍字节)	1 PB＝1024 TB
EB(Exabyte,艾字节)	1 EB＝1024 PB
ZB(Zettabyte,泽字节)	1 ZB＝1024 EB

2) 数据类型繁多

大数据的数据类型丰富,包括结构化数据和非结构化数据,其中,前者占 10% 左右,主要是指存储在关系数据库中的数据;后者占 90% 左右,其种类繁多,主要包括邮件、音频、视频、微信、微博、位置信息、链接信息、手机呼叫信息、网络日志等。

如此类型繁多的异构数据,对数据处理和分析技术提出了新的挑战,也带来了新的机遇。传统的数据主要存储在关系数据库中,但是,在类似 Web 2.0 等应用领域中,越来越多的数据开始存放在非关系型数据库(not only SQL,NoSQL)中,这就必然要求在集成的过程中进行数据转换,而这种转换的过程是非常复杂且难以管理的。传统的联机分析处理(on-line analytical processing,OLAP)和商务智能工具大都面向结构化数据,而在大数据时代,用户友好的、支持非结构化数据分析的商业软件也将迎来广阔的市场空间。

3) 处理速度快

大数据时代的很多应用都需要基于快速生成的数据给出实时分析结果,用于指导生产和生活实践。因此,数据处理和分析的速度通常要达到秒数量级响应,这一点与传统的数据挖掘技术有着本质的不同,后者通常不要求给出实时分析结果。

为了实现快速分析海量数据的目的,新兴的大数据分析技术通常采用集群处理和独特的内部设计。以谷歌公司的 Dremel 为例,它是一种可扩展的、交互式的实时查询系统,用于只读嵌套数据的分析,通过结合多级树状执行过程和列式数据结构,它能做到几秒内完成万亿张表的聚合查询,该系统可以扩展到成千上万的 CPU 上,满足谷歌成千上万用户操作 PB 级数据的需求,并且可以在 2～3 s 内完成拍字节数量级数据的查询。

4) 价值密度低

大数据虽然看起来很美,但是其价值密度却远远低于传统关系数据库中已经存在的那些数据。在大数据时代,很多有价值的信息都是分散在海量数据中的。以小区监控视频为例,如果没有意外事件发生,则连续不断产生的数据都是没有任何价值的,当发生偷盗等意外情况时,也只有记录了事件过程的那一小段视频是有价值的。但是,为了能够获得发生偷盗等意外情况时的那一段宝贵记录,需要保存摄像头连续不断传来的监控数据。

2. 大数据的关键技术

当人们谈到大数据时,往往并非仅指数据本身,而是指数据和大数据技术这两者的综合。所谓大数据技术,是指伴随着大数据的采集、存储、分析和应用的相关技术,是一系列使用非传统的工具来对大量的结构化、半结构化和非结构化数据进行处理,从而获得分析和预测结果的一系列数据处理和分析技术。

因此,从数据分析全流程的角度,大数据技术主要包括数据采集与预处理、数据存储和管理、数据处理与分析、数据安全和隐私保护等几个层面的内容(见表 9-2)。

表 9-2 大数据技术的不同层面及其功能

技 术 层 面	功 能
数据采集与预处理	利用 ETL 工具将分布的、异构数据源中的数据,如关系数据、平面数据文件等,抽取到临时中间层后进行清洗、转换、集成,最后加载到数据仓库或数据集市中,成为联机分析处理、数据挖掘的基础;也可以利用日志采集工具(如 flume、kafka 等)把实时采集的数据作为流计算系统的输入,进行实时处理分析
数据存储和管理	利用分布式文件系统、数据仓库、关系数据库、NoSQL 数据库、云数据库等,实现对结构化、半结构化和非结构化海量数据的存储和管理
数据处理与分析	利用分布式并行编程模型和计算框架,结合机器学习和数据挖掘算法,实现对海量数据的处理和分析;对分析结果进行可视化呈现,帮助人们更好地理解数据、分析数据
数据安全和隐私保护	在从大数据中挖掘潜在的巨大商业价值和学术价值的同时,构建隐私数据保护体系和数据安全体系,有效保护个人隐私和数据安全

需要指出的是,大数据技术是许多技术的一个集合体,这些技术也并非全部都是新生事物,诸如关系数据库、数据仓库、数据采集、ETL、OLAP、数据挖掘、数据隐私和安全、数据可视化等技术是已经发展多年的技术,在大数据时代得到不断补充、完善、提高后,又有了新的升华,也可以视为大数据技术的一个组成部分。

9.3.2 大数据的应用

大数据无处不在,包括金融、汽车、餐饮、电信、能源、体育和娱乐等在内的社会各行各业都已经融入了大数据的印迹,表 9-3 所示的是大数据在各个领域的应用情况。下面简单介绍大数据在移动社交网络、视频流的实时分析与处理、智慧城市管理、医疗图像分析以及金融大数据分析等方面的应用。

表 9-3 大数据在各个领域的应用情况

领 域	大数据的应用
制造业	利用工业大数据提升制造业水平,包括产品故障诊断与预测、分析工艺流程、改进生产工艺、优化生产过程能耗、工业供应链分析与优化、生产计划与排程

续表

领　域	大数据的应用
金融行业	大数据在高频交易、社交情绪分析和信贷风险分析等三大金融创新领域发挥重要作用
汽车行业	利用大数据和物联网技术的无人驾驶汽车,在不远的未来将走入我们的日常生活
互联网行业	借助大数据技术,可以分析客户行为,进行商品推荐和有针对性的广告投放
餐饮行业	利用大数据实现餐饮 O2O 模式,彻底改变传统餐饮的经营方式
电信行业	利用大数据技术实现客户离网分析,及时掌握客户离网倾向,出台客户挽留措施
能源行业	随着智能电网的发展,电力公司可以掌握海量的用户用电信息,利用大数据技术分析用户用电模式,可以改进电网运行,合理地设计电力需求响应系统,确保电网运行安全
物流行业	利用大数据优化物流网络,提高物流效率,降低物流成本
城市管理	利用大数据实现智能交通、环保监测、城市规划和智能安防
生物医学	大数据可以帮助我们实现流行病预测、智慧医疗、健康管理,同时还可以帮助我们解读 DNA,了解更多的生命奥秘
体育和娱乐	大数据可以帮助我们训练球队,决定投拍哪种题材的影视作品,以及预测比赛结果
安全领域	政府可以利用大数据技术构建强大的国家安全保障体系,企业可以利用大数据抵御网络攻击,警察可以借助大数据来预防犯罪
个人生活	大数据还可以应用于个人生活,利用与每个人相关联的"个人大数据",分析个人生活行为习惯,为其提供更加周到的个性化服务

1. 移动社交网络

移动互联网的兴起使得线上社交网络变得日益火热,随之而来的是呈指数增长的数据。此类数据的分析,需要一套准确、快速的社交网络大数据挖掘方法,其中涵盖了网络、内容、人文等多个方面;"网络"是指社交网络建模、动态网络分析与预测、网络信息传播、网络社区检测等;"内容"是指大事件检测、热点事件分析、流行趋势预测、推荐等;"人文"是指从数据中研究人类行为,包括群体感知、人物个性、社会结构等,将移动互联网大数据的研究上升至人类学高度。

2. 视频流的实时分析与处理

移动互联网和 Web 2.0 的普及,使得互联网成了一种社会资源。在互联网行业的流量中,绝大部分都被视频图像占有,并且每日新增的视频流量对现有的存储系统有着极大的挑战。大规模视频流的实时分析与处理,包括异常事件的检测、视频服务导向的云系统布局优化、数据实时清理与采样、个性化视频推荐等方向。

在互联网行业的流量中,视频图像的内容占了很大一部分。随着网络流量的指数性增长,网络中海量的数据传输是现今传统互联网及移动互联网所面临的现实问题。大数据背景下的网络容量、覆盖性、连通性需要进行深入研究。在移动互联网环境下,上述提到的各项指标还要考虑节点的移动性,包括移动方式、移动速率、群体移动等特点。

3. 智慧城市管理

智能终端的普及、各类检测网络的广泛布局已经将城市数字化,城市里每天都有海量的数据参数,包括各类传感器。这类数据对城市的智慧化有着重大意义,通过大数据挖掘技术可以实现对城市的智能规划和管理,对绿色城市和便捷生活有巨大推动作用。交通规划、综合交通决策、跨部门协同管理、个性化的公众信息服务等需求均是智慧城市的一部分,其中智慧交通是智慧城市中很关键的部分。整合某个地区道路交通、公共交通、对外交通的大数据资源,汇集气象、环境、人口、土地等行业数据,可以用来建设并完善交通大数据库,提供道路交通状况判别及预测,辅助交通决策管理,支撑智慧出行服务,促进交通大数据服务模式的创新。

4. 医疗图像分析

传统的医疗图像分析技术致力于将图像的质量提升至真实水准,而对图像的分析则交给人工判别操作,如此的流程不仅加大了人力成本,无形中也带来了错误判别的弊端。而基于大数据医疗图像分析系统的研究,可以通过已有的信息精准判别,将图像与症状结合,实现医疗图像分析自动化。随着医疗图像采集技术的发展,医疗相关图像数据处理是一个重要的大数据挑战。结合机器学习最前沿的算法,将分析系统建立在分布式的计算集群上,通过学习海量图片信息与病理病状信息达到严格的判别标准,我们能够推出智能图像医疗服务,从而造福病人与医生群体。

5. 金融大数据分析

大数据时代的到来,必将颠覆传统的金融行业。从融资模式看,传统的融资依靠银行和资本市场两个渠道,而现今的融资模式越来越多地通过移动互联网平台进行。从支付模式看,传统的是银行支付,而现今的是第三方支付,例如,支付宝钱包、微信钱包已经开始颠覆了传统模式,未来可能还会有诸如 ApplePay 这样的支付方式,它们将为金融领域带来更大的改变。利用大数据的思路分析金融行业在移动互联网背景下变化的特点,遇到的机遇,面临的风险,将是一个极具前途的方向。在其他方面,如何制定理财产品,如何合理调动现金资源,如何锁定客户需求,都可以借助海量数据得到非常有用的结果。金融业正面临着前所未有的挑战,如今得数据者得天下,如何实现分析洞察将是行业创新和转型的关键。

利用大数据的思路分析金融行业在互联网背景下变化的特点,遇到的机遇和面临的风险。具体来说,“变化特点”是指对金融形势进行有效建模、合理分析,“遇到的机遇”是指对行业形势的预测与分析,“面临的风险”是指如何对威胁进行检测与评估。在其他方面,如何制定理财产品,如何合理调动现金资源,如何锁定客户需求等,都需要合理的数据分析方法。同时,还可以借助正蓬勃发展的社交网络,从数据中抓住舆论导向,制定出合理的金融规划。

9.4 移动互联网

9.4.1 移动互联网的概念

1. 移动互联网的定义

移动互联网是通信网和互联网的融合,其不同定义如下。

(1) 在 information technology 论坛上的定义:无线互联网是指通过无线终端(如手机和 PDA 等)使用世界范围内的网络。无线互联网提供了任何时间和任何地点的无缝链接,用户可以使用 E-mail、移动银行、即时通信、天气、旅游信息及其他服务。总的来说,想要适应无线用户的站点就必须以可显示的格式提供服务。

(2) 在维基百科上的定义:移动互联网是指使用移动无线 modem,或者整合在手机或独立设备 (如 USB modem 和 PCMCIA 卡等)上的无线 modem 接入互联网。

(3) 在 WAP 论坛上的定义:移动互联网是指用户能够通过手机、PDA 或其他手持终端通过各种无线网络进行数据交换。

在我国,比较有代表性的定义是由中兴通讯股份有限公司在《移动互联网发展白皮书》给出的,分为狭义和广义两种。

(1) 狭义:移动互联网是指用户能够通过手机、PDA 或其他手持终端通过无线通信网络接入互联网。

(2) 广义:用户能够通过手机、PDA 或其他手持终端以无线方式通过多种网络(WLAN、BWLL、GSM 和 CDMA 等)接入互联网。

由以上定义可以看出,移动互联网包含两个层次。首先是一种接入方式或通道,运营商通过这个通道为用户提供数据接入,从而使传统互联网移动化;其次是在这个通道上,运营商可以提供定制类内容的应用,从而使移动化的互联网逐渐普及。

本质上,移动互联网是以移动通信网作为接入网络的互联网及服务,其关键要素为移动通信网络接入,包括 2G、3G 和 4G 等(不含通过没有移动功能的 WiFi 和固定无线宽带接入提供的互联网服务);面向公众的互联网服务,包括 WAP 和 Web 两种方式,具有移动性和移动终端的适配性特点;移动互联网终端,包括手机、专用移动互联网终端和数据卡方式的便携式计算机。图 9-6 所示的是移动互联网的内涵。

移动互联网的立足点是互联网,显而易见,没有互联网就不可能有移动互联网。从本质和内涵来看,移动互联网继承了互联网的核心理念和价值,如体验经济、草根文化和长尾理论等。移动互联网的现状具有三个特征。一是移动互联网应用和计算机互联网应用高度重合,而当前的主流应用仍是计算机互联网的内容平移。目前的数据表明在世界范围内,浏览新闻、在线聊天、阅读、视频和搜索是排名靠前的移动互联网应用,同样这也是互联网上的主流应用。二是移动互联网继承了互联网上的商业模式,后向收费是主体,运营商代收费生存模式加快萎缩。三是 Google、Facebook、YouTube、腾讯和百度等互联网巨头快速布局移动互联网,如腾讯公司的微信 App 和微信小程序、百度的移动搜索网页、大众点评网的手机客户端等流量迅速增长。这三个特征也表明移动互联网首先是互联网的移动。

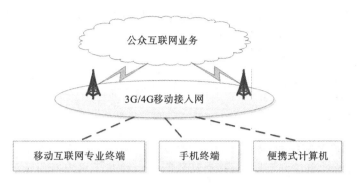

图 9-6　移动互联网的内涵

移动互联网的创新点是移动性,移动性的内涵特征是实时性、隐私性、便携性、准确性和可定位等,这些都是有别于互联网的创新点,主要体现在移动场景、移动终端和移动网络等三个方面。在移动场景方面,表现为随时随地信息访问,如手机上网浏览;随时随地沟通交流,如手机微信聊天;随时随地交互各类信息,如手机支付应用等。在移动终端方面,表现为随身携带、更个性化、更为灵活的操控性、越来越智能化,以及应用和内容可以不断更新等。在移动网络方面,表现为可以提供定位和位置服务,并且具有支持用户身份认证、支付、计费结算、用户分析和信息推送的能力等。

移动互联网的价值点是社会信息化,互联网和移动性是社会信息化发展的双重驱动力。首先,移动互联网以全新的信息技术、手段和模式改变并丰富了人们沟通交流等生活方式。例如,Facebook 将用户状态、视频、音乐、照片和游戏等融入人际沟通,改变并丰富了人际沟通的方式和内容。微博更是提供了一种全新便捷的沟通交流方式,新浪微博在开通后短短 2 个月里其用户数就突破了 100 万,8 个月后突破了 1000 万,1 年后突破了 3000 万。在新浪微博的注册用户中,手机用户占比为 46% 左右。其次,移动互联网带来社会信息采集、加工和分发模式的转变,将带来新的、广阔的行业发展机会,基于移动互联网的移动信息化将催生大量的新的行业信息化应用。例如,IBM 推进的“智慧地球”计划在很大程度上就是将物联网与移动互联网应用相结合,将移动互联网和电子商务有效结合起来就拓展出移动商务这一新型的应用领域。

移动互联网的发展分为如下三个阶段。

(1) mobile Internet 1.0：2002—2006 年,基于 WAP、封闭的移动互联网,借鉴互联网的经验,将一部分内容直接移植到手机上。网络带宽和终端处理能力有限,只能提供如文本等简单业务,并且由运营商主导,典型产品有 WAP 门户。

(2) mobile Internet 2.0：2006—2010 年,手机和互联网融合的移动互联网实现了手机和互联网的融合,用户的属性多元化和产业主导权竞争激烈。网络带宽和终端处理能力增强,各类互动应用层出不穷,呈现终端业务一体化。主导商增加,且运营商、终端厂商和互联网服务商都可主导,典型产品包括 iPhone 手机平台、139 移动邮箱和Google 搜索等,我国目前处于这个阶段。

(3) mobile Internet 3.0：2010 年以后,实现无处不在的信息服务。基于用户统一的身份认证,为客户提供多层面和深入日常生活的各类信息服务,形成新的产业核心力量。网络带宽和终端处理能力取得突破,不再成为业务瓶颈。用户识别实现了基于统一的身份认证的信息服务,主导商主要基于客户关系。

根据摩根士丹利的分析和预测,移动互联网将成为50年来继第一代主机计算、微型计算、个人计算、桌面网络计算之后的第5个新技术周期。移动互联网的增长速度超过了桌面互联网,目前手机上网用户已远远超过了计算机上网用户。在移动互联网时代,典型企业将创造比之前大得多的市值,如苹果公司已经超越微软和Google成为全球市值最大的企业。5G技术、社交网络、视频及移动设备等基于IP的产品和服务正在增长和融合,将支撑移动互联网迅猛增长。

2. 移动互联网的特点

区别于传统的电信和互联网,移动互联网是一种基于用户身份认证、环境感知、终端智能和泛在无线的互联网应用业务集成。最终目标是以用户需求为中心,将互联网的各种应用业务通过一定的变换在各种用户终端上进行定制化和个性化的展现,它具有典型的技术特征。

(1)技术开放性:开放性是移动互联网的本质特征,移动互联网是基于IT和CT技术之上的应用网络。其业务开发模式借鉴SOA和Web 2.0模式将原有封闭的电信业务能力开放出来,并结合Web方式的应用业务层面,通过简单的API或数据库访问等方式,提供集成的开发工具给兼具内容提供者和业务开发者的企业和个人用户使用。

(2)业务融合化:业务融合在移动互联网时代下催生,用户的需求更加多样化和个性化,而单一的网络无法满足用户的需求,技术的开放已经为业务的融合提供了可能性及更多的渠道。融合的技术正在将多个原本分离的业务能力整合起来,使业务由以前的垂直结构向水平结构方向发展,从而创造出更多的新生事物。种类繁多的数据、视频和流媒体业务可以变换出万花筒般的多彩应用,如富媒体服务、移动社区和家庭信息化等。

(3)终端的集成性、融合性和智能化:由于通信技术与计算机技术和消费电子技术的融合,移动终端既是一个通信终端,也是一个功能越来越强的计算平台、媒体摄录和播放平台,甚至是便携式金融终端。随着集成电路和软件技术的进一步发展,移动终端还将集成越来越多的功能。终端智能化由芯片技术的发展和制造工艺的改进驱动,两者的发展使得个人终端具备了强大的业务处理和智能外设功能。Windows CE、Symbian和Android等终端智能操作系统使得移动终端除了具备基本的通话功能外,还具备了互联网的接入功能,为软件运行和内容服务提供了广阔的舞台。而且很多增值业务可以方便运行,如股票、新闻、天气、交通监控和音乐图片下载等,实现"随时随地为每个人提供信息"的理想目标。

(4)网络异构化:移动互联网的网络支撑基础包括各种宽带互联网络和电信网络,不同网络的组织架构和管理方式千差万别,但都有一个共同的基础,即IP传输。通过聚合的业务能力提取,可以屏蔽这些承载网络的不同特性,实现网络异构化上层业务的接入无关性。

(5)个性化:由于移动终端的个性化特点,加之移动通信网络和互联网所具备的一系列个性化能力,如定位、个性化门户、业务个性化定制、个性化内容和Web 2.0技术等,所以移动互联网成为个性化越来越强的个人互联网。

①从用户层面来看,移动互联网的客户群主要以个人客户为主。由于移动互联网是以4G网络为主要接入网络,其主要用户和移动通信用户一样以个人客户为主,所以这一特点决定了移动互联网应用将以个人业务为主体。

②从使用场景来看,用户对移动互联网业务的使用多以实时性和间歇性为主。由

于移动终端的随身性和个人化特点,使得移动互联网对实时业务具有天然的支持优势,实际上移植于互联网的即时通信业务是移动互联网中比较成功的业务。而需要长时间连续使用的业务在移动互联网中会有较大的困难,手机电视播放内容的发展可以作为一个例证。手机电视播放的内容最初照搬电视内容,但用户对长时间的电视剧等节目内容的接受度较低,现在手机电视的内容已逐步发展为专门为手机电视制作的短片。

③ 从使用感知上看,移动互联网提供内容的形式和互联网有一定差距。其受限于多数移动终端的性能、尺寸和操作方式,使得移动互联网的应用对终端的依赖性比较高。把互联网的应用简单照搬到移动互联网上是不现实的,这就说明即使用户使用同样的业务,在多数情况下移动互联网的感知度仍与互联网有较大差异。

④ 从产业链角度来看,移动互联网参与的行业较多。移动互联网涉及终端厂商、应用提供商和电信运营商这三方主要的不同的行业参与者,三方是合作依存的关系。相对于互联网主要是互联网企业占优势的情况,在移动互联网领域运营商的机会要更大一些。

移动互联网业务的特点不仅体现在移动性上,可以"随时、随地、随心"地享受互联网业务带来的便捷,还表现在更丰富的业务种类、个性化的服务和更高服务质量的保证。当然,移动互联网在网络和终端方面也受到一定的限制。

(6) 终端移动性:移动互联网业务使得用户可以在移动状态下接入和使用互联网服务,移动的终端便于用户随身携带和随时使用。

(7) 终端和网络的局限性:移动互联网业务在便携的同时也受到了来自网络能力和终端能力的限制。在网络能力方面,受到无线网络传输环境和技术能力等因素限制;在终端能力方面,受到终端大小、处理能力和电池容量等的限制。

(8) 业务与终端、网络的强关联性:由于移动互联网业务受到了网络及终端能力的限制,因此其业务内容和形式也需要适合特定的网络技术规格和终端类型。

(9) 业务使用的私密性:在使用移动互联网业务时,所使用的内容和服务更私密,如手机支付业务等。

9.4.2 移动互联网的应用

伴随着 Web 2.0、用户生成内容(user generated content,UGC)等新技术、新模式的发展和应用,移动互联网业务有了新的发展。Web 2.0 颠覆了传统的以新闻门户网络平台为中心的信息发布模式,催生出"个人媒体",从而实现个体制造、个体发布、个体传播信息,并扩散到尽可能多的其他个体。

根据提供方式和信息内容的不同,移动业务应用大致可细分为以下六种类别。

(1) 移动公众信息类:主要包括为公众进行普遍服务的生活信息、区域广告、紧急呼叫、合法跟踪等。这类业务可以为移动互联网聚集人气。

(2) 移动个人信息类:主要包括移动网上冲浪、移动 E-mail、城市导航、移动证券(信息)、移动银行(信息)、个人助理等。移动个人信息类是最有个性化的业务,会占据潜在的巨大市场。

(3) 移动电子商务类:主要包括移动证券(交易)、移动银行(交易)、移动购物、移动在线支付、移动预定、移动拍卖等。

(4) 移动娱乐服务类:主要包括各类移动游戏、移动聊天、移动视频点播。

（5）移动企业虚拟专用类：主要应用在企业用户的移动办公。

（6）移动运营模式类：主要包括移动预付费、移动互联网门户等。

根据应用场合和社会功能的差异，移动互联网的业务还可分为三种组合类型：社交型、效率型和情景型。

移动互联网应用缤纷多彩，娱乐、商务、信息服务等各种各样的应用开始渗入人们的基本生活。移动社交应用、移动金融应用、基于地理位置的服务（location based service，LBS）应用、移动电子商务应用等移动数据业务将带给用户新的体验。

1. 移动社交应用

随着网络信息技术的发展，移动通信设备的软件也在不断增多，其功能也逐渐呈现出多元化的趋势。人们在新软件的使用和投入上的选择越来越多，接受的时间也在缩短，如社交软件的多样化，使得人们的选择更多。移动社交应用用户能够通过微博、微信、QQ 及时分享、更新信息，这在人们的生产和生活中提供了很大的便利，使得人们的生活与移动通信技术的发展越来越密切。用户可以利用即时通信软件随时随地利用时间间隙开展互动，以微信、QQ 等为代表的社交应用能够实现与手机通讯录相关联的方式扩展熟人社交圈，并通过定位、扫一扫、摇一摇等功能打破空间界限，扩展交际范围。

2. 移动金融应用

移动金融是指使用移动智能终端及无线互联技术处理金融企业内部管理及对外产品服务的解决方案。例如，利用支付宝 App 中的"余额宝"购买理财产品，就是一种金融解决方案，将余额宝里面的钱转出来购物，也是一种金融解决方案。这里移动终端泛指以智能手机为代表的各类移动设备，其中智能手机、平板电脑和无线 POS 机的应用范围较广。人们可以在手机上管理自己的银行账户，了解理财产品、信用卡及网络购物等信息，并能借助软件及时查询自己的资金动态，查询信用卡借贷款记录等，还可以实现理财产品的在线购买和赎回等。通过手机软件进行模拟炒股和证券开户等功能，实现股票和证券的买卖等，在很大程度上为金融业的发展提供了更大的便利，也方便了更多的人了解金融行业发展等。但在另一方面，它对数据安全程度的要求也越来越高。

3. LBS 应用

基于地理位置的服务，是通过移动通信运营商的无线通信网络或外部定位方式获取移动终端用户的位置信息，在地理信息系统平台的支持下，为用户提供相应服务的一种增值业务方式。例如，滴滴打车、高德地图等能够实现应用服务的实效性和实地化，利用移动终端所具有的便携性、移动性和即时性，为位置应用提供优先的线上线下互动。

4. 移动电子商务应用

2013 年起，移动互联网为购物、支付、娱乐、出行、订餐、酒店预订等服务提供了移动端服务，消费者逐渐习惯并大量运用移动端进行消费。电子商务应用具有灵活访问和支付的便捷性、根据 SIM 卡能够有效识别用户身份的统一性、具有巨大发展潜力的发展机遇性。其中发展较为成熟的移动终端是以天猫和支付宝为首的购物和支付终端。

5. 视频娱乐类应用

视频、音频类应用具有内容丰富、来源多样、使用时间碎片化、黏着性强、营利性高等特点,根据用户需求,在视频和音乐应用服务方面,更具人性化,用户通过对不同的应用运营商服务的体验满意度来判定使用哪种应用软件,同时 SP 也会根据广大用户的体验反馈改进应用服务,从而提高自身的吸引力和影响力。

6. 互联网＋应用

随着信息化时代的到来,人们的生活和各行各业逐渐走向网络化和智能化,日常生活中所接触和使用的电子产品和智能设备也越来越多。以智能家居为例,智能电视、节能灯、冰箱空调、电子秤等,这些设备在一定程度上带动了人们生活的智能化,大大提升了人们生活的质量,也方便了人们的生活。但是另一方面,它在带来便利的同时,也给人们生活的安全性带来了很大的威胁,其中设备的使用安全备受关注。为了提升设备的智能化和安全性,很多智能家居可以与手机设备连接,人们可以实现对智能家居设备的实时监控、指令发送等。用户只需要一部手机,便可以了解家庭电子设备和电器的运行情况,如调节空调温度,热水器的水温等,可以利用手机发出的信号对其进行控制。移动互联网促进了互联网＋的发展,改善了人们的生活方式。

随着人工智能、云计算、大数据、传感技术、数据挖掘等智能技术的发展,越来越多的移动互联网应用将为用户提供更具个性化和人性化的服务。这些技术的融合将为移动互联网的发展带来了新的契机。移动互联网与智能技术的结合将会使移动互联网应用更加智能化。

9.5　量子通信技术

量子通信(quantum communication)是指利用量子纠缠效应进行信息传递的一种新兴的通信方式。量子通信是近二十年发展起来的新兴交叉学科,是量子论和信息论相结合的新的研究领域。量子通信主要涉及量子密码通信、量子远程传态和量子密集编码等,近来这门学科已逐步从理论走向实验,并向实用化发展。

9.5.1　量子通信的概念

自 19 世纪进入通信时代以来,人们就梦想着像光速一样(甚至比光速更快)的通信方式。在这种通信方式下,信息的传递不再通过信息载体(如电磁波)的直接传输,也不再受通信双方之间空间距离的限制,而且不存在任何传输延时,它是一种真正的实时通信。科学家们试图利用量子非效应或量子效应来实现这种通信方式,这种通信方式被称为量子通信。与成熟的通信技术相比,量子通信具有巨大的优越性,已成为国内外研究的热点。近年来它在理论和实践上均已取得了重要的突破,引起各国政府、科技界和信息产业界的高度重视。从人类信息交流和通信的演化进程,我们可以清楚地体会到信息技术的不断发展。现代信息技术具有强大的社会功能,已经成为 21 世纪推动社会生产力发展和经济增长的重要因素。

英国著名物理学家史蒂芬·霍金在一部有关宇宙的纪录片中指出,"时光机器"在科学上并非无可能。霍金指出,要进入未来大概有两种方法,其中一种就是通过所谓的"虫洞"。他强调,虫洞就在我们四周,只是小到肉眼很难看见,它们存在于空间与时间的裂缝中。如同在三度空间中,时间也有细微的裂缝,而比分子、原子还细小的空间则被命名为"量子泡沫",虫洞就存在于其中。不过,这些隧道小到人类无法穿越,但有朝一日也许能够抓住一个虫洞,再将它无限放大。理论上时光隧道或虫洞能带着人类前往其他行星,如果虫洞两端位于同一位置,且以时间而非距离间隔,那么太空船即可飞入,飞出后仍然接近地球,只是进入所谓"遥远的过去"。

量子态是指原子、中子、质子等粒子的状态,它可表征粒子的能量、旋转、运动、磁场以及其他的物理特性。曾被爱因斯坦称为幽灵般的超距离作用的"量子纠缠",指的是在量子力学中,有共同来源的两个微观粒子之间存在着某种纠缠关系,不管它们被分开多远,只要一个粒子的状态发生变化,另一个粒子的状态也会立刻发生相应的变化,这就是量子纠缠。

量子通信技术是利用量子纠缠效应进行信息传递的一种新兴通信技术,由量子论和信息论相结合而产生。从物理学角度看,量子通信是在物理极限下利用量子效应现象完成的高性能通信,从物理原理上确保通信的绝对安全,解决了通信技术无法解决的问题,是一种全新的通信方式。从信息学角度看,量子通信是利用量子不可克隆或者量子隐形传输等量子特性,借助量子测量的方法实现两地之间的信息数据传输。量子通信中传输的不是经典信息,而是量子态携带的量子信息,是未来通信技术的重要发展方向。

量子通信利用了量子力学的基本原理或量子特性进行信息传输。它具有以下几个特点。

(1) 量子通信具有无条件的安全性。量子通信起源于利用量子密钥分发获得的密钥加密信息,基于量子密钥分发的无条件安全性,从而可实现安全的保密通信。

(2) 量子通信具有传输的高效性。根据量子力学的叠加原理,一个 n 维量子态的本征展开式有 2^n 项,每项前面都有一个系数,传输一个量子态相当于同时传输这 2^n 个数据。可见,量子态携载的信息非常丰富,使其不但在传输方面,而且在存储、处理等方面相比于经典方法更为有效。

(3) 可以利用量子物理的纠缠资源。纠缠是量子力学中独有的资源,相互纠缠的粒子之间存在一种关联,无论它们的位置相距多远,若其中一个粒子改变,另一个粒子必然改变,或者说一个粒子经测量塌缩,另一个粒子也必然塌缩到对应的量子态上。因此用纠缠可以协商密钥,若存在窃听,即可被发现。利用纠缠的这种特性,也可以实现量子态的远程传输。

9.5.2　量子通信模型及类型

量子通信系统的基本部件包括量子信源、量子传输信道和量子测量装置,其基本模型如图 9-7 所示。按其所传输的信息是经典的还是量子的分为两类。前者主要用于量子密钥的传输,后者则可用于量子隐形传态和量子纠缠的分发。

量子信源:可以以尽可能少的量子比特来表示输入符号,从而将要传输的信息转化成量子比特流。

量子编码器:对量子比特流进行编码,达到数据压缩或加入纠错码对抗噪声的目的。

量子调制器:使量子信号的特性与信道特性匹配。

量子解调器:通过量子操作得到调制前的量子信息。

量子传输信道:传送量子信号的通道。

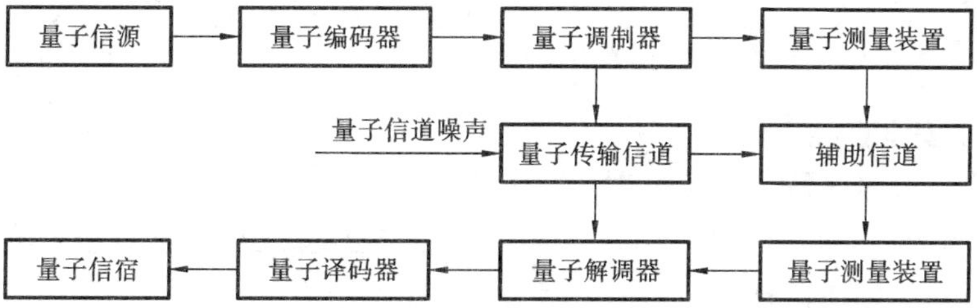

```
┌─────────┐     ┌─────────┐     ┌─────────┐     ┌──────────┐
│ 量子信源 │ ──→ │ 量子编码器│ ──→ │ 量子调制器│ ──→ │量子测量装置│
└─────────┘     └─────────┘     └─────────┘     └──────────┘
                                      │               │
           量子信道噪声              ↓               ↓
              ──────→        ┌─────────┐     ┌─────────┐
                             │量子传输信道│ ──→ │ 辅助信道 │
                             └─────────┘     └─────────┘
                                   │               │
                                   ↓               ↓
┌─────────┐     ┌─────────┐     ┌─────────┐     ┌──────────┐
│ 量子信宿 │ ←── │ 量子译码器│ ←── │ 量子解调器│ ←── │量子测量装置│
└─────────┘     └─────────┘     └─────────┘     └──────────┘
```

图 9-7 量子通信模型

辅助信道:经典信道及其他附加信道。

量子信道噪声:环境对量子信号影响的等效描述。

量子译码器:把量子比特转化成经典信息。

量子信宿:量子信息的接收方。

目前,在量子通信系统的实际应用中,一般采用"量子信道+辅助经典信道"的方式完成非理想的量子密钥分发或量子密码通信,在经典信道辅助下,通信双方利用量子信道实现量子信息的交互和同步,获取量子密钥。

当前,世界各国学者对于量子通信技术开展的研究,主要集中在量子密钥分配(quantum key distribution,QKD)、量子隐形传态(quantum teleportation,QT)、量子安全直接通信(quantum secure direct communication,QSDC)、量子机密共享(quantum secret sharing,QSS)等 4 大类型方面。

1. 量子密钥分配

量子密钥分配以量子态为信息载体,基于量子力学的测不准关系和量子不可克隆定理,通过量子信道使通信收、发双方共享密钥,是密码学与量子力学相结合的产物。QKD 技术在通信中并不传输密文,只是利用量子信道传输密钥,将密钥分配到通信双方。基于 QKD 技术的保密通信系统架构如图 9-8 所示。

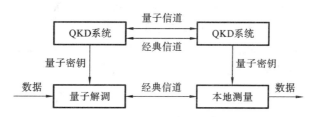

图 9-8 基于 QKD 技术的保密通信系统架构

目前,各国学者在理论上已经提出了几十种量子密钥分配方案,根据信号源的不同大概可分为三类:基于单量子的量子密钥分配方案;基于量子纠缠对的量子密钥分配方案;基于单量子与量子纠缠对的混合量子密钥分配方案。

2. 量子隐形传态

量子隐形传态又称量子远程传态或量子离物传态,是利用量子纠缠的不确定特性,将某个量子的未知量子态传送到另一个地方,然后将另一个量子制备到该量子态上,而原来的量子仍留在原处。其基本原理是利用量子纠缠对的远程关联,通过对其中一个纠缠量子和某一个未知量子态进行本地测量,实现这个未知量子态在另一个纠缠量子上再现出来。量子态传送过程是隐形的,通信过程中传输的只是表达量子信息的状态,而并不传输作为信息载体的量子本身,其通信没有经历空间与时间,不发送任何量子态,而是将未知量子态所包含的信息传送出去。

3. 量子安全直接通信

量子安全直接通信是指通信双方以量子态为信息载体,基于量子力学相关原理及量子特性,利用量子信道,在通信收、发双方之间安全地、无泄漏地直接传输有效信息,特别是机密信息的通信技术。

QSDC是量子通信技术的一个重要分支,主要用于直接传输机密信息。通信的收、发双方无须事先建立安全密钥,就可以直接通过量子信道进行信息传输。QSDC与量子密钥分发的根本区别在于在量子信道中直接传递秘密信息,安全性要求比量子密钥分配高,但总体而言,QSDC方案还存在非实时及其量子信道信息所需要的纠缠态、量子存储等技术不成熟的问题。

4. 量子机密共享

量子机密共享是传统的机密共享在量子通信中的运用和发展,传统的机密共享旨在对重要的密钥进行安全保护,即便部分或全部密钥被第三方窃取也难以恢复出真实的密钥。其主要实现思路是,将原始密钥分割成多份,然后将多份密钥分别发给多个用户,每个用户都只能获取一份或多份密钥,只有在多个密钥分享者合作下,才能恢复出原始的密钥,不能满足上述条件的共享者将无法得到全部的密钥。通过使用机密共享方案,可以在分享机密信息的同时,防止不诚实用户的破坏企图。

量子机密共享是多个通信方之间通过多量子纠缠态实现的量子通信,但现实应用技术难度大,还基本处在理论研究阶段。1999年,Hillery、Buzek和Berthiaume提出了首个量子机密共享方案,随后,各国学者又相继提出了大约十几种理论方案,包括共享一个未知态的一些方案,并于2001年在实验上进行了演示。

目前,量子通信的基本理论和框架已经形成,在单光子、量子探测、量子存储等量子通信关键技术获得发展和突破条件下,各种理论体系正日趋完善,量子通信技术已经从科研阶段逐步进入试点应用阶段。量子通信的绝对保密性也决定了其在军事、国防、金融等领域有着广阔的应用前景。未来量子通信将与现有通信深度融合,量子通信不会完全替代现有的通信技术,而是通过现有的技术,在物理层、网络层及应用层上将两者进行融合。

9.6 虚拟现实技术

9.6.1 虚拟现实的概念

虚拟现实技术极大地扩展了人类感知世界的能力,也是支撑物联网的基础性技术,了解虚拟现实技术,对于理解物联网感知中国与世界的能力是非常有益的。

1. 虚拟现实的基本概念

虚拟现实是计算机图形学、仿真技术、多媒体技术、人工智能技术、计算机网络技术、并行处理技术和多传感器技术相结合的产物。虚拟现实技术模拟人的视觉、听觉、触觉等感官功能,通过专用软件和硬件,对图像、声音、动画等进行整合,将三维的现实环境和物体模拟成二维形式表现的虚拟境界,再由数字媒体作为载体传播给观察者。观察者可以选择任意角度,观看任意范围内的场景或物体,使人能够沉浸在计算机生成的虚拟境界中,并能够通过语言、手势等自然的方式与之进行实时交互,就好像身临其境一样。虚拟现实技术最重要的特点是交互性和实时性。它能够突破空间、时间和其他客观限制,感受到真实世界中无法亲身经历的体验,给人们带来一个全新的视野。

"虚拟"与"现实"是两个不同含义的词,但是科学技术的发展却赋予它们全新的含义。最早提出虚拟现实概念的学者 J. Laniar 解释说,虚拟现实是用计算机合成的人工世界。生成虚拟现实需要解决以下三个主要问题。

(1) 以假乱真的境界:如何使观察者产生与现实环境一样的视觉、触觉和听觉。

(2) 互动性:如何产生与观察者动作相一致的现实感。

(3) 实时性:如何形成随着时间推移的现实感。

人在真实世界中是通过眼、耳、手、鼻等器官来实现视觉、听觉、触觉、嗅觉等功能的。人们通过视觉观看到色彩斑斓的外部环境,通过听觉感知丰富多彩的声音世界,通过触觉了解物体的形状和特性,通过嗅觉知道周围的气味。总之,通过各种各样的感觉,我们能够同客观真实世界交互,浸沉于真实的环境中。人从外界获得的信息,有 80%～90% 来自视觉。因此,在虚拟环境中,实现与真实环境中一样的视觉感受,对于获得逼真感、浸入感至关重要。在虚拟现实中与通常图像显示不同的是,要求显示的图像要随着观察者眼睛位置的变化而变化。此外,它要求能快速生成图像,以获得实时感。制作动画时不要求实时性,即为了保证质量,每幅画面需要多长时间生成不受限制。而虚拟现实中生成的画面通常为 30 帧/秒。有了这样的图像生成能力,再配以适当的音响效果,就可以使人有身临其境的感受。

虚拟现实技术是一种以计算机技术为核心的现代高科技手段,通过将虚拟信息构建、叠加、融合于现实环境或虚拟空间,从而形成交互式场景的综合计算平台。在此基础上,我们根据虚拟信息和真实世界的交互方式,划分出了 VR(virtual reality,虚拟现实)、AR(augmented reality,增强现实)、MR(mixed reality,混合现实)三个细分领域。这里所说的虚拟现实是指泛 VR 概念,包括两个领域:VR 和 AR。后来,增强现实领域又衍生出 MR。有时统称泛虚拟现实产业为 3R 产业。

VR 技术通过建立一个包含实时信息、三维静态图像或者运动物体的完全仿真的虚拟空间,实现空间的一切元素按照一定规则与使用者进行交互。这个空间不仅可以独立存在(虚拟现实),也可以与真实世界叠加(增强现实),甚至可以与真实世界融为一体(混合现实)。VR 是一项综合性技术,涉及视觉光学、环境建模、信息交互、图像与声音处理、系统集成等多项技术。虚拟现实的核心三要素就在于沉浸性(immersion)、交互性(interactivity)和想象性(imagination)。

(1) 沉浸性。沉浸性是指参与者作为主角存在于虚拟环境中的真实程度。虚拟世界产生逼近真实的体验,使用者会沉浸在其中,而难以将意识放到别处。戴上 VR 头盔,你会感觉完全进入另一个世界,你的意识、注意力都被锁定在虚拟空间中,很难抽离出来。

(2) 交互性。交互性是指参与者对模拟环境内物体的可操作程度和从环境得到反馈的自然程度。在 PC 和移动互联网时代,人们输出信息是通过鼠标、键盘、触控屏等相对较为单一的信息交互入口,但到了虚拟现实时代,人们可以通过手势、动作、表情、语音甚至眼球或脑电波识别多维的信息交互,更加接近真实世界中人与外界的交互方式。同时,参与者在虚拟世界中执行动作时,会得到遵循一定规律的反馈,比如从桌上握住一瓶水时,就感觉真的握住了它,可以使它有不同角度和距离的位移。

(3)多感知性。多感知性是指由于 VR 系统中装有视觉、听觉、触觉、动觉的传感装置及反应装置,因此参与者在虚拟环境中通过人机交互,可获得视觉、听觉、触觉、动觉等多种感知,从而达到身临其境的感受。

2. 虚拟现实技术研究的基本方法

虚拟现实是多种技术的综合,其关键技术和研究的主要内容包括以下几个方面。

(1)环境建模技术:虚拟环境建立的目的是获取实际三维环境的三维数据,必须根据应用的需要,利用获取的三维数据,建立相应的虚拟环境的模型与技术。

(2)立体声合成和立体显示技术:在虚拟现实系统中,必须解决声音的方向与用户头部运动的相关性问题,以及在复杂的场景中实时生成立体图形的问题。

(3)触觉反馈技术:在虚拟现实系统中,必须解决用户能够直接操作虚拟物体,并感觉到虚拟物体的反作用力,从而产生身临其境的感觉。

(4)交互技术:虚拟现实中的人机交互远远超出了键盘和鼠标的传统模式,需要设计数字头盔、数字手套等复杂的传感器设备,解决三维交互技术与语音识别、语音输入技术等人机交互的手段问题。

(5)系统集成技术:由于虚拟现实系统中包括大量的感知信息和模型,因此,必须解决将信息同步、数据转换、信息识别和合成技术集成在一个系统之中,创造协同工作平台的问题。

9.6.2 虚拟现实技术的应用

虚拟现实技术构造当前不存在的环境有三种情况:人们可以达到的合理的虚拟现实环境,人们不可能达到的夸张的虚拟现实环境,以及纯粹虚构的梦幻环境。那么人们就可以根据不同的三种虚拟现实环境的特点,找到虚拟现实技术应用的不同领域。显然,人们可以达到的合理的虚拟现实环境可以用于场景展示与训练,人们不可能达到的夸张的虚拟现实环境及纯粹虚构的梦幻环境可以用于游戏、科幻影片制作。虚拟现实技术最初被用于军事和航空航天领域,但近年来,已经被广泛地应用于工业、建筑设计、教育培训、文化娱乐等各个方面,它正在改变着我们的生活。

1. 虚拟现实技术在游戏、影视和社交上的应用

VR 最先带给使用者的是视觉冲击。通过虚拟现实技术呈现出来的游戏场景是 360°的,并且是三维立体的,我们可以完全沉浸在游戏的世界里。这种沉浸感,可以让我们感受到迎面而来的海浪,可以让我们站在山峰上俯视整个山谷,也可以让我们置身于热带丛林中。游戏的世界包围了我们,而且是如此真实,就好像带我们到达了一个新的世界。与游戏一样,VR 影视将原有的二维画面变成三维画面,因为是 360°全景图像,观众的视角从画面外变为置身于镜框之中。除此之外,VR 影视也会让观看体验从原来的被动观看变为一定程度上的主动参与互动。消费者可以通过 VR 设备进入应用,并看到 1.25 万种商品,包括服装、化妆品、家用电器、电子设备等。全新购物方式"Buy+"使用 VR 技术,100%还原真实场景,利用计算机图形系统和辅助传感器,生成可交互的三维购物环境。"Buy＋"将突破时间和空间的限制,你可以直接与虚拟世界中的人和物进行交互,甚至将现实生活中的场景虚拟化,成为一个可以互动的商品。

2. 虚拟现实技术在教育上的应用

VR 技术能够使知识更加形象,这突破了传统教育形象的极限——图片与图表的限制。当 VR 技术走进教育,丰富多样、生动具体的事物能够得到再现,如在地理课上,丘陵、盆地将不再是一个个地貌名词,学生可以通过 VR 去走走看看,实际体验每一种地形特色。在化学课上,复杂的化学反应到底是怎样被触发的,又有几个反应过程,学生可以在 VR 的世界里,把自己缩小到分子级别,去一探究竟。而对于复杂的天体物理学,学生又可以把自己放大到星球级别,置身在银河系中,看两个行星之间的运动轨迹和由于引力变化而产生的自然现象。原本需要极强的空间想象能力的知识,通过 VR 可以具象化表达,降低了学生学习和掌握知识的难度。VR 的一个特点就在于它的沉浸性,它营造一个体验式环境,让使用者全身心沉浸环境,能够充分吸引使用者的注意力,这为学习者专心学习创造了条件。

3. 虚拟现实技术在军事上的应用

在军事上,利用虚拟现实技术模拟战争过程已成为最先进的、多快好省的研究战争和培训指挥员的方法。例如,可以将某地区的自然环境数据和对方的各种数据输入计算机,利用虚拟现实技术模拟各种作战方案的效果。

4. 虚拟现实技术在航空航天、汽车、航海领域的应用

虚拟现实技术可以使人们沉浸在合理的虚拟现实环境,这个特点可以用于航天员、飞机驾驶员、汽车驾驶员与航海轮船驾驶员的训练上。早在 20 世纪 70 年代,虚拟现实技术便被用于培训飞行员。它通过人机交互手段使受训人员可以观察驾驶舱屏幕,通过驾驶盘、操纵杆等传感系统来控制飞机的起飞、降落,犹如置身真实世界。在机舱中看到的是计算机模拟的向后飞驶的逼真的机场环境、各种各样的仪表和指示灯,听到的是计算机模拟的机舱环境声,感觉到的是计算机模拟的机舱相对于跑道的运动,以及对驾驶盘、操纵杆所具有的真实触觉。通过视觉、听觉、触觉等感觉器官的功能,把人带入一个虚拟现实环境,使人感到仿佛走进了一个真实的世界。利用计算机生成的虚拟环境可以是具体或抽象的三维世界,通过与虚拟环境进行交互作用,即能实时地操纵和改变这种环境。由于这是一种省钱、安全、有效的培训方法,现在已被推广到各个行业的培训中,也必将在未来的物联网中有广泛的应用。

9.7 人工智能技术

9.7.1 人工智能的概念

人工智能(artificial intelligence,AI)是研究、开发用于模拟、延伸和扩展人的智能的理论、方法、技术及应用系统的一门新的技术科学。

随着谷歌人工智能围棋程序 AlphaGo 战胜围棋世界冠军李世石,全球人工智能热潮迅速兴起。人工智能已成为全球科技巨头新的战略发展方向,人才、资本将迅速聚拢。

人工智能是计算机科学的一个分支，它企图了解智能的实质，并生产出一种新的能以人类智能相似的方式做出反应的智能机器，该领域的研究包括机器人、语言识别、图像识别、自然语言处理和专家系统等。人工智能从诞生以来，其理论和技术日益成熟，应用领域也不断扩大，可以设想，未来人工智能带来的科技产品，将会是人类智慧的"容器"。

人工智能可以对人的意识、思维的信息过程进行模拟。人工智能不是人的智能，但能像人那样思考，也可能超过人的智能。人工智能是一门极富挑战性的科学，从事这项工作的人必须懂得计算机、心理学和哲学知识；人工智能也是一门包括十分广泛的科学，它由不同的领域组成，如机器学习、计算机视觉等。总的说来，人工智能研究的一个主要目标是使机器能够胜任一些通常需要人类智能才能完成的复杂工作。但在不同的时代，不同的人对这种"复杂工作"的理解是不同的。

人工智能的定义可以分为两部分，即"人工"和"智能"。"人工"比较好理解，争议性也不大。有时我们需要考虑什么是人力所能及的，或者人自身的智能程度有没有高到可以创造人工智能的地步等。

美国斯坦福大学人工智能研究中心尼尔逊教授对人工智能下了这样一个定义："人工智能是关于知识的学科——怎样表示知识以及怎样获得知识并使用知识的科学。"而美国麻省理工学院的温斯顿教授则认为："人工智能就是研究如何使计算机去做过去只有人才能做的智能工作。"这些说法反映了人工智能学科的基本思想和基本内容，即人工智能是研究人类智能活动的规律，构造具有一定智能的人工系统，研究如何让计算机去完成以往需要人的智力才能胜任的工作，也就是研究如何应用计算机的软/硬件来模拟人类某些智能行为的基本理论、方法和技术。

人工智能是计算机学科的一个分支，20世纪70年代以来被称为世界三大尖端技术（空间技术、能源技术、人工智能）之一，也被认为是21世纪三大尖端技术（基因工程、纳米科学、人工智能）之一。这是因为近30年来它获得了迅速的发展，在很多学科领域都获得了广泛应用，并取得了丰硕的成果。人工智能已逐步成为一个独立的分支，无论在理论和实践上都已自成系统。

人工智能是研究使计算机来模拟人的某些思维过程和智能行为（如学习、推理、思考、规划等）的学科，主要包括计算机实现智能的原理、制造类似于人脑智能的计算机，使计算机能实现更高层次的应用。人工智能将涉及计算机、心理学、哲学和语言学等学科，可以说几乎涉及自然科学和社会科学的所有学科，其范围已远远超出了计算机学科的范畴。人工智能与思维科学的关系是实践和理论的关系，人工智能是处于思维科学的技术应用层次，是它的一个应用分支。从思维观点看，人工智能不仅限于逻辑思维，要考虑形象思维、灵感思维，才能促进人工智能的突破性的发展。数学常被认为是多种学科的基础科学，数学也进入语言、思维领域，人工智能学科也必须借用数学工具。数学不仅在标准逻辑、模糊数学等范围发挥作用，进入人工智能学科后，它们将互相促进，更快地发展。例如繁重的科学和工程计算本来是要人脑来承担的，如今计算机不但能完成这种计算，而且能够比人脑做得更快、更准确。因此当代人已不再把这种计算看作是"需要人类智能才能完成的复杂任务"，可见复杂工作的定义是随着时代的发展和技术的进步而变化的，人工智能这门学科的具体目标也自然随着时代的变化而发展。它一方面不断获得新的进展，另一方面又转向更有意义、更加困难的目标。

9.7.2 人工智能的应用

1. 机器视觉

近年来,为了让机器更像人类,能够认知事物,从而进行判定和深度学习,计算机视觉技术方法与应用发展迅速,计算机视觉研究如何让计算机可以像人类一样去理解图片、视频等多媒体资源内容,如用摄影机和计算机代替人眼对目标进行识别、跟踪和测量等,并进一步处理成更适合人眼观察或进行仪器检测的图像。近些年在海量的图像数据集、机器学习方法以及性能日益提升的计算机支持下,计算机视觉领域的技术与应用均得到迅速发展。

1) 人脸识别

人脸识别是人工智能"计算机视觉"领域中最热门的应用,2017 年 2 月,《麻省理工科技评论》发布"2017 全球十大突破性技术"榜单,来自中国的技术"刷脸支付"位列其中,今后"靠脸"吃饭完全不是问题。这是该榜单创建 16 年来首个来自中国的技术。人脸识别技术目前已经广泛应用于金融、司法、军队、公安、边检、政府、航天、电力、工厂、教育、医疗等行业。据业内人士分析,我国的人脸识别产业的需求旺盛,需求推动导致企业敢于投入资金。目前,该技术已具备大规模商用的条件,未来 3～5 年将高速增长。而在 2017 年,这一技术已在金融与安防领域迎来大爆发。

2) 视频监控分析

人工智能技术可以对结构化的人、车、物等视频信息进行快速检索、查询,这项应用使得公安系统在繁杂的监控视频中搜寻到罪犯有了可能。在大量人群流动的交通枢纽,该技术也被广泛用于人群分析、防控预警等。

视频监控领域盈利空间广阔,商业模式多种多样,既可以提供行业整体解决方案,也可以销售集成硬件设备。将技术应用于视频及监控领域在人工智能公司中正在形成一种趋势,这项技术应用将率先在安防、交通甚至零售等行业掀起应用热潮。

3) 工业视觉检测

机器视觉可以快速获取大量信息,并进行自动处理。在自动化生产过程中,人们将机器视觉系统广泛地用于工况监视、成品检验和质量控制等领域。机器视觉系统的特点是提高生产的柔性和自动化程度。运用在一些危险工作环境或人工视觉难以满足要求的场合。此外,在大批量工业生产过程中,机器视觉检测可以大大提高生产效率和生产的自动化程度。

4) 医疗影像诊断

医疗数据中有超过 90％的数据来自医疗影像。医疗影像领域拥有孕育深度学习的海量数据,医疗影像诊断可以辅助医生,提升医生的诊断效率。

2. 文字识别

计算机文字识别,俗称光学字符识别,它是利用光学技术和计算机技术把印在或写在纸上的文字读取出来,并转换成一种计算机能够接受、人类又可以理解的格式。这是实现文字高速录入的一项关键技术。

3. 指纹识别

目前很多手机,不论是数千元的旗舰机还是千元左右的大众机都搭配了此种功能,它已经在我们的日常生活中有所应用。指纹识别人工智能所能够覆盖的范围是非常广泛的,从工业领域到日常生活能够全线覆盖,因此它的未来发展之路非常广阔。在目前阶段,德国、美国、日本等发达国家都已经在这一发展领域中投入大量资金进行研发,我国的一些科技领军企业也在这方面不遗余力地投入研发力度,在未来阶段中,这一技术将决定工业领域众多企业的日常管理规范,在安全提升方面将效果显著。

4．智能信息检索技术

人工智能研究机器模拟人脑所从事的感觉、认知、记忆、学习、联想、计算、推理、判断、决策、抽象、概括等思维活动,解决人类专家才能处理自然语言理解、自动程序设计、专家系统、机器学习、模式识别、机器视觉、智能控制、智能检索以及智能调度与指挥等。

人工智能在网络信息检索中的应用主要表现在如何利用计算机软/硬件系统模仿、延伸与扩展人类智能的理论、方法和技术。目前,人工智能在网络信息检索领域的应用主要是在以下两个方面。

一是网络智能知识服务系统。网络智能知识服务系统的设计开发是专门为了解决目前网络信息资源浩瀚但获取难的矛盾。网络智能知识服务系统可分为知识采集系统、智能知识处理系统、智能知识服务系统和知识库四个部分。

二是智能代理技术。智能代理技术起始于 20 世纪 80 年代,是人工智能技术的一个重要研究领域。目前,国外很多大学、研究机构和诸多信息技术公司都在从事智能代理技术研究,并且有些智能代理产品或嵌入智能代理技术的产品已经投入使用,这些情况表明发展智能代理技术是一个趋势,它将是克服现有网络检索问题的有效手段。

5．智能控制

智能控制是通过定性与定量相结合的方法,针对对象环境和任务的复杂性与不确定性,有效、自主地实现复杂信息的处理及优化决策与控制功能。AI 在智能控制中的应用主要表现在以下几个方面。

1）专家控制系统

专家控制是智能控制的一个重要分支,又称专家智能控制,其实质是把专家系统的理论和技术同控制理论、方法与技术相结合,在未知环境下,效仿专家的智能,实现对系统的控制。基于专家控制原理所设计的系统称为专家控制系统。

2）模糊控制系统

人的思维以及人类对事物的认识都是定性的、模糊的和非精确的,因而将模糊信息引入智能控制具有现实意义。其控制策略实现的基本思想:首先将输入信息模糊化,利用一系列的"IF(条件)…THEN(作用)"形式表示控制规律;然后经模糊推理规则,给出模糊输出;最后将模糊指令量化,控制操作变量。模糊控制不需要精确的数学模型,是解决不确定性系统控制的一种有效途径,但它对信息简单、模糊的处理将导致系统控制精度的降低和动态品质变差。若要提高精度,则要求增加量化级数,从而导致规则搜索范围扩大,决策速度降低。

3）神经网络控制系统

神经网络控制系统是利用工程手段,模拟人脑神经网络的结构和功能的一种技术系统,是一种大规模并行的非线性动力学系统。神经网络具有的非线性映射能力、并行计算能力、自学习能力以及较强的鲁棒性等已广泛地应用于控制领域,尤其是非线性系统领域。

神经网络控制是研究和利用人脑的某些结构机理以及人的知识和经验对系统的控制,采用神经网络,控制问题可以看成模式识别问题,被识别的模式是映射成"行为"信号的"变化"信号。由于神经网络控制系统具有自适应能力和自学习能力,因此适合用于复杂系统的智能控制。

4)混沌控制系统

混沌运动是一种貌似无规则的运动,是非线性动力学系统所特有的一种运动形式,它广泛存在于自然界,如物理学、化学、生物学、地质学、技术科学、社会科学等多种学科领域。混沌控制现在被理解为从混沌态到有序态之间的相互转换,它是混沌理论与控制理论相交叉而产生的一个新的研究领域。

智能控制的应用领域已从工业生产渗透到生物、农业、地质、军事、空间技术、环境科学、社会发展等众多领域,在世界各国的高技术研究发展计划中,有其重要的地位。由于这些任务的牵引,智能控制必将在控制理论的发展中引起一次新的飞跃。

9.8 本章小结

本章主要介绍了当前通信领域中已经被采用或正在研究的一些活跃技术及热点话题,以及未来通信技术发展的方向。物联网、云计算、大数据、移动互联网与人工智能代表了 IT 领域最新的技术发展趋势,它们彼此渗透、相互融合,在很多应用场合都可以看到它们的身影。量子通信是近二十年发展起来的新兴交叉学科,是量子论和信息论相结合的新的研究领域。虚拟现实是多媒体技术的终极应用形式,它是计算机软/硬件技术、传感技术、机器人技术、人工智能及行为心理学等学科领域飞速发展的结晶。随着虚拟现实技术的发展,真正地实现虚拟现实,这将引起整个人类生活与发展的重大变革。

思考和练习题

1. 画图说明物联网技术体系架构的特点。
2. 举例说明身边生活中物联网的具体应用。
3. 什么是云计算?试简述云计算的三种服务模式。
4. 什么是大数据?试简述大数据的四个基本特征。
5. 什么是移动互联网?试举例说明身边生活中移动互联网的具体应用。
6. 什么是量子通信?试画图说明量子通信的模型结构。
7. 什么是虚拟现实技术?虚拟现实的核心要素是什么?
8. 试举例说明人工智能对当今信息社会发展的重要影响。

附录 信息通信领域专业缩略语和术语

英文缩写	英文全称	中文释义
3C	computer communication control	计算机通信控制
3G	third generation	第三代移动通信
3W	world wide web	万维网
4-Level FM	4-level frequency modulation	四电平调频
5G	fifth generation	第五代移动通信

A

AAL2	ATM adaptation layer type 2	ATM 适配层类型 2
AC	access channel	接入信道
AC	access control	接入控制
ACC	automatic congestion control	自动拥塞控制
ACK	acknowledgement	确认
ACM	address complete message	完整地址信息
ACU	antenna control unit	无线控制单元
ADC	analog to digital converter	模数转换器
ADSL	asymmetrical digital subscriber line	非对称数字用户线
ADPCM	adaptive differential pulse code modulation	自适应差分脉冲编码调制
AF	adapt function	适配功能
AG	access funtion	存取功能
AGC	automatic gain control	自动增益控制
AGCH	access grant channel	接入许可信道
AI	acquisition indication	捕获指示
AM	amplitude modulation	调幅
AMC	adaptive modulation coding	自适应调制编码
AMPS	American mobile phone system	美国移动电话系统
AMRk	adaptive multi-rate	自适应多速率
AMSS	aero mobile satellite system	航空移动卫星通信系统
AN	access network	接入网
ANC	answer charging	应答计费
ANM	answer message	应答信息
ANSI	American national standards institute	美国国家标准协会
AoC	advice of charge	计费通知
AON	active optical network	有源光网络
AP	access point	访问点

英文缩写	英文全称	中文释义
APC	automatic power control	自动功率控制
API	application programming interface	应用程序接口
APNIC	Asia Pacific network information center	亚太网络信息中心
ARIB	association of radio industry broadcasting	无线电工业广播协会
ARP	address resolution protocol	地址解析协议
ARPA	defense advanced research projects agency	(美国)国防部高级研究计划局
ARQ	automatic repeat request	自动请求重发
AS	access slot	接入时隙
ASIC	application specific integrated circuit	专用集成电路
ASON	automatic switched optical network	自动交换光网络
ATC	automatic temperature control	自动温度控制
ATIS	alliance for telecommunications industry solutions	电信行业解决方案联盟
ATM	asynchronous transfer mode	异步传输模式
AUC	authentication centre	鉴权中心
ASE	application service element	应用服务单元
AWGN	additive white Gaussian noise	加性高斯白噪声

B

英文缩写	英文全称	中文释义
BC	burst composition	突发形成
BCCH	broadcast control channel	广播控制信道
BCH	broadcast channel	广播信道
BCP	baseband control processor	基带控制处理器
BDPSK	binary differential phase shift keying	二进制差分相移键控
BER	bit error rate	误比特率
BG	border gateway	边界网关
BGP	border gateway protocol	边界网关协议
BICC	bearer independent call control	承载无关呼叫控制
B-ISDN	broadband integrated services digital network	宽带综合业务数字网
BMC	broadcast/multicast control	广播/组播控制
BPF	band pass filter	带通滤波器
BRI	basic rate interface	基本速率接口
BS	base station	基地站(简称基站)
BSC	base station controller	基站控制器
BSS	base station subsystem	基站子系统
BTS	base transceiver station	基站收发机
B/U	bipolar/unipola	双极/单极

英文缩写	英文全称	中文释义
B3G	beyond 3G	后 3G
C		
CA	code assignment	码分配
CAP	carrierless amplitude phase modulation	无载波幅度相位调制
CAC	connection admission control	连接接入控制
CAMEL	customized applications for mobile network enhanced logic	移动网增强逻辑的定制应用
CATT	China academy of telecommunication technology	中国电信科学技术研究院
CATV	cable television	有线电视
CAVLC	context-based adaptive variable length coding	基于内容自适应可变长编码
CBK	clear backward	反向拆线
CBS	cell broadcast service	小区广播业务
CBR	constant bit rate	恒定比特率
CC	channel coding	信道编码
CC	call control	呼叫控制
CCCH	common control channel	公共控制信道
CCF	call control function	呼叫控制功能
CCH	common channel	公共信道
CCITT	international telegraph and telephone consltative committee	国际电报电话委员会
CCL	calling party clear	主叫用户挂机
CCM	circuit supervision message	电路监视消息
CCPCH	common control physical channel	公共控制物理信道
CCTrCH	coded composite transport channel	编码合成传输信道
CCU	central control unit	中央控制单元
CDMA	code division multiple access	码分多址
CELP	code-excited linear excited predictive coding	码激励线性预测编码
CEM	constant envelope modulation	恒定包络调制
CFB	call forwarding on mobile subscriber busy	用户忙时转移
CFL	call failure	呼叫失败
CG	counting gateway	计费网关
CGI	common gateway interface	公共网关接口
CH	call hold	呼叫保持
CI	cell identity	小区识别
C/I	carrier/interference ratio	载波/干扰比
CIDR	classless inter domain routing	无类别域间路由选择

英文缩写	英文全称	中文释义
CLIP	calling line identification presentation	主叫线识别显示
CLF	clear forward	前向拆线
CM	connection management	连接管理
CN	core network	核心网
CNM	circuit network-management message	电路网络管理消息
CPCH	common packet channel	公共分组信道
CPFSK	continuous phase-frequency shift keying	连续相位频移键控
CPICH	common pilot channel	公共导频信道
CPM	communication processor module	通信处理模块
CPP	chip processing processor	码片级处理器
CPU	central processing unit	中央处理器
CR	cell relay	信元中继
CRC	cyclic redundancy check	循环冗余校验
CRNC	controlling radio network controller	控制无线网络控制器
CS	circuit switch	电路交换
CSD	circuit switched data	电路交换数据
CSM	call supervision message	呼叫监控消息
CSMA/CD	carrier sense multiple access with collision detection	带冲突检测的载波监听多路访问
CS-MGW	circuit switch media gateway	电路交换媒体网关
CTCH	common traffic channel	公共业务信道
CTI	computer telephony integration	计算机电话集成
CW	call waiting	呼叫等待
CWTS	China wireless telecommunication standard group	中国无线通信标准化组织

D

D-AMPS	digital advanced mobile phone system	数字式高级移动电话系统
DAC(D/A)	digital-analog converter	数模转换器
DBS	direct broadcast satellite	直播卫星
DC	direct current	直流
DCA	dynamic channel allocation	动态信道分配
DCCH	dedicated control channel	专用控制信道
DCH	dedicated channel	专用信道
DCS 1800	digital cellular system at 1800 MHz	1800 MHz 数字蜂窝系统
DCLK	digital clock	数字时钟
DDC	digital down conversion	数字下变频
DECT	digitally enhanced cordless telecommunications system	增强型数字无绳电信系统

英文缩写	英文全称	中文释义
DES	data encryption standard	数据加密标准
DFP	distributed functional plane	分布功能平面
DIF	digital intermediate frequency	数字中频
DLC	digital loop carrier	数字环路载波
DMIF	delivery multimedia integation framework	多媒体传送集成框架
DMB	digital mainboard	数字主板
DMT	discrete multi-tone	离散多音频调制
DNS	domain name system	域名系统
DoA	direction of arrival	到达方向
DoS	denial of service	拒绝服务
DPCCH	dedicated physical control channel	专用物理控制信道
DPCH	dedicated physical channel	专用物理信道
DPCM	differential pulse code modulation	差分脉冲编码调制
DPDCH	dedicated physical data channel	专用物理数据信道
DPSK	differential phase shift keying	差分相移键控
DPRAM	dual port RAM	双口 RAM
DQPSK	differential quadrature phase shift keying	差分四相相移键控
DRA	dynamic resource allocation	动态资源分配
DRM	digital right management	数字版权管理
DRNS	digital radio network system	数字无线网络系统
DRX	discontinuous reception	非连续接收
DSCH	downlink share channel	下行共享信道
DSS	distributed support system	分布式支持系统
DSS	digital signature standard	数字签名标准
DS-SS	direct sequence-spread spectrum	直接序列扩频
DTCH	dedicated traffic channel	专用业务信道
DTMF	dual tone multi-frequency	双音多频
DTX	discontinuous transmission	非连续发送
DXC	digital cross-connect	数字交叉连接
DUC	digital up conversion	数字上变频
DwPCH	downlink pilot channel	下行导频信道
DwPTS	downlink pilot slot	下行导频时隙

E

E1PB	E1 protection board	E1 保护板
ECC	elliptic curve cryptography	椭圆曲线加密
ECMA	European computer manufacturers association	欧洲计算机制造商协会
EDFA	erbium doped fiber amplifier	掺铒光纤放大器

英文缩写	英文全称	中文释义
EDGE	enhanced data rate for GSM evolution	增强型数据速率 GSM 演进技术
EDSL	Ethernet digital subscriber line	以太网数字用户线
EEPROM	electrically-erasable programmable read only memory	电可擦编程只读存储器
EF	elementary function	基本机能
EFR	enhanced full rate	增强型全速率
EGP	external gateway protocol	外部网关协议
EGPRS	enanced GPRS	增强型 GPRS
EIA	electronic industries association	(美国)电子工业协会
EIR	equipment identity register	设备识别寄存器
EMC	electromagnetic compatibility	电磁兼容
EMI	electromagnetic interference	电磁干扰
EMIF	external memory interface	外部存储器接口
EPLD	erasable programmable logic device	可擦除可编程逻辑器件
EPON	Ethernet passive optical network	以太网无源光网络
EPROM	erasable programmable read only memory	可擦除可编程只读存储器
ESN	electronic serial number	电子序列号码
ETSI	European telecommunications standards institute	欧洲电信标准组织
EVM	error vector magnitude	误差矢量幅度

F

英文缩写	英文全称	中文释义
FACCH	fast associated control channel	快速相关控制信道
FAM	forward address message	前向地址消息
FACH	forward access channel	前向接入信道
FBD	feedback diversity	反馈式发射分集
FBI	feedback information	反馈信息
FC	fast control	快速控制
FCC	federal communications commission	(美国)联邦通信委员会
FCC	fast communications controller	快速通信控制器
FCCH	frequency correction channel	频率校正信道
FCS	fast cell selection	快速小区选择
FDD	frequency-division duplex	频分双工
FDDI	fiber distributed data interface	光纤分布式数据接口
FDM	frequency division multiplexing	频分复用
FDMA	frequency division multiple access	频分多址
FE	functional entity	功能实体
FEA	functional entity action	功能实体动作

英文缩写	英文全称	中文释义
FEC	forwarding equivalence class	转发等价类
FECN	forward explicit congestion notification	前向显式拥塞通知
FER	frame error rate	误帧率
FETH	fast Ethernet	快速以太网
FFPC	fast forward power control	快速前向功率控制
FH-SS	frequency hopping-spread spectrum	跳频扩频
FM	frequency modulation	调频
FIFO	first in first out（memory）	先入先出（存储器）
FIR	finite impulse response（filter）	有限冲激响应（滤波器）
FPLMTS	future public land mobile telecommunications system	未来公用陆地移动通信系统
FP	frame protocol	帧协议
FPS	fast packet switching	快速分组交换
FPGA	field programmable gate array	现场可编程门阵列
FPACH	fast physical access channel	快速物理接入信道
FR	frame relay	帧中继
FSK	frequency shift keying	频移键控
FSM	forward setup message	前向建立消息
FTP	file transfer protocol	文件传送协议
FTTB	fiber to the building	光纤到楼
FTTH	fiber to the home	光纤到户
FTTO	fiber to office	光纤到办公室

G

英文缩写	英文全称	中文释义
GEA	GPRS encryption algorithm	GPRS 加密算法
GEO	geosynchronous orbit	地球同步轨道
GFP	generic framing protocol	通用成帧协议
GGSN	gateway GPRS support node	GPRS 网关支持节点
GII	global information infrastructure	全球信息基础设施
GLPF	Gaussian LPF	高斯低通滤波器
GMM	GPRS mobility management	GPRS 移动性管理
GMSC	gateway mobile service switching centre	网关移动交换中心
GMSK	Gaussian minimum shift keying	高斯最小频移键控
GPON	gigabit passive optical network	吉比特无源光网络
GPIO	general purpose input/output	通用输入/输出
GPRS	general packet radio service	通用分组无线服务
GPS	global positioning system	全球定位系统
GSM	global system for mobile communications	全球移动通信系统

英文缩写	英文全称	中文释义
GSM	group special for mobile	群组专用移动通信体制
GTP	GPRS tunnelling protocol	GPRS 隧道协议
GUI	graphic user interface	图形用户界面

H

HA	high availability	高可用性
HA	home agent	家乡代理
HARQ	hybrid automatic repeat request	混合自动重发请求
HBV	high-level bit rate video	高码率视频
HDLC	high data link control	高速数据链路控制
HDR	high data rate	高数据速率
HEC	hybrid error correction	混合纠错
HFC	hybrid fiber cable	混合光纤同轴电缆
HFN	hyper frame number	超帧号
HFW	hybrid fiber wireless	光纤无线混合系统
HLR	home location register	归属位置寄存器
HO	hand over	切换
HSDPA	high speed downlink packet access	高速下行链路分组接入
HSCSD	high speed circuit switched data	高速电路交换数据
HSS	home subscriber server	归属用户服务器
HSUPA	high speed uplink packet access	高速上行链路分组接入
HTML	hypertext markup language	超文本标记语言
HTTP	hypertext transfer protocol	超文本传输协议

I

I^2C	inter-integrated circuit	集成电路总线
IAD	integrated access device	综合接入设备
IAI	IAM with information	带有附加信息的初始地址消息
ICL	interface and control logic	接口和控制逻辑
ICMP	Internet control message protocol	互联网控制报文协议
ICO	intermediate circular orbit	中间圆轨道
IDD	IF differential detection	中频延迟差分检测
IDS	intrusion detection system	入侵检测系统
IETF	Internet engineering task force	互联网工程任务组
IF	intermediate frequency	中频
IGP	interior gateway protocol	内部网关协议
IM	IP multimedia	IP 多媒体

英文缩写	英文全称	中文释义
IMAP	Internet message access protocol	互联网信息访问协议
IMA	inverse multiplexing for ATM	ATM 反向复用
IM/DD	intensity modulation/direct detection	强度调制/直接检测
IMEI	international mobile equipment identity	国际移动设备识别码
IMPS	instant messaging and presence services	即时消息和状态服务
IMS	IP multimedia core network subsystem	IP 多媒体核心网子系统
IMSI	international mobile subscriber identity	国际移动用户标志
IMT-2000	international mobile telecommunications-2000	国际移动通信-2000
IMTS	improved mobile telephone system	改进型移动电话系统
IN	intelligent network	智能网
INAP	intelligent network application part	智能网应用部分
INCM	intelligent network conceptual model	智能网概念模型
INMARSAT	international maritime satellite organization	国际海事卫星系统
Internet NIC	Internet network information center	互联网信息中心
IoT	Internet of things	物联网
IP	Internet protocol	互联网协议
IPCC	international packet communications consortium	国际分组通信联盟
IPSec	Internet protocol security	Internet 安全协议
IPv6	Internet protocol version 6	Internet 协议版本 6
ISDN	integrated service digital network	综合业务数字网
ISI	inter symbol interference	码间干扰
ISP	intermediate service part	中间业务部分
ISUP	ISDN user part	综合业务数字网用户部分
ITDS	international top-level domin name	国际顶级域名
ITSEC	information technology security evaluation criteria	信息技术安全评估准则
ITU	international telecommunication union	国际电信联盟
ITU-T	ITU for telecommunication standardization sector	国际电信联盟电信标准分局
IWF	Internet working function	网际互联功能

J

英文缩写	英文全称	中文释义
JD	joint detection	联合检测
JPEG	joint photographic experts group	静止图像压缩标准

英文缩写	英文全称	中文释义
L		
L1	layer 1(physical layer)	层 1(物理层)
L2	layer 2(data link layer)	层 2(数据链路层)
L3	layer 3(network layer)	层 3(网络层)
LA	location area	位置区域
LAC	location area code	位置区码
LAC	link access control	链路接入控制
LAI	location area identity	位置区识别码
LAN	local area network	局域网
LAPF	link access procedures to frame mode bearer services	数据链路层帧方式接入协议
LC	load control	负荷控制
LCAS	link capacity adjustment scheme	链路容量调整机制
LCLK	local clock	本地时钟
LCN	logical channel number	逻辑信道号
LCR	low chip rate	低码片速率
LD-CELP	low-delay code book excited linear prediction	低延时-码本激励线性预测
LDP	label distribution protocol	标记分配协议
LEO	low earth orbit	低地球轨道
LIB	label information base	标记信息库
LLA	logical layered architecture	逻辑分层体系结构
LLC	logical link control	逻辑链路控制
LMDS	local multipoint distribution service	本地多点分配业务
LMSS	land mobile satellite system	陆地移动卫星(通信)系统
LMT	local maintenance terminal	本地维护终端
LMT-B	local maintenance terminal for node B	节点 B 的本地维护终端
LMT-R	local maintenance terminal for RNC	RNC 本地维护终端
LNA	low noise amplifier	低噪声放大器
LO	local oscillator	本机振荡器
LPF	loop filter	环路滤波
LQC	link quality control	链路质量控制
LSR	label switching router	标记交换路由器
LVDS	low voltage differential signal	低电压差动信号
M		
MA	multiple access	多址接入

英文缩写	英文全称	中文释义
MAC	medium access control	媒体访问控制
MAHO	mobile assisted handoff	移动辅助切换
MAP	mobile application part	移动应用部分
MASK	multiple amplitude shift keying	M 进制幅移键控
MCC	mobile country code	移动设备国家代码
MC-CDMA	multi-carrier-code division multiple access	多载波码分多址
MCNS	multimedia cable network system	多媒体电缆网络系统
MCTD	multiple carrier transmit diversity	多载波发射分集
ME	mobile equipment	移动设备
MEO	modium earth orbit	中地球轨道
MFSK	multiple frequency shift keying	M 进制频移键控
MG	media gateway	媒体网关
MGCF	media gateway control function	媒体网关控制功能
MGC	media gateway controller	媒体网关控制器
MGCP	media gateway control protocol	媒体网关控制协议
MIF	microprocessor interface	微处理机接口
MII	media independent interface	媒体独立接口
MIMO	multiple input and multiple output	多输入多输出
MIN	mobile identification number	移动标志号码
ML	maximal length	最大长度
MM	mobility management	移动性管理
MMDS	multichannel multipoint distribution service	多路多点分配业务
MMS	multimedia message service	多媒体短信业务
MMSS	maritime mobile satellite system	海上移动卫星系统
MNC	mobile network code	移动网络代码
MO	mobile origination	移动台主叫
MPEG	motion picture experts group	运动图像压缩标准
MPLS	multi-protocol label switching	多协议标签交换
MPSK	multiple phase shift keying	M 进制相移键控
MPTY	multi-party telecommunication	多方通信
MQAM	multiple quadrture amplitude modulation	M 进制正交幅度调制
MRFP	media resource function processor	媒体资源功能处理器
MRTR	mobile radio transmitter and receiver	移动端无线发射机与接收机
MS	mobile station	移动台
MSC	mobile switching center	移动交换中心
MSI	mobile subscriber identity	移动用户识别码
MSK	minimum shift keying	最小频移键控

英文缩写	英文全称	中文释义
MSOH	multiplex section overhead	复用段开销
MSRN	mobile subscriber roaming number	移动用户漫游号
MSS	mobile satellite service	移动卫星业务
MSTP	multi-service transport platform	多业务传送平台
MT	mobile termination	移动终端
MTP	message transfer part	消息传送部分
MTBF	mean time between failure	故障间隔平均时间

N

NAS	non access stratum	非接入层
NBT	node B tester	节点 B 测试仪
NCO	numerically controlled oscillator	数控振荡器
NCS	network call signal	网络呼叫信号
NE	network element	网络单元
NGEO	non-geosynchronous orbit	非地球同步轨道
NGN	next generation network	下一代网络
NID	network identity	网络识别号
NII	national information infrastructure	国家信息基础设施
N-ISDN	narrow band integrated service digital network	窄带综合业务数字网
NIST	national institute of standards and technology	(美国)国家标准及技术研究协会
NMC	network management center	网络管理中心
NMS	network management system	网络管理系统
NMT-900	Nordic mobile telephone-900	北欧移动电话-900
NNI	network-network interface	网络-网络接口
NOC	network operations center	网络运行中心
NRT	non real time	非实时
NSM	network synchronous module	网络同步模块
NT	network termination	网络终端
NVT	network virtual terminal	网络虚拟终端

O

O&M	operation & maintenance	运行和维护
OADM	optical add-drop multiplexer	光分插复用器
OAM	operation administration maintenance	运行维护管理
OAN	optical access network	光纤接入网
ODMA	opportunity driven multiple access	机会驱动多址接入
ODN	optical distribution network	光分配网

英文缩写	英文全称	中文释义
OFDM	orthogonal frequency division multiplexing	正交频分复用
OFDMA	orthogonal frequency division multiple access	正交频分多址
OFSK	orthogonal frequency shift keying	正交频移键控
OLIA	optical line interface assemble	光线路接口板
OLT	optical line terminal	光线路终端
OMA	open mobile alliance	开放移动联盟
OMC	operation and maintenance centre	运行与维护中心
OMC-R	operation and maintenance center-radio	无线运行与维护中心
ONU	optical network unit	光网络单元
OPS	optical packet switching	光分组交换
OQPSK	offset quadrature phase-shift keying	交错正交四相相移键控
OSI	open systems interconnection	开放系统互联
OSIRM	open systems interconnection reference model	开放系统互联参考模型
OSPF	open shortest path first	开放最短路径优先
OTA	over the air	空中激活
OTD	orthogonal transmit diversity	正交发射分集
OTN	optical transport network	光传送网络
OVSF	orthogonal variable spreading factor	正交可变扩频因子
OXC	optical cross-connect	光交叉连接

P

PA	power amplifier	功率放大器
PACS	personal access communication system	个人接入通信系统
PAD	packet assembler/disassembler	分组组拆器
PAM	pulse amplitude modulation	脉冲振幅调制
PAPR	peak-to-average power ratio	峰值平均功率比
PBX	private branch exchange	专用小交换机
PC	paging channel	寻呼信道
PC	power control	功率控制
PCCH	paging control channel	寻呼控制信道
PCCPCH	primary common control physical channel	主公共控制物理信道
PCM	pulse code modulation	脉冲编码调制
PCN	personal communication network	个人通信网
PCPCH	physical common packet channel	物理公共分组信道
PCPICH	physical common pilot channel	基本公共导频信道
PCS	personal communication system	个人通信系统
PD	phase detector	检相器

英文缩写	英文全称	中文释义
PDC	pacific digital cellular	太平洋数字蜂窝
PDH	plesiochronous digital hierarchy	准同步数字体系
PDP	packet data protocol	分组数据协议
PDSN	packet data service node	分组数据服务节点
PDU	protocol data unit	协议数据单元
PDSCH	physical downlink shared channel	物理下行共享信道
PE	power efficiency	功率效率
PGC	programmed gain control	程序增益控制
PHY	physical device	物理设备
PI	paging indicator	寻呼指示器
PICH	paging indicator channel	寻呼指示信道
PID	production identification	生产标识
PIN	personal identification number	个人身份号
PKI	public key infastructure	公钥基础设施
PLMN	public land mobile network	公共陆地移动网
PLL	phase locked loop	锁相环
PMI	privilege management infrastructure	授权管理基础设施
PN	pseudorandom noise	伪随机噪声码
PNP	private numbering plan	专用编号方案
POC	push-to-talk over cellular	无线一键通
PON	passive optical network	无源光网络
PP	physical plane	物理平面
PPM	pulse position modulator	脉冲位置调制
PPP	point-to-point protocol	点对点协议
PPTP	point-to-point tunneling protocol	点对点隧道协议
PRACH	physical random access channel	物理随机接入信道
PROM	programmable ROM	可编程只读存储器
PRI	primary rate interface	基群速率接口
PS	packet switched	分组交换
PSB	power supply board	电源板
PSC	primary synchronous code	主同步码
PSD	power spectrum density	功率谱密度
PSDN	public switched data network	公共交换数据网
PSTN	public switched telephone network	公共交换电话网
PTN	personal telephone number	个人电话号码
PTT	push to talk	一键通
PWM	pulse width modulation	脉宽调制
PVC	permanent virtual circuit	永久虚电路

英文缩写	英文全称	中文释义

Q

QoS	quality of service	服务质量
QAM	quadrature amplitude modulation	正交振幅调制
QPCH	quick paging channel	快速寻呼信道
QPSK	quadrature phase shift keying	正交相移键控
QAM	quadrature amplitude modulation	正交振幅调制

R

RA	routing area	路径区域
RACH	random access channel	随机接入信道
RADIUS	remote authentication dial-in user service	远程身份认证拨号用户服务
RAM	random access memory	随机存储器
RAN	radio access network	无线接入网
RANAP	radio access network application part	无线接入应用部分
RAND	random number	随机数
RARP	reverse address resolution protocol	反向地址解析协议
RASAP	radio access subsystem application part	无线接入子系统应用部分
RBCF	radio bearer common function	无线载体通用功能
RBP	radio burst protocol	无线突发协议
RC	radio configuration	无线配置
RF	radio frequency	射频
RFA	Raman fiber amplifier	拉曼光纤放大器
RFLO	radio frequency local oscillator synthesizer	射频本振
RG	residential gateway	家庭网关
RIP	routing information protocol	路由信息协议
RLC	radio link control	无线链路控制（协议）
RLP	radio link protocol	无线链路协议
RN	radio network	无线网络
RNC	radio network controller	无线网络控制器
RNS	radio network subsystem	无线网络子系统
RNR	receive not ready	接收未准备好
ROM	read-only memory	只读存储器
RPELTP	regular pulse excited long term prediction	规则脉冲激励长期预测
RPR	resilient packet ring	弹性分组环
RR	receive ready	接收准备好
RRC	radio resource control	无线资源控制
RRM	radio resource management	无线资源管理

英文缩写	英文全称	中文释义
RS	recommended standards	推荐性标准
RSOH	regenerator section overhead	再生段开销
RSSI	received signal strength indication	接收信号强度指示
RSVP	resource reservation protocol	资源预留协议
RT	real time	实时
RTCP	real-time transport control protocol	实时传输控制协议
RTP	real-time transport protocol	实时传输协议
RTSF	radio transport special function	无线传输特殊功能
RTD	round trip delay	往返延时
RTT	radio transmission technology	无线传输技术
RU	resource unit	资源单元
RX	reception(receiver)	接收(器)

S

SACCH	slow associated control channel	慢速随路控制信道
SAM	subsequent address message	后续地址消息
SAT	supervisory audio tone	监测音
SAW	source acoustic wave	声表面波
SBM	successful backward message	成功反向消息
SC	speech coding	语音编码
SCCP	signaling connection control part	信令连接控制部分
SCCPCH	secondary common control physical channel	辅助公共控制物理信道
S-CDMA	synchronization CDMA	同步 CDMA
SCF	service control function	业务控制功能
SCH	synchronization channel	同步信道
SCM	subcarrier multiplexing	副载波复用
SCP	service control point	业务控制点
SCPICH	secondary common pilot channel	辅助公共导频信道
SCTP	stream control transmission protocol	流控制传输协议
SDCCH	stand-alone dedicated control channels	独立专用控制信道
SDH	synchronous digital hierarchy	同步数字体系
SDM	space division multiplexing	空分复用
SDMA	space division multiple access	空分多址
SDN	software defined network	软件定义网络
SDV	switched digital video	交换式数字视频
SE	spectral efficiency	频谱效率
SF	spreading factor	扩频因子
SFH	slotted frequency hopping	时隙跳频
SFN	system frame number	系统帧号

英文缩写	英文全称	中文释义
SG	signal gateway	信令网关
SGSN	serving GPRS support node	GPRS 服务支持节点
SIB	system information block	系统信息块
SID	system identification	系统辨识
SIM	subscriber identity module	用户标志模块
SIP	session initiation protocol	会话起始协议
SIR	signal to interference ratio	信号干扰比
SJ	smart antenna and joint detection	智能天线和联合检测
SL	signaling link	信令链路
SLF	subscriber location function	用户定位功能
SM	session management	会话管理
SMG2	special mobile group 2	特别移动 2 组
SMH	signaling message handling	信令消息处理
SMS	short message service	短信息业务
SMC	serial management interface	串行管理接口
SN	subscriber number	用户码
SNI	service network interface	服务网络接口
SNM	signaling network management	信令网管理
SNMP	simple network management protocol	简单网络管理协议
SNR	signal to noise ratio	信噪比
SOH	section overhead	分段开销
SONET	synchronous optical network	同步光纤网
SP	signaling point	信令点
SP	service plane	业务平面
SPC	signaling point coding	信令点编码
SRB	signaling radio bearer	信令无线承载器
SRBP	signaling radio burst protocol	信令无线突发协议
SR	special resource function	专用资源功能
SRNC	serving radio network controller	服务无线网络控制器
SRNS	serving radio network system	服务无线网络系统
STM-1	synchronous transfer mode 1	同步传送模式 1
SS	supplementary service	补充业务
SS7	signaling system no. 7	七号信令系统
SSC	secondary synchronization code	辅助同步码
ST	signal tone	信号音
STTD	space time transmit diversity	空时发射分集
SU	signaling unit	信令单元
SVC	switched virtual connection	交换虚电路
SPI	serial peripheral interface	串行外设接口

英文缩写	英文全称	中文释义
STM-1	synchronous transfer mode 1	同步传输模式 1
SWR	standing wave ratio	驻波比
SW-CDMA	satellite wideband CDMA	卫星宽带 CDMA
SW-CTDMA	satellite wideband hybrid CDMA/TDMA	卫星宽带混合 CDMA/TDMA

T

TA	trace adaptor	跟踪适配器
TACS	total access communication system	全接入通信系统
TC	traffic channel	业务信道
TCAP	transaction capability application part	事务处理能力应用部分
TBS	transport block set	传输块集
TCM	time compression multiplexing	时间压缩复用
TCP/IP	transmission control protocol/Internet protocol	传输控制协议/互联网协议
TDD	time division duplex	时分双工
TDM	time division multiple	时分复用
TDMA	time division multiple access	时分多址
TD-SCDMA	time division synchronous CDMA	时分同步的 CDMA
TE	terminal equipment	终端设备
TFCI	transport format combination indicator	传输格式组合指示
TFCS	transport format combination set	传输格式组合集
TG	trunking gateway	中继网关
THB	total hopping bandwidth	跳频总带宽
TIA	telecommunication industry association	远程通信设备工业协会
TJ	timing jitter	定时抖动
TLS	transport layer security	传输层安全协议
TMN	telecomunication management network	电信管理网
TPC	transmit power control	传输功率控制
TMSI	temporary mobile subscriber identity	临时移动用户识别码
TPC	transmit power control	发射功率控制
TRAU	transcoder and rate adaptation unit	转码器和速率适配单元
TRB	transmitting and receiving board	模拟收发板
TS	time slot	时隙
TrCH	transport channel	传输信道
T_SLOT	wireless timing slot	无线定时时隙
TTI	transmission time interval	传输时间间隔
TM	transparent mode	透明模式

英文缩写	英文全称	中文释义
TX	transmission(transmitter)	传输（发射机）
TRX	transmitter and receiver	收/发器
T-SGW	transmission signaling gateway	传输信令网关
TSTD	time switched transmit diversity	时间切换发射分集
TTI	transmit time interval	传输时间间隔
TUP	telephone user part	电话用户部分

U

UART	universal asynchronous receiver/transmitter	通用异步收发机
UE	user equipment	用户设备
UL	uplink	上行链路
UTOPIA	universal test and operations physical layer interface for ATM	ATM 通用测试和运行物理层接口
UMTS	universal mobile telecommunications system	通用移动通信系统
UpPTS	uplink pilot time slot	上行导频时隙
URA	UTRAN registration area	UTRAN 登记区
UTRA	universal terrestrial radio access	通用陆地无线接入
UTRAN	universal terrestrial radio access network	通用陆地无线接入网络
UNI	user network interface	用户网络接口

V

VAD	voice activity detection	话音激活检测
VC	virtual circuit	虚电路
VCC	virtual channel connection	虚信道连接
VCH	voice channel	话路
VCI	virtual channel identifier	虚信道标识
VCO	voltage controlled oscillator	压控振荡器
VCXO	voltage controlled crystal oscillator	压控晶体振荡器
VHF	very high frequency	甚高频
VLBV	very low bit rate video	极低比特率视频
VLR	visitor location register	漫游位置寄存器
VoIP	voice over internet protocol	IP 电话
VPC	virtual path connection	虚通道连接
VPI	virtual path identifier	虚通道标识
VPN	virtual private network	虚拟专用网
VSAT	very small aperture terminal	甚小天线地球站

W

WAE	wireless application environment	无线应用环境

英文缩写	英文全称	中文释义
WAIS	wide area information service	广域信息服务
WAP	wireless application protocol	无线应用协议
WARC	world administrative radio conference	世界无线电管理委员会
WCDMA	wideband CDMA	宽带码分多址
WDM	wavelength division multiplexing	波分复用
WiMAX	world interoperability for microwave access	全球微波接入互操作性
WIN	wireless intelligent network	无线智能网
WML	wireless markup language	无线标记语言
WDP	wireless datagra protocol	无线数据采集协议
WLAN	wireless local area network	无线局域网
WSP	wireless session protocol	无线会晤协议
WTLS	wireless transport layer security	无线传输层安全
WT	wireless transaction protocol	无线交互协议

X

xDSL	x-type digital subscriber line	x 型数字用户线

参 考 文 献

[1] 樊昌信,曹丽娜. 通信原理[M]. 7版. 北京:国防工业出版社,2012.

[2] 彭英,王珺,卜益民. 现代通信技术概论[M]. 北京:人民邮电出版社,2010.

[3] 张亮. 现代通信技术与应用[M]. 北京:清华大学出版社,2009.

[4] 孙青华. 通信概论[M]. 北京:高等教育出版社,2019.

[5] 陈金鹰. 通信导论[M]. 北京:机械工业出版社,2013.

[6] 郭娟,杨武军,杨光,等. 现代通信网[M]. 西安:西安电子科技大学出版社,2018.

[7] 张新社,刘原华,何华,等. 光纤通信技术[M]. 北京:人民邮电出版社,2014.

[8] 张新社,于有成. 光网络技术[M]. 西安:西安电子科技大学出版社,2012.

[9] 林子雨. 大数据技术原理与应用[M]. 2版. 北京:人民邮电出版社,2017.

[10] 黄林国,林仙土,陈波,等. 网络信息安全基础[M]. 北京:清华大学出版社,2018.

[11] 丁勇. 密码学与信息安全简明教程[M]. 北京:电子工业出版社,2015.

[12] 罗守山,陈萍,邹永忠,等. 密码学与信息安全技术[M]. 北京:北京邮电大学出版社,2009.

[13] 谢希仁. 计算机网络[M]. 北京:电子工业出版社,2017.

[14] 杨庚,章韵,成卫青,等. 计算机通信与网络[M]. 2版. 北京:清华大学出版社,2015.

[15] 周德新,张会兵,刘联海. 计算机通信网基础[M]. 北京:机械工业出版社,2008.

[16] 崔健双. 现代通信技术概论[M]. 北京:机械工业出版社,2009.

[17] 陆平,李明栋,罗圣美,等. 云计算中的大数据技术与应用[M]. 北京:科学出版社,2013.

[18] 胡超,邢长友,陈鸣. 现代网络技术[M]. 北京:机械工业出版社,2018.

[19] 廉飞宇,张元. 计算机网络与通信[M]. 3版. 北京:电子工业出版社,2009.

[20] 王新兵. 移动互联网导论[M]. 北京:清华大学出版社,2015.

[21] 王力. 移动互联网思路[M]. 北京:清华大学出版社,2015.

[22] 裴昌幸,朱畅华,聂敏,等. 量子通信[M]. 西安:西安电子科技大学出版社,2013.

[23] 娄岩. 虚拟现实与增强现实技术概论[M]. 北京:清华大学出版社,2016.

[24] 文钧雷,陈韵林,安乐,等. 虚拟现实+:平行世界的商业和未来[M]. 北京:中信出版社,2016.

[25] 丁世飞. 人工智能[M]. 2版. 北京:清华大学出版社,2015.

[26] (美)雷·库兹韦尔. 人工智能的未来[M]. 盛杨燕,译. 杭州:浙江人民出版社,2016.

[27] 冯穗力. 数字通信原理[M]. 2版. 北京:电子工业出版社,2016.

[28] 王兴亮,寇媛媛. 数字通信原理与技术[M]. 4版. 西安:西安电子科技大学出版社,2016.

[29] 周冬梅. 数字通信原理[M]. 2版. 北京:电子工业出版社,2016.

［30］韩鹏,刘雪亭.数字通信技术［M］.北京:机械工业出版社,2017.

［31］石明卫,莎珂雪,刘原华.无线通信原理与应用［M］.北京:人民邮电出版社,2014.

［32］(美)西奥多 S.拉帕波特.无线通信原理与应用［M］.2 版.周文安,付秀花,王志辉,等译.北京:电子工业出版社,2018.

［33］(意)赛西亚,(摩洛哥)陶菲克,(英)贝科.LTE——UMTS 长期演进理论与实践［M］.马霓,邬钢,张晓博,等译.北京:人民邮电出版社,2014.

［34］张传福,赵立英,张宇,等.5G 移动通信系统及关键技术［M］.北京:电子工业出版社,2018.

［35］蔡安妮.多媒体通信技术基础［M］.3 版.北京:电子工业出版社,2012.

［36］荆涛,卢燕飞,霍炎.多媒体通信［M］.北京:科学出版社,2017.

［37］刘勇,石方文,孙学康.多媒体通信技术与应用［M］.北京:人民邮电出版社,2017.

［38］晏燕,李立,彭清斌.多媒体通信——原理、技术及应用［M］.北京:清华大学出版社,2019.